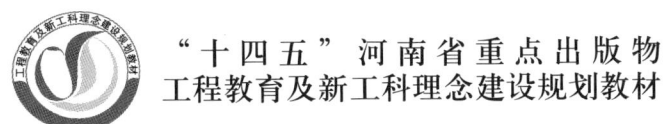

"十四五"河南省重点出版物
工程教育及新工科理念建设规划教材

通风除尘与气力输送

肖安红　沈汪洋◎主编

郑州大学出版社

图书在版编目(CIP)数据

通风除尘与气力输送/肖安红,沈汪洋主编. -- 郑州:郑州大学出版社,2023.12
ISBN 978-7-5645-8422-1

Ⅰ.①通… Ⅱ.①肖…②沈… Ⅲ.①通风除尘②气力输送机 Ⅳ.①TU834②TH232

中国版本图书馆 CIP 数据核字(2021)第 256811 号

通风除尘与气力输送
TONGFENG CHUCHEN YU QILI SHUSONG

策划编辑	袁翠红	封面设计	苏永生
责任编辑	杨飞飞	版式设计	苏永生
责任校对	崔 勇	责任监制	李瑞卿
出版发行	郑州大学出版社	地 址	郑州市大学路 40 号(450052)
出 版 人	孙保营	网 址	http://www.zzup.cn
经 销	全国新华书店	发行电话	0371-66966070
印 刷	新乡市豫北印务有限公司		
开 本	787 mm×1 092 mm 1/16		
印 张	21.25	字 数	502 千字
版 次	2023 年 12 月第 1 版	印 次	2023 年 12 月第 1 次印刷
书 号	ISBN 978-7-5645-8422-1	定 价	59.00 元

本书如有印装质量问题,请与本社联系调换。

前言

通风除尘与气力输送是涉及工程中利用空气控制粉尘、输送散料以服务于工艺生产、实践性强、不可或缺的一门专业技术课程。鉴于粮食行业技术的发展及对环境保护要求的提高，粮食工程中不断采用了大量新技术、新工艺和新设备。为此，在孙武亮教授主编的《通风除尘与气力输送》高等教材的基础上进行了修订，以反映通风除尘与气力输送技术的创新和发展，使通风除尘与气力输送技术更好地服务于工艺生产，并达到环保的要求。

本教材内容包括流体力学基础、通风除尘与气力输送三个部分，共十四章。书中详细论述了空气流动的原理、通风除尘与气力输送理论、设备及系统的设计与计算方法，以及通风除尘与气力输送系统测试与分析的方法，并附有章节思考题、练习题及部分风机、除尘器等设备的参考资料。编写中力求原理和理论基础介绍逻辑清晰、简明扼要、重点突出，技术应用源于实践、便于掌握。本教材可供学习粮食工程等相关专业人员及工程技术人员、管理人员参考。

2020年5月，教育部关于印发《高等学校课程思政建设指导纲要》的通知中指出：全面推进课程思政建设是落实立德树人根本任务的战略举措。要紧紧抓住教师队伍"主力军"、课程建设"主战场"、课堂教学"主渠道"，让所有高校、所有教师、所有课程都承担好育人责任，守好一段渠、种好责任田，使各类课程与思政课程同向同行，将显性教育和隐性教育相统一，形成协同效应，构建全员全程全方位育人大格局。本教材将思想政治教育有机融入课程内容，从我国粮食行业通风除尘与气力输送技术的快速发展历程，阐明了我国优越的社会主义制度是促进这一跨越式进步的原动力，展现专家和技术人员的工匠精神，并以视频的形式呈现。

本教材由肖安红教授全面负责编写工作,沈汪洋教授负责所有插图、公式及附录资料的绘制整理等工作。

本教材在编写过程中得到多位专家、企业技术人员、在校研究生、本科生的帮助,武汉轻工大学教务处和食品科学与工程学院也给予了大力支持,在此一并致谢!

由于编者水平所限,书中可能仍有不当之处,希望得到读者的指正,以便再版时参考。

编　者

2023 年 10 月

目录

第一章 空气的性质和空气管流的基本方程 ………… 1
第一节 空气的性质 ………………………………… 1
第二节 空气管流的基本概念 ……………………… 7
第三节 连续性方程 ………………………………… 12
第四节 能量方程 …………………………………… 14

第二章 流体在管道中的流动阻力和能量损失 ………… 24
第一节 能量损失的两种形式 ……………………… 24
第二节 层流、紊流与雷诺实验 …………………… 25
第三节 圆管中层流的运动规律 …………………… 30
第四节 圆管中紊流的运动规律 …………………… 32
第五节 沿程阻力系数 ……………………………… 36
第六节 局部阻力和局部损失 ……………………… 42

第三章 风机 ……………………………………………… 46
第一节 风机的分类 ………………………………… 46
第二节 离心通风机的基本理论 …………………… 47
第三节 离心通风机的性能 ………………………… 53
第四节 离心通风机在风网中的运行和工况调节 … 59
第五节 离心通风机的选用 ………………………… 63
第六节 罗茨鼓风机 ………………………………… 70

第四章 粉尘的控制 ……………………………………… 80
第一节 粉尘的危害及防尘综合措施 ……………… 80
第二节 粉尘的分类、形成及扩散 ………………… 81
第三节 含尘浓度、卫生标准和排放标准 ………… 83
第四节 粮油饲料加工厂仓控制粉尘的通风方法 … 85

第五章　粉尘和物料的性质 ································· 89
   第一节　粉尘和物料的密度、粒径、分散度、摩擦角和黏附性 ··········· 89
   第二节　粉尘的凝聚性、吸水性和比电阻 ························ 93
   第三节　粉尘的爆炸和预防 ·································· 94
   第四节　粉尘和物料的空气动力特性 ··························· 96

第六章　吸尘(风)罩 ·· 108
   第一节　吸尘罩的型式及设计要点 ···························· 108
   第二节　密闭罩 ·· 109
   第三节　外部吸风罩 ······································ 117
   第四节　吹吸罩 ·· 124

第七章　除尘器 ·· 129
   第一节　除尘器概述 ······································ 129
   第二节　重力沉降室和惯性除尘器 ···························· 133
   第三节　离心除尘器 ······································ 136
   第四节　袋式除尘器 ······································ 146
   第五节　湿式除尘器 ······································ 155
   第六节　电除尘器 ·· 158

第八章　通风除尘网路的设计与计算 ···························· 161
   第一节　通风除尘网路的设计 ································ 161
   第二节　通风除尘网路的设计计算 ···························· 163
   第三节　循环除尘风网 ···································· 167

第九章　通风除尘网路的调整和管理 ···························· 172
   第一节　测量风速、风压的仪器 ······························ 172
   第二节　通风管道中风压和风量的测定 ························ 175
   第三节　吸风罩的吸风量及阻力的测定 ························ 179
   第四节　空气中含尘浓度的测定 ······························ 180
   第五节　除尘器性能的测定 ·································· 184
   第六节　测定中发现问题的分析及通风除尘网路的维护管理 ········ 186

第十章　气力输送原理 ······································ 187
   第一节　概述 ·· 187
   第二节　固气两相流的性质 ·································· 193

第三节　物料在管道中的运动分析 ……………………………… 195
　　第四节　物料在弯管中的运动分析 ……………………………… 204
　　第五节　悬浮态固气两相流的压损 ……………………………… 206

第十一章　气力输送装置的主要设备 ………………………………… 215
　　第一节　接料器 …………………………………………………… 215
　　第二节　输料管与管件 …………………………………………… 223
　　第三节　卸料器 …………………………………………………… 225

第十二章　低压稀相气力吸运系统的设计与计算 …………………… 231
　　第一节　设计依据和要求 ………………………………………… 231
　　第二节　设计步骤及主要参数的选用 …………………………… 232
　　第三节　低压稀相气力吸运系统压力损失的计算方法 ………… 234
　　第四节　低压稀相气力吸运系统设计计算示例 ………………… 238

第十三章　低压稀相压运式气力输送系统的设计与计算 …………… 247
　　第一节　专用粉厂中气力压运系统的组合形式及装置 ………… 247
　　第二节　低压稀相气力压运系统的设计与计算 ………………… 252

第十四章　气力输送系统运行与管理 ………………………………… 268
　　第一节　试车与调整 ……………………………………………… 268
　　第二节　气力输送装置测定和检查 ……………………………… 270
　　第三节　操作管理 ………………………………………………… 274

附录 ……………………………………………………………………… 276
　　附录1　压强单位换算 …………………………………………… 276
　　附录2　反映湿空气的性质参数 ………………………………… 276
　　附录3　通风除尘风管计算表 …………………………………… 279
　　附录4　局部管件阻力系数 ……………………………………… 281
　　附录5　风机性能 ………………………………………………… 284
　　附录6　除尘器 …………………………………………………… 307
　　附录7　粮食工厂常见设备吸风量和吸风阻力 ………………… 314
　　附录8　气力输送计算用表 ……………………………………… 317

参考文献 ………………………………………………………………… 329

第一章 空气的性质和空气管流的基本方程

本章要点：本章介绍了实现通风除尘与气力输送的工作介质空气的性质参数及其参数之间的关系(状态方程)，空气在管道中流动的规律(连续性方程和能量方程)。

在粮、油、食品和饲料等加工过程中，无论是车间的通风换气、设备的吸风除尘，还是物料的气力输送，都要利用空气作为介质来进行工作。为此需要了解掌握空气的主要性质及其在管道中流动的基本规律。

第一节 空气的性质

气体和液体统称为流体。空气属于流体。空气分子间的距离较大、相互吸引力很微弱，分子的热运动起决定作用。因此，空气的抗剪切和抗张能力都很小，在外力的作用下，空气内部发生相对运动，产生连续不断的变形，即形成流动；空气可在容器所限范围内扩散，没有一定的形状和体积，不能形成自由表面。

空气和其他物质一样，都是由分子所组成的。但空气分子间存在空隙，因而实际上是一种不连续介质。但是在利用空气进行通风、防尘和气力输送等工程中，研究的是由大量分子组成的宏观的空气流动规律，通常用连续介质模型来代替真实空气的分子结构，即将空气看成是由无穷多的一个紧挨着一个的连续质点所构造的连续介质，于是反映空气特性及运动规律的物理量如压力、密度、速度等都可看作在空间和时间上的分布是连续的，可用连续函数来加以描述和分析。科学实验证明，利用连续介质假定所求得的空气运动规律和基本理论同客观实际十分相符。

一、空气的密度、比容

(1)空气的密度 单位体积的空气所具有的质量称为空气的密度，用 ρ 表示。对于均质气体，其密度等于气体的质量与其体积的比值，即

$$\rho = \frac{m}{V} \quad (kg/m^3) \tag{1-1}$$

式中：ρ——空气的密度，kg/m^3；

m——空气的质量，kg；

V——空气的体积，m^3。

(2)比容 单位质量空气所具有的体积称为比容，以 ν 来表示，即

$$\nu = \frac{V}{M} = \frac{1}{\rho} \quad (m^3/kg) \tag{1-2}$$

二、空气的压强

1. 压强及单位

空气垂直作用于容器单位面积上的力,即压强,用符号 p 表示。根据分子运动学说,空气的压强是由于大量分子撞击容器内壁的结果。单位时间内气体分子对器壁的碰撞次数越多,或每碰撞一次的作用越强,空气的压强就越大。压强可根据下式确定

$$p = \frac{F}{A} \quad (\text{Pa}) \tag{1-3}$$

式中:p ——空气的压强,Pa;

F ——垂直作用于容器壁的力,N;

A ——力所作用的面积,m^2。

国际单位制中压强的单位是帕斯卡,简称帕,符号为 Pa。1 帕是指 1 平方米表面上作用 1 牛顿(N)的力。即 1 Pa=1 N/m^2。

另外,经常见到的压强单位还有标准大气压和工程大气压。

标准大气压(atm)值为 101 325 Pa,它是在纬度 45°海平面上测得的全年平均大气压力。

在工程技术上为了计算方便,一般不用标准大气压,而用工程大气压,简称气压(at);工程上还用液柱高度表示气体压力的大小,如毫米水柱(mmH_2O)、毫米汞柱(mmHg)等。压强法定单位制与工程单位制之间的换算见附录 1。

2. 空气压强大小的表达

空气压强的大小可用绝对压强和相对压强表达,如图 1-1 所示。

绝对压强,是以完全真空为基准算起的压强,其值为正,用 $p_绝$ 表示。

相对压强,是以当地大气压(p_0)为基准算起的压强。如图 1-1 中,当 A 点的压强高于 p_0 时,为正压强,又称表压强($p_表$);当 B 点压强小于 p_0 时,为负值,又称真空压强或真空度($p_真$)。

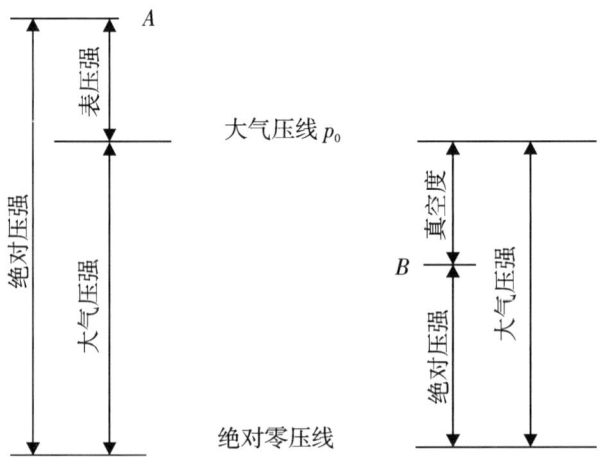

图 1-1 空气压强的表达图解

应当指出,外界大气压强随大气的温度、湿度和所在地区的海拔高度而变。为了避免绝对压强、表压强、真空度三者相互混淆,在以后的讨论中规定,对表压和真空度均加以标注,如 $2×10^3$ Pa(表压)、$4×10^2$ Pa(真空度)等。

【例 1-1】 用压力计测得某容器 A 中的空气为正压强 200 mmHg(表压或相对压力),当地大气压强为 760 mmHg,则其绝对压强为

$$p_绝 = p_0 + p_表 = 760 + 200 = 960 (mmHg)$$

如又测得某容器 B 中的空气的压强为 $p_真 = 200$ mmHg,则其绝对压强为

$$p_绝 = p_0 - p_真 = 760 - 200 = 560 (mmHg)$$

三、温度

温度可反映空气的冷热程度。通常可用摄氏温标和开氏温标(绝对温标)来表示。用摄氏温标表示的温度,叫作摄氏温度,用 $t(℃)$ 表示;用开氏温标表示的温度,叫作开氏温度,用 $T(K)$ 表示。

开氏温度 T 和摄氏温度 t 的关系如下:

$$T = 273 + t \tag{1-4}$$

当 $T = 0$ K 时,$t = -273$ ℃。

四、空气的压强、密度(比容)、温度之间的关系

空气是有压缩性的。当压强和温度变化时,空气的密度(比容)也随之改变。空气的压强、密度(比容)、温度之间的关系有以下几种过程。

1. 理想气体状态变化过程

一般当压强不太高、温度不太低时,空气可按理想气体处理,例如常温常压状态下的空气变化。对于一定质量的理想气体,其体积、压强和温度之间的关系为

$$pv = RT \text{ 或 } \frac{p}{\rho} = RT \text{ 或 } pV = mRT \tag{1-5}$$

式中:p——空气的绝对压强,Pa;

v——空气的比容,m^3/kg;

ρ——空气的密度,kg/m^3;

T——空气的开氏温度,K;

V——空气的体积,m^3;

m——空气的质量,kg;

R——气体常数,N·m/(kg·K)。对于干空气,$R = 287$ N·m/(kg·K)。对于相对湿度为 50% 的空气,$R = 287.2$ N·m/(kg·K)。

在气体状态变化过程中,如果容积保持不变,则称为等容过程,即 $V =$ 常数,$dV = 0$,由理想气体状态方程式(1-5)可得

$$\frac{p}{T} = 常数 \quad 或 \quad \frac{p_1}{T_1} = \frac{p_2}{T_2} \tag{1-6}$$

在气体状态变化过程中,压强保持不变时,称为等压过程,即 $p =$ 常数,$dp = 0$,由理想气体状态方程式(1-5)可得

$$T\rho = \frac{p}{R} = 常数 \text{ 或 } T_1\rho_1 = T_2\rho_2 \tag{1-7}$$

当气体状态变化过程中,温度保持不变时,称为等温过程,即 T = 常数,$dT = 0$,由理想气体状态方程式(1-5)可得

$$\frac{p}{\rho} = RT = 常数 \text{ 或 } \frac{p_1}{\rho_1} = \frac{p_2}{\rho_2} \tag{1-8}$$

2. 绝热过程

在气体状态变化过程中与外界没有热量交换,称为绝热过程。由热力学可知,绝热方程为

$$\frac{p}{\rho^k} = RT = 常数 \text{ 或 } \frac{p_1}{p_2} = \left(\frac{\rho_1}{\rho_2}\right)^k \tag{1-9}$$

式中:k——绝热指数,是定压比热和定容比热的比值,对于空气,$k = 1.4$。

3. 多变过程

在实际过程中,气体的所有状态参数往往都是变化的,而且也不可能绝热。在热力学中,常采用一个能概括以上诸热力学过程的、更一般化的多变过程方程式来表示。即

$$\frac{p}{\rho^n} = 常数 \tag{1-10}$$

其中 n 为多变指数,在不同的多变过程中,n 是不同的定值。如当气体在半水冷的活塞式压缩机中作不完全冷却的压缩时,过程处于等温和绝热压缩之间,多变指数为 $1 < n < k$ 之间的某值;如当气体在无级间冷却的鼓风机或离心式压缩机中压缩时,n 值则将大于 k。上式也可表示为

$$\frac{p_1}{p_2} = \left(\frac{\rho_1}{\rho_2}\right)^n \text{ 或 } \left(\frac{p_1}{p_2}\right)^{\frac{1}{n}} = \frac{\rho_1}{\rho_2} \tag{1-11}$$

从上述可知,空气的密度总是随压强和温度的变化而变化。如果这种压强和温度变化较小,如在通风工程、低压气力输送中,由于可以近似地把它们看作是不变的常数,从而认为空气是不可压缩的;压强较高,则密度变化不能忽略。

【例1-2】 在气力输送系统中,空气从风管进口处吸入时的体积为 $V_1 = 5\,000 \text{ m}^3$,大气压力计读数为 $p_0 = 735 \text{ mmHg}$,温度 $t_1 = 27\ ℃$。当空气流到风机进口处时,真空表读数为 $p_真 = 1\,000 \text{ mmH}_2\text{O}$,温度 $t_2 = 37\ ℃$。求空气在风机进口处的体积 V_2 和密度 ρ_2。

解:已知 $p_0 = p_1 = 735 \times 13.6 = 10\,000 \text{ mmH}_2\text{O}$、$V_1 = 5\,000 \text{ m}^3$,$p_2 = 10\,000 - 1\,000 = 9\,000 \text{ mmH}_2\text{O}$、$T_1 = 273+27 = 300 \text{ K}$、$T_2 = 273+37 = 310 \text{ K}$。

由 $\dfrac{p_1 V_1}{T_1} = \dfrac{p_2 V_2}{T_2}$

得 $V_2 = \dfrac{p_1 V_1 T_2}{T_1 p_2} = \dfrac{10\,000 \times 5\,000 \times 310}{300 \times 9\,000} = 5\,740 \text{ (m}^3\text{)}$

又由 $\rho_2 = \dfrac{p_2}{RT_2} = \dfrac{9\,000 \times 9.807}{287 \times 310} = 0.992 \text{ (kg/m}^3\text{)}$

故空气在风机进口处的体积为 $5\,740 \text{ m}^3$,密度为 0.992 kg/m^3。

五、空气的黏性

1. 牛顿黏性定律

流动的空气在其内部质点间作相对运动时会产生内摩擦力以反抗相对运动,这种性质称为黏性。黏性是空气流动产生阻力的根本原因。因此,若需空气流动,必须使一部分机械能克服内摩擦力做功而损失掉。因此,在研究空气运动规律时,黏性是一个十分重要的因素。

现以在管道中流动的空气为例来说明黏性,如图1-2所示。当空气以某一速度沿轴向缓慢流动时,管内任一截面上各点的速度并不相同,紧贴管壁的空气质点,黏附在管壁上,流速为零;位于管轴上的空气质点,流速最大;介于管壁和管轴之间的各空气质点,将以不同的速度流动。空气被分割成速度不同、无数极薄的圆筒层。由于各层速度不同,层与层之间发生了相对运动,从而产生了内摩擦力以反抗相对运动。

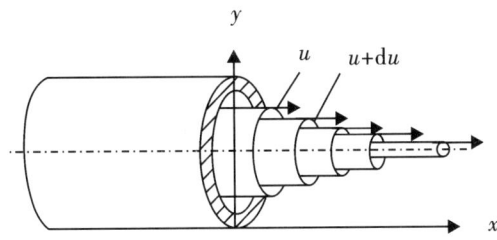

图1-2 在管道中流动的空气

空气间的内摩擦力 T(或称为切向力)的大小,可按牛顿内摩擦定律计算,与两流层的速度差 du 成正比,与两流层之间的垂直距离 dy 成反比,与两流层间的接触面积 A 成正比,即

$$T = \mu A \frac{du}{dy} \quad (N) \tag{1-12}$$

单位面积上的内摩擦力称为内摩擦应力或切应力,以 τ 表示,于是上式可写成

$$\tau = \frac{T}{A} = \mu \frac{du}{dy} \quad (Pa) \tag{1-13}$$

式中:du/dy——速度梯度,1/s,表示速度沿垂直于速度方向的变化率;

μ——黏性系数,Pa·s。

式(1-13)表示的关系,称为牛顿黏性定律。

2. 速度梯度(du/dy)

为了理解速度梯度的意义,在图1-3(a)中垂直于速度方向的 y 轴上,任取一边长为 dy 的微元体 $abcd$,并将它放大,如图1-3(c)所示。靠近管壁 cd 表面的速度 u,离管壁 dy 的 ab 表面速度 $(u+du)$。经过 dt 时间后,cd 表面移动距离 udt,ab 表面移动距离 $(u+du)dt$。由于 $(u+du)dt > udt$,因而 $abcd$ 变为 $a'b'c'd'$,即两流层之间的垂直连接线 ad 及 bc 在 dt 时间内变化了角度 $d\theta$。由于 dt 很小,因此 $d\theta$ 也很小,所以

$$d\theta = \tan d\theta = \frac{du\, dt}{dy}$$

即
$$\frac{du}{dy} = \frac{d\theta}{dt}$$

可见,速度梯度就是角变形速度。该速度是在剪应力的作用下发生的,故亦称剪切变形角速度。剪应力的大小与剪切变形角速度的大小成正比。

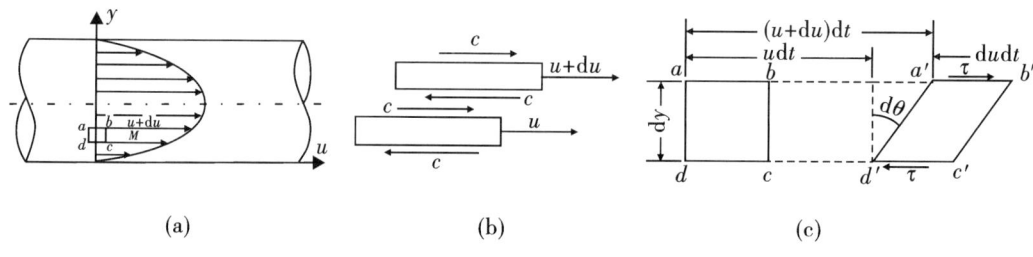

图 1-3 空气质点的相对运动

3. 黏度

由式(1-13),当 $du/dy = 1$ 时,$\tau = \mu$,即 μ 值表示速度梯度为 1 时的剪应力的大小。μ 值越大,则黏性也越大。μ 称为黏性系数或动力黏度,简称黏度。

在工程计算中,常出现 μ/ρ 的比值,常用符号 ν 表示,即

$$\nu = \frac{\mu}{\rho} \quad (m^2/s) \tag{1-14}$$

式中:ν——运动黏性系数,m^2/s。

黏性系数受温度和压力的影响。温度对黏性系数的影响比较显著,空气的黏性系数随温度的升高而增大。这是因为构成气体黏性的主要原因是气体内部分子不规则的热运动,使速度不同的相邻气体层之间发生质量和动量交换的结果。当气体温度升高时,这一过程随之加剧。标准大气压下,空气随温度变化的黏性系数可查附录 2。

压力不是很高时,压力对 μ 值影响很小,在一般工程计算中可忽略不计。只有在极高或极低的压力时需考虑压力对黏性的影响。但 ν 则不然,因密度会发生变化,所以,对于可压缩气体来说,一般用 μ 而不用 ν。

4. 理想流体

从式(1-13)可见,发生在空气流层之间的摩擦力,既与空气的性质有关,又与速度梯度成正比,当 $du/dy = 0$ 时,$\tau = 0$,说明当空气静止或各部分之间没有相对运动时,内摩擦力是不存在的。

在理论研究和工程设计中,为了简化数学计算,可以假定存在一种流体,它的黏性系数为零,即 $\mu = 0$,这种流体是理想流体。

实际上,自然界中并不存在理想流体,真实流体运动时都会出现黏性。引入理想流体的概念,对研究实际流体起着重要的作用。因为影响黏性的因素很多,给采用数学描述实际流体运动规律带来了很大的困难。因此,为了简化问题,往往先将流体视为理想流体,找到规律后,再考虑黏性的影响,对采用理想流体的分析结果加以修正应用于实际流体。另外,在黏性不起主导作用情况下,可将实际流体按理想流体来处理。

六、空气的干湿度

空气是混合气体,其中含有水蒸气。含有水蒸气的空气,称为湿空气;完全不含水蒸气的空气称为干空气。通风工程和气力输送所使用到的空气通常是湿空气。

湿空气的干湿度可用绝对湿度和相对湿度来表示。

1 m³ 湿空气中所含水蒸气的质量称为绝对湿度,即水蒸气的密度($kg_{水蒸气}/m^3_{湿空气}$),用 ρ_s 表示。湿空气的绝对湿度 ρ_s 与同温度下的饱和绝对湿度 ρ_s^*(即饱和密度)之比称为相对湿度,用 φ 表示。这个值也可用湿空气中的水蒸气分压力 p_s 与同温度下的饱和水蒸气压力 p_s^* 的比来表示,即

$$\varphi = \frac{\rho_s}{\rho_s^*} = \frac{p_s}{p_s^*} \quad (\%) \tag{1-15}$$

式中:ρ_s, ρ_s^*——湿空气的绝对湿度,饱和绝对湿度,$kg_{湿空气}/m^3_{湿空气}$;

p_s, p_s^*——湿空气的水蒸气分压,饱和水蒸气分压,Pa 或 mmHg 等。

在温度为 0 ℃、大气压强为 760 mmHg 时,干燥空气的密度 $\rho_{干} = 1.293$ kg/m³。在压强 p(mmHg)、温度 t(℃)状态下,干燥空气的密度和湿空气的密度 ρ 可按式(1-16)和式(1-17)计算。

$$\rho_{干} = 1.293 \times \frac{p}{760} \times \frac{273}{273+t} \quad (kg_{干空气}/m^3_{湿空气}) \tag{1-16}$$

$$\rho = 1.293 \times \frac{273}{273+t} \times \frac{p - 0.378\varphi\rho_s^*}{760} \quad (kg_{湿空气}/m^3_{湿空气}) \tag{1-17}$$

通风工程上,将温度 20 ℃、绝对压强 760 mmHg、相对湿度 50% 的湿空气称为标准空气。标准空气的密度为 1.2 $kg_{湿空气}/m^3_{湿空气}$。

第二节 空气管流的基本概念

充满运动流体的空间称为流场。空气在管状空间的流场,简称管流。流场内流体流动的运动特征,可用如速度、加速度、密度、压力和黏性力等一切物理量来描述,这些物理量统称为运动参数。研究空气管流运动规律,就是研究空气在管流场空间各点的运动参数随时间及空间位置的分布规律和连续变化的规律。

一、稳定流和非稳定流

如果流场中各点上流体的运动参数不随时间而变化,这种流动称为稳定流。即

$$\frac{\partial u_i}{\partial t} = 0 \text{ 和 } \frac{\partial p}{\partial t} = 0 \tag{1-18}$$

如果运动参数(全部或其中一个)随时间而改变,这种流动称为非稳定流。即

$$\frac{\partial u_i}{\partial t} \neq 0 \text{ 和 } \frac{\partial p}{\partial t} \neq 0 \tag{1-19}$$

如图 1-4(a)所示,容器内有充水和溢流装置来保持水位恒定,流体经孔口的流速、压力等参数不随时间变化,出流的形状为一不变的射流,这就是稳定流。

如图1-4(b)所示,由于容器中水位不恒定,因此,流体经孔口的流速、压力等参数随时间变化,出流形状也为随时间不同而改变的射流,这就是非稳定流。

在通风除尘系统和气力输送系统中,如果系统的阻力不变,风机的转速不变,则空气的流动可近似看作稳定流。

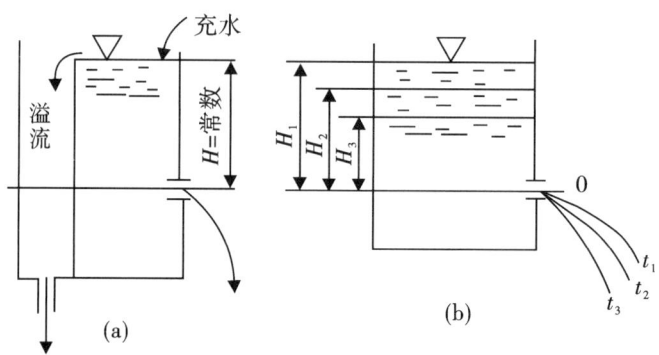

图1-4 稳定流与非稳定流

二、迹线和流线

(1)迹线 流场中的流体质点在一段时间内运动的轨迹称为迹线。

(2)流线 流线就是通过流体内一系列的点上的曲线。在曲线的各个点上,某一时刻的流体质点速度的方向均与曲线相切,如图1-5所示。

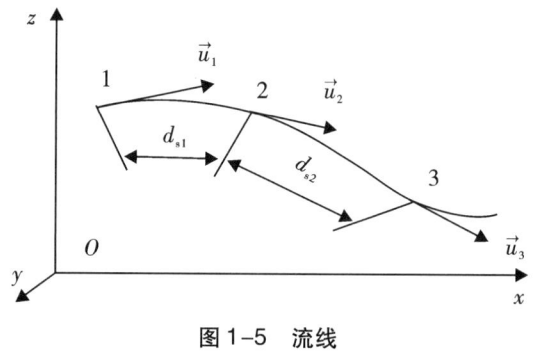

图1-5 流线

迹线是对某一流体质点而言的,表示在某一段时间间隔内、某一特定的流体质点在空间所经过的路线;而流线则是对连续分布的许多流体质点而言的,它表示某一特定时刻这些质点的运动方向。

在稳定流中,各点上流体的速度不随时间而变化,因而在不同时刻,流体质点是沿着不变的流线前进的,所以流线与迹线重合。在非稳定流时,由于流场中流速随时间改变,所以经过同一点的流线,其空间的方位和形状是随时间改变的。因此,流线与迹线一般不重合。

(3)流线的特性 因为在某一时刻,流场中任意一个点只能有一个速度向量,即通过该点只能有一条流线。所以,流线不能相交,也不能折转。

(4)流线谱　通过流场中的其他点,也可同样作出流线。因此,整个流场成为被无数流线所充满的空间,流线可清晰地显示出流动的几何形象,即用流线谱形象地描绘不同边界条件下流体的运动。

如图1-6(a)和(b)分别为用流线谱描绘空气管流突然扩大的流线分布和气体绕球体运动的流线分布。

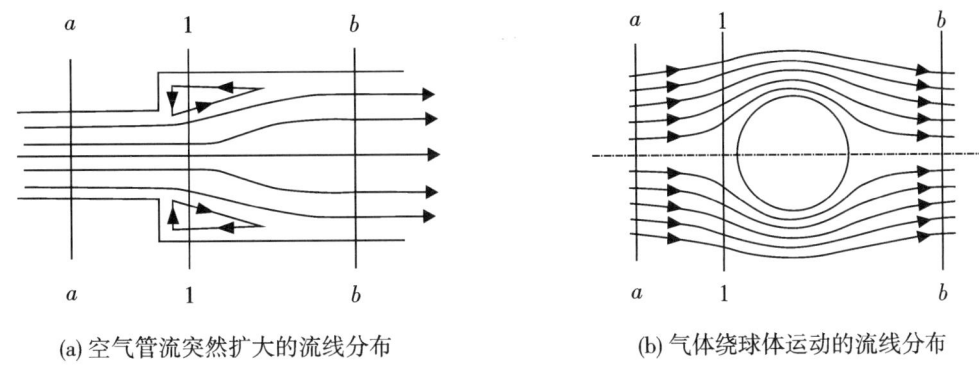

(a)空气管流突然扩大的流线分布　　(b)气体绕球体运动的流线分布

图1-6　流线谱

根据流线谱可分析流体运动规律:

1)当固体边界逐渐变化时,固体边界是流体运动的边界流线,即流体沿边界流动。如果边界突然发生变化,流体由于惯性作用,主流会脱离边界,在边界与主流间形成漩涡区,如图1-6(a)中1-1断面处。这时,漩涡区的固体边界就不是边界流线了。

2)流体运动出现明显不同的两种情况:一种是流线近于平行直线,如图1-6中的a-a、b-b断面;另一种是流线既不平行也不为直线,如图1-6中1-1断面。在流体力学中常称前一种为缓变流动,后一种为急变流动。

3)流线分布密集(间距小)处流速大,分布稀疏(间距大)处流速小。因此,流线分布的疏密程度就表示了流体运动的快慢程度。

三、流管、微小流束、总流

(1)流管　在流场中任意取非流线的封闭曲线,过曲线上所有点作流线,这些流线所围成的管子称为流管,如图1-7所示。

稳定流时流管的形状不随时间而改变,非稳定流时流管的形状随时间变化。由于流管的表面由流线所围成,根据流线的定义,流体不能穿出穿入流管表面,这样流管就好像刚体管壁一样,把流体流动限制在流管之内或流管之外。对于稳定流,则流管就像真实管子一样。

(2)微小流束　充满在流管中的运动流体,即流管内流线的总体,称为流束。当流束过流断面无限小时,这根流束称为微小流束,如图1-8所示。

(3)总流　无数微小流束的总和称为总流。如水管及风管中水流及气流的总体。在分析总流的流束、流量、压力等运动参数变化时,可将总流分成无数的微小流束。流线是微小流束的极限。

由于微小流束的断面面积很小,可以认为在断面上各点的运动参数是相同的,这样就能利用积分的方法来求得相应的总流有效断面上的运动参数。

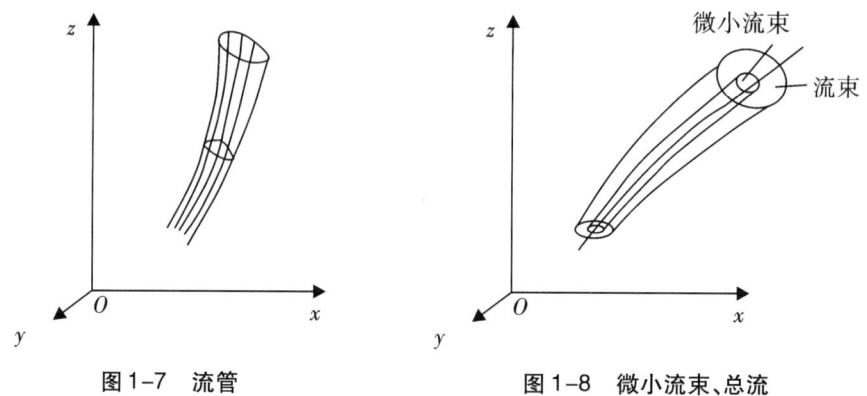

图 1-7 流管　　　　　图 1-8 微小流束、总流

四、有效断面、流量、平均流速

（1）有效断面　与微小流束或总流各流线相垂直的横断面，称为有效断面。

在一般情况下，流场中各点流线为曲线时，有效断面呈曲面形状。在流线趋于平行直线的情况下（即缓变流），有效断面为平面断面。因此，在实际运用中，对于流线呈平行直线或趋于平行直线的情况，有效断面可定义为与流体运动方向垂直的横断面。

（2）流量　单位时间内流经有效断面的流体称流量。常用流体的体积流量 $Q(m^3/s)$ 和质量流量 $M(kg/s)$ 来表示。

对于微小流束，体积流量 dQ 等于流速 u 与其微小有效断面面积 dA 的乘积，即 $dQ = udA$。

对于总流而言，体积流量 Q 则是微小流束对总流有效断面面积 A 的积分，即

$$Q = \int_A u dA \quad (m^3/s) \tag{1-20}$$

$$M = \rho Q \quad (kg/s) \tag{1-21}$$

（3）平均流速　由于流体有黏性，总流在任一有效断面上速度分布呈曲线图形，边壁处 u 为零，管轴处 u 为最大（如图 1-9）。设想有效断面上以某一均匀速度 v 分布，则其体积流量等于以实际流速流过这个有效断面的流体的体积，即

$$vA = \int_A u dA = Q \tag{1-22}$$

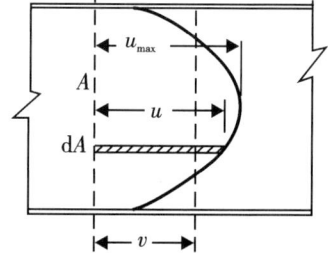

图 1-9 有效断面速度分布

则
$$v = \frac{\int_A u dA}{A} = \frac{Q}{A} \tag{1-23}$$

式中：v——平均流速，m/s；

Q——通过总流有效断面的体积流量，m^3/s；

A——有效断面面积，m^2。

根据这一流量相等原则确定的均匀速度，称为断面平均流速。工程上所指的管道中

流体的流速,就是这个断面上的平均流速 v,由式(1-23)可知,平均流速是指管道中流体流量与管道截面积的比值。

【例 1-3】 若风管中的流量为 2 000 m³/h,风管直径 d = 200 mm。试计算管道中空气的平均流速,并将体积流量换算成质量流量。空气的密度 ρ = 1.2 kg/m³。

解:(1)计算平均风速 v

由式(1-23) $\quad v = \dfrac{Q}{A} = \dfrac{2\,000/3\,600}{\dfrac{\pi}{4} \times 0.2^2} = 17.7\ (\text{m/s})$

(2)计算质量流量

由式(1-21) $\quad M = \rho Q = 1.2 \times \dfrac{2\,000}{3\,600} = 0.67\,(\text{kg/s})$

五、均匀流、渐变流、急变流

(1)均匀流 如果有效断面形状、大小或平均流速沿程不变,各有效断面上相应点的流速也不变,且流线为平行直线,这样的稳定流称为均匀流。均匀流中因速度大小没有变化,且流线为平行直线,故没有加速度,因而没有惯性力。

如果有效断面沿程变化(形状变化或大小变化),或各断面上速度分布改变,这种流动称为非均匀流。例如,有效断面收缩或扩大处、管道转弯处,流线不平行或为曲线,这类流动称为非均匀流。如图 1-10 所示。在非均匀流中有加速度,因而存在惯性力。

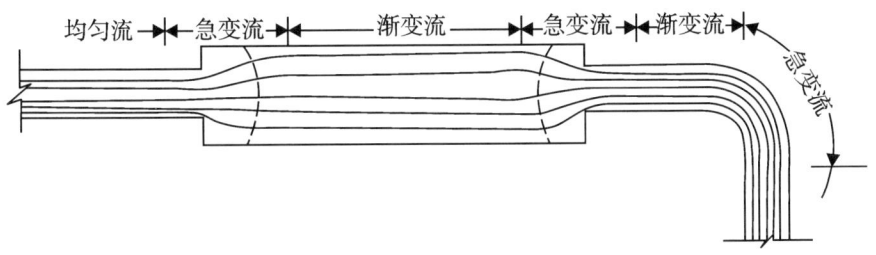

图 1-10 均匀流和非均匀流

(2)渐变流和急变流 非均匀流分为渐变流和急变流。凡流线分布满足流线之间的夹角很小和流线的曲率半径很大这两个条件的,称为渐变流,即缓变流动的直线加速度和向心加速度都很小,由此产生的惯性力可以忽略不计,且缓变流的有效断面可以看成是平面,如图 1-11 所示。

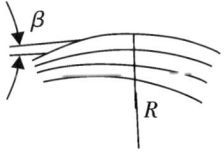

图 1-11 缓变流条件

凡不符合上述两条件之一的流动均属于急变流。

许多流动情况不是严格的均匀流,流线近乎平行直线,流速沿流向变化所形成的惯性小,可忽略不计,过流断面可认为是平面,在过流断面上,压强分布也可认为服从于流体静力学规律。也就是说,渐变流可近似地按均匀流处理。

第三节 连续性方程

因为流体是连续介质,所以在研究流体运动时,认为流体是连续充满它所占据的空间,这就是流体运动的连续性条件。

根据质量守恒定律,对于空间固定的封闭曲面所围成的控制体,非稳定流时,流入控制体的流体质量与流出控制体的流体质量之差,等于控制体内流体质量的变化量。稳定流时,因控制体内流体质量不随时间改变,所以流入控制体的流体质量等于流出控制体的流体质量,这些结论的数学表达式就是流体运动的连续性方程。

在稳定流时,运动参数是坐标(x、y、z)的函数,是三元稳定流动。为了使问题简化,沿流动方向取坐标 x,则运动参数仅是 x 的函数,这样的流动称为一元稳定流动。例如在研究管流时,沿流体流动的管长方向建立一元稳定流动。下面以一元稳定管流来阐述连续性方程。

一、一元微小流束稳定流动连续性方程

如图 1-12 所示,取稳定流总流有效断面 1-1 和 2-2 之间的空间为控制体,1-1 断面面积为 A_1、平均流速为 v_1;2-2 断面面积为 A_2、平均流速为 v_2;再在总流 A_1 和 A_2 上取有效断面为 dA_1 和 dA_2、速度为 u_1 及 u_2、密度为 ρ_1 和 ρ_2 的微小流束来分析。由于微小流束的流管没有流体的流入或流出,只有两端 dA_1 和 dA_2 有流体的流入和流出。

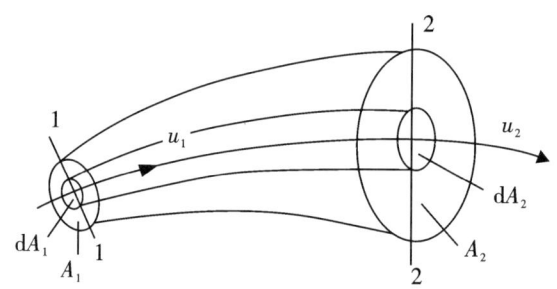

图 1-12 一元稳流质量平衡

在 dt 时间内,由 dA_1 流入的流体质量为 $\rho u_1 dA_1 dt$,由 dA_2 流出的流体质量为 $\rho u_2 dA_2 dt$,则在 dt 时间内实际流入此微小流束的流体质量的变化量为

$$dm = \rho u_1 dA_1 dt - \rho u_2 dA_2 dt$$

对于连续的稳定流动,微小流束的形状和运动参数(如密度 ρ)都不随时间变化。因此,在 dt 时间内,微小流束 dA_1 和 dA_2 间所包围的流体质量也不随时间变化,即 $dm=0$,则

$$\rho_1 u_1 dA_1 = \rho_2 u_2 dA_2 \tag{1-24}$$

这就是可压缩流体微小流束稳定流时的连续性方程。

若流体不可压缩,流体密度 ρ 为一常数,即 $\rho_1=\rho_2$,则

$$u_1 dA_1 = u_2 dA_2 \tag{1-25}$$

这就是不可压缩流体微小流束稳定流时的连续性方程。

二、一元总流稳定流动连续性方程

将式(1-25)两边沿总流有效断面 A_1 和 A_2 积分，$\int_{A_1} \rho_1 u_1 \mathrm{d}A_1 = \int_{A_2} \rho_2 u_2 \mathrm{d}A_2$。

为了简化上式，将上式中 ρ_1 和 ρ_2 分别取各自断面的平均密度 $\bar{\rho}_1$ 和 $\bar{\rho}_2$，则上式可写成

$$\bar{\rho}_1 \int_{A_1} u_1 \mathrm{d}A_1 = \bar{\rho}_2 \int_{A_2} u_2 \mathrm{d}A_2 \tag{1-26}$$

积分得
$$\bar{\rho}_1 Q_1 = \bar{\rho}_2 Q_2 \quad \text{或} \quad \bar{\rho}_1 v_1 A_1 = \bar{\rho}_2 v_2 A_2 \tag{1-27}$$

式中：$\bar{\rho}_1$、$\bar{\rho}_2$——有效断面 1-1 和 2-2 处流体平均密度，kg/s；

v_1、v_2——有效断面 1-1 和 2-2 处流体平均流速，m/s；

A_1、A_2——有效断面 1-1 和 2-2 的断面面积，m^2。

式(1-27)就是可压缩稳定流之总流的连续性方程。

对于不可压缩流体，ρ 为常数，则

$$Q_1 = Q_2 \tag{1-28a}$$

$$v_1 A_1 = v_2 A_2 \tag{1-28b}$$

$$\frac{v_1}{v_2} = \frac{A_2}{A_1} \tag{1-28c}$$

式(1-28)为不压缩流体稳定流时的连续性方程。它说明一元流动在稳定流时，沿流程体积流量为一常数，各有效断面平均流速与有效断面面积成反比，即断面大时流速小，断面小时流速大。这是不可压缩流体运动的一个基本规律。所以，只要总流已知，或任一断面的平均流速和断面面积已知，其他各个断面的平均流速即可用连续性方程计算出来。

【例1-4】 如图 1-13 所示的通风管道，$d_1 = 100$ mm，$d_2 = 150$ mm，$d_3 = 200$ mm。求：(1)当风量为 700 m^3/h 时，求各断面的平均风速。(2)当风量增大到 1 000 m^3/h 时，求平均流速的变化(设 ρ 为常数)。

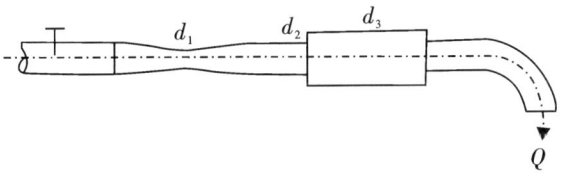

图 1-13 例 1-4 附图

解：(1)根据连续性方程

$$Q = v_1 A_1 = v_2 A_2 = v_3 A_3$$

$$v_1 = \frac{Q}{A_1} = \frac{700/3\,600}{\frac{\pi}{4} \times 0.1^2} = 24.8 \,(\text{m/s})$$

$$v_2 = \frac{Q}{A_2} = \frac{700/3\,600}{\frac{\pi}{4} \times 0.15^2} = 11 \,(\text{m/s})$$

$$v_3 = \frac{Q}{A_3} = \frac{700/3\,600}{\frac{\pi}{4} \times 0.2^2} = 6.2 \text{(m/s)}$$

(2)各断面流速比例保持不变,风量增大到 1 000 m³/h 时,即流量增大 10/7 倍,则各管段流速为

$$v_1 = 24.8 \times \frac{10}{7} = 35.4 \text{(m/s)}$$

$$v_2 = 11 \times \frac{10}{7} = 15.7 \text{(m/s)}$$

$$v_3 = 6.2 \times \frac{10}{7} = 8.86 \text{(m/s)}$$

第四节 能量方程

能量守恒及其转化规律,是物质运动的一个普遍规律。能量方程就是能量守恒和转换定律在流体力学中的体现,它表达了流动流体的压力能、动能和位能的变化规律。

一、作用在流体上的力

力的作用是流体状态发生变化的原因。作用在流体上的力可分为表面力和质量力两大类。

1. 表面力

表面力是作用于流体表面的力,是由与流体相接触的其他物体的作用面产生的。如固体边壁对流体的摩擦力、边壁对流体的反作用力、一部分流体对相邻的另一部分流体在接触面上产生的切向摩擦和法向压力等,都属于表面力。

表面力的大小与作用面积的大小成正比。除用总的作用力来度量外,还常用单位面积上所受的表面力来度量。若表面力与被作用面垂直,则称此力为压力或压应力,分别以 P 和 p 表示;若表面力与被作用力平行,则称此力为切向力或切应力,分别用 T 和 τ 表示。任一表面力均可以分解为法向力和切向力两部分。对于静止流体和理想流体,由于 du/dy 和 μ 分别为零,即 $T=0$ 和 $\tau=0$。因此,在理想流体和静止流体中,只有法向的表面力 P 和 p。

2. 质量力

质量力是指作用在所研究流体中每一流体质点上,并与其质量成正比的力。如重力、惯性力。

质量力的大小除用总的作用力来度量外,还常用单位质量力来度量。若有质量 m 的均质流体,作用于它的总的质量力为 F,则单位质量力 f 为

$$f = F/m \tag{1-29}$$

若总的质量力 F 在空间坐标上的分力分别为 F_x、F_y、F_z,单位质量力在相应坐标上的力 X、Y、Z 分别为

$$\left.\begin{array}{l}X = F_x/m \\ Y = F_y/m \\ Z = F_z/m\end{array}\right\} \quad (1\text{-}30)$$

根据牛顿定律 $F=ma$ 可知,例如流体所受的质量力只有重力时,则作用于流体的单位质量力的大小就等于重力加速度,即 $G/m=g$,它在各轴向的分力为

$$X = 0, \quad Y = 0, \quad Z = -g \quad (1\text{-}31)$$

其负号是因为重力的方向与 z 轴负向一致的原因。

二、理想流体的运动微分方程

如图 1-14 所示,在流场中取一边长为 $\mathrm{d}x$、$\mathrm{d}y$、$\mathrm{d}z$ 微元六面体为研究对象。微元六面体形心 $A(x,y,z)$ 处的压力为 $p(x,y,z)$,流速沿坐标轴的分量为 u_x、u_y、u_z,密度为 ρ,现以 x 轴方向受力为例进行分析。

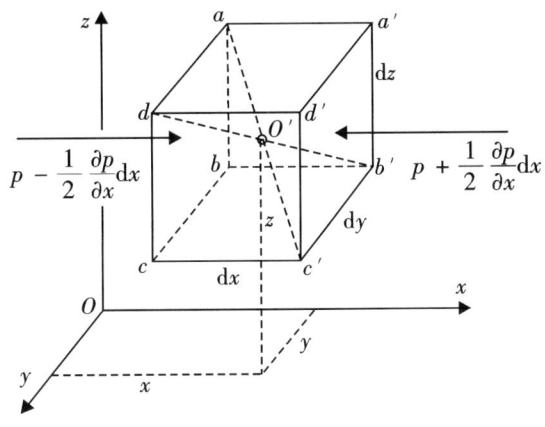

图 1-14 微元六面体受力分析

表面力分析:由于理想流体中没有切向力,故作用于微元六面体的表面力只有压力。设微元六面体左侧面 $abcd$ 的形心 m 点的压力为 $\left(p - \dfrac{1}{2}\dfrac{\partial p}{\partial x}\mathrm{d}x\right)$,其中 $\dfrac{\partial p}{\partial x}$ 是压力沿 x 轴的变化率。因此,坐标变化很小,可以认为 $\dfrac{\partial p}{\partial x}$ 不变,则 $-\dfrac{\partial p}{\partial x}$ 是 m 点相对于 A 点压力的变化量。同理,侧面 $a'b'c'd'$ 的形心 n 点的压力为 $\left(p + \dfrac{1}{2}\dfrac{\partial p}{\partial x}\mathrm{d}x\right)$。则沿 x 轴方向作用于微元六面体的表面力为 $\left(p - \dfrac{1}{2}\dfrac{\partial p}{\partial x}\mathrm{d}x\right)\mathrm{d}y\mathrm{d}z - \left(p + \dfrac{1}{2}\dfrac{\partial p}{\partial x}\mathrm{d}x\right)\mathrm{d}y\mathrm{d}z$。

质量力分析:设作用在流体单位质量上的质量力在 x 轴方向上的分力为 X,则微元体在 x 轴方向上的质量力为 $X = \rho\mathrm{d}x\mathrm{d}y\mathrm{d}z$。

根据牛顿第二定律,对于 x 轴方向有 $\left(p - \dfrac{1}{2}\dfrac{\partial p}{\partial x}\mathrm{d}x\right)\mathrm{d}y\mathrm{d}z - \left(p + \dfrac{1}{2}\dfrac{\partial p}{\partial x}\mathrm{d}x\right)\mathrm{d}y\mathrm{d}z = \rho\mathrm{d}x\mathrm{d}y\mathrm{d}z\dfrac{\mathrm{d}u_x}{\mathrm{d}t}$,化简得

$$X - \frac{1}{\rho}\frac{\partial p}{\partial x} = \frac{du_x}{dt} \qquad (1-32a)$$

同理,可得 y 轴和 z 轴方向的运动方程式为

$$Y - \frac{1}{\rho}\frac{\partial p}{\partial y} = \frac{du_y}{dt} \qquad (1-32b)$$

$$Z - \frac{1}{\rho}\frac{\partial p}{\partial z} = \frac{du_z}{dt} \qquad (1-32c)$$

式(1-32)就是理想流体的运动微分方程,它建立了作用在理想流体上的力与流体运动加速度之间的关系,是研究理想流体各种运动规律的基础,对不可压缩理想流体的稳定流与非稳定流都适用。对于可压缩流体,可联立可压缩流体连续性方程和气体状态方程一起应用。

三、理想流体一元微小流束的能量方程

在稳定流动时,对不可压缩理想流体运动微分方程进行积分,可以得到微小流束的能量方程。

沿流动分析微元段 ds 的各分量有

$$dx = u_x dt \text{ 或 } \frac{dx}{dt} = u_x \qquad (1-33a)$$

$$dy = u_y dt \text{ 或 } \frac{dy}{dt} = u_y \qquad (1-33b)$$

$$dz = u_z dt \text{ 或 } \frac{dz}{dt} = u_z \qquad (1-33c)$$

将式(1-32)中各式分别乘以 dx、dy、dz,然后将这三个式相加,再代入式(1-33)整理得

$$(Xdx + Ydy + Zdz) - \frac{1}{\rho}\left(\frac{\partial p}{\partial x}dx + \frac{\partial p}{\partial y}dy + \frac{\partial p}{\partial z}dz\right) = u_x du_x + u_y du_y + u_z du_z \quad (1-34)$$

如果质量力是有势,必然存在势函数 w,并且 $dw = Xdx + Ydy + Zdz$,由于是稳定流,$\frac{\partial p}{\partial t} = 0$,所以压力的全微分为

$$dp = \frac{\partial p}{\partial x}dx + \frac{\partial p}{\partial y}dy + \frac{\partial p}{\partial z}dz$$

$$u_x dx + u_y dy + u_z dz = \frac{1}{2}d(u_y^2 + u_y^2 + u_z^2) = d\left(\frac{u^2}{2}\right)$$

由于不可压缩流体,ρ 是常数,$\frac{dp}{\rho} = d\left(\frac{dp}{\rho}\right)$。

从以上结果,式(1-34)可写成 $d\left(w - \frac{p}{\rho} - \frac{u^2}{z}\right) = 0$,积分得

$$w - \frac{p}{\rho} - \frac{u^2}{z} = 常数 \qquad (1-35)$$

如果作用于流体的质量力只有重力,则 $w = -gz$,所以式(1-35)可写成

$$z + \frac{p}{\rho g} + \frac{u^2}{2g} = 常数 \qquad (1-36)$$

或者写成

$$z_1 + \frac{p_1}{\rho g} + \frac{u_1^2}{2g} = z_2 + \frac{p_2}{\rho g} + \frac{u_2^2}{2g} \text{ (m)} \tag{1-37}$$

式(1-36)、式(1-37)就是单位质量理想不可压缩流体一元微小流束稳定流能量方程,也称为伯努利方程式。

下面扼要说明一下能量方程式的几何意义及物理意义。

(1)几何意义　所谓几何意义就是用图形来表示出其中各物理量之间的关系。因次都是长度因次。

z 是指所研究的流体在基准面上的位置高度,称为位置水头,m。

$\frac{p}{\rho g}$ 是指研究分析的流体质点在 z 位置时,由于受到压力 p 而能够上升的高度,称为压力水头,m。

$\frac{u^2}{2g}$ 是指所研究流体质点在 z 位置时,以速度 u 垂直向上喷射(不计空气阻力)时所能达到的高度,称为速度水头,m。

位置水头和压力水头之和称为测压管水头。

位置水头、压力水头、速度水头三者之和,称为总水头,用 H 表示,即

$$H = z + \frac{p}{\rho g} + \frac{u^2}{2g} \text{ (m)} \tag{1-38}$$

由于能量方程中每一项都表示一高度,因此,就可以利用几何图形来表示它们的关系,如图1-15、图1-16所示。$O-O$ 为基准线,AB 为位置水头线,CD 为测压管水头线,EF 为总水头线。

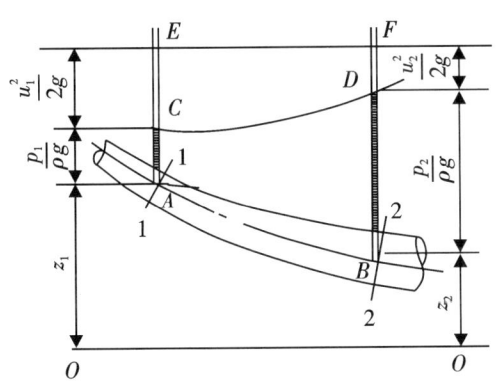

图1-15　理想流体总水头线及测压管水头线

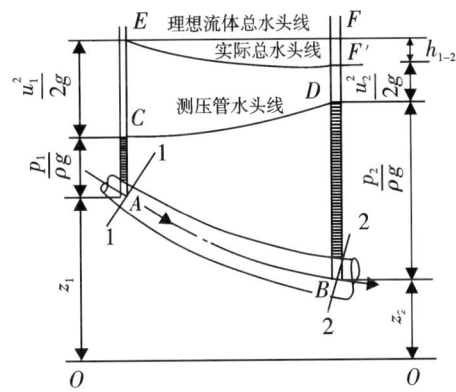

图1-16　实际流体总水头线及测压管水头线

理想流体能量方程的几何意义就是总水头线是一条水平线。三个水头可以互相增减,但总水头线不变。

(2)物理意义　所谓物理意义是指其能量意义。

由式(1-37),每项都乘以 g,得

$$z_1 g + \frac{p_1}{\rho} + \frac{u_1^2}{2} = z_2 g + \frac{p_2}{\rho} + \frac{u_2^2}{2} \text{ (J)} \tag{1-39}$$

式中:zg——单位质量流体所具有的位能,J;

$\dfrac{p}{\rho}$——单位质量流体所具有的压力能,J;

$\dfrac{u^2}{2}$——单位质量流体所具有的动能,J。

位能、压力能、动能三者之和称为流体的机械能,用 e 表示,即

$$e = zg + \dfrac{p}{\rho} + \dfrac{u^2}{2} \text{ (J)} \tag{1-40}$$

对于理想流体的能量方程说明:单位质量的流体所携带的总能量在它所流经的流程上任何位置时是保持不变的,但位能、压力能和动能之间可以相互转换。因此,理想流体能量方程就是能量转换与守恒定律在流体流动过程中的具体表达。

四、实际流体微小流束的能量方程

由于实际流体有黏性,在运动时会产生流动阻力。为了克服这个阻力,流体就必须消耗一部分机械能。因此,当实际流体沿微小流束流动时,流体所具有的机械能将沿流程不断减小,即如图1-16所示总水头不断降低(图中 EF'),于是

$$z_1 g + \dfrac{p_1}{\rho} + \dfrac{u_1^2}{2} > z_2 g + \dfrac{p_2}{\rho} + \dfrac{u_2^2}{2}$$

若用 h_{1-2} 表示单位质量流体从断面1-1流至断面2-2的能量损失,则

$$z_1 g + \dfrac{p_1}{\rho} + \dfrac{u_1^2}{2} = z_2 g + \dfrac{p_2}{\rho} + \dfrac{u_2^2}{2} + h_{1-2} \tag{1-41}$$

式(1-41)就是实际流体微小流束的能量方程。

现以毕托管为例说明微小流束能量方程的应用。毕托管是广泛用于测量气流和水流压力的一种仪器。如图1-17所示,管前端开口 a 正对气流或水流。a 端内部有流体通路与上端点 a' 相通,b 开口处内部亦有流体通路与上端 b' 相通。当测量水流时,$a'b'$ 两管水面差 h_v 即反映了 a、b 两处压差。当测量气流时,$a'b'$ 两端接液柱压力计(如U形压力计),以测量 a、b 两处压差。

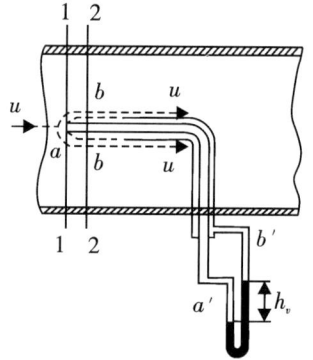

图1-17 毕托管原理

液体流至 a 端开口(1-1截面)时,水流最初即从开口处流入,并沿管道上升使 a 端压力不断升高,直到该处质点流速降为零,即 $u_a = 0$,其压力为 p_a。然后由 a 分路流经 b 开口(2-2截面)时,流速又恢复为原有速度(u_b)和压力(p_b)。

沿 ab 流线写出1-1截面和2-2截面微小流束的能量方程:$\dfrac{p_a}{\rho} + 0 = \dfrac{p_b}{\rho} + \dfrac{u^2}{2}$,得出

$$u = \sqrt{2g\dfrac{p_a - p_b}{\rho g}} \text{ (m/s)} \tag{a}$$

由管的开口端液柱差 h_v 代入下式便可算得速度 u

$$u = \varphi \sqrt{2gh_v} \text{ (m/s)} \tag{b}$$

式中,φ 为经实验校正的流速系数,与毕托管的构造和加工有关,其值近似等于1。

如用毕托管测定气流,则根据压差计所量得的压差 $p_a - p_b = \rho' g h_v$(Pa),代入(b)式,得

$$u = \sqrt{2g\frac{\rho'}{\rho}h_v} \text{ (m/s)} \tag{c}$$

式中:ρ'——压差计中所用液体的密度,kg/m³;
　　ρ——所测流体的密度,kg/m³。

五、实际流体总流的能量方程

总流是由无数多微小流束组成的。

现在讨论如何把微小流束的能量方程应用于总流的缓变流断面上,从而建立实际流体的能量方程。

由式(1-40),以 $dM = \rho u dA$ 的质量流量通过微小流束有效断面的流体总能量为

$$dE = edM = (zg + \frac{p}{\rho} + \frac{u^2}{2})\rho u dA$$

单位时间内通过总流有效断面流体的总能量为

$$E = \int_A dE = \int_A (zg + \frac{p}{\rho} + \frac{u^2}{2})\rho u dA$$

上式各项除以通过总流有效断面流体质量 $M = \rho Q$,则得出给定断面流体平均单位能量

$$e_{均} = \frac{E}{\rho Q} = \frac{1}{\rho Q}\int_A (zg + \frac{p}{\rho} + \frac{u^2}{2})\rho u dA$$

如所取的断面符合缓变流条件时,有效断面上各点 $zg + \frac{p}{\rho} = $ 常数,由流体为连续流动,$\int_A u dA = Q$

则上式可以写成

$$e_{均} = \frac{zg + \frac{p}{\rho}}{Q}\int_A u dA + \frac{1}{2Q}\int_A u^3 dA = zg + \frac{p}{\rho} + \frac{1}{2Q}\int_A u^3 dA$$

对于 $\frac{1}{2Q}\int_A u^3 dA$,如果用断面平均流速代替真实流速,则必须引入动能修正系数的概念。

在总流有效断面上,流速分布是不均匀,设各点真实速度 v 与平均速度之差为 Δu,则

$$u = v + \Delta u$$

$$\int_A u dA = \int_A (v + \Delta u) dA = \int_A v dA + \int_A \Delta u dA = Q$$

因为 $\int_A v dA = Q$,所以 $\int_A \Delta u dA = 0$。

$$\frac{1}{2Q}\int_A u^3 dA = \frac{1}{2Q}\int_A (v + \Delta u)^3 dA$$

$$= \frac{1}{2Q}[\int_A v^3 dA + 3\int_A v^2 \Delta u dA + 3\int_A v(\Delta u)^2 dA + \int_A (\Delta u)^3 dA]$$

式中 $\int_A (\Delta u)^3 dA$ 值很小,可以忽略不计;又因 v 为常数,可提出积分号外;又 $\int_A \Delta u dA = 0$,则上式可写成

$$\frac{1}{2Q}\int_A u^3 dA = \frac{v^2}{2}\left[1 + \frac{3}{v^2 A}\int_A (\Delta u)^2 dA\right]$$

令

$$\alpha = 1 + \frac{3}{v^2 A}\int_A (\Delta u)^2 dA = \frac{\int_A u^3 dA}{v^3 A} \tag{1-42}$$

则

$$\frac{1}{2Q}\int_A u^3 dA = \alpha \frac{v^2}{2}$$

式中 α 称为动能修正系数。显然,$(\Delta u)^2$ 永远为正值,故 α 永远大于 1。α 是由于断面上速度分布不均匀而引起的,不均匀性越大,α 值越大。在层流圆管中 $\alpha = 2$,紊流圆管中 $\alpha = 1.05 \sim 1.10$。在通风工程及气力输送中,空气流动的紊流度均很大,实际计算中一般取 $\alpha = 1$。

由此可写出总流中某缓变流断面的单位机械能为

$$e_{均} = zg + \frac{p}{\rho} + \frac{\alpha v^2}{2}$$

对总流中任意两个缓变流断面 1-1 和 2-2,并以 h_{1-2} 表示单位质量流体由断面 1-1 流至断面 2-2 的能量损失,则

$$z_1 g + \frac{p_1}{\rho} + \frac{\alpha_1 v_1^2}{2} = z_2 g + \frac{p_2}{\rho} + \frac{\alpha_2 v_2^2}{2} + gh_{1-2} \tag{1-43}$$

式(1-43)即为不可压缩流体总流的能量方程式,在解决实际问题中有极其重要的作用,但在应用时应注意遵守方程在推导过程中所引入的各项条件,归纳起来如下:

(1)流体运动必须是稳定流。
(2)所取断面是缓变流。
(3)方程适用于不可压缩流体运动。
(4)在所讨论的两断面间无能量输入或输出,如发生能量输入或输出时(如断面间串接有风机、水泵、水轮机等),则应将单位质量流体所获得或失去的能量 e 加入或从方程中减去,即

$$z_1 g + \frac{p_1}{\rho} + \frac{\alpha_1 v_1^2}{2} \pm e = z_2 g + \frac{p_2}{\rho} + \frac{\alpha_2 v_2^2}{2} + gh_{1-2} \tag{1-44}$$

式中,e 为单位质量流体获得或失去的能量。获得能量取"+"号;失去能量取"-"号。

(5)流体流量沿流程不变。对于有分支流(或汇合流)的情况,则仍应按能量守恒原则方程,只要考虑断面间各段的能量损失,而不需考虑分出去(或汇集)流量的能量损失。例如图 1-18(a)所示,总流断面 1 和 2 之间如果有流量分出时,公式(1-44)可写为

$$z_1 g + \frac{p_1}{\rho} + \frac{\alpha_1 v_1^2}{2} = z_2 g + \frac{p_2}{\rho} + \frac{\alpha_2 v_2^2}{2} + gh_{1-2}$$

总流断面 1 和 3 之间如果有流量汇入时[图 1-18(b)],公式(1-44)可以写成

$$z_1 + \frac{p_1}{\rho g} + \frac{a_1 v_1^2}{2g} \pm e = z_3 + \frac{p_3}{\rho g} + \frac{a_3 v_3^2}{2g} + h_{1-3}$$

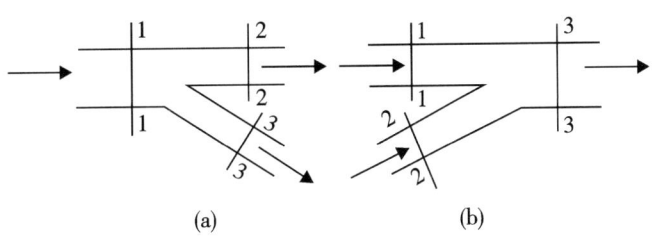

图1-18 分流和汇流

六、通风管流的能量方程

对于粮油食品饲料加工厂仓通风和低浓度气力输送,空气管流的压力变化和气流速度都较小,空气密度 ρ 可以近似地取为常数。因此,上述能量方程对此也同样适用,并可进一步简化。由于单位体积的空气质量较轻,两断面的位能差相对于压力能差和动能差可以忽略,故取近似等于零;又由于通风管道中空气流动的紊流度很大,故动能修正系数可近似地取 1。于是能量方程(1-44)可写成

$$\frac{p_1}{\rho g} + \frac{v_1^2}{2g} = \frac{p_2}{\rho g} + \frac{v_2^2}{2g} + h_{1-2} \tag{1-45}$$

当 ρ=常数时,将能量方程的各项用单位体积的空气具有的能量表示,为此,可将方程中各项均乘以 ρg 而得

$$p_1 + \frac{\rho v_1^2}{2} = p_2 + \frac{\rho v_2^2}{2} + \rho g h_{1-2} \quad (\text{Pa}) \tag{1-46}$$

式中: p ——断面上空气所具有的压力能,通风工程中常称为静压力,Pa;

$\frac{\rho v^2}{2}$ ——称为速度压力或动压力,它反映单位体积空气所具有的动能,Pa;

$p + \frac{\rho v^2}{2}$ ——表示断面上单位体积流动空气所具有的全部能量,称为全压力,Pa。

式(1-46)中 p_1、p_2 是以绝对静压力表示的。在通风工程中常以大气压力 p_0 作为计量压力的基准,于是将公式(1-46)的两侧中减去大气压力 p_0,得

$$p_1 - p_0 + \frac{\rho v_1^2}{2} = p_2 - p_0 + \frac{\rho v_2^2}{2} + \rho g h_{1-2} \quad (\text{Pa}) \tag{1-47}$$

令 $p - p_0 = p_j$; $\frac{\rho v^2}{2} = p_d$; $p_j + p_d = p_q$; $\rho g h_{1-2} = H_{1-2}$

代入上式,则可写成

$$p_{j1} + p_{d1} = p_{j2} + p_{d2} + H_{1-2} = p_{q1} = p_{q2} + H_{1-2} \quad (\text{Pa}) \tag{1-48}$$

式中: p_{j1}、p_{j2} ——1-1、2-2 断面空气相对静压力,当 $p > p_0$ 时,p_j 为正值;当 $p < p_0$ 时,p_j 为负值;当 $p = p_0$ 时,$p_j = 0$;

p_{d1}、p_{d2} ——1-1、2-2 断面空气的动压,Pa;

p_{q1}、p_{q2} ——1-1、2-2 断面空气的全压,Pa;

H_{1-2} ——1-1、2-2 断面之间的能量损失,Pa。

公式(1-48)就是能量方程用于通风管流中的具体形式。它说明两断面之间的能量

损失,在数值上等于气流在流动方向前后两断面上全压力的代数差。

七、能量方程的应用举例

【例1-5】 如图1-19所示风管,小管直径 $d_1 = 200$ mm,大管直径 $d_2 = 250$ mm,前后两个压差计中水柱高度差 $h_1 = h_2 = 10$ mm,两断面之间阻力 $h_{1-2} = 5$ mmH$_2$O。求大小管中的风速 v_1 和 v_2。

解:1-1 截面 h_1 表示全压力,2-2 截面 h_2 表示静压力,且设静压力值为负。由公式(1-48)

$$p_{q1} = p_{q2} + H_{1-2} = p_{j2} + p_{d2} + H_{1-2} \text{ (Pa)}$$

$$h_1 = h_2 + \frac{p_{d2}}{\rho g} + h_{1-2}$$

$$10 = -10 + \frac{p_{d2}}{\rho g} + 5$$

$$\frac{p_{d2}}{\rho g} = 15 = \frac{\rho v_2^2}{2g} \text{ (mmH}_2\text{O)}$$

$$v_2 = \sqrt{\frac{2 \times 15 \times 9.81}{1.2}} = 13.1 \text{ (m/s)}$$

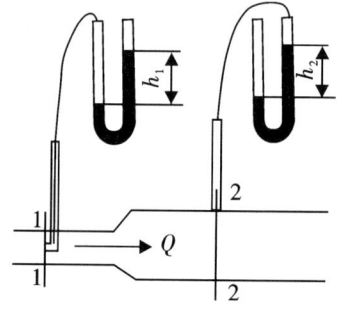

图1-19 例1-5附图

【例1-6】 如图1-20所示,设风机的进风管直径 $d = 100$ mm,在喇叭形进口处测得水柱上升高度 $h = 12$ mm,空气密度 $\rho = 1.2$ kg/m³。如不考虑流动损失,求进入风机的风量。

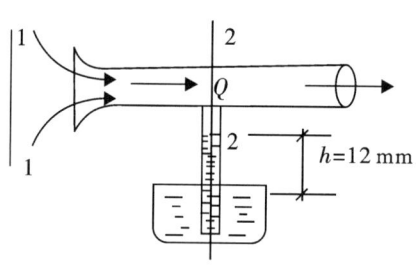

图1-20 例1-6附图

解:考虑到空气由大气中流入管道,取断面1-1位于远离管口的大气中,断面2-2则位于进风管中。如不计损失,则由公式(1-48)

$$p_{j1} + p_{d1} = p_{j2} + p_{d2}$$

$$0 + 0 = -12 \times 9.81 + \frac{1.2 v_2^2}{2}$$

$$v_2 = \sqrt{2 \times 9.81 \times 10} = 14 \text{ (m/s)}$$

$$Q = \frac{\pi}{4} d^2 v_2 = \frac{\pi}{4} \times 0.1^2 \times 14 = 0.11 \text{ (m}^3\text{/s)}$$

思考与练习

1. 反映空气性质的参数有哪些？
2. 通风管流能量方程应用条件是什么？它在通风工程中的形式是什么？可求解哪类问题？
3. 在一个大气压条件下，0 ℃的烟气密度为 1 kg/m³，求 800 ℃的烟气密度。
4. 求绝对压强为 140 kPa、温度为 50 ℃的空气密度。
5. 一充氢气直径为 20 m 的球，在绝对压强为 1.10 kPa、温度为 -40 ℃的高空。问此球在绝对压强为 101.3 kPa、温度为 15 ℃的地面应充入氢气的体积为多少？不计皮球的应力作用。
6. 温度为 20 ℃的空气，在直径为 250 mm 的圆管中流动，已知距管壁 1 mm 处的空气流速为 30 cm/s，求每米长管道的总摩擦力。
7. 矩形风管的断面为 300 mm×400 mm，风量为 2 700 m³/h，求断面平均风速。若风口断面缩小为 150 mm×200 mm，该处的平均流速有多大？
8. 在 4 cm × 4 cm 的空气压缩机进口管道中，空气密度为 1.2 kg/m³，平均流速为 4 m/s，经过压缩后，在直径为 2.5 cm 的圆管中，以 3 m/s 的平均流速流出，求空气压缩机出口的空气密度和质量流量。
9. 某除尘系统，如图 1-21，管径 d = 500 mm，空气密度 ρ = 1.2 kg/m³，各断面实测数据见表 1-1。求：(1)除尘器的压力损失；(2)三段管道的总压力损失；(3)管内的平均风速。

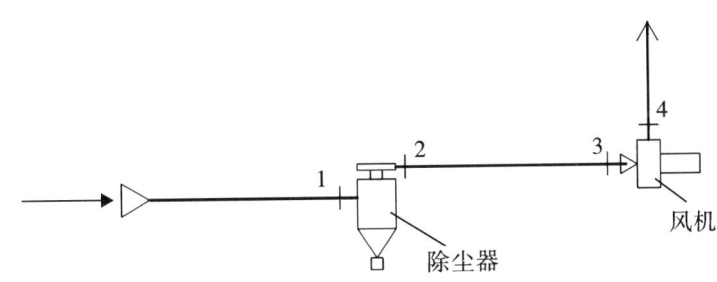

图 1-21　除尘系统示意图

表 1-1　各断面实测数据

断面	1	2	3	4
全压/mmH₂O	-150	-240	-286	33
静压/mmH₂O	-160			

第二章 流体在管道中的流动阻力和能量损失

本章要点：本章介绍了空气在管道中流动的状态（层流、过渡流、紊流）及其划分（雷诺数）方法；空气在圆管中层流、紊流的运动规律（速度分布、最大速度、流量和阻力），管流运动的沿程、局部阻力，及其能量损失的分析与计算方法。

第一节 能量损失的两种形式

实际流体由于具有黏性，在流动时就会产生阻力。流体在流动过程中因克服阻力而做功，使它的一部分机械能不可逆地转化为热能，从而形成能量损失。

流动阻力是造成能量损失的原因。因此，能量损失的变化规律就必然是流动阻力规律的反映。产生阻力的内因是流体的黏性和惯性。外因是固体边壁对流体的阻滞作用和扰动作用。所以，讨论能量损失就必然联系到流动阻力。既要分析流体内部黏性与惯性的相互作用，又要研究边壁特征的影响。

为了便于分析和计算，根据流体流动的边壁是否沿流程变化，把能量损失分为沿程损失和局部损失两类。

一、沿程阻力和沿程损失

在边壁沿流程不变的管段上，流体流动的速度分布基本上是沿程不变的，流动阻力只有沿程不变的切应力（摩擦力），称为沿程阻力。克服沿程阻力而引起的能量损失，称为沿程损失，用 h_f（或 H_f）表示。如图 2-1 中的 h_{fab}、h_{fbc}、h_{fcd} 就是 ab 段、bc 段及 cd 段的沿程损失，它们分布在各个管段的全程上，并与管段的长度成正比。

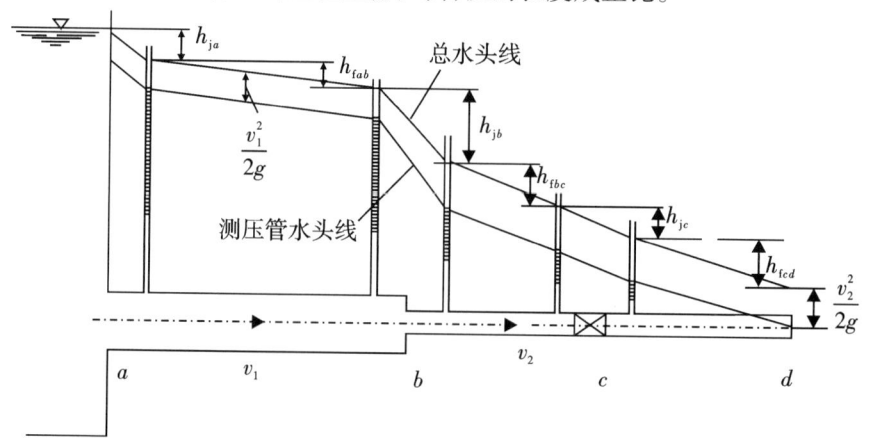

图 2-1 沿程损失和局部损失

二、局部阻力和局部损失

在边壁急剧变化的区域,由于出现了漩涡区和速度分布的变化,流动阻力大大增加,形成比较集中的能量损失,这种阻力称为局部损失,用 h_j(或 H_j)表示。如图 2-1 中的管道进口、变径管和阀门等处,都会产生局部阻力,h_{ja}、h_{jb}、h_{jc} 就是相应的局部损失。

整个管路的能量损失等于沿程损失和局部损失这两种形式能量损失之和。整个管路的能量损失 h 为

$$h = \sum h_f + \sum h_j = h_{fab} + h_{fbc} + h_{fcd} + h_{ja} + h_{jb} + h_{jc}$$

三、能量损失的计算

沿程能量损失

$$h_f = \lambda \frac{l}{d} \frac{v^2}{2g} \text{(m)} \text{ 或 } H_f = \lambda \frac{l}{d} \frac{\rho v^2}{2} \text{ (Pa)} \tag{2-1}$$

局部能量损失

$$h_j = \xi \frac{v^2}{2g} \text{(m)} \text{ 或 } H_j = \xi \frac{\rho v^2}{2} \text{ (Pa)} \tag{2-2}$$

式中:l——管长,m;

d——管径,m;

v——断面平均流速,m/s;

λ——沿程阻力系数;

ξ——局部阻力系数;

ρ——空气密度,标准状态下为 1.2 kg/m³。

公式(2-1)、公式(2-2)不是十分严格的理论公式,而是根据工程上长期实践的经验,把能量损失问题转化为求阻力系数的问题。由于影响能量损失的因素复杂,目前还不可能用纯理论方法来解决能量损失计算的全部问题。对于公式中的 λ 和 ξ,必须借助于分析一些典型的实验结果,用经验的或半经验的方法求得。这样公式中没有直接给出的其他影响能量损失的因素,就可以包含在这两个阻力系数中,使计算结果和实际一致。此外,把能量损失写成流速的动压水头倍数的形式,在列能量方程时,可以把它和动压水头合并成一项,以便于计算。

第二节 层流、紊流与雷诺实验

实验表明,沿程损失的规律与流动状态密切相关。雷诺通过大量实验研究后,发现实际流动存在着两种不同的状态,即层流和紊流。这两种状态的沿程损失规律大不相同。

一、雷诺实验

雷诺实验的装置如图 2-2 所示。

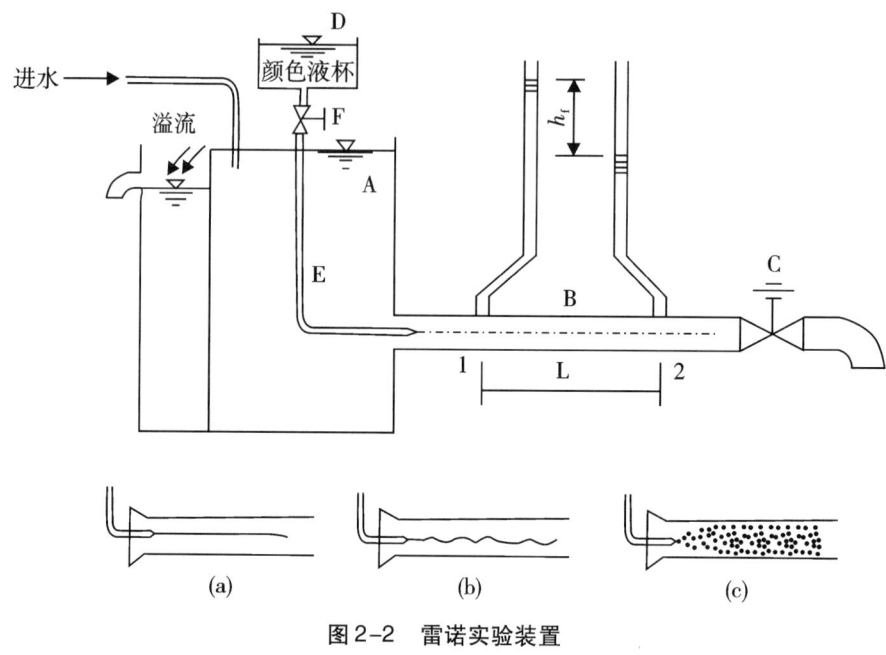

图 2-2 雷诺实验装置

实验程序:利用溢水保持水箱 A 的水位恒定。开始时,先稍微开启实验管段 B 上的调节阀门 C,则有水沿 B 管流动。再开启颜色液杯 D 的阀门 F,使有颜色的液体流入 B 管中,与水一起流动。

当 C 阀开度较小,即 B 管中流速很小时,有色液体在 E 管中呈现出一条沿管轴运动的流束。它并不与水相混杂,见图 2-2(a),表明 B 管中水沿管轴方向流动时,流束之间或流体层与层之间彼此不相混杂,质点没有径向的运动,都保持各自的轴向运动,这种流动状态称为层流。

继续开大阀门 C,即 B 管中流速增大,有色液体的流动并无变化,仍为层流状态。但当 B 管中平均流速达到某一临界值 v_k 时,有色液体流速发生动荡、分散,个别地方出现中断,即为过渡状态,如图 2-2(b)所示。此时,若再开大阀门 C,即 B 管中流速再稍增大,或有其他外部干扰振动,则有色液体将破裂混杂而成为一种紊乱状态。这说明水及有色液体,它们既有轴向运动又有瞬息变化的径向运动,各流层之间的质点大量交换混杂,作杂乱无章的随机运动,这种流动称为紊流流动,如图 2-2(c)所示。

反之,将阀门 C 逐渐关小,即 B 管中流速逐渐减小,水流将由紊流状态,经过另一个流速的临界值 v_k',恢复到层流状态。$v_k < v_k'$,因此,称 v_k 为低临界速度,而称 v_k' 为高临界速度。

二、雷诺数及其临界值

雷诺从上述一系列实验数据中发现:在相同管径的管中,用不同液体进行实验,所测得的临界速度 v_k 是各不相同的;在不同直径的管中,用同一种液体进行实验,所测得的临界速度 v_k 也是各不相同的。

根据上述情况,可以判定临界速度是随流体物理性质 μ、ρ 及管径 d 的改变而变化的,也就是说,v_k 是 μ、ρ 及 d 的函数。

雷诺和其他学者的大量实验数据证实,将临界速度 v_k、流体的黏系数 μ、流体的密度 ρ 及管道直径 d 组成无量纲数。即

$$Re_k = \frac{v_k \rho d}{\mu}$$

则将每次的实验数据代入计算,其结果是:任何一组数据的无量纲数基本上是相等的。此无量纲数 Re_k 称为低临界雷诺数,即低临界雷诺数实际上可视为不变的常数。雷诺得到的低临界雷诺数为 $Re_k = \frac{v_k \rho d}{\mu} = 2\,320$

高临界雷诺数为 $Re_k = \frac{v'_k \rho d}{\mu} = 13\,800$

管中流体流动的一般雷诺数为

$$Re = \frac{v \rho d}{\mu} \quad \text{或} \quad Re = \frac{vd}{\mu/\rho} = \frac{vd}{v} \tag{2-3}$$

式中,v 为管中的平均流速。按雷诺实验条件和数据来说,如果

$Re = \frac{v \rho d}{\mu} < Re_k = 2\,320$,则流动是层流。

$Re = \frac{v \rho d}{\mu} > Re_k = 13\,800$,则流动是紊流。

若 $2\,320 < Re < 13\,800$,其流动可能是紊流,也可能是层流,通常称为过渡区。但层流在这个区域内很不稳定,外界稍有干扰立刻就转变为紊流。因此,在工程上一般把这个区域当作紊流来处理。所以,在流体力学中以低临界雷诺数作为判定管中流动状态的标准,即

$Re = \frac{v \rho d}{\mu} < 2\,320$,则流动是层流。

$Re = \frac{v \rho d}{\mu} > 2\,320$,则流动是紊流。

式中,d 是管道的断面特征尺寸。对于圆形管道,则特征尺寸即为圆管直径;对于非圆形断面管道,则用当量直径代替。为此,介绍能够综合反映断面水力特性的量——水力半径 R。R 定义为

$$R = \frac{A}{X} \quad (\text{m})$$

式中:A——有效断面面积,m^2;

X——湿周(m),即指在 A 上,流体与固体的接触长度,如图 2-3 为几种湿周的例子。

按定义,对于圆形管道

$$R = \frac{A}{X} = \frac{\frac{\pi}{4}d^2}{\pi d} = \frac{d}{4} \quad \text{或写成} \quad d = 4R = d_{\text{当}} \tag{2-4}$$

由上可知,水力半径的 4 倍刚好等于圆管直径。因此,在流体力学中根据这一概念相比拟,对于任意形状断面的流道,均以其 4 倍水力半径作为断面特征尺寸,称为该断面

的水力学直径或当量直径,并以 $d_{当}$ 表示。例如对于矩形管道,其 $d_{当}$ 为

$$d_{当} = 4R = 4\frac{A}{X} = 4\frac{a \times b}{a+b} = \frac{2ab}{a+b} \tag{2-5}$$

则其雷诺数为

$$Re = \frac{v\rho d_{当}}{\mu} \tag{2-6}$$

判定流动状态的临界雷诺数仍是 2 320。

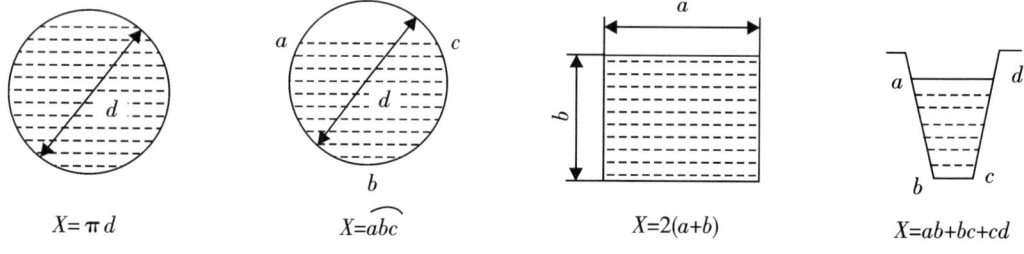

图 2-3 几种湿周

【例 2-1】 设有一通风管道,管径 $d=300$ mm,风量 $Q=3\,200$ m³/h,风温 $t=25$ ℃,试判定管中气流的流态。若采用断面为 $a \times b=200$ mm×300 mm 的矩形风管,则管中气流的流态将如何?

解:圆管中平均风速为

$$v = \frac{Q}{A} = \frac{3\,200}{3\,600 \times \frac{\pi}{4} \times 0.3^2} = 12.58 \text{ (m/s)}$$

$t=25$ ℃时,查附录 2 得空气的运动黏性系数 $\upsilon=15.57 \times 10^{-6}$ m²/s。因此,雷诺数为

$$Re = \frac{vd}{\upsilon} = \frac{12.58 \times 0.3}{15.57 \times 10^{-6}} = 2.42 \times 10^5 > 2\,320$$

故圆管中气流为紊流。
对于矩形管

$$v = \frac{Q}{A} = \frac{Q}{a \times b} = \frac{3\,200}{3\,600 \times 0.2 \times 0.3} = 16.17 \text{ (m/s)}$$

$$d_{当} = \frac{2ab}{a+b} = \frac{2 \times 0.2 \times 0.3}{0.2 + 0.3} = 0.171 \text{ (m)}$$

$$Re = \frac{vd_{当}}{\upsilon} = \frac{16.67 \times 0.171}{15.57 \times 10^{-6}} = 1.8 \times 10^{-5} > 2\,320$$

故矩形管中气流为紊流。

三、流态分析

层流和紊流的根本区别在于层流各流层间互不掺混,只存在黏性引起的摩擦阻力;紊流则有大小不等的涡体动荡于各流层间,除了黏性阻力,还存在着由于质点掺混、互相碰撞所造成的惯性阻力。因此,紊流阻力比层流阻力大得多。

层流到紊流的转变是与涡体的产生联系在一起的。图 2-4 表示涡体产生的过程。

流体原来作直线层流运动。由于某种干扰,流层发生波动,如图 2-4(a)所示,于是在波峰一侧断面受到压缩,流速增大,压力降低;在波谷一侧由于过流断面增大,流速减小,压力增大,使流层受到如图 2-4(b)中箭头所示的压差作用,如此使波动进一步加大,如图 2-4(c)所示,终于发生涡体。涡体形成后,由于其一侧的旋转切线速度与流动方向一致,故流速较大,压力较小;而另一侧,旋转切线速度与流动方向相反,流速较小,压力较大。于是涡体在两侧压差作用下,将由一层转到另一层,如图 2-4(d)所示,这就是紊流掺混的原因。

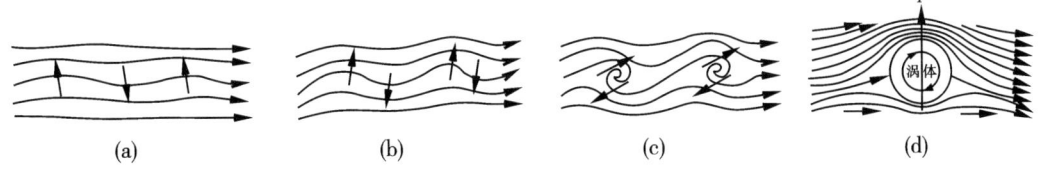

图 2-4　层流到紊流的变化过程

层流受扰动后,当黏性力的稳定作用起主导作用时,扰动受到黏性阻滞的作用而衰减下来,层流趋于稳定。当惯性力起主导作用时,黏性无法使扰动作用衰减下来,于是涡体将扩散,流动便变为紊流。因此,流动呈现什么状态取决于扰动的惯性力作用和黏性力的稳定作用相互制约的结果。

雷诺数之所以能判别流态,正是因为它反映了流场中的惯性力与黏性力的对比关系,即

$$Re = \frac{ved}{\mu} = \frac{v}{v} \cdot \frac{\rho v}{\mu} = \frac{\rho v^2}{\mu \frac{v}{d}}$$

因此,当雷诺数 Re 小于 2 320 时,其黏性力起主导作用,层流是稳定的。当雷诺数 Re 大于 2 320 时,在流动核心部分(如管轴附近),惯性力克服了黏性力的阻滞作用而产生涡体,并由于涡体的扩散,掺混现象出现,层流向紊流转化。

四、流动状态与沿程损失的关系

将两支测压管分别装在实验管段 B 的直长部分的断面 1 和 2 处(见图 2-2)。流体由断面流 1 至 2 的沿程水头损失,由能量方程得

$$h_f = (z_1 - z_2) + \left(\frac{\alpha_1 v_1^2}{2g} - \frac{\alpha_2 v_2^2}{2g}\right) + \frac{p_1 - p_2}{\rho g} \quad (m)$$

当实验管段 T 水平放置且等断面时,$z_1 = z_2$,$\alpha_1 = \alpha_2$,$v_1 = v_2$,则

$$h_f = \frac{p_1 - p_2}{\rho g} \quad (m)$$

上式说明,1、2 断面的测压管水柱差即为两断面的沿程水头损失。

在层流及紊流的实验过程中,逐次测量 h_f 及相应平均流速 v,结果如图 2-5 所示。

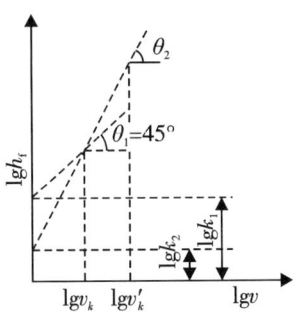

图 2-5　h_f-v 的关系

在层流时,实验点分布在一条与横轴成 $\theta_1 = 45°$ 的直线上,写成数学公式

$$\lg h_f = \lg k_1 + \tan 45° \lg v$$

即
$$h_f = k_1 v \tag{2-7}$$

这表明层流沿程损失与平均速度一次方成正比,通常称为阻力一次方定律。

紊流时,实验点分布一条与横轴成 θ_2 角的直线上,写成数学公式为

$$\lg h_f = \lg k_2 + \tan\theta_2 \lg v = \lg k_2 + \lg v^m$$

即
$$h_f = k_2 v^m \tag{2-8}$$

式中,$m = \tan\theta_2$,$\theta_2 = 60°12' \sim 63°26'$,$m = 1.75 \sim 2$,$h_f = k_2 v^{1.75 \sim 2}$。

这表明紊流沿程损失与平均流速的(1.75-2)次方成正比。1.75次方属于水力光滑管,而2次方为水力粗糙管,通常称为阻力平方定律。这些后续会进行表述。

由此可见,层流、紊流不仅现象不同,而且沿程损失规律也不一致。因此,在计算沿程损失时,应分清是层流还是紊流,而后分别处理。

雷诺实验不仅揭示了流体运动的状态,同时也启示我们如何根据流体流动现象和特点,去深入分析它们的规律。

第三节 圆管中层流的运动规律

一、有效断面上的速度分布

在层流状态下,流体质点只有平行于管轴的流速,且与管轴对称。所以,在以管轴为中心轴的圆柱面上,其速度 u 和切应力 τ 是均匀分布的。取一半径为 r、长度为 l 的圆柱形流体段,如图2-6所示。设1-1及2-2断面的中心距基准面0-0的垂直高度为 z_1 和 z_2,压力分别为 p_1 和 p_2,圆柱侧表面上的切应力为 τ,所受重力为 $\pi r^2 l \rho g$。

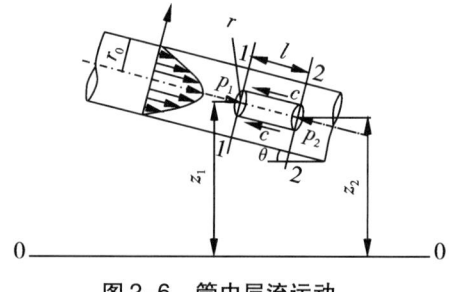

图2-6 管中层流运动

由于所取流体段沿管轴作等速运动,因此,流体段沿管轴方向必定满足平衡条件,即

$$\pi r^2(p_1 - p_2) - 2\pi r l \tau + \pi r^2 l \rho g \sin\theta = 0 \tag{a}$$

由图中可知 $\sin\theta = \dfrac{z_1 - z_2}{l}$

由牛顿内摩擦定律 $\tau = -\mu \dfrac{du}{dr}$

式中的负号表示流速沿半径增加的方向而减小。

将 $\sin\theta$ 及 τ 代入(a)式中,得

$$du = -\frac{\rho g}{2\mu l}\left(\frac{p_1 - p_2}{\rho g} + z_1 - z_2\right) r dr \tag{b}$$

再写出1、2断面的总流能量方程

$$z_1 + \frac{p_1}{\rho g} + \frac{\alpha_1 v_1}{2g} = z_2 + \frac{p_2}{\rho g} + \frac{\alpha_2 v_2}{2g} + h_f \tag{c}$$

因为是等断面,故 $v_1 = v_2$、$\alpha_1 = \alpha_2$,则由上式可得

$$h_f = \frac{p_1 - p_2}{\rho g} + z_1 - z_2$$

将(c)式代入(b)式,则得 $du = -\dfrac{\rho g h_f}{2\mu l} r dr$

积分得 $u = -\dfrac{\rho g h_f}{4\mu l} r^2 + C$

用边界条件,$r = r_0$ 时,$u = 0$,得 $C = \dfrac{\rho g h_f}{4\mu l} r_0^2$

结果得

$$u = \frac{\rho g h_f}{4\mu l}(r_0^2 - r^2) \tag{2-9}$$

此式为流体在圆管中层流时的速度分布方程式,由此式可知,速度分布是一个以管轴为轴线的旋转抛物线,如图2-7所示。

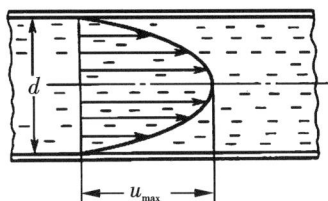

图2-7 层流速度分布抛物线

二、最大速度

最大速度 u_{max} 在管轴上,即 $r = 0$ 处。将 $r = 0$ 代入式(2-9),得

$$u_{max} = \frac{\rho g h_f}{4\mu l} r_0^2 \tag{2-10}$$

三、层流流量

在半径 r 处,取一宽度为 dr 的微分环形有效断面,如图2-8所示,其流速 u 通过此环形面积的流量为

$$dQ = 2u\pi r dr = \frac{\pi \rho g h_f}{2\mu l}(r_0^2 - r^2) r dr$$

将上式作 r 从 $0-r_0$ 的定积分,则得管中层流流量为

$$Q = \frac{\pi \rho g h_f}{8\mu l} r_0^4 = \frac{\pi H_f}{128\mu l} d_0^4 \tag{2-11}$$

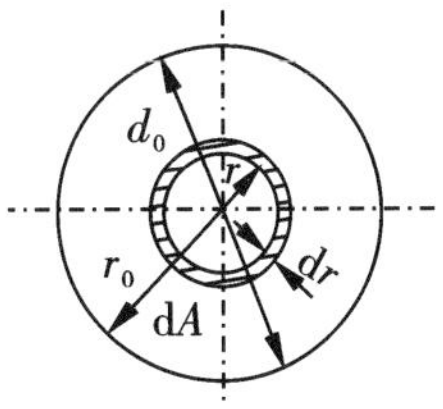

图2-8 微分环形有效断面

四、平均流速与最大流速的关系

根据平均流速的定义,并联系到层流管轴处最大流速 u_{max},则有

$$v = \frac{Q}{A} = \frac{\pi \rho g h_f}{8\mu l} r_0^4 / \pi r_0^2 = \frac{\rho g h_f}{8\mu l} r_0^2 = \frac{1}{2} u_{max} \tag{2-12}$$

上式表明,层流时平均流速等于管轴上最大流速的一半。

五、动能修正系数

现以 $u = \frac{\rho g h_f}{4\mu l}(r_0^2 - r^2)$、$v = \frac{\rho g h_f}{8\mu l} r_0^2$,$dA = 2\pi r dr$ 和 $A = \pi r^2$ 代入式(1-42)中,则得

$$\alpha = \frac{\int_A u^3 dA}{v^3 A} = \frac{\int_0^{r_0} \left[\frac{\rho g h_f}{4\mu l}(r_0^2 - r^2)\right]^3 2\pi r dr}{\left(\frac{\rho g h_f}{8\mu l} r_0^2\right)^3 \pi r^2} = \frac{16 \int_0^{r_0} (r_0^2 - r^2)^3 r dr}{r_0^8} = 2$$

这说明,层流流动时,有效断面上的流速分布不均匀,α 值较大,在应用能量方程时,不能假设它等于1。

六、圆管中层流沿程损失公式

由式(2-12)可解沿程水头损失为

$$h_f = \frac{8\mu l}{\rho g r_0^2} v = \frac{32\mu l}{\rho g d^2} v \tag{2-13}$$

上式从理论上说明了沿程损失 h_f 与平均流速 v 的一次方成正比。这一结论对于其他不同边壁条件下的层流也是相符的。

将式(2-13)加以变化可写成

$$h_f = \frac{32 \times 2}{\dfrac{v \rho d}{\mu}} \cdot \frac{l}{d} \cdot \frac{v^2}{2g} = \frac{64}{Re} \cdot \frac{l}{d} \cdot \frac{v^2}{2g}$$

对照沿程能量损失公式(2-1)可知,层流沿程阻力系数为

$$\lambda = \frac{64}{Re} \tag{2-14}$$

第四节 圆管中紊流的运动规律

一、紊流结构、光滑管、粗糙管

1. 紊流结构

实验证实,管中紊流并非整个有效断面都是紊流,如图2-9所示,紧贴管壁存在极薄的一层流体,保持层流流动,称为层流底层。这是由于流体的黏性使靠近管壁的流体质点黏附于壁面,距壁面较近的这一薄层流体由于黏滞力的作用保持层流运动。距壁面稍远,壁面对流体质点的影响减小,质点的混杂能力增强,经过很薄的一段过渡区之后,便

发展成为完全的紊流,称为紊流核心。

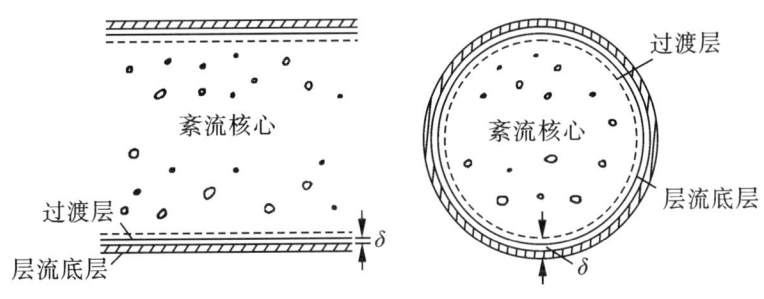

图2-9 紊流结构

2. 层流边界层厚度

层流边界层厚度是区分水力光滑管与水力粗糙管的条件之一,在计算能量损失时,有其重要意义。

从层流边界层形成的原因知:流体运动速度越大,则流体质点的混杂能力越强,层流边界层就越薄;流体的黏性越大,对流体质点混杂的阻力越大,则层流边界层就越厚。因此,层流边界层厚度 δ 是与雷诺数有关系的。对于圆管中层流边界厚度 δ,可用下面经验公式计算,即

$$\delta = 30 \frac{d}{\sqrt{\lambda Re}} \quad (\text{m}) \tag{2-15}$$

式中:d——管径,m;

Re——管中雷诺数;

λ——紊流时沿程阻力系数(后面详细讨论)。

层流边界层厚度很薄,一般只有十分之几毫米。就是这样薄的层流,对流体流动却有很大影响。

3. 水力光滑管和水力粗糙管

任何管道,由于受材料性质、加工条件、使用情况等因素的影响,管壁表面总是凹凸不平。如图2-10(a)所示,表面上峰谷之间的平均距离,称为管壁的绝对粗糙度,用 ε 表示。

层流边界层厚度 δ 与绝对粗糙度两者数值大小,对能量损失的影响有很大的差别。

(1)当 $\delta > \varepsilon$,如图2-10(a)所示,管壁的绝对粗糙 ε 完全淹没在层流边界层内,因而它对紊流核心运动的影响很小,即 ε 对能量损失的影响极小。这时的管道称为水力光滑管。

(2)当 $\delta < \varepsilon$,如图2-10(b)所示,管壁的绝对粗糙度 ε 完全暴露在层流边界层之外,这时,当速度较大的流体质点冲到凸起部位上,便产生撞击分离而引起漩涡。这表明 ε 对紊流核心运动的影响很大,即 ε 使得流体能量损失激增。这时的管道称为水力粗糙管。

水力光滑与水力粗糙,只是相对概念。因为流动情况改变时,Re 也随之增大或减小,因而 δ 也相应变薄或增厚。所以原先是水力粗糙的也可能变为水力光滑;原先是水力光滑的也可能变为水力粗糙。

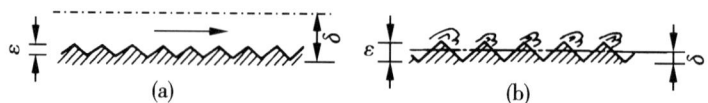

图2-10 绝对粗糙度、水力光滑和水力粗糙

二、管中紊流的脉动

(1) 紊流的脉动现象及时均化 在紊流速度场中,发现速度随时间作极不规则的变化。因此,紊流实质上是非稳定流。但在实验中发现,这种变化始终围绕着某一"平均值"上下波动,如图2-11所示的管中轴向速度。同时,紊流中的压力场也具有这一性质。这种围绕某一"平均值"上下波动的现象,称为脉动现象。

根据时均化原则,可用"平均值"代替脉动的真实速度值。

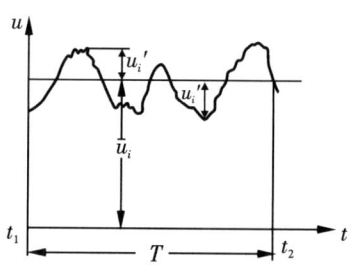

图2-11 轴向速度随时间的变化

在某一足够长时间段 T 内,以"平均值"的速度 $\bar{u}$ 和真实速度 u 流经同一微小有效断面积 dA 的流体积应相等,这一速度是均化原则,得

$$\bar{u}dA \cdot T = \int_0^T u dA dt$$

则

$$\bar{u} = \frac{1}{T}\int_0^T u dt \tag{2-16}$$

$\bar{u}$ 即为某点速度的平均值,称为时间平均速度,简称时均速度。

同理,对于紊流中某点的时均压力 $\bar{p}$ 为

$$\bar{p} = \frac{1}{T}\int_0^T p dt \tag{2-17}$$

实践证明,当风机稳定工作时,与其连接的管道中为紊流,在足够长时间内所测定的 $\bar{u}$ 值最接近于定值。因此,可用时均速度 $\bar{u}$ 作为速度,这种紊流称为时均紊流。因为 $\bar{u}$ 为定值,所以时均紊流便可看作稳定流。这样能量方程也就可以适用于时均紊流。实际上今后讨论的对象都是时均紊流,并为稳定流。为简便起见,以后不再用时均符号。

(2) 紊流的脉动附加阻力 由于紊流中的脉动,使流层间的流体质点之间发生质量、动量、能量交换,产生了附加阻力。根据普朗特混合长度理论,对于单位面积而言,这个附加阻力即为切应力 τ'

$$\tau' = \rho l^2 \left(\frac{du}{dy}\right)^2 \tag{a}$$

式中,l 为流体质点因脉动而由某一流层移动到另一流层的径向距离,它相当于分子运动的平均自由行程,称为混合长度,并认为它与管壁距离 y 成正比,即

$$l = ky \tag{b}$$

式中,k 是比例系数,由实验确定。

紊流中的总阻力是黏性阻力与脉动阻力之和，即为

$$\tau = u\frac{du}{dy} + \rho l^2 \left(\frac{du}{dy}\right)^2 \tag{2-18}$$

实验证实，在靠近管壁的层流边界层中，只存在黏性阻力 $u\dfrac{du}{dy}$ 的作用。而在紊流核心区，起主要作用的是脉动阻力。在过渡区，两者都起作用。

三、紊流的速度分布

紊流时，除层流边界层外，黏性阻力只起很小的作用，因此可以略去不计，而只考虑附加阻力 τ'。假定附加阻力 τ' 沿程不变，并等于壁面的切应力 τ_0，即

$$\tau' = \tau_0 = u(ky)^2 \left(\frac{du}{dy}\right)^2$$

则

$$\frac{du}{dy} = \frac{1}{ky}\sqrt{\frac{\tau_0}{\rho}} = \frac{1}{ky}u_f \tag{2-19}$$

其中 $u_f = \sqrt{\dfrac{\tau_0}{\rho}}$，称为普朗特阻力速度或切应力速度。

将式(2-19)积分得 $u = \dfrac{u_f}{k}(\ln y + c)$

利用管轴上速度为最大（u_{max}）的条件，即当 $y = r_0$ 时，$u = u_{max}$，求出积分常数 c，则有

$$u_{max} = \frac{u_f}{k}(\ln r_0 + c)$$

从而

$$\frac{u_{max} - u}{u_f} = -\frac{1}{k}\ln\frac{y}{r_0} \tag{2-20}$$

上式称普朗特方程，它表明管中紊流有效断面上速度按对数规律分布，如图2-12所示。其特点是，速度梯度较小，即紊流核心区各点速度差别不大，这是因为紊流核心区流体质点，因脉动而相互交换混杂。具有较大速度的质点撞击并带动较慢的质点，同时较慢的质点又阻滞较快的质点，如此频繁的质点间动量交换，使得质点的速度自动趋向于均匀化。

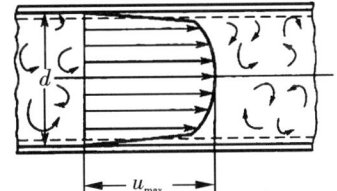

图2-12 紊流速度分布对数曲线

当 $k = 0.4$ 时，由普朗特方程可写出

$$u = u_{max} - 2.5 u_f \ln \frac{r_0}{y} \text{ 或 } u = u_{max} - 2.5 u_f \ln \frac{r_0}{r_0 - r} \tag{2-21}$$

尼古拉兹根据实验指出，当 $k = 0.4$ 时，按此方程绘出的速度分布曲线与实验结果基本相符合。只有在管壁处，由于没有考虑黏性阻力，理论计算与实验点有偏差。因此，严格来说，普朗特方程只适用于紊流核心区。

在紊流速度分布实验和理论分析中，除了上述对数曲线外，还常用"七分之一次方定律"，即

$$\frac{u}{u_{\max}} = \left(\frac{r_0 - r}{r_0}\right)^{\frac{1}{7}} \tag{2-22}$$

四、平均流速与最大流速的关系

圆管中紊流平均速度与最大速度的比值，一般在下列范围内，即

$$k = \frac{u}{u_{\max}} = 0.80 \sim 0.85 \tag{2-23}$$

实际应用上常取 $k=0.82$。

第五节 沿程阻力系数

一、影响沿程阻力因素的分析

在层流中 $\lambda = \frac{64}{Re}$，即沿程阻力系数 λ 仅与 Re 有关，而与管壁粗糙度无关。对紊流来说，其阻力由黏性阻力和惯性阻力两部分组成。在一定条件下，壁面的粗糙成为产生惯性阻力的主要外因。每个粗糙点都将成为不断地产生并向管中输送漩涡引起紊流的源泉。因此，紊流的能量损失，一方面，取决于反映流动内部矛盾的黏性力和惯性力的对比关系；另一方面，又取决于流动的边壁几何条件。前者可用 Re 来表示，后者则包括管长、断面形状及大小、壁面粗糙等。对圆管来说，断面形状固定了，而管长和管径也已包括在式(2-1)中了。因此，边壁的几何条件中只剩下壁面的粗糙度要通过 λ 来反映。这就是说，沿程阻力系数 λ 主要取决于 Re 和壁面粗糙这两个因素。

壁面粗糙中，影响沿程损失的具体因素仍有不少。例如粗糙的突起高度、粗糙的形状和排列以及粗糙的疏密等因素，但粗糙对沿程损失的影响不完全取决于绝对粗糙度，而是取决于 ε 与管径 d 的比值，即相对粗糙度。这样，影响 λ 的因素就是 Re 和相对粗糙度 ε/d，即

$$\lambda = f\left(Re, \frac{\varepsilon}{d}\right)$$

二、尼古拉兹实验及 λ 公式

1933 年，尼古拉兹在人工均匀粗糙的管道中进行了系统的沿程阻力系数 λ 的研究。所谓人工均匀粗糙即尼古拉兹在实验中把大小基本相同、形状近似球体的砂粒均匀地黏结于管壁上。这种人工的均匀粗糙称为尼古拉兹粗糙。

尼古拉兹用多种管径和多种粒径的砂粒，得到 $\frac{\varepsilon}{d} = \frac{1}{10} \sim \frac{1}{1\,014}$ 六种不同的相对粗糙度。在类似于图 2-2 的装置中，测量不同流量时的断面平均流速 v 和沿程水头损失 h_f。根据算出 Re 和 λ，把实验结果的各点绘在对数坐标纸上，得到图 2-13 所示的曲线。

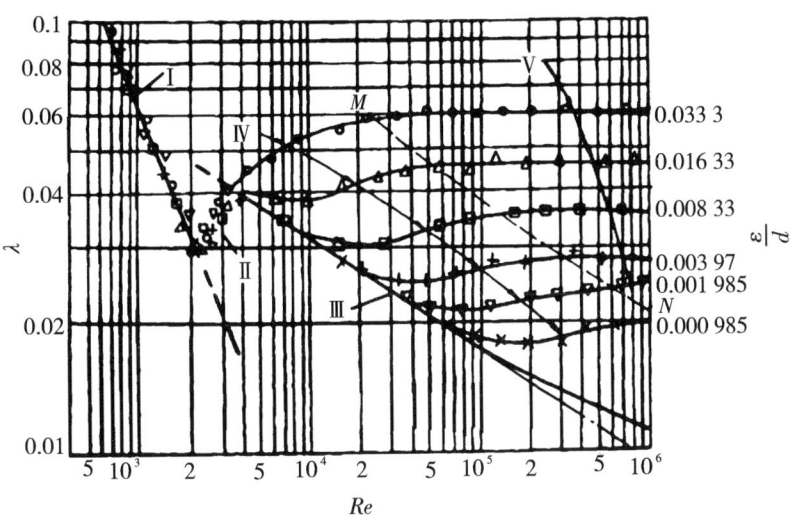

图2-13 尼古拉兹人工粗糙管实验

根据 λ 变化的特征,图中曲线可分为 5 个阻力区。

(1)层流区($Re<2\,320$)。当 $Re<2\,320$ 时,所有实验点,不论其相对粗糙度如何,都集中在直线 I 上。这表明 λ 仅随 Re 变化而与相对粗糙度无关,这根直线的方程就是 $\lambda = \dfrac{64}{Re}$。因此,尼古拉兹实验证实了由理论分析得到的层流沿程损失计算公式是正确的。

(2)临界区($2\,320<Re<4\,000$)。在此区范围内,是由层流向紊流的转变过程,λ 随 Re 的增大而增大,而与相对粗糙度无关,此区的 λ 值可用扎依琴柯公式计算,即

$$\lambda = 0.002\,5\sqrt[3]{Re} \tag{2-24}$$

(3)水力光管区 $\left[4\,000<Re<27.0\left(\dfrac{d}{\varepsilon}\right)^{\frac{8}{7}}\right]$。此区中各种相对粗糙管道的实验点,都落在同一条直线 III 上。这表明系数 λ 只与 Re 有关,而与相对粗糙度无关。这是因为水力光滑的情况下,粗糙度 ε 的影响只在层流边界层内。

此区的 λ 值,在 $3\,000<Re<10^5$ 范围内,可用布拉修斯公式计算,即

$$\lambda = \dfrac{3\,164}{Re^{0.25}} \tag{2-25}$$

当 $Re>10^5$ 时,可用尼古拉兹光滑区公式计算,即

$$\dfrac{1}{\sqrt{\lambda}} = 2\lg(Re\sqrt{\lambda}) - 0.8 = 2\lg\dfrac{Re\sqrt{\lambda}}{2.5} \tag{2-26}$$

(4)水力光管区到水力粗糙区 $\left[27.0\left(\dfrac{d}{\varepsilon}\right)^{\frac{8}{7}}<Re\leqslant\dfrac{191.2}{\sqrt{\lambda}}\dfrac{d}{\varepsilon}\right]$。此区即 III 线与 MN 线之间的区域。此区的特点是当 $Re>27.0\left(\dfrac{d}{\varepsilon}\right)^{\frac{8}{7}}$ 时,随 Re 的增加,层流边界层厚度便减小,各曲线离开水力光滑区的直线 III,逐渐向水力粗糙管过渡。且 d/ε 较小,即光滑度 d/ε 较小的管道,在较低 Re 时就偏离了直线 III 向水力粗糙管过渡;而 d/ε 较大,即光滑度

较大的管道,在较大 Re 时才偏离直线Ⅲ向水力粗糙管过渡。这时,ε 对 λ 发生影响。所以在此过渡区中 λ 值为 Re 及 d/ε 的函数。此区中的 λ 可用柯列勃洛克公式计算。即

$$\frac{1}{\sqrt{\lambda}} = -2\lg\left(\frac{\varepsilon}{3.71d} + \frac{2.51}{Re\sqrt{\lambda}}\right) \tag{2-27}$$

上式不易直接解出,可用迭代法求解,初值可用 0.03 代入。

柯列勃洛克公式在国内外得到极为广泛的应用。《全国通用通风管道计算表》就是采用的这一公式(见附录3)。

(5)水力粗糙区 $\left(Re > \frac{191.2}{\sqrt{\lambda}} \frac{d}{\varepsilon}\right)$。此区是 MN 线以后,紊流发展到相当程度。其特点是,对于给定粗糙度 ε 的管道,其系数与 Re 无关,而为一水平线,这表明 λ 只是相对粗糙度的函数,即 $\lambda = f(\varepsilon/d)$。因而沿程损失水头 h_f 与流速 v 的平方成比例。所以此区也称为阻力平方区。此区可按尼古拉兹粗糙区公式计算,即

$$\lambda = -2\lg\left(\frac{d}{\varepsilon} + 1.74\right)^{-2} \tag{2-28}$$

5 个区域的 Re 范围及计算公式归纳于表 2-1。

表 2-1 圆管沿程阻力系数的计算公式

流态	Re 范围	阻力区	沿程阻力系数公式	备注
层流	$Re<2\,320$	层流区	$\lambda = \dfrac{64}{Re}$	$\lambda = f_1(Re)$
紊流	$2\,320<Re<4\,000$	临界区	$\lambda = 0.002\,5\sqrt[3]{Re}$	$\lambda = f_2(Re)$
	$4\,000<Re<27.0\left(\dfrac{d}{\varepsilon}\right)^{\frac{8}{7}}$	水力光管区	$\lambda = \dfrac{3.164}{Re^{0.25}}\ (3\,000<Re<10^5)$ $\dfrac{1}{\sqrt{\lambda}} = 2\lg(Re\sqrt{\lambda}) - 0.8 = 2\lg\dfrac{Re\sqrt{\lambda}}{2.5}\ (Re>10^5)$	$\lambda = f_3(Re)$
	$27.0\left(\dfrac{d}{\varepsilon}\right)^{\frac{8}{7}}<Re\leqslant\dfrac{191.2}{\sqrt{\lambda}}\dfrac{d}{\varepsilon}$	过渡区	$\dfrac{1}{\sqrt{\lambda}} = -2\lg\left(\dfrac{\varepsilon}{3.71d} + \dfrac{2.51}{Re\sqrt{\lambda}}\right)$	$\lambda = f\left(Re, \dfrac{\varepsilon}{d}\right)$
	$Re>\dfrac{191.2}{\sqrt{\lambda}}\dfrac{d}{\varepsilon}$	水力粗糙区	$\lambda = -2\lg\left(\dfrac{d}{\varepsilon} + 1.74\right)^{-2}$	$\lambda = f\left(\dfrac{\varepsilon}{d}\right)$

三、当量糙度或计算糙度

上述实验区域范围和各经验公式中 ε 值,都是人工粗糙度,并非实际管道的自然粗糙度。所以对于实际管道应用上述公式计算时,应该用所谓的当量糙度。由于实际管道的自然粗糙面起伏不平的均匀程度、疏密程度、形状以及排列方式等都不相同,且对 λ 影响也不同,因此,当量糙度难以表示。为此,采用实验方法求得,即先对某种材料的管道进行沿程损失实验,在已知 l、d 的情况下,测出 v 和 h_f,按公式(2-1)可算出 λ 为

$$\lambda = \frac{h_f}{\dfrac{l}{d}\dfrac{v^2}{2g}}$$

然后,用公式(2-28)来算出 ε 值。这时的 ε 值表示在阻力的效果上与人工均匀粗糙管道的绝对粗糙度相当,即为当量糙度或计算糙度。

在阻力计算中都是用当量糙度,仍用 ε 表示。有关管材的当量糙度 ε 值见表2-2。

表2-2 工业管道的当量绝对粗糙度 ε 值

管道材料	管道状况	ε/mm	管道材料	管道状况	ε/mm
铜管、铅管	新的	0.0001~0.007	橡皮软管	新的	0.01~0.03
无缝钢管	新的 使用几年后	0.014 0.2	陶土管 砖管		0.45~6.0 4.0
焊接管	新的 中等程度的 生锈的	0.06 0.15 0.5~1.0	混凝土管	新的 旧的	0.5 1.5
铸铁管	新的 旧的	0.3 1.0	木管道		0.25~1.25
镀锌铁管	新的 旧的	0.15 0.5	塑料管道 石棉水泥管	新的 旧的	0.03 0.085

四、确定 λ 的方法

1. 公式计算方法

根据实际问题的条件,首先算出 Re,确定阻力区,然后根据相应的公式(见表2-1)计算出 λ 值。

2. 图解法

上述公式计算值较复杂,为了简化计算,可将它们绘制成图,供计算时直接查读。图2-14是以柯列勃洛克公式为基础绘制的,它反映了 Re、ε/d 和 λ 的对应关系,被称为莫迪图。在图中可根据 Re 和 ε/d 直接查出 λ。

【例2-2】 有一焊接钢管(稍有锈蚀),管径 $d = 200$ mm,管长 $l = 40$ m,风量 $Q = 1700$ m³/h,空气温度 $t = 20$ ℃,求此风管的 λ 值和沿程压力损失。

解:(1)依 $t = 20$ ℃,查附录2得 $\rho = 1.205$ kg/m³,$\nu = 15.2 \times 10^{-6}$ m²/s;由表2-2查得 $\varepsilon = 0.15$ mm。

$$v = \frac{Q}{A} = \frac{17700}{3600 \dfrac{\pi}{4} \times 0.2^2} = 15.04 (\text{m/s})$$

$$Re = \frac{vd}{\nu} = \frac{15.04 \times 0.2}{15.12 \times 16^{-6}} = 1.98 \times 10^5$$

(2)由 $\varepsilon/d = 0.00075$,$Re = 1.98 \times 10^5$,查图2-14,得 $\lambda = 0.02$

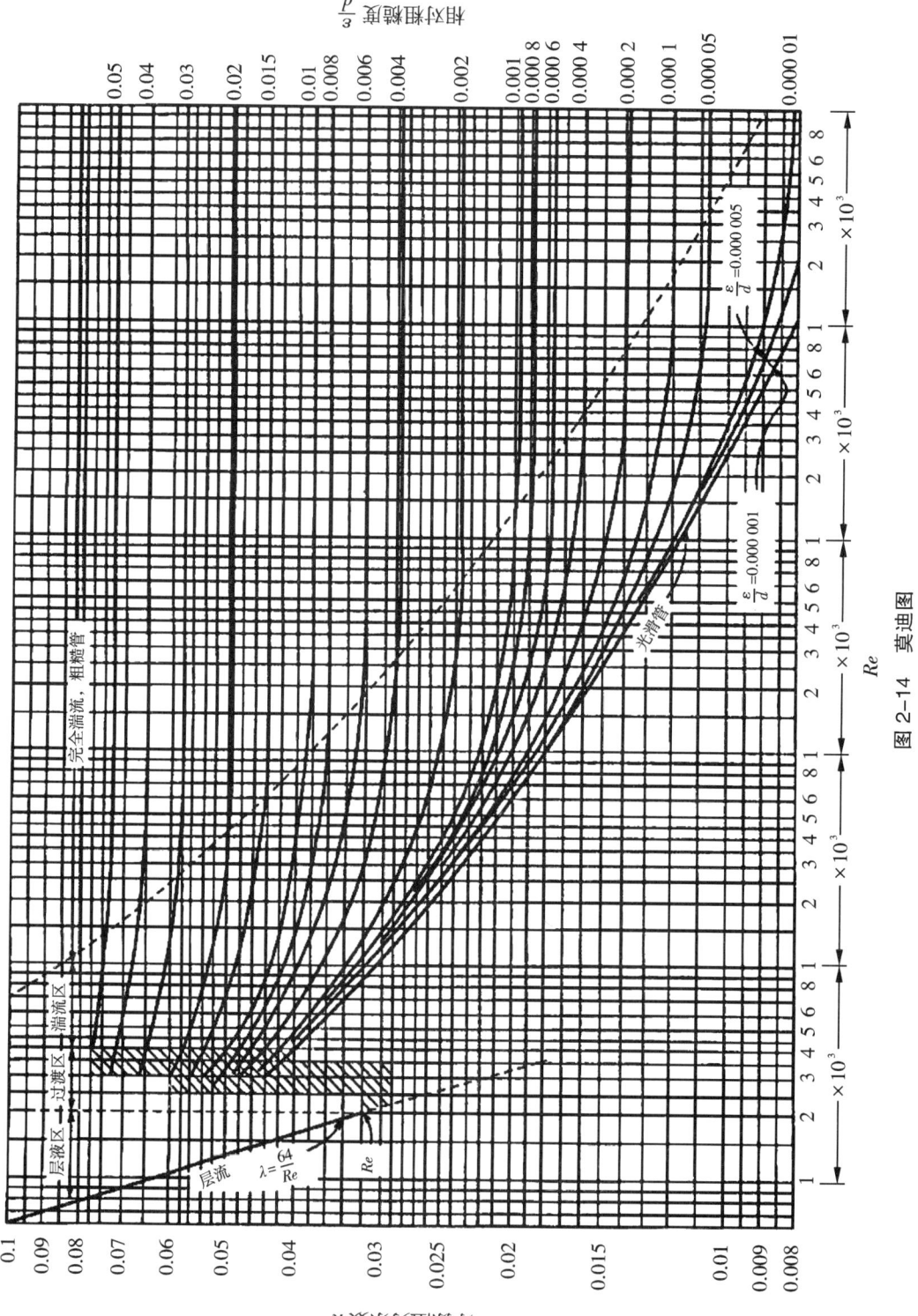

图 2-14 莫迪图

(3) 由公式(2-1),得

$$H_f = \lambda \frac{l}{d} \frac{\rho g v^2}{2} = 0.02 \times \frac{40}{0.2} \times \frac{1.205 \times 15.04^2}{2} = 545 (\text{Pa})$$

3. 查用《全国通用通风管道计算表》(见附录3)

采用此表时应注意:

(1) 风管内径 d 按除尘风管规格给出的外径 D、壁厚和外径允许偏差计算。

(2) 以大气压强为 760 mmHg、温度为 20 ℃ 的空气作为标准状态,取 $\rho = 1.200 \text{ kg/m}^3$,$\mu = 18.2 \times 10^{-6}$ Pa·s。当实际风管内空气不是 20 ℃ 时,查出的 ε/d 值需乘以表 2-3 所列的温度修正系数 α_t。

表 2-3 温度修正系数 α_t

温度/℃	-20	0	20	40	60	80	100	120	140
α_t	1.13	1.06	1.00	0.95	0.90	0.85	0.82	0.78	0.74

(3) 对于钢板制风管的当量绝对粗糙度,取 $\varepsilon = 0.15$ mm,当实际风管内壁的 ε 值与制表值有较大出入时,由表查出的值需乘以粗糙度修正系数 α_ε。

$$\alpha_\varepsilon = (0.48\varepsilon v)^{0.25} \tag{2-29}$$

式中: ε——实际风管内壁的值,mm;

v——管中风速,m/s。

【例 2-3】 对例 2-2 采用《全国通用通风管道计算表》计算沿程损失。

解:由 $v = 15.04$ m/s、$d = 200$ mm、$\varepsilon = 0.15$ mm、$t = 20$ ℃,查附录3,得

$$\frac{\lambda}{d} = 0.102$$

则 $H_f = \lambda \dfrac{l}{d} \dfrac{\rho g v^2}{2} = 0.102 \times 40 \times \dfrac{1.205 \times 15.04^2}{2} = 556 (\text{Pa})$

对非圆形管道的 λ 值,可根据管中 $Re = \dfrac{v d_{当}}{\nu}$ 和相对粗糙度 $\dfrac{\varepsilon}{d_{当}}$,按上述三种方法确定,只不过用 $d_{当}$ 代替圆管直径 d 而已。

【例 2-4】 矩形混凝土风道,断面尺寸为 400 mm×1 200 mm,管长 $l = 40$ m,输送温度 $t = 40$ ℃ 的干空气,已知管内风速 $v = 10$ m/s,管壁 $\varepsilon = 1.2$ mm,求风道的沿程阻力系数 λ 及沿程阻力 H_f。

解:风道的当量直径,由公式(2-5),得

$$d_{当} = \frac{2ab}{a+b} = \frac{2 \times 0.4 \times 1.2}{0.4 + 1.2} = 0.6 (\text{m})$$

查附录3 得 $\dfrac{\lambda}{d_{当}} = 0.027\ 2$

查表 2-3 及由公式(2-31)得 $\alpha_t = 0.95$

$$\alpha_\varepsilon = (0.48\varepsilon v)^{0.25} = (0.48 \times 1.2 \times 10)^{0.25} = 1.55$$

查附录3 得 $t = 40$ ℃,$\rho = 1.128$ kg/m³

$$H_f = \alpha_t \cdot \alpha_\varepsilon \frac{f}{d_{\text{当}}} \frac{\rho v^2}{2} = 0.95 \times 1.55 \times 0.027\,2 \times \frac{1.128 \times 10^2}{2} \times 40 = 90.36(\text{Pa})$$

第六节　局部阻力和局部损失

流体在通过边壁急剧变化的区域,如弯头、三通、变径管、阀门等管件时,由于流速的大小、方向或分布情况的变化而产生局部能量损失。而且局部阻碍的影响在下游较长一段距离内却还没有消失,在通风管道中,局部损失占有很大比重,因此,必须准确计算。

局部损失的种类繁多,变化复杂。大多数局部损失的计算还不能从理论上解决,而必须借助于实验公式或系数。虽然如此,对局部阻力和局部损失的规律进行一些定性分析还是必要的。这对于认识和估计不同局部阻力的大小,研究改善管道的工作条件和减小局部损失的措施,以及提出正确、合理的设计方案等,都有一定的帮助。

局部阻碍的种类虽多,但分析其流动的特征,主要是过流断面的扩大或缩小、流动方向的改变、流量的合入与分出等几种基本形式,以及这几种基本形式的相互组合。

实验研究表明,局部损失和沿程损失一样,不同的流态遵循不同的规律。如果流体以层流经过局部阻碍,而且受干扰后流动仍能保持层流流态,而局部损失也仍是由各流层之间的黏性力引起的。只是由于边壁的变化,促使流速分布重新调整,流体质点产生剧烈变形,加强了相邻流层之间的相对运动,因而加大了这一局部区域的压力损失。在这种情况下,局部阻力系数随 Re 而变。

$$Re < 10 \text{ 时}, \xi = \frac{A}{Re} \tag{2-30}$$

$$Re \text{ 较大时}, \xi = \frac{B}{Re^n} \tag{2-31}$$

式中：A、B——常数,与局部阻碍的形状有关(B 值可取:球心阀,$B=48.8$;三通,$B=32.5$;
角阀,$B=21.7$;背弯头,$B=16.3$);

n——指数,可取 $n=0.285$。

为了探讨紊流局部损失,现选取几种典型的局部阻碍流动进行分析(见图 2-15)。

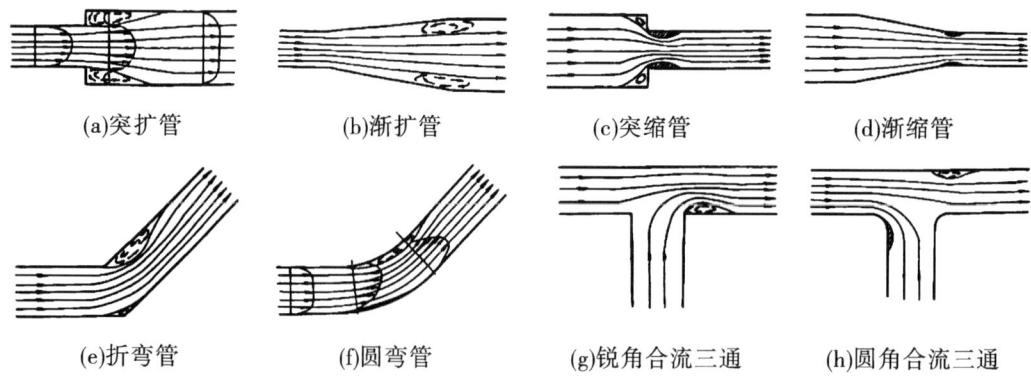

图 2-15　几种典型的局部阻碍

从边壁的变化缓急来看,局部阻碍又分为突变和渐变两类,图2-15中的(a)(c)(e)(g)是突变的,而(b)(d)(f)(h)是渐变的。当流体紊流流过局部阻碍时,由于惯性力处于主导地位,流动不能像边壁那样突然转折,于是在边壁突变的地方,出现主流与边壁脱离的现象。主流与边壁之间形成漩涡区。漩涡区内的流体并非固定不变,形成的漩涡会不断被主流带走,补充进去的流体,又会形成新的漩涡,如此周而复始。

边壁虽无突然变化,但沿流动方向出现减速增压现象的地方,也会出现漩涡区。在图2-15(b)所示的渐扩管中,流速沿程减小,压力不断增加。在这样的减速增压区,流体质点受到与流动方向相反的压差作用,靠近管壁的流体质点流速本来就较小,在这一反向压差作用下,速度逐渐减小为零。随后,出现了与主流方向相反的流动。就在流速等于零的地方,主流开始与壁面脱离。在出现反向流动的地方形成了漩涡区。图2-15(h)所示的分流三通直管上的漩涡区,也是这种减速增压过程造成的。对于渐变流的局部阻碍,在一定的 Re 范围内,漩涡区的位置及大小与 Re 有关。例如图2-15(b)所示的渐扩管中,随着 Re 的增加,漩涡区范围就越大,位置越靠前。但在突变的局部阻碍中,漩涡区的位置不变,Re 对漩涡区大小的影响也没有那样显著。

在减压增速区,流体质点受到与流动方向一致的压差作用,它只能加速,不能减速。因此,渐缩管中不会出现漩涡区,不过,如收缩角不是很小,渐缩管后有一不大的漩涡区,如图2-15(d)所示。

流体流经弯管如图2-15(e)(f)所示时,虽然过流断面沿程不变,弯管内流体质点受到离心力作用,在弯管前半段外侧压力沿程增大,内侧压力沿程减小;而流速是外侧减小,内侧压力增大。因此,弯管前半段沿外侧是减速增压的,也可能出现漩涡区;在弯管的后半段,由于惯性作用,在 Re 和弯管的转角较大而曲率半径较小的情况下,漩涡区又在内侧出现。弯管内侧的漩涡,无论是大小还是强度,一般都比外侧的漩涡大,它是加大弯管能量损失的重要因素。

流速不同的两股气流在汇合时,如图2-15(g)所示,由于发生碰撞以及气流速度改变时形成涡流,是造成局部阻力的原因。当合流三通内直管的气流速度大于支管的气流速度时,会发生直管气流引射支管气流的作用,即流速较大的直管气流失去能量,流速小的支管气流得到能量;同理,直管也会被支管引射。在引射过程中总能量损失增大。

把各种局部阻碍的能量损失和局部阻碍附近的流动情况对照比较,可以看出,改变流速的大小和方向,较大的局部损失总是和漩涡区的存在相联系,漩涡区越大,能量损失也越大;边壁变化仅使流体质点变形和速度分布改组,不出现漩涡,其局部阻力一般都较小。

漩涡区内不断产生漩涡,其能量来自主流,因而不断消耗主流的能量,在漩涡区及其附近,过流断面上的速度梯度加大,如图2-15(a)所示,也使主流能量损失有所增加。在漩涡不断被带走并扩散的过程中,加剧了下游一定范围内的紊流脉动,从而加大了这段管长的能量损失。

事实上,在局部阻碍范围内的能量损失,只是局部损失中的一部分,另一部分是在局部阻碍下游一定长度的管段上损耗掉的,这段长度被称为局部阻碍影响长度。受局部阻碍干扰的流动,经过了影响长度之后,流速分布和紊流脉动才能达到均匀流动的正常情况。

对各种局部阻碍进行的大量实验研究表明,紊流的阻力系数一般说来取决于局部阻碍的几何形状、固体壁面的相对粗糙度和雷诺数。但在不同的情况下,各因素所起的作用不同。局部阻碍形状始终是一个起主导作用的因素。相对粗糙的影响,只对那些尺寸较长(如圆锥角小的渐缩或渐扩管,曲率半径大的弯管),而且相对粗糙较大的局部阻碍才需考虑。Re 对 ε 的影响则和 λ 类似,随着 Re 由小变大,一般逐渐减小;当 Re 达到一定数值后,ε 几乎和 Re 无关,这时局部损失与流速的平方成正比,流动进入阻力平方区。不过由于边壁的影响和干扰,局部损失进入阻力平方区的 Re 远较沿程损失小。特别是突变的局部阻碍,当流动变为紊流后,很快就进入阻力平方区,实际上对于这类局部阻碍的 ε 值,只取决于局部阻碍的形状。对于渐变的局部阻碍,进入阻力平方区的 Re 要大一些,大致可取 $Re > 2 \times 10^5$ 作为流动进入阻力平方区的临界指标。在通风工程中,一般气流通过局部阻碍时的 Re 均很大,因此,通风工程中的 ε 值只取决于局部阻碍的形状。现以突然扩大为例进行分析。

图 2-16 为圆管突然扩大的流动。图中 1-1 断面表示开始扩大处的断面,2-2 表示扩大后流速分布接近正常状态处的断面,列出两断面间的能量方程(不计沿程损失):

$$\frac{p_1}{\rho g} + \frac{v_1^2}{2g} = \frac{p_2}{\rho g} + \frac{v_2^2}{2g} + h_f \tag{a}$$

$$h_f = \frac{p_1 - p_2}{\rho g} + \frac{v_1^2 - v_2^2}{2g} \tag{b}$$

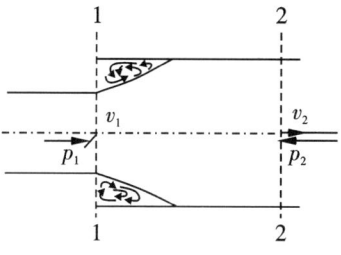

图 2-16 圆管突然扩大流动

再列 1-1 断面和 2-2 断面间的连续性方程和动量方程,并注意到 1-1 断面环形面积上的压力,经实验证明近似等于 p_1,于是便有

$$\rho v_1 A_1 = \rho v_2 A_2 \tag{c}$$

和

$$(p_1 - p_1) A_2 = \rho v_2^2 A_2 - \rho v_1^2 A_1 \tag{d}$$

联解(b)(c)(d)三式,可得

$$h_f = \left(1 - \frac{A_1}{A_2}\right)^2 \frac{v_1^2}{2g} = \left(\frac{A_2}{A_1} - 1\right)^2 \frac{v_2^2}{2g} \tag{2-32}$$

令 $\left(1 - \frac{A_1}{A_2}\right)^2 = \xi_1$,$\left(\frac{A_2}{A_1} - 1\right)^2 = \xi_2$,称为突然扩大阻力系数,计算时可任意选用,但应注意与流速水头保持对应一致(附录4中的局部阻力 ξ 值均对应小断面处的流速水头)。当流体从管道流入断面很大的容器中或流入大气时,这就是突然扩大的特殊情况,称为出口阻力系数。

从以上讨论证实,ξ 值只取决于局部阻碍的形状。因此在通风工程中,应合理设计局部阻碍的形状,以减小阻力系数,同时合理选取气流速度,从而减少局部损失。为此常采用以下措施:

(1)避免风管断面的突然变化,用渐扩(渐缩)管代替突然扩大(或突然缩小),渐扩(渐缩)管的中心角不宜过大,一般小于 45°。

(2)减少风管的转弯,用弧弯管代替直弯管。弧弯管的曲率半径不宜过小,但太大占用空间过大,一般取曲率半径 R 等于圆形弯头直径 d(或矩形弯头宽度)的 1~2 倍;对矩形弯管,还可在其内部装设导流叶片,以减小阻力。

(3)三通支管与直管的夹角不宜超过30°,只有在安装条件限制或为了阻力平衡的情况下,才用较大的夹角,且最好使分支管和总管的气流速度相等,即

$$v_\text{直} = v_\text{支} = v_\text{总}$$

因此,风管断面面积的关系为

$$A_\text{总} = A_\text{直} + A_\text{支}$$

(4)降低排风口风速,以减小出口压损。

(5)合理布置局部阻碍,防止相互影响。

粮油食品饲料等工厂通风管道中各种局部管件的阻力系数可由附录4查得,再代入公式(2-2)即可求得局部阻力。

【例2-5】 有一圆形风管,已知管径 $d=300$ mm,管内风量 $Q=3\,000$ m³/h,管中装有一蝶阀,当蝶阀开度 $\alpha=15°$、$30°$、$45°$时,其局部阻力分别是多少?

解:查附录4,当 α 分别为15°、30°、45°时,其相应的局部阻力系数 ξ 为0.9、3.19、18.7。

管内风速为 $v = \dfrac{3\,000/3\,600}{\dfrac{\pi}{4} \times 0.3^2} = 11.79\,(\text{m/s})$

$\alpha = 15°$,$p_j = \xi \dfrac{\rho v^2}{2} = 0.9 \times \dfrac{1.2 \times 11.79^2}{2} = 75\,(\text{Pa})$

$\alpha = 30°$,$p_j = \xi \dfrac{\rho v^2}{2} = 3.91 \times \dfrac{1.2 \times 11.79^2}{2} = 326\,(\text{Pa})$

$\alpha = 45°$,$p_j = \xi \dfrac{\rho v^2}{2} = 18.7 \times \dfrac{1.2 \times 11.79^2}{2} = 1\,560\,(\text{Pa})$

思考与练习

1.能量损失有哪两种形式?它们之间有何区别?如何计算它们的大小?

2.紊流时为何会产生脉动附加阻力?此阻力如何确定?

3.影响沿程阻力的因素有哪些?在不同区域中,它们对 λ 值有何影响?

4.为什么说局部阻碍范围内的能量损失只是局部损失的一部分,试举例说明。

5.一圆断面风管,直径 $d=300$ mm,输送20 ℃的空气,求保持层流流态的最大流量,若输送200 kg/h的空气,确定流态。

6.风管直径 $d=500$ mm,流速 $v=10$ m/s,空气温度 $t=20$ ℃,求层流边界层厚度 δ。

7.一矩形风管,断面为800 mm×400 mm,管长 $l=100$ m,通过 $t=40$ ℃的空气,风量 $Q=3\,000$ m³/h,管适壁面粗糙度 $=0.2$ mm,求沿程阻力。

8.设有直径 $d=200$ mm、$\alpha=90°$、曲率半径 $R=300$ mm的弯头,在风管中风速 $v=12$ m/s时,求它的阻力系数 ξ 及阻力。

第三章 风机

本章要点：本章介绍了风机的类型。详细论述了离心通风机的结构、工作原理(能量转换的欧拉方程及其影响因素分析)、性能参数(流量、风压、转速、效率和功率)及其性能关系、工况调节(工作点的确定、风机的联合工作)、风机的合理选用。简单介绍了罗茨鼓风机的结构、特性及其选用。

风机是用于输送气体的机械。从能量观点来看，它是把原动机的机械能转变为气体的能量的一种机械。在通风和气力输送装置中，风机性能的优劣和选用是否恰当，直接影响着整个装置的工作效果。

第一节 风机的分类

风机种类繁多，各有其不同的结构和适用范围。按作用原理不同，风机可分为容积式和透平式两大类，见表3-1。

表3-1 风机按照作用原理的分类

分类		结构示意图	原理
容积式	往复式		利用曲柄连杆机构使活塞在气缸内做往复运动，以减小气体所占的容积，从而使压力上升
容积式	回转式		例如罗茨风机，靠两个转子做相反的旋转，把吸进的气体压送到排气管道
透平式	离心式		气体进入旋转的叶片通道，在离心力的作用下气体被压缩并抛向叶轮外缘
透平式	轴流式		气体进入旋转的叶片通道，由于叶片与气体的相互作用，气体被压缩并轴向排出
透平式	混流式		气体以与主轴成某一角度的方向进入旋转叶道，而获得能量
透平式	横流式		气体横贯旋转叶道，而受到叶片作用升高压力

根据排气压力的高低,风机又可分为:通风机,排气压力 $p<15$ kPa;鼓风机,排气压力 15 kPa$<p<$350 kPa;压缩机,排气压力 $p>350$ kPa。

容积式的排气压力较高,它们均属鼓风机、压缩机的范围。通风机是指透平式,即离心、轴流等型式的风机。通风机产生的压力较低,被输送的气体密度变化很小,可以把气体作为不可压缩流体来处理。鼓风机和压缩机的压力较高,被输送气体密度变化较大,在这种情况下就必须考虑气体的压缩性。

通风机广泛地用于各个工业部门,在粮、油、食品及饲料等加工厂的通风除尘和气力输送系统中,使用最多的是离心通风机。离心通风机按其升压的大小又可分为:高压离心通风机,升压 3~15 kPa;中压离心通风机,升压 1~3 kPa;低压离心通风机,升压低于 1 kPa。通风机按用途可分为降温通风机、防爆通风机、防腐通风机、锅炉引风机、热风通风机、排尘通风机、通用通风机等。

第二节 离心通风机的基本理论

一、离心通风机的构造与工作过程

(一)离心通风机的构造

离心通风机的构造如图 3-1 所示,主要由叶轮、机壳、轴、轴承和底座等部分组成。

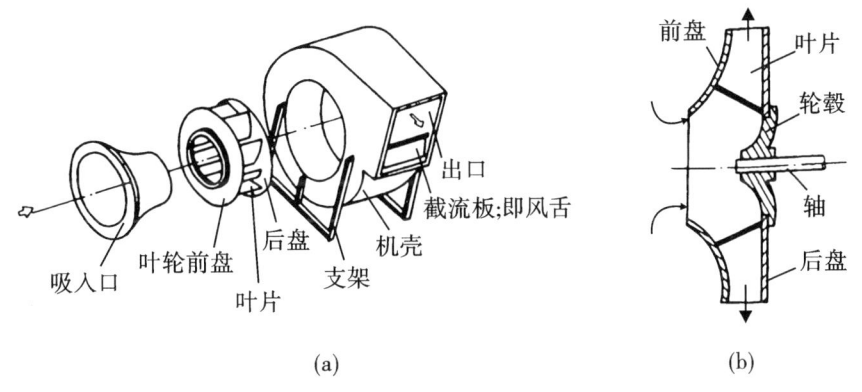

图 3-1 离心通风机的主要结构分解示意图

1.叶轮

叶轮由前盘、后盘、叶片和轴盘(轮毂)所构成,如图 3-1(a)所示。其作用是对气体做功,提高气体流出叶轮时的压力和速度。

叶片的形状有直线形、弧形和机翼形三种,它在叶轮上的装置型式又有前向($\beta_2>90°$)、后向($\beta_2<90°$)和径向($\beta_2=90°$)三种,如图 3-2 所示。前向叶轮一般采用弧形叶片;后向叶轮中对大型通风机多采用机翼形叶片,中小型通风机则多采用弧形和直线形叶片。

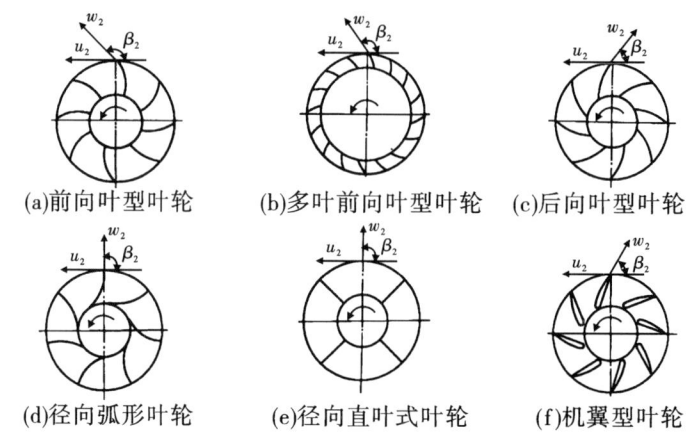

图 3-2 离心通风机叶片型式

前盘的基本型式有平直形、锥形和弧形三种，如图 3-3 所示。平直前盘效率较低，但制造工艺较简单；而弧形前盘效率较高，但制造工艺复杂；锥形前盘居中。

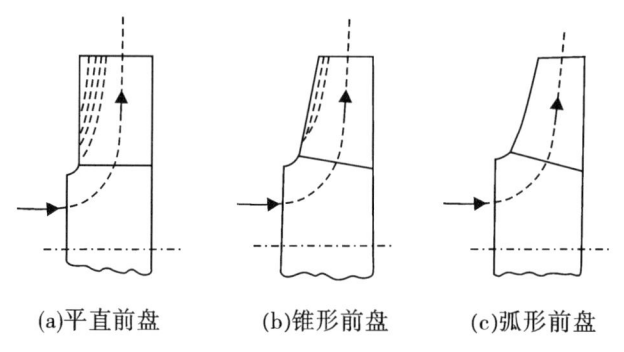

图 3-3 前盘的基本型式

2. 机壳

离心通风机的机壳由蜗壳、进气口、出气口等组成。

(1) 进气口　进气口的作用是保证气流能均匀地充满叶轮进口截面，尽量避免涡流的产生。进气口有各种不同的型式，如图 3-4 所示。

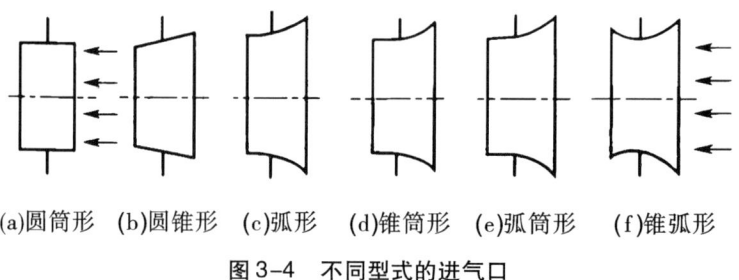

图 3-4 不同型式的进气口

锥形比筒形导流效果好,弧形比锥形导流效果好,组合型比非组合型导流效果好,例如锥弧形的涡流区最小,常见的高效风机如4-72型、6-30型系列就是采用这种型式。

(2)蜗壳　蜗壳的作用是将离开叶轮的气体集中、导流,并将气体的部分动能转变为静压。离心通风机普遍采用的是矩形截面蜗壳。

3.轴和轴承

轴和叶轮连接在一起,由轴传递轴功率。轴承一般装在通风机叶轮一侧,也有装在叶轮两侧的。小功率的通风机采用滚动轴承,大功率的通风机采用油环式滑动轴承。

4.机座

用生铁铸造或用型钢板焊接制成,机壳借螺钉固定在机座的侧面。在机座上装有轴承箱。

(二)离心通风机的工作过程

如图3-1所示,当叶轮在电动机的带动下在机壳内旋转时,迫使叶片间的空气跟着旋转,因而产生了离心力。在离心力的作用下,空气从叶轮中甩出,汇集到机壳内,最后从排气口流出。与此同时,由于叶轮中的空气被排出,在叶轮中心处形成一定的负压,外面的空气就在压力差的作用下由进(吸)风口吸入。叶轮不断地转动,空气就不断地被吸入和压出,从而实现连续输送一定压力气体的作用。

二、离心通风机叶轮工作原理

从以上工作过程可知,当原动机带动叶轮旋转,叶轮就对气体做功,使气体获得能量(静压和动压),气体离开叶轮后仍具有一定的速度(C_2)进入蜗壳,在蜗壳中速度降低,将部分动能转变为静压而离开通风机。下面介绍叶轮对气体做功大小和它与气体流动的内在规律。

(一)叶轮进口、出口速度三角形

如图3-5所示,在后向弯形叶片叶轮中的气流相对于叶片的速度 W、叶轮圆周速度 U 和气流绝对速度 C(见二维码)。

叶轮进出口气流的速度

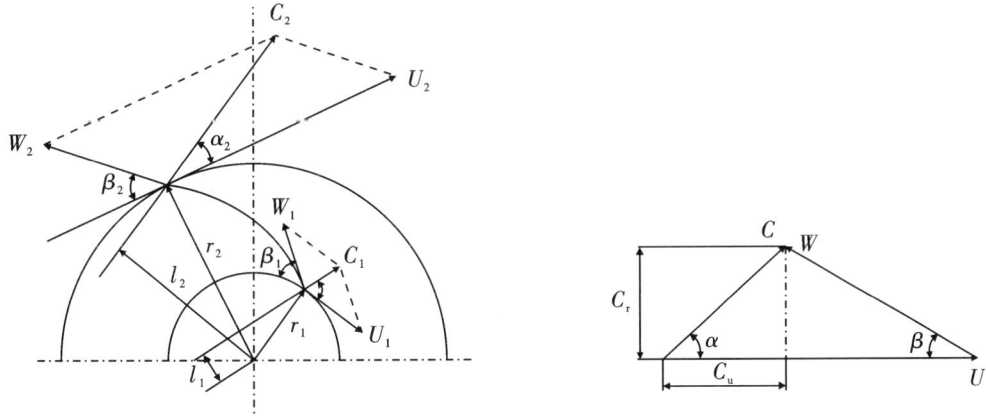

图3-5　叶轮中气体的相对速度、圆周速度和绝对速度

三个速度构成一封闭的速度三角形。对于叶轮中任意点处气流的绝对速度可以表示为

$$\overline{C} = \overline{U} + \overline{W}$$

它在研究和分析通风机的原理中起着重要的作用。尤其是叶道进口、出口处的速度三角形,它们的形状直接跟通风机与气体间能量传递的大小有关。

从速度三角形可知:$C_{1r} = C_1 \sin\alpha_1$;$C_{1u} = C_1 \cos\alpha_1$;$C_{2r} = C_2 \sin\alpha_2$;

$$C_{2u} = C_2 \cos\alpha_2 = U_2 - C_{2r} \cot\beta_2 \tag{3-1}$$

式中:C_u、C_r——绝对速度的圆周方向和径向分速度,m/s;

α——绝对速度与圆周速度的夹角,称工作角,(°);

β——气流相对速度与圆周速度反方向间的夹角,称安装角,(°)。

式(3-1)表明,当 U_2、C_{2r} 一定时,β_2 增大,C_{2u} 也增大,反之亦然。

(二)欧拉方程的导出

欧拉方程是从理论上研究流体在叶轮中的运动情况和获得能量的关系,是风机基础理论。

欧拉方程的导出

由于实际气体在叶轮中的流动情况非常复杂,为了使问题简化,便于分析,作如下假设:①气体为理想流体,流动中没有任何能量损失,且原动机加给通风机轴上的能量全部传给了气体;②叶轮叶片数目无限多,其厚度无限薄,即叶片间气流相对运动轨迹与叶片形状一致;③气流为稳定流,即流动不随时间变化;④因通风机升压较小,则进、出口的气体密度可视为不变,当作不可压缩流体看待。

在上述条件下,利用动量矩定理,可导出无限多叶片的理论压力 $p_{T\infty}$,即通风机的基本方程——欧拉方程。

$$p_{T\infty} = \rho(U_2 C_{2u} - U_1 C_{1u}) \text{ (Pa)} \tag{3-2}$$

欧拉方程说明:当空气密度不变,叶轮转速一定时,风机所产生的理论压力由叶轮进、出口处气体绝对速度的圆周分量 C_{1u} 和 C_{2u} 所决定,而与气体在流道中的流动过程无关。

(三)欧拉方程的讨论

1. 欧拉方程式的物理概念

对图3-5所示的进、出口速度三角形应用余弦定理,可得

$$W_1^2 = U_1^2 + C_1^2 - 2U_1 C_1 \cos\alpha = U_1^2 + C_1^2 - 2U_1 C_{1u}$$
$$W_2^2 = U_2^2 + C_2^2 - 2U_2 C_2 \cos\alpha = U_2^2 + C_2^2 - 2U_2 C_{2u}$$

于是有 $U_1 C_{1u} = \frac{1}{2}(U_1^2 + C_1^2 - W_1^2)$,$U_2 C_{2u} = \frac{1}{2}(U_2^2 + C_2^2 - W_2^2)$

代入式(3-2)得

$$p_{T\infty} = \frac{\rho(U_2^2 + U_1^2)}{2} + \frac{\rho(W_2^2 + W_1^2)}{2} + \frac{\rho(C_2^2 + C_1^2)}{2} \tag{3-3}$$

式(3-3)是欧拉方程式的另一表达形式,它表达了欧拉方程式的物理意义:式中第一项表示气体流经叶轮时,由于离心力作用所增加的静压。该静压的提高与圆周速度的平方差成正比;式中第二项表示因叶轮叶道截面积扩大,使气体相对速度降低所转化的静

压增高值。但要注意,此项比第一项要小得多,即是说,气体在叶轮中静压能的提高主要取决于叶轮进、出口气体圆周速度的变化;式中第三项表示气体流经叶轮时所增加的动能,力求在随后的蜗壳等部件中将该部分转变为静压,而在此过程中不可避免地要产生能量损失。

2. 反应度(反动度、反作用度)

叶轮中气体静压的增加值与叶轮传给气体的理论压力之比,称为反应度,用 Ω 表示。

$$\Omega = \frac{\frac{\rho}{2}(W_2^2 - W_1^2) - \frac{\rho}{2}(U_2^2 - U_1^2)}{\rho(U_2 C_{2u} - U_1 C_{1u})} = \frac{U_2^2 - U_1^2 + W_1^2 - W_2^2}{2(U_2 C_{2u} - U_1 C_{1u})}$$

当 $\alpha_1 = 90°$,$C_{1u}=0$ 时,由速度三角形得 $C_1 = C_{1r}$;$W_2^2 - U_1^2 = C_{1r}^2$;$W_2^2 = C_{2r}^2 + (U_2 - C_{2u})^2$,代入上式,化简得

$$\Omega = \frac{U_2^2 + C_{1r}^2 - C_{2r}^2 - (U_2 - C_{2u})^2}{2 U_2 C_{2u}} \tag{3-4}$$

假定 $C_{1r} \approx C_{2r}$ 则有

$$\Omega = \frac{2 U_2 C_{2u} - C_{2u}^2}{2 U_2 C_{2u}} = 1 - \frac{1}{2}\frac{C_{2u}}{U_2} \tag{3-5}$$

Ω 值的大小表征气体在叶轮中获得的静压的大小。Ω 越大,气体在叶轮中获得的静压越大,而其叶轮出口动压越小,对提高效率有利。

3. 不同叶片型式对压力的影响

在设计通风机时,为使气体按径向进入叶片间的流道,使叶片进口处工作角 $\alpha = 90°$,此时 $C_{1u} = C_1 \cos\alpha_1 = 0$,于是式(3-2)为

$$p_{T\infty} = \rho U_2 C_{2u} \tag{3-6}$$

由于 $C_{2u} = U_2 - C_{2r} \cot\beta_2$,代入式(3-6)得

$$p_{T\infty} = \rho U_2^2 - \rho U_2 C_{2r} \cot\beta_2 \tag{3-7}$$

从式(3-7)可以看出,当叶轮直径、转速不变时,叶片出口安装角 β_2 的大小直接影响 $p_{T\infty}$。

由图3-6可见,对于前向叶片 $\beta_2 > 90°$,$C_{2u} > U_2$;对于后向叶片 $\beta_2 < 90°$,$C_{2u} < U_2$;对于径向叶片,$\beta_2 = 90°$,$C_{2u} = U_2$。

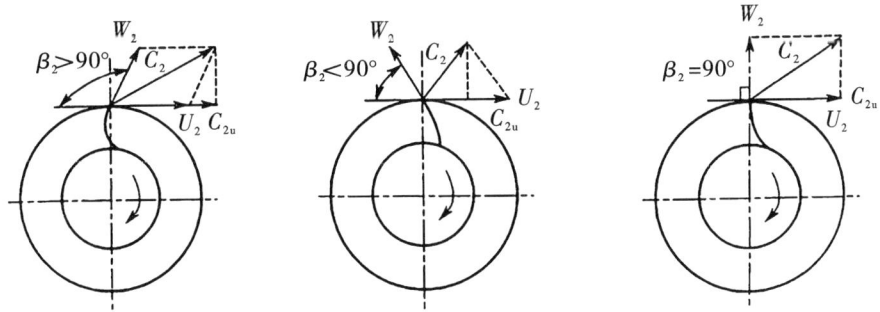

图3-6 β_2 不同时叶轮出口速度比较

由式(3-6)可知，$P_{T\infty}$与C_{2u}成正比。显然在其他条件相同时，前向叶片叶轮给出的压力最高，后向叶轮最低，而径向叶片叶轮居中。但是，从通风机效率的高低来说，情况恰恰相反。因为后向叶型C_{2u}最小，由式(3-5)可知，其反应度值最小，即效率最高，前向叶型的C_{2u}最大，Ω值最小，即效率最低，径向叶型居中。所以，通常在大型风机制造中，为了提高效率，几乎都采用后向叶型。对于小型风机，也有采用前向叶型的，这是因为在相同的压力下，轮径和外形可以做得小些。

(四)流量与压力、流量与功率之间的关系

若不计叶轮叶片厚度，根据连续方程，通风机叶轮在工作时所排出的理论流量应为

$$Q_T = \pi D_2 b_2 C_{2r} \tag{3-8}$$

式中：D_2、b_2——分别为叶轮外径、叶轮叶片出口处宽度，m。

将式(3-8)代入式(3-7)，得

$$p_{T\infty} = \rho \left(U_2^2 - \frac{U_2 Q_T \cot \beta_2}{\pi D_2 b_2} \right) \tag{3-9}$$

对大小一定的风机来说，转速不变时，上式中U_2、ρ、D_2、b_2和β_2都是定值。令

$$\rho U_2^2 = A , \quad \frac{\rho U_2 \cot \beta_2}{\pi D_2 b_2} = B$$

则式(3-9)可写成

$$p_{T\infty} = A - B Q_T \tag{3-10}$$

从上式可知，在理想情况下$p_{T\infty}$-Q_T的关系曲线是一条直线。直线斜率的大小将随叶型即β_2的不同而异，见图3-7。

在无能量损失的条件下，理论上的有效功率就是轴功率。

$$N_e = N_{T\infty} = p_{T\infty} Q_T = Q_T (A - B Q_T) \tag{3-11}$$

由式(3-11)知，对于不同的叶型，N_e具有不同形状的曲线，见图3-8。但是，当$Q_T = 0$时，三种叶型的理论轴功率都等于零，三条曲线同时交于原点。

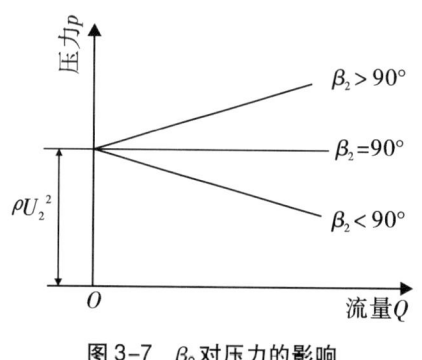
图3-7　β_2对压力的影响

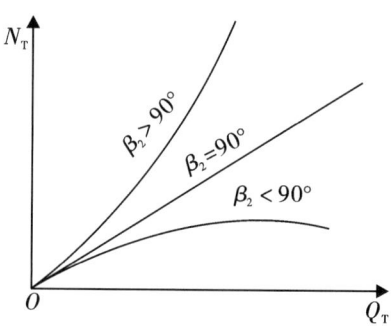
图3-8　三种叶型Q_T-N_T曲线

从图3-8中可以看出，前向叶型风机所需的轴功率随流量的增加而急剧增加，因此，电动机容易过载，而后向叶型的风机则几乎不会发生电动机超载现象。

(五)气体在通风机叶轮中的实际流动和能量损失

上述反映流量与压力、流量与功率之间的关系曲线，都是对理想叶轮在没有损失的条件下按欧拉方程导出得到的。就实际的风机而言，叶轮的叶片数总是有限的，叶片间

的流道较宽,气流不会像在叶片数目无限多的理想叶轮中那样受到叶片紧紧约束。叶道中气流的惯性力还会起一定作用,使气流在叶轮出口处不可能与叶片形状完全一致地沿着叶片安装角方向流出,而偏向叶轮转动的相反方向。反映在出口速度三角形上便是 $C_{2u}<C_{2u\infty}$,使得叶轮给予气流能量的能力受到限制。因此,实际叶轮的理论全压力 p_T,将比在同一转速及流量下按式(3-9)算出的 $p_{T\infty}$ 小,$p_T=k\,p_{T\infty}$,式中修正系数 $k<1$。另外,具有黏性的实际气体流过通风机时,必然要发生以下所述的能量损失,如图 3-9 所示:①气体流经进风口、叶轮、机壳等的局部损失和摩擦损失;②通风机在偏离设计流量下运行时,由于气体进入叶道时的相对运动方向 β_1 与叶片在进口处的安装角不一致而产生冲击所引起的冲击损失;③由于结构上原因,不可避免地会有气流由高压区向低压区泄漏而产生容积损失。

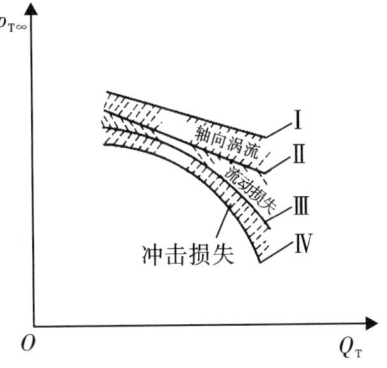

图 3-9 后向叶轮风机理论压力与实际压力的比较

因此,在同一转速和流量下通风机产生的实际全压值 p 永远小于理论值,即 $p=p_T-\sum\Delta p_{损}$。

上述各种损失是十分复杂的,目前还无法用分析的方法精确计算,而只能通过实验测定的方法来求得。

第三节　离心通风机的性能

一、离心通风机的主要性能参数

表示通风机性能的主要参数有流量、压力、转速、功率和效率等。

(1) 流量 Q　单位时间内流经通风机的气体容积数称为流量(或称风量)。常用单位为 m^3/s、m^3/min、m^3/h。

(2) 压力或风压 p　单位体积的气体流经通风机后的能量增值,亦即通风机进、出口处全压力差,单位为 Pa。

$$p=p_{q2}-p_{q1}=(p_{j2}+p_{d2})-(p_{j1}+p_{d1}) \tag{3-12}$$

式中:p_{q2}、p_{j2}、p_{d2}——分别表示通风机出口处的全压、静压、动压,Pa;
$\quad\;p_{q1}$、p_{j1}、p_{d1}——分别表示通风机进口处的全压、静压、动压,Pa。

(3) 转速　通风机的转速 n,即通风机叶轮的旋转速度,常用单位为 r/min。

(4) 功率和效率　单位时间内流经通风机的气体从通风机中获得的能量,称为有效功率,用 N_e 表示。

$$N_e=\frac{pQ}{1\,000}\;(\text{kW}) \tag{3-13}$$

原动机传递到通风机主轴上的轴功率 N 与有效功率 N_e 的比值称为通风机的全压效率 η,即

$$\eta=\frac{N_e}{N} \tag{3-14}$$

因此,通风机的轴功率为 $N = \dfrac{N_e}{\eta} = \dfrac{Qp}{1\,000\eta}$ (kW) (3-15)

二、相似理论在通风机中的应用

相似理论被广泛应用于通风机的设计和研究工作中。例如,在设计一台新的大型风机时,首先根据相似理论,制造几种比实际风机尺寸小的模型风机来进行试验,得到试验结果后,再按相似定律换算成实际风机的性能曲线作比较,取其满意的结果。这样,可将几种方案进行比较,节省试验费用,相似定律还可用于同一台风机在不同工作条件(如进气条件、介质特性和转速等)下的性能换算。因此,它同时也是通风机系列化和如何选择通风机及确定转速的理论基础。

(一)通风机的相似原理

通风机的相似是指两台通风机中叶轮与气体的能量传递过程以及气体在通风机内流动过程相似,即工况相似。它的表现是:两台通风机中任意对应点的对应参数之比相等,且为一常数。根据相似理论,要保证两台风机气体流动过程相似,必须满足几何相似、运动相似、动力相似。

(1)几何相似是指模型(用下角标"M"来表示模型)与实物的几何形状相同,对应的线性长度比为一定值。

(2)运动相似是指当流体流经几何相似的模型与实物时,其对应点的速度方向相同,比值保持常数,称为运动相似。即对应点速度三角形相似。

(3)动力相似是指作用于运动相似的流体各对应点的力相似,即作用于对应点上的外力方向相同,大小之比保持常数。

雷诺数表示作用在流体上的惯性力与黏性力之比,模型与实物的雷诺数相等保证了黏性力的相似。

$Eu\left(Eu = \dfrac{p}{\rho c^2}\right)$ 称欧拉数,它表示压力与惯性力之比,模型与实物的欧拉数相等保证了压力相似。

在外力、内摩擦力、压力组成封闭的力三角形中,外力、内摩擦力两边成比例,方向又对应相同,则代表压力的一边就一定成比例,故 Eu 相等。因此,通风机的动力相似就是雷诺数相等。

总之,两台通风机的气体流动过程相似条件可归纳为:几何相似,叶片进口、出口的速度三角形相似,雷诺数、欧拉数相等。

(二)通风机性能的相似换算

根据相似原理,由某一台固定尺寸的风机在某一定转速下测得的性能参数,通过相似定律可计算得到同一系列、不同尺寸的相似风机在任何转速下的压力、流量、功率等性能参数,见表3-2。

表 3-2 通风机性能换算公式表

条件	$\rho \neq \rho_M$ $n = n_M$ $D_2 = D_{2M}$	$\rho = \rho_M$ $n \neq n_M$ $D_2 = D_{2M}$	$\rho = \rho_M$ $n = n_M$ $D_2 \neq D_{2M}$	$\rho \neq \rho_M$ $n \neq n_M$ $D_2 \neq D_{2M}$
流量相似定律	$Q = Q_M$ (3-16)	$Q = Q_M \dfrac{n}{n_M}$ (3-19)	$Q = Q_M \left(\dfrac{D_2}{D_{2M}}\right)^3$ (3-22)	$Q = Q_M \dfrac{n}{n_M}\left(\dfrac{D_2}{D_{2M}}\right)^3$ (3-25)
压力相似定律	$p = p_M \dfrac{\rho}{\rho_M}$ (3-17)	$p = p_M \left(\dfrac{n}{n_M}\right)^2$ (3-20)	$p = p_M \left(\dfrac{D_2}{D_{2M}}\right)^2$ (3-23)	$p = p_M \dfrac{\rho}{\rho_M}\left(\dfrac{n}{n_M}\right)^2\left(\dfrac{D_2}{D_{2M}}\right)^2$ (3-26)
功率相似定律	$N = N_M \dfrac{\rho}{\rho_M}$ (3-18)	$N = N_M \left(\dfrac{n}{n_M}\right)^3$ (3-21)	$N = N_M \left(\dfrac{D_2}{D_{2M}}\right)^5$ (3-24)	$N = N_M \dfrac{\rho}{\rho_M}\left(\dfrac{n}{n_M}\right)^3\left(\dfrac{D_2}{D_{2M}}\right)^5$ (3-27)
效率	$\eta = \eta_M$			

另外,对于同一种气体,根据气体状态方程,其密度之比为

$$\frac{\rho}{\rho_M} = \frac{p}{p_M} = \frac{T}{T_M} \tag{3-28}$$

式中:ρ_M、p_M、T_M——已知状态下空气的密度、绝对压力和绝对温度;

ρ、p、T——所求状态下空气的密度、绝对压力和绝对温度。

【例 3-1】 某离心通风机的铭牌转速 $n = 1\ 450$ r/min,在标准空气状态下,风量 $Q = 4\ 060$ m³/h,压力 $p = 375$ mmH₂O,功率 $N = 5$ kW。若利用该风机输送热空气($t = 80$ ℃,$p = 75$ mmHg),以烘干物料,试计算该风机的实际风量、压力和功率。

解:根据通风机相似换算公式(3-16)~公式(3-18)得

$Q = Q_M = 4\ 060 (\text{m}^3/\text{h})$

$p = p_M \cdot \dfrac{\rho}{\rho_M} = 375 \times \left(\dfrac{750}{760} \times \dfrac{273+20}{273+80}\right) = 307 (\text{mmH}_2\text{O})$

$N = N_M \cdot \dfrac{\rho}{\rho_M} = 5 \times \left(\dfrac{750}{760} \times \dfrac{273+20}{273+80}\right) = 4.1 (\text{kW})$

【例 3-2】 某离心通风机在标准空气状态下,当转速 $n = 1\ 000$ r/min 时,风量 $Q = 4\ 000$ m³/h,风压 $p = 150.6$ mmH₂O,功率 $N = 2$ kW。若 $n = 1\ 250$ r/min 时,Q、p、N 将为多少?

解:根据通风机相似换算公式(3-19)~公式(3-21)得

$Q = Q_M \dfrac{n}{n_M} = 4\ 000 \times \dfrac{1\ 250}{1\ 000} = 5\ 000 (\text{m}^3/\text{h})$

$p = p_M \cdot \left(\dfrac{n}{n_M}\right)^2 = 150.6 \times \left(\dfrac{1\ 250}{1\ 000}\right)^2 = 235.3 (\text{mmH}_2\text{O})$

$N = N_M \cdot \left(\dfrac{n}{n_M}\right)^3 = 2 \times \left(\dfrac{1\ 250}{1\ 000}\right)^3 = 3.91 (\text{kW})$

从上例可知,虽然转速只提高了25%,相应的流量只提高了25%,但功率几乎增加了一倍。所以,改变通风机的转速时,必须重新校核计算所需的功率,注意原配备电动机是否超载。

(三)通风机的无因次参数

根据压力、流量和功率相似定律公式,并以 $n = 60\,U_2/\pi D_2$ 代入,整理移项得

$$\frac{p}{\rho U_2^2} = \frac{p_M}{\rho_M U_{2M}^2} = \bar{p} \tag{3-29}$$

$$\frac{Q}{\frac{\pi}{4} D_2^2 U_2} = \frac{Q_M}{\frac{\pi}{4} D_{2M}^2 U_{2M}} = \bar{Q} \tag{3-30}$$

$$\frac{N}{\frac{\pi}{4}\rho D_2^2 U_2^3} = \frac{N_M}{\frac{\pi}{4}\rho_M D_{2M}^2 U_{2M}^3} = \bar{N} \tag{3-31}$$

式中 $\bar{p}$、$\bar{Q}$、$\bar{N}$ 分别为全压系数、流量系数和功率系数。上式说明两台通风机相似,则它们的 $\eta = \eta_M$、压力系数、流量系数和功率系数就相等。

将 $U_2 = \pi D_2 n/60$ 代入公式,可以计算风机的压力、流量和功率。

$$p = \bar{p}\rho U_2^2 = \bar{p}\left(\frac{\pi}{60}\right)^2 D_2^2 n^2 = 0.00274\bar{p}\rho D_2^2 n^2 \tag{3-32}$$

$$Q = \bar{Q}\frac{\pi}{4}D_2^2 U_2 = \bar{Q}\frac{\pi}{4}D_2^2 \cdot \frac{\pi}{60}D_2 n = 0.04112\bar{Q}D_2^3 n \tag{3-33}$$

$$N = \bar{N}\frac{\pi}{4}D_2^2\rho U_2^3 = \bar{N}\frac{\pi}{4}D_2^2\left(\frac{\pi}{60}\right)^3\rho D_2^3 n^3 = 1.27\times10^{-4}\bar{N}\rho D_2^5 n^3 \tag{3-34}$$

由式(3-32)~式(3-34)可以看出,在相同的转速 n 及直径 D_2 条件下,输送相同的气体时,压力 p 与压力系数 $\bar{p}$ 成正比,流量 Q 与流量系数 $\bar{Q}$ 成正比,功率 N 与功率系数 $\bar{N}$ 成正比。所以,对于各种不同类型的通风机,可以根据其无因次参数 $\bar{p}$、$\bar{Q}$、$\bar{N}$ 来判别其压力 p、流量 Q 和功率 N 的大小。

三、离心通风机的比转数

通风机的性能还可采用比转数 n_s 来表明不同类型通风机的主要性能参数如流量、压力、转速之间的综合特性。

(一)比转数公式的推导

两台相似的通风机,它们的压力、流量关系由式(3-25)及式(3-26)整理移项后得

$$n = \frac{Q^{\frac{1}{2}}}{\left(\frac{p}{\rho}\right)^{\frac{3}{4}}} = n_M = \frac{Q_M^{\frac{1}{2}}}{\left(\frac{p_M}{\rho_M}\right)^{\frac{3}{4}}}$$

当两个相似通风机的进气状态相同,或都是标准状态时,即 $\rho = \rho_M$,则

令

$$n_s = n\frac{Q^{\frac{1}{2}}}{p^{\frac{3}{4}}} \tag{3-35}$$

n_s 称作通风机的比转数。对于同一台通风机,在不同的工况点$(p、Q)$对应不同的比转数。为了能表达各种类型的通风机特性,便于进行分析比较,一般是把通风机全压效率最高点的比转数作为该通风机的比转数值。

两个相似的风机,它们的比转数必然相等。特别要指出的,比转数相等,两个通风机不一定相似。故比转数绝不是相似条件,它的相等是相似通风的必然结果。

比转数也可以用无因次 $\overline{p}$、$\overline{Q}$ 参数来表示

$$n_s = n\frac{Q^{\frac{1}{2}}}{p^{\frac{3}{4}}} = \frac{60U_2\left(\overline{Q}\frac{\pi}{4}D_2^2U_2\right)^{\frac{1}{2}}}{\pi D_2\left(\overline{p}\rho U_2^2\right)^{\frac{3}{4}}} = \frac{30}{\pi^{\frac{1}{2}}\rho^{\frac{3}{4}}} \cdot \frac{\overline{Q}^{\frac{1}{2}}}{\overline{p}^{\frac{3}{4}}} \tag{3-36}$$

对于标准进气状态 $\rho = 1.2 \text{ kg/m}^3$,则由式(3-36)得

$$n_s = 14.8\frac{\overline{Q}^{\frac{1}{2}}}{\overline{p}^{\frac{3}{4}}} \tag{3-37}$$

(二)比转数的应用

(1)用比转数来划分通风机的类型。从比转数计算公式可以看出,在转速相同的条件下 n_s 愈大,则风机的流量愈大,风压愈低;反之 n_s 愈小,则风机的流量愈小,风压愈高。离心通风机的比转数一般在 5~100。一般 $n_s > 60$,为低压风机;$n_s = 30 \sim 60$,为中压风机;$n_s = 5 \sim 30$,为高压风机。

(2)比转数的大小可以反映叶轮的几何形状,对于高比转数的低压风机,由于其流量相对较大,因而叶轮的 D_2/D_1 较小,而 b_2/D_2 则较大;低比转数的高压风机则相反,其叶轮 D_2/D_1 较大,而 b_2/D_2 则较小。故低压风机厚度(b_2)较厚,而高压风机宽度(b_2)较窄。

四、离心通风机的性能曲线

通风机的性能参数之间的关系,可用有因次性能曲线、无因次性能曲线、系列产品综合性能曲线和性能表等来反映。

(一)有因次性能曲线及性能表

有因次性能曲线是对具体型号的通风机,在一定的转速下,由制造厂根据实际测定作出,反映各主要性能参数风压 p、效率 η、功率 N 与流量 Q 之间的关系。

如图 3-10 为 4-72 型 No.5 离心通风机在 $n = 2\,900$ r/min 时的有因次性能曲线,包括 p-Q、N-Q 和 η-Q 曲线。从图中 p-Q 曲线可以看出,在一定转速下工作时,风机可以输出不同的流量 Q,并对应输出一个确定的风压 p;一般而言,当输出流量增加时,风压减小。Q-η 曲线反映不同流量所对应的效

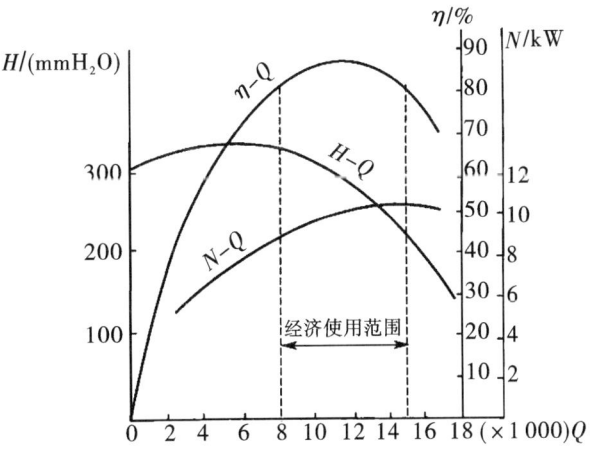

图 3-10 4-72 型 No.5 离心通风机有因次性能曲线

率是不同的,并存在最高效率 η_{max} 点。此点的流量,往往是在气流进入叶道及机壳无冲击时的设计流量,偏离此流量下工作,效率就降低,一般认为,只有使通风机在不低于最高效率的 90% 范围内工作才是合理的。从 N-Q 曲线则看出,一般当流量增加时,功率也增加;但如果流量增加时风压下降很快,功率也下降。

表 3-3 是用数字表给出经济使用范围内若干个工作点的各主要工作参值,可为选择合适的通风机和分类运行工况提供依据。

各种型号的离心通风机的有因次性能曲线或性能表,可从产品样本或有关手册中查得。

表 3-3 4-72 型 No.5A 风机性能

转数 /(r/min)	序号	流量 Q /(m³/h)	全压 p /Pa	轴功率 N /kW	效率 η /%	配用电动机 /kW
2 900	1	7 950	3 240	8.52	82.4	13
	2	8 917	3 190	8.90	85.0	
	3	9 880	3 130	9.42	89.5	
	4	10 850	3 030	9.90	91.0	
	5	11 330	2 900	10.30	91.0	
	6	12 780	2 480	10.70	88.5	
	7	13 750	2 460	10.70	88.5	
	8	14 720	2 240	10.90	82.5	

(二) 无因次性能曲线

利用通风机的无因次参数绘制的性能曲线称无因次性能曲线 $\bar{p}$-$\bar{Q}$、$\bar{N}$-$\bar{Q}$ 和 η-$\bar{Q}$,如图 3-11 所示。因为同一系列的通风机相似,故其相应点的 $\bar{p}$、$\bar{Q}$、$\bar{N}$ 都相等。所以只要用一组无因次曲线就可代替同一系列、不同机号的风机在各种转速下的性能特征。这就大大简化了性能曲线或图表。但是根据无因次曲线得出的无因次量还不能直接引用,必须将查得的结果用式 (3-32) ~ 式 (3-34) 进行运算,以求出实际性能参数。

无因次性能曲线可直接由试验求得,也可由有因次性能曲线计算而得。

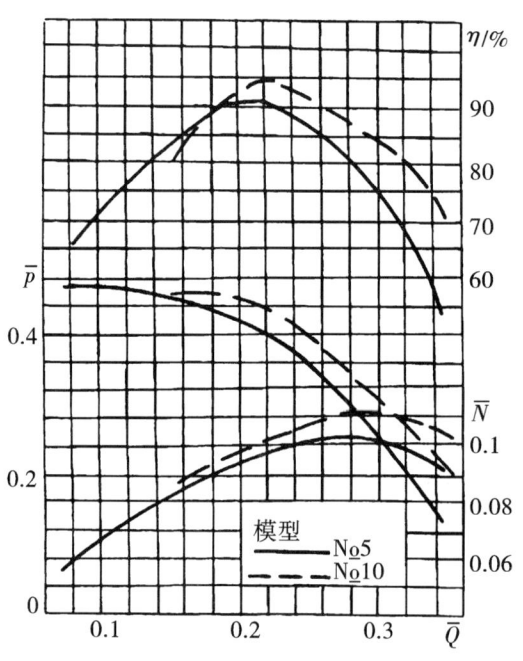

图 3-11 4-72-11 型离心通风机的无因次性能曲线

(三) 以公称转速表示的系列产品综合性能曲线

这是一种选用通风机比较方便的曲线,如图 3-12 所示。以不同机号的风量 Q 为横坐标,压力 p 为纵坐标;图中绘有等效率线和公称转速线。所谓公称转速 A,是指机号数与风机叶轮转速的乘积,即 $A = \text{No.} \times n$。其中 No. 为机号数(叶轮直径,dm);n 为通风机转速(r/min)。

例如 No.5 风机,叶轮转速 $n = 2\,900$ r/min,公称转速 $A = \text{No.} \times n = 5 \times 2\,900 = 14\,500$。

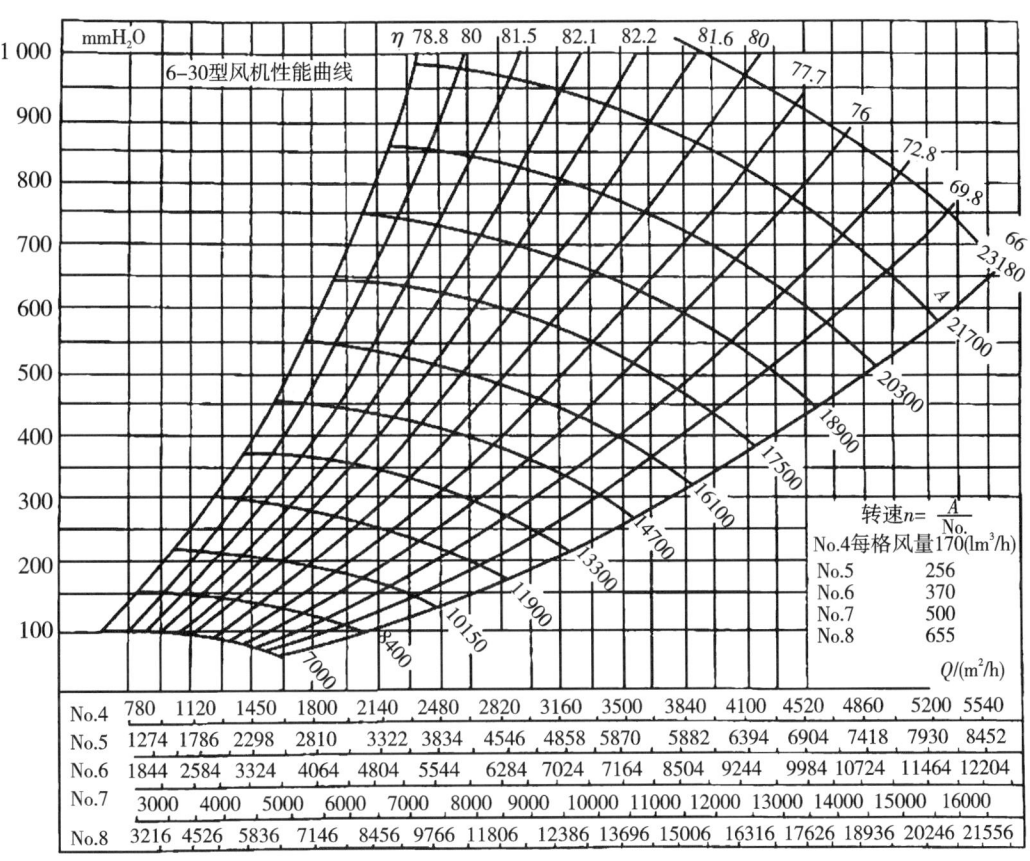

图 3-12　6-30 型通风机性能曲线

第四节　离心通风机在风网中的运行和工况调节

一、风网特性曲线

所谓风网的特性,即指风网的阻力与流量的关系。对于一般的风网,由于构成其阻力的各项(包括除尘器阻力和作业机阻力)都与流量的平方成正比,即可表示为

$$p = KQ^2 \tag{3-38}$$

该式叫作风网特性方程。式中 K 为风网的总阻力系数,其值因风网的结构而异,可

根据风网具体情况按流体力学规律进行计算。风网特性方程在 p-Q 坐标图上是一条抛物线,称为风网特性曲线,见图 3-13 中的 R。

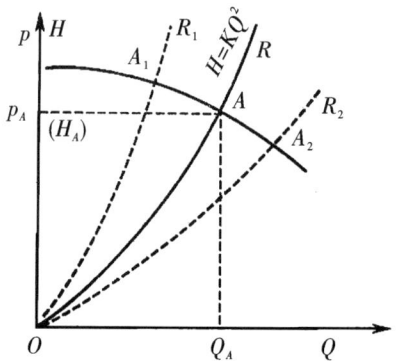

R_1、R_2、R_3 为风网特性曲线;p-Q 为风机性能曲线

图 3-13 风网特性曲线及通风机工作点

由 R 可知,总阻力系数 K 随管道增长或缩短,或管道截面积改变,或风门开大或关小,或设备的增减等因素中任一因素改变而变化,从而导致风网特性曲线的改变。例如,将管道中阀门关小或增加系统中的部件或设备时,K 值增加,风网特性曲线变陡,曲线 R 变为 R_1;当阀门开大或管道断面加大,则 K 值减小,风网特性曲线变平坦,变为 R_2。

二、离心通风机在风网中的工作特性

当通风机在特定的风网中工作时,其实际风量等于该风网所需的空气流量,而通风机的压力应能够克服风网的阻力。为此,将所选用的通风机在某一转速的性能曲线 p-Q 曲线与风网的特性曲线 R(即 $p=KQ^2$)画在同一坐标图上,并相交于点 A,见图 3-13。A 就是风网所要求的通风机实际工作点,相应的 Q_A 即是通风机风网的实际风量,p_A 即是风机的实际风压,也是风网的实际阻力 p。由此可见,同一台通风机(转速不变),安装在不同的风网中(K 值不同),将会产生不同的风量,如图 3-12 中 $K_1(R_1)$ 或 $K_2(R_2)$,通风机的工作点则在 A_1 或 A_2 点。

三、离心通风机的工况调节

在实际运行中,通风机的工作状况有时需根据生产要求进行调节,即改变风机工作点的位置,使风机输出风量与实际需要的风量相平衡。可采取以下三种方法进行调整。

1. 减少或增加管网的阻力(压力)损失[图 3-14(a)]

增大管网管径或缩小管网管径(有时不得已要关小阀门),使管网特性改变。例如,曲线 1-1,由阻力降低而变为 1-1,风量因而由 Q_1 增加到 Q_2。反之,减小风量,由 2-2 增加阻力而变为 1-1,风量因而由 Q_2 减小到 Q_1。

2. 更换风机[图 3-14(b)]

这时管网特性没有变化,用适合于所需风量的另一风机(2-2)代替原预选的风机(1-1),以满足风量 Q_2。

3. 改变风机转数[图3-14(c)]

改变风机转数,以改变风机特性曲线由(1-1)变为(2-2)。改变转数的方法很多,如用变速电机、改变供电频率、改变皮带轮的传动转数比、采用水力联轴器等。

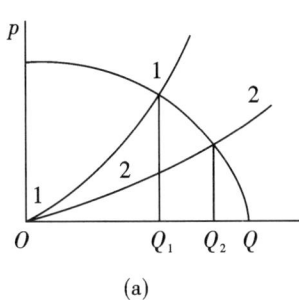
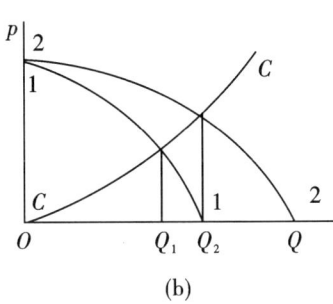
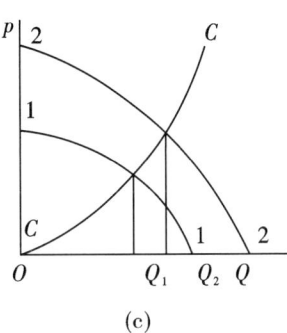

图3-14　风机工况的调节

如果通风机的转速发生变化,其性能参数也将改变。其变化规律可按相似定律求得(参见表3-2)。

改变通风机转速来调节工况的方法,就通风机本身而言,没有附加能量损失,是比较经济的。根据此原理,在使用风机时,可采用智能控制的无极调速电机,保证风机处于高效工作区。但必须注意,当增大转速、增大风量时,因风机的功率变化与转速的3次方成比例,这是必须考虑原配用电机的容量是否满足新的工作点的要求。

四、离心通风机的联合工作

(一)风机的并联

两台或两合以上的风机并联在一起向同一风网输送气体,叫作风机的并联,其目的是增大风量。

风机并联工作时,如果两台风机的压力都一样,而总流量则等于各台风机流量之和。并联后的合成性能曲线可将同一压力下各台风机的流量叠加而得,如图3-15(a),曲线Ⅰ是单台风机的性能曲线,曲线Ⅱ则是两台风机并联后的合成性能曲线。风网特性曲线R与曲线Ⅱ交于G点,即为两台性能相同风机并联工作时的工作点,其压力为p_G、流量为Q_G;曲线Ⅰ与R交于N点,即为单独一台风机工作时的工作点,其压力为p_N流量为Q_N。

从图3-15可以看出,在同一风网中,两台风机并联工作时的流量比单独一台风机工作时增加了,即$Q_G>Q_N$,但小于两风机单独工作时的流量之和,即$Q_G<2Q_N$。两台风机并联工作的总压力较一台风机单独工作时的压力要高,即$p_G>p_N$。

图3-15(b)为两台不同性能的风机并联工作的情况,其中Ⅰ与Ⅱ为它们各自的性能曲线,Ⅲ为并联后的性能曲线。并联工作时的流量由风网特性同风机并联后的性能曲线交点定出,如图中A、B、C点,应分析后确定工作点。

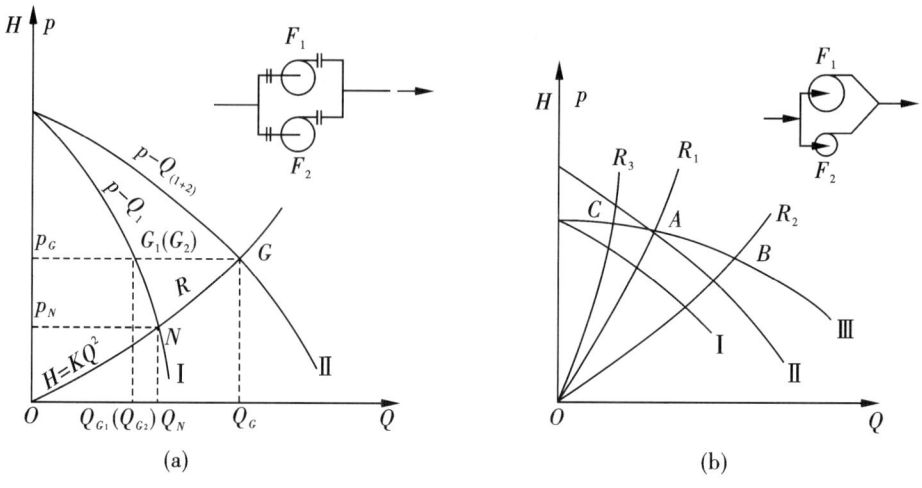

图 3-15 风机并联工作

由图可见,A 点(风网 R_1)所对应的流量为两风机并联工作时的最小流量。这时风机 I 将在零流量下工作,虽然也在转动,对增加流量并无帮助,失去了并联工作的意义。工作点 B 对应的流量比单台工作时风量为高,实际压力要比单台工作时为高,因此,两台不同性能的风机并联工作点应在 A 点的右边。

(二) 风机的串联

当一台风机产生的压力不能满足生产要求,而又无适当的风机更换时,可以将两台或多台风机串联使用。

如果各台串联风机相同,则流量相等,而压力则等于各台风机压力之和。因此,串联后合成的性能曲线,可将同一风量下各台风机所产生的压力相加而得,如图 3-16(a)所示为性能相同的两台风机串联后的性能曲线。

图中 I 是一台风机的性能曲线,II 是两台风机串联后的合成性能曲线。图中 A 为两台风机串联使用时的工作点,A_1 为一台风机使用时的工作点。可见,两台风机串联后总压力比一台增加了($p_A > p_1$),但小于两台风机的压力之和(即 $p_A < 2p_1$);同时,风网中实际通过的风量也有所增加,即 $Q_A > Q_{A_1}$。

图 3-16(b)所示为两台不同性能的风机串联工作时的特性曲线。图中 I 与 II 分别为两台性能不同的风机的性能曲线,III 为这两台风机串联后的性能曲线。从图中可以看出,风机串联后,当联合工作点落在 A 的左边,如 C 点时,串联后的总压力比单机运行时高;如果联合工作点落在 A 点右边如 B 点时,串联后的总压力不但没有增加,反而比一台风机工作时还小。此时,管网实际通过的风量也较其中一台风机单独工作时为小。这种适得其反的情况,在风网阻力较小、两台风机性能差较大时,尤其应该注意。

通过以上分析,可以得出以下结论:

(1)无论在什么情况下,风机联合工作总会有额外的压力损失,并联时有分流、合流及局部阻力等损失;串联时有管道连接损失,不如单机工作时的效率高。

(2)当两台风机不同时,有可能出现适得其反的结果。因此,在采用风机联合工作时,应优先选择性能相同的风机。

(3)风网阻力愈小,采用并联工作较有利;风网阻力愈大,则采用串联工作较好。

(4)风机性能曲线愈平坦,采用并联工作愈好;风机性能曲线愈陡,采用串联工作愈有利。

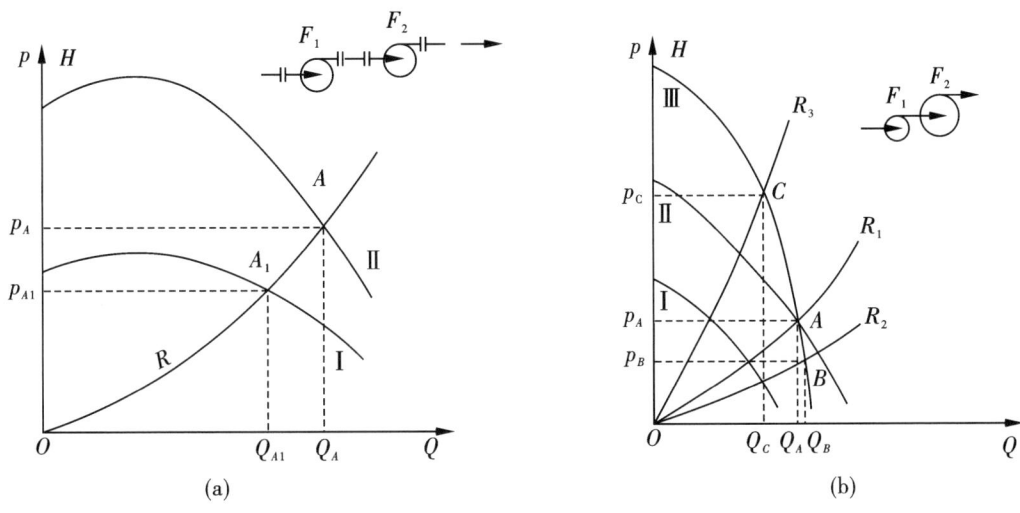

图 3-16 风机串联工作

总之,风机的联合工作只能是不得已而为之,一般情况下,应尽量避免采用。在决定采用时,应先作曲线进行图解分析,防止意外。

第五节 离心通风机的选用

正确、合理地选择通风机,是保证通风除尘与气力输送系统正常而又经济地运行的一项重要步骤。所选用的通风机在风网系统中工作时,不但要满足所需风量和阻力的要求,而且还要求通风机工作时的效率最高或在经济使用范围内。

一、离心通风机的命名

离心通风机命名内容包括名称、型号、机号、传动方式、旋转方向及出口位置等六部分,如图 3-17 所示。

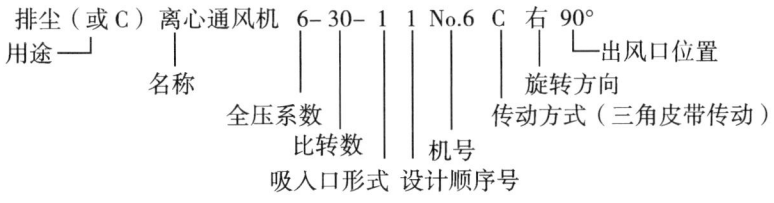

图 3-17 离心通风机的命名

1. 名称

为了区别其用途,在离心式通风机名称前冠以用途代号(一般也可省略不写),见表3-4。

表3-4 离心通风机用途代号

用途	代号		
	汉字	汉语拼音	简写
排尘通风	排尘	CHEN	C
输送煤粉	煤粉	MEI	M
防腐蚀	防蚀	FU	F
防爆	防爆	BAO	B
一般通风换气	通风	TONG	T

2. 型号

由三组中间用短横线隔开数字组成。第一组数字表示通风机的全压系数(最高效率点的压力系数)乘10后取整。第二组数字表示通风机的比转数。第三组数字中第一个数字表示通风机进口吸入形式代号,见表3-5;第二个数字表示设计顺序号。

表3-5 离心通风机进口形式代号

代号	0	1	2
通风机进口形式	双进风	单进风	二级串联

3. 机号

机号No.用通风机叶轮外径的分米数表示。例如,No.6就表示该通风机叶轮直径为6 dm,即600 mm。

4. 传动方式

电动机与通风机的传动方式共分A、B、C、D、E、F六种,见表3-6。

表3-6 离心通风机传动方式及字母代号

代号	A	B	C	D	E	F
传动方式	无轴承电机直接传动	悬臂支承,皮带轮在轴承中间	悬臂支承,皮带轮在轴承外侧	总臂支承,联轴器传动	双支承,皮带轮在外侧	双支承,联轴器传动

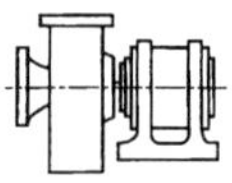

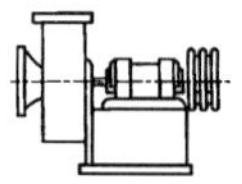

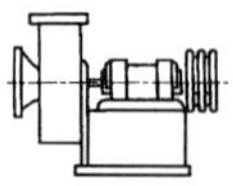

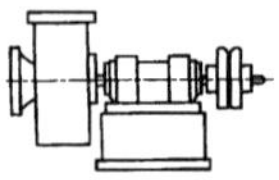

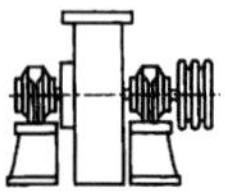

5. 旋转方向

叶轮旋转方向用"右"或"左"来表示。即从电动机或皮带轮一端正视,若叶轮按顺时针方向旋转,称为右旋通风机;若按逆时针方向旋转,称为左旋通风机。

6. 出风口位置

出风口位置用角度表示,如图3-18所示。

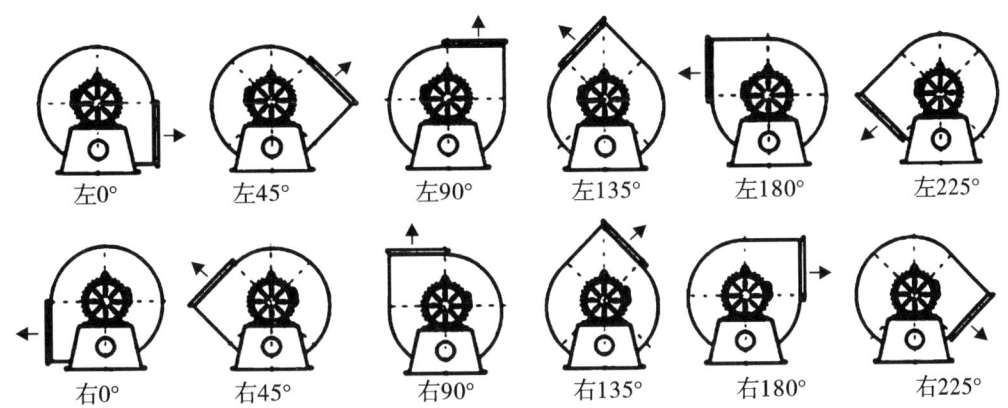

图3-18 通风机的出口位置及旋转方向

图3-17所示离心通风机命名解读为:排尘离心通风机,全压系数为0.6,比转数为30,单侧吸入、第一次设计,叶轮外径为600 mm,悬壁支承,皮带轮在风轴外侧。从皮带轮端正视叶轮为顺时针方向转动,出风口位置向上。

二、离心通风机的选用

(一)离心通风机的选用原则

(1)离心通风机工作点要在高效区 选择通风机,首先要求通风机的风量、风压满足管道系统的风量和阻力要求,同时使其工作点应在最佳效率或经济使用范围内,即工作点效率不应低于最高效率的90%。

(2)调节性能好 对于通风除尘系统,要求通风机的性能曲线比较平坦。这是因为通风除尘系统的阻力较小,而所需要的风量较大,故只需较小的阻力变化,就能使风网系统中的风量有较大的变化。但是,对于气力输送系统,则要求通风机的性能曲线较陡为好。这是因为气力输送系统在输送物料时的阻力较大,即当输送量变化时,系统的阻力往往会有较大的变动,如果在阻力变化时产生风量大幅度波动,则系统中某一支管中的气流速度就要降低,就会引起掉料。故只有性能曲线较陡的风机才能达当阻力变化时而风量变化不大的要求。

(3)电动机不易过载 具有后向叶型的风机不会过载,因为它的最大功率出现在额定风量处。对于前向叶型的风机,其功率随风量的增加而增加,而且增加的速率愈来愈快。所以,当气力输送网路选用前向叶片风机时,要特别注意不能在风门打开时使输料管走空,否则电动机有过载危险。

(4)要适应输送气体的性质 输送不同性质的空气,要选用不同类型的风机,如空气含尘浓度特别高时,就要选用叶片耐磨而又不易积灰的排尘风机。若风机与烘干机配套使用时,就要选用耐高温的风机等。

(5)噪声低　在相同的条件下,应优先选用低噪声的风机。一般说来,噪声峰值频率与风机转速成正比,所以,在满足网路阻力、流量要求的前提下,应尽量选用转速低的风机。一般风机转速不宜超过 3 000 r/min,或叶轮外缘线速率不大于 75 m/s。

(二)离心通风机的选用方法

根据上述原则,可按下列步骤选用离心通风机和配用电动机。

(1)根据被输送气体的性质,如清洁空气、含尘空气、输送物料等,分别选择不同用途的风机。

(2)根据网路的压损(阻力),初步选定风机的类型,如高压、中压或低压离心式通风机。

(3)根据网路所需风量及阻力决定风量及风压,再从风机样本上选择合适的通风机机号。工作点应尽量选择在效率最高点或经济使用范围内。另外考虑到噪声控制,应尽量选用低转速风机。

在确定通风机风量时,应考虑到由于管网和设备的不严密而造成的漏风现象,应附加一定的安全系数,其值为 10% ~ 20%,即

$$Q_{机} = (1.1 \sim 1.2) Q_{网路} \tag{3-39}$$

式中:$Q_{机}$——通风机的风量,m^3/h;

　　$Q_{网路}$——网路的风量,m^3/h。

在确定通风机压力时,应考虑到由于管网阻力计算的误差及施工中的一些不可预见因素,应附加一定的安全系数,其值为 10% ~ 15%,即

$$p_{机} = (1.1 \sim 1.15) p_{网路} \tag{3-40}$$

式中:$p_{机}$——通风机的压力,mmH_2O 或 Pa;

　　$p_{网路}$——网路的总阻力,mmH_2O 或 Pa。

风机样本中列出的风机性能参数,一般是指在标准状态下(大气压力 760 mmHg、温度 20 ℃、相对湿度 50%)的性能参数,如实际使用情况与标准状态相差较大,则需按下列公式将参数换算成标准状态。

风量　　　　　　　　　　　　$Q_{机} = Q_0$ \hfill (3-41)

风压　　　　　　$p_{机} = p_0 \dfrac{\rho}{1.2} = p_0 \dfrac{p_a}{760} \cdot \dfrac{273 + 20}{273 + t}$ \hfill (3-42)

功率　　　　　　$N_{机} = N_0 \dfrac{\rho}{1.2} = N_0 \dfrac{p_a}{760} \cdot \dfrac{273 + 20}{273 + t}$ \hfill (3-43)

式中:$Q_0 \setminus p_0 \setminus N_0$——标准状态下风机的风量、风压和功率;

　　$Q_{机} \setminus p_{机} \setminus N_{机}$——在使用条件下风机的风量、风压和功率;

　　p_a——使用地点大气压力,mmHg;

　　t——被输送气体的温度,℃;

　　ρ——被输送气体的密度,kg/m^3。

(4)选配电动机。在选配电动机时,还需考虑传动方式和电动机容量安全系数 K 值,所以电动机功率为

$$\begin{cases} N_{轴} = \dfrac{p_{机} Q_{机}}{\eta} \quad (\text{kW}) \\ N_{电机} = KN_{轴}/\eta_{传} \quad (\text{kW}) \end{cases} \qquad (3-44)$$

式中：K——电动机容量安全系数，见表3-7；

η——风机的全压效率，%；

$\eta_{传}$——传动效率，见表3-8。

表3-7 电动机容量安全系数

风机轴功率/kW	<0.5	0.5~1	1~2	2~5	>5
安全系数 K	1.5	1.4	1.3	1.2	1.15

表3-8 传动效率

传动方式	直联	联轴器	三角皮带
传动效率	1	0.98	0.95

(5)考虑风机的外形尺寸及进口位置、出口方向等因素，以利于合理布置，易于施工安装，便于操作检修。

(6)考虑价格便宜、运输方便，以减少投资。

【例3-3】 有一通风除尘网路，设计计算所需风量 $Q_{网路}=5\,850\,\text{m}^3/\text{h}$，风网阻力 $p_{网路}=1\,600\,\text{Pa}$，试选用 C4-72 型通风机，其机号、转速及电机功率各是多少？

解：考虑10%的风量安全系数，风机风量为

$$Q_{机}=1.1Q_{网路}=1.1\times 5\,850=6\,435\,(\text{m}^3/\text{h})$$

考虑15%的风压安全系数，风机压力为

$$p_{机}=1.15p_{网路}=1.15\times 1\,600=1\,840\,(\text{Pa})$$

根据 $Q_{机}$ 和 $p_{机}$ 查风机样本中4-73型风机性能表(见附录5)得，风机机号为 No.4.5A，其流量为 $6\,450\,\text{m}^3/\text{h}$，压力为 $1\,862\,\text{Pa}$，接近该风网的需要。此时，风机转速 $n=2\,500\,\text{r/min}$，电机功率 $N=5.5\,\text{kW}$，效率在经济使用范围内。

【例3-4】 某一气力输送风网，经计算：$Q_{机}=2\,500\,\text{m}^3/\text{h}$，$p_{机}=350\,\text{mmH}_2\text{O}$，试选择通风机的型号、机号、转速及电机功率。

解：从粮食工厂常用的高压风机样本上(见附录5)可选用 9-26 型 No.4A 风机，其转速 $n=2\,900\,\text{r/min}$，电机功率 $N=5.5\,\text{kW}$。

【例3-5】 某面粉厂有一气力输送风网，设计计算得 $Q_{网路}=5\,000\,\text{m}^3/\text{h}$，$p_{网路}=500\,\text{mmH}_2\text{O}$，若采用 6-30 型风机，试确定风机的机号、转速及电机功率。

解：考虑20%的漏风量，于是风机风量为

$Q_{机}=5\,000(1+0.2)=6\,000\,(\text{m}^3/\text{h})$

考虑10%的压力附加系数，风机压力为

$p_{机}=500(1+0.1)=550\,(\text{mmH}_2\text{O})$

根据 $Q_{机}$、$p_{机}$，查6-30型通风机综合性能曲线(见图3-12，或风机样本)。

首先在机号的横坐标轴上，找到风量 $Q=6\,000\,\text{m}^3/\text{h}$ 的点，由此向上作垂线；再从纵坐标轴上找到压力 $p=550\,\text{mmH}_2\text{O}$，由此向右作水平线；两条线交于一点，该点就是通风机的工作点。该点位于公称转速为 16 100 和 17 500 两条曲线之间，按比例可推算出该点的公称转速 $A\approx 16\,750$。根据公称转速与机号的关系式，可得

$$n = \frac{A}{\text{No.}} = \frac{16\,750}{6} \approx 2\,800\,(\text{r/min})$$

此时通风机的全压效率,可根据工作点在效率曲线间的位置来确定。从图中可以看到,该点位于 82.2% 和 81.6% 两条效率曲线之间,利用比例关系推算得 $\eta = 81.9\%$,则风机的轴功率为

$$N_{轴} = \frac{Q_{机} p_{机}}{3\,600 \times 1\,000 \eta_{机}} = \frac{6\,000 \times 550 \times 9.8}{3\,600 \times 100 \times 0.819} = 10.97\,(\text{kW})$$

通风机的转速 $n = 2\,800$ r/min,不能采用直联传动,故采用三角带传动,传动效率取 0.95。在选用电动机时,还需考虑电动机容量安全系数 $K = 1.15$,则电动机功率为

$$N_{电} = K \frac{N_{轴}}{\eta_{传}} = 1.15 \times \frac{10.97}{0.95} = 13.3\,(\text{kW})$$

查电动机产品规格,可选用功率 $N = 17$ kW、转速 $n = 2\,940$ r/min 的异步电动机。

【例 3-6】 已知 4-72 型 No.6 风机在 $n = 1\,250$ r/min 时的实测参数如表 3-9 所示。

表 3-9 实测参数

测点编号	1	2	3	4	5	6	7	8
p /Pa	843	827	814	794	755	696	637	579
Q /(m³/h)	5 920	6 640	7 360	8 100	8 800	9 500	10 250	11 000
N /kW	1.69	1.77	1.86	1.96	2.03	2.08	2.12	2.15

试求:(1)各测点的全压效率;
(2)绘制 p-Q、N-Q、η-Q 性能曲线;
(3)写出其额定参数。

解:(1)全压效率的计算。由 $\eta = \dfrac{pQ}{N}$,计算出各测点的全压效率,并填入表 3-10。

表 3-10 各测点的全压效率

测点编号	1	2	3	4	5	6	7	8
η/%	82.0	86.2	89.5	91.1	90.9	88.3	85.6	82.3

(2)绘制 p-Q、N-Q、η-Q 性能曲线。见图 3-19,注意将 p-Q、N-Q、η-Q 三条曲线适当散开,分别采用自身的纵坐标。

(3)额定参数。从 η-Q 曲线找效率最高点 a,并求此流量下的风压、功率和效率;$Q = 8\,300$ m³/h、$p = 775$ Pa、$N = 2.00$ kW、$\eta_{\max} = 91.4\%$。

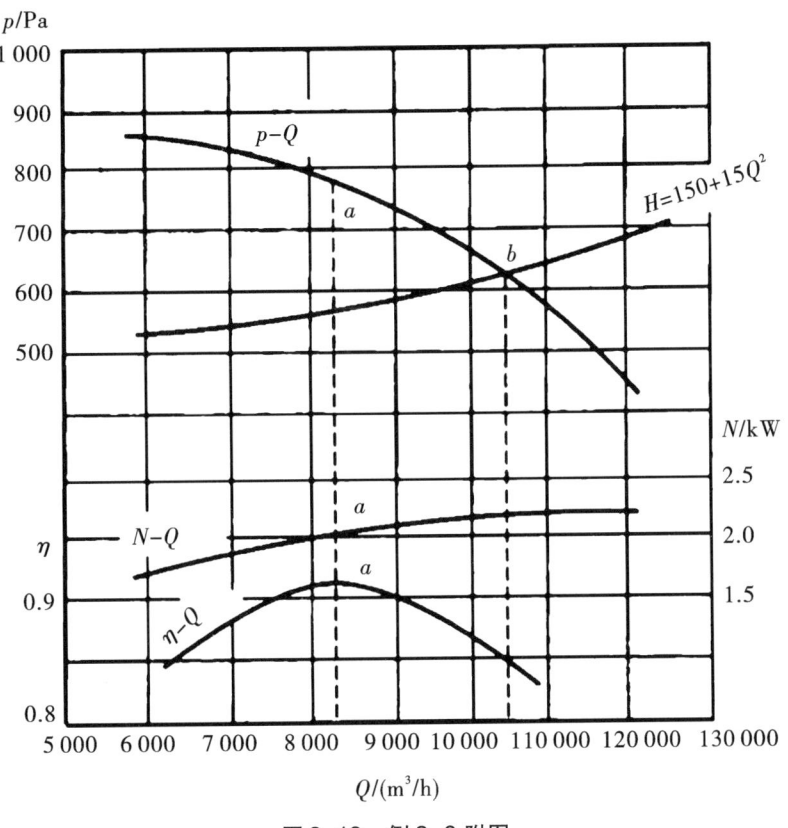

图 3-19 例 3-6 附图

【例 3-7】 上题中风机装在一系统中,风管进口为大气,出口为压力 500 Pa 的工作区,综合阻力系数 $K=15$ kg/m,空气密度 $\rho=1.2$ kg/m³,求工作点参数。

解:管路系统的特性曲线为 $p=p_{出}+KQ^2=500+15Q^2$

计算出管路系统的特性曲线不同风量对应的阻力并填入表 3-11,并将管路系统的特性曲线绘制在风机性能曲线图上,见图 3-19,得工作点 b,其参数为 $Q=10\,450$ m³/h,$p=625$ Pa,$N=2.15$ kW,$\eta=84.4\%$。

表 3-11 不同风机对应的阻力

Q/(m³/h)	6 000	7 000	8 000	9 000	10 000	11 000
Q/(m³/s)	1.667	1.944	2.222	2.500	2.778	3.056
p/Pa	542	557	574	594	616	640

(三)粮食加工厂中常用的离心通风机

粮食加工厂中常用的离心风机有 4-68 型、4-72 型、4-73 型、T4-72 型、T4-79 型、5-18 型、5-48 型、6-23 型、6-30 型、9-19 型和 9-26 型等,可根据结构和性能特点合理选用,以满足通风除尘系统和气力输送系统对风量和压力的需求。

4-72 型、4-73 型风机的叶轮由 10 个后向机翼形叶片和曲线形前盘及平板式后盘构成。风机吸入口为锥弧形,风机效率较高,可达 90%,运行平稳,噪声低。4-73 型是在 4-72 型基础上改进设计而得,两者叶片工作形线一样,而 4-73 型的非工作面呈弧形,可以减少积灰,使用在多尘场所较 4-72 型为佳。4-72 型和 4-73 型风机,由于制造工艺要求较高,部件加工精度要求严格,一般以专业厂生产为好。T4-72 型风机的叶轮由 10 个后向薄板圆弧形叶片和曲线形前盘及平板式后盘组成。它的效率接近 4-72 型,但在制造工艺上较 4-72 型方便。在空气含尘浓度较高的场合下,使用薄板形叶片较机翼形叶片为好。鉴于粮食加工厂的空气含尘浓度较高,因此,选用 T4-72 型比选用 4-72 型更为合适。

4-79 型离心通风机叶轮由 12 个后向薄板圆弧形叶片以及曲线形前盘和平板式后盘组成,风机吸入口为锥弧形,是原 HDG 型风机的改进型,性能较高且嗓音降低。

6-23 型离心通风机叶由 12 个后向薄板曲线形叶片和双曲线形前盘及平板式后盘构成,风机吸入口为锥形。6-30 型离心通风机叶轮由 12 个后向平板形直叶片和锥形前盘及平板后盘所组成,风机吸入口为锥形。6-30 型、6-23 型风机是普遍用于粮食加工厂气力输送的高压风机。在相同的条件下,前者风量较后者约大 40%,且 p-Q 曲线右半部较陡,即当风量增大时,压力下降快,不易过载。因此,在需要较大风量的网路中,可使用 6-30 型风机。对于风量较小的风网中,则选用 6-23 型风机较好。

9-19 型、9-26 型离心通风机,一般用于高压强制送风,并可用于气力输送。9-19 型风机叶轮上有 12 个叶片,9-26 型风机叶轮上有 16 个叶片。两者均为前向弯曲叶型。

离心通风机的安装、运行及常见故障

近年来,粮油食品饲料加工厂较多使用压力更高、压力系数为 5 的离心通风机,例如 5-18 和 5-48 型系列离心通风机。压力达 680~8 000 Pa,使可选择性大大增加。

第六节 罗茨鼓风机

在粮油食品生产过程中,罗茨鼓风机作为压缩空气源,被广泛用于专用面粉厂输送面粉、麸皮等散粒物料作远距离输送的气力压运输送装置中。

一、罗茨鼓风机的工作过程

罗茨鼓风机是回转容积式风机的一种。主要构件有机体(气缸及端板)、转子、轴承密封件、同步齿轮等。气缸与两侧端板包容成一个空间,气缸两对面分别设置与吸、排气管道相连接的吸气孔口与排气孔口,如图 3-20 所示,吸、排气孔口可以互换。

罗茨鼓风机的转子有 2 叶和 3 叶两种型式,如图 3-20(a)(b)所示。根据两根转轴放置型式的不同,可分为立式(或称 A 型)——两根转轴的中心线处在同一垂直平面内,卧式(或称 B 型)——两根转轴的中心线处在同一水平面内,如图 3-20(c)(d)所示。罗茨鼓风机机体的冷却有空气自然冷却和循环水冷两种结构型式。

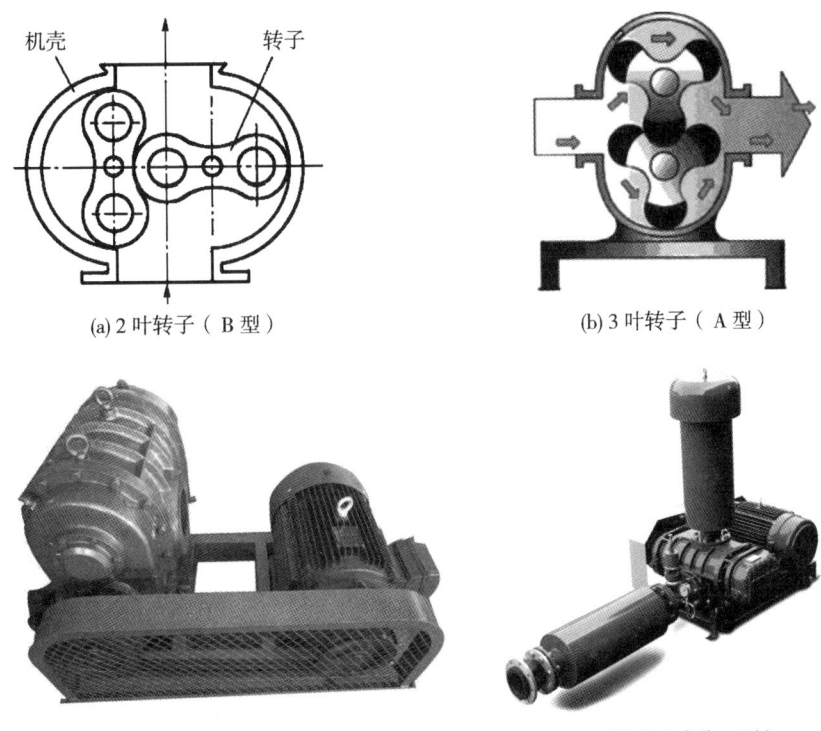

图 3-20　罗茨鼓风机的构造

叶轮和叶轮、叶轮和壳体、叶轮和墙板之间的间隙非常小，借助转子的啮合（实际上两转子并不接触，两者之间微小的"啮合间隙"），使吸气口与排气口相互隔绝。工作时一对彼此啮合的转子由气缸外侧的一对同步齿轮带动作方向相反的旋转，空气进入吸气口，由转子推动进入由转子与壁板和壳体形成的一个密封腔中，并在密封腔中被运转的转子连续送到出风口，如图 3-21 所示。

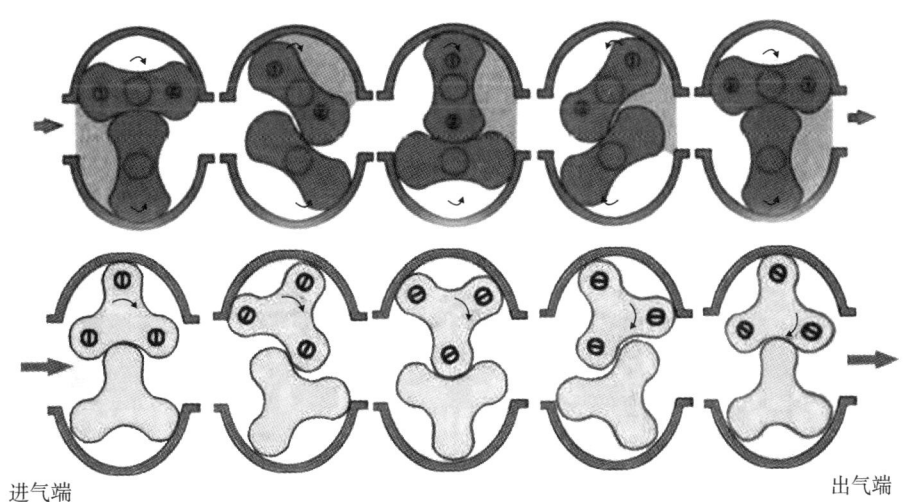

图 3-21　罗茨鼓风机工作过程

二、罗茨鼓风机的特点

罗茨鼓风机具有以下特点：

(1) 无内压缩过程在罗茨鼓风机中，气体压力并非由于容积缩小而提高，而是借排气孔口较高压力之气体回流以提高气缸容腔中的气体压力，即所谓等容压缩。无内压缩鼓风机较有内压缩鼓风机要多耗压缩功，故罗茨鼓风机的效率低，同时也限制了它进一步提高压力的可能性。目前，国产罗茨鼓风机的压力一般为 2 000 ~ 5 000 mmH$_2$O，最高达 11 000 mmH$_2$O。

(2) 如果不考虑气体通过间隙的泄漏，可以说罗茨鼓风机是没有余隙容积的，它不存在由于余隙容积中气体膨胀而造成的气缸几何尺寸利用率的降低。

(3) 由于转子之间以及转子与机体之间实际上是具有一定间隙的，所以除了轴承及同步齿轮外，罗茨鼓风机不存在其他的摩擦运动，这就使得这种机型具有转数高、基础小、无振动、寿命长、机械效率高等优点。同时，也不需对气缸进行润滑，免使所输送的介质含油。然而，也正是由于转子之间以及转子与机体之间的间隙，造成气体泄漏，是影响罗茨鼓风机向高压力、高效率发展的另一障碍。

(4) 转子每旋转一周，依次各个密封腔与吸、排气孔口相通，因此，吸气、排气过程是间断地、周期地进行，造成吸气、排气管道中气体压力的脉动，再加上瞬时等容积压缩形成气流速度与压力的脉动，使罗茨鼓风机产生较大的气体动力噪声。

三、罗茨鼓风机的性能及选用

1. 罗茨鼓风机的风量

罗茨鼓风机的风量(Q)取决于其转子的尺寸和转速。在理论上，其风量应为

$$Q_\text{理} = 4Bn = 4Aln \ (\text{m}^3/\text{min}) \tag{3-45}$$

式中：B——一个转子与机体所封闭的容积(m^3)；

　　　A——一个转子与机体所封闭的面积(m^2)，一般取 A 等于转子旋转所描绘出的圆面积的三分之一；

　　　l——转子的长度，m；

　　　n——转子的转速，r/min。

罗茨鼓风机在工作时，由于转子与转子之间、转子与机体之间的间隙存在而产生泄漏，因此，实际风量 Q 必将小于理论风量，即

$$Q = \eta_\text{容} Q_\text{理} \ (\text{m}^3/\text{min}) \tag{3-46}$$

式中：$\eta_\text{容}$——罗茨鼓风机的容积效率，它与罗茨鼓风机产生的压力大小和制造精度等因素有关。

关于容积效率，可以这样认为：为获得某一要求的风量，其所需的实际转速 n 必须大于理论转速 $n_\text{理}$，亦即必须额外附加转速 n'($n' = n - n_\text{理}$)才能达到所要求的风量。则 $\eta_\text{容}$ 可以理解为理论转速与实际转速的比值，即

$$\eta_\text{容} = \frac{n_\text{理}}{n} = \frac{n - n'}{n} \tag{3-47}$$

或者根据转子圆周速度 u 与转速 n 的关系，得

$$\eta_{容} = \frac{n - n'}{n} = \frac{u - u'}{u} \qquad (3-48)$$

式中：u'——对应于附加转速 n' 的圆周速度，称为滑动速度，其值可近似地按下式确定

$$u' = \varphi\sqrt{p} \quad (m/s) \qquad (3-49)$$

式中：p——鼓风机产生的压力，Pa；

φ——滑动系数，其值为 0.01~0.02。

罗茨鼓风机的风量是与转速成正比的，所以，在一定范围内可通过改变转速来提高或降低风量。但在提高转速时，转子圆周速度必须在允许限度以内，并且其工作压力不超过原规定上限。一般排气量为 1~250 m³/min，最大可达 800 m³/min。

2. 罗茨鼓风机的压力

罗茨鼓风机所产生的压力不取决于鼓风机本身，而取决于其所连接的管道的阻力。从理论上说，只要电动机功率允许，可在任何压力下工作。但是，当进出口压差过大时，就会有更多的间隙泄漏返回，从而降低鼓风机的实际风量。另外，压差过大，机械的震动和噪声增大，机器的机械强度和使用寿命将受到影响。

罗茨鼓风机的压力通常都用静压来表示，因其动压在全压中所占的比例不大。

3. 罗茨鼓风机的功率

罗茨鼓风机的功率可按下式计算

$$N_{轴} = \frac{Qp}{60\eta_{容}\eta_{机} \times 1\,000} \quad (kW) \qquad (3-50)$$

式中：$N_{轴}$——罗茨鼓风机的轴功率，kW；

Q——罗茨鼓风机的风量，m³/min；

p——罗茨鼓风机的压力，Pa；

$\eta_{容}$——罗茨鼓风机的容积效率，为 0.75~0.85；

$\eta_{机}$——罗茨鼓风机的机械效率，为 0.82~0.92。

4. 罗茨鼓风机的性能

从图 3-22 罗茨鼓风机的性能曲线可以看到，在一定转速下，当罗茨鼓风机的压力由于外接管网的阻力增加而增大时，其风量变化较小，是接近稳定的；而功率是随着压力的增高而增大的。因此，特别适用于那种管道阻力多变而风量基本稳定的场合。但如果外接管网阻力不断增加，罗茨鼓风机所需的功率也将随之增大，这将引起电动机的超载和机器本身的损坏。故在罗茨鼓风机所连接的管道中，是不允许安装阻力阀门的。相反在出口应安装稳压罐和安全阀，当管道堵塞面引起压力升高超过一定值时，能自动排风。罗茨鼓风机流量用旁路调节，即将部分高压空气引回低压区。

为了对罗茨鼓风机进行安全保护，使用时均配置了安全阀、压力表、单向阀；为了降低噪声，在进出口均配置了消声器；为了减少震动，使用减震器，与管道连接采用弹性接头。如图 3-23 所示为罗茨鼓风机配置机组。

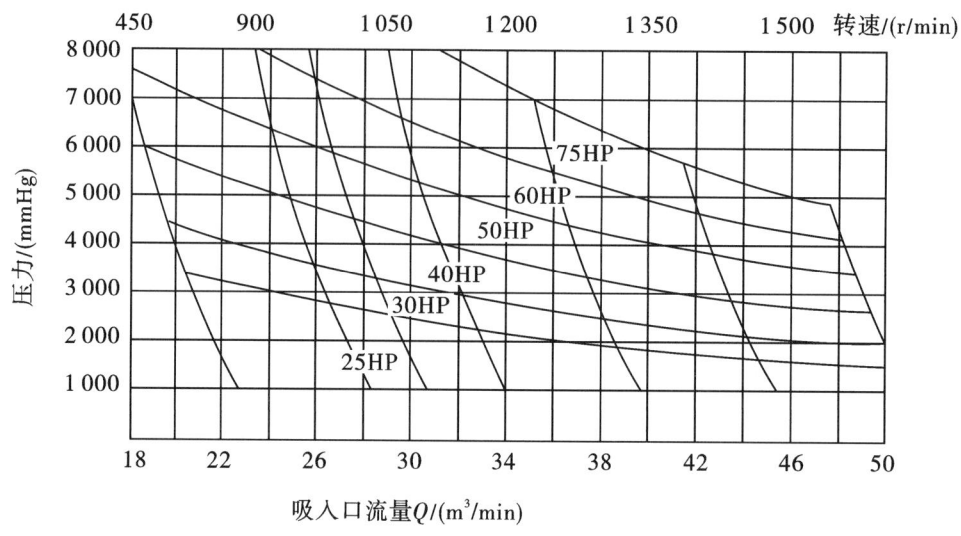

图3-22 罗茨鼓风机性能曲线

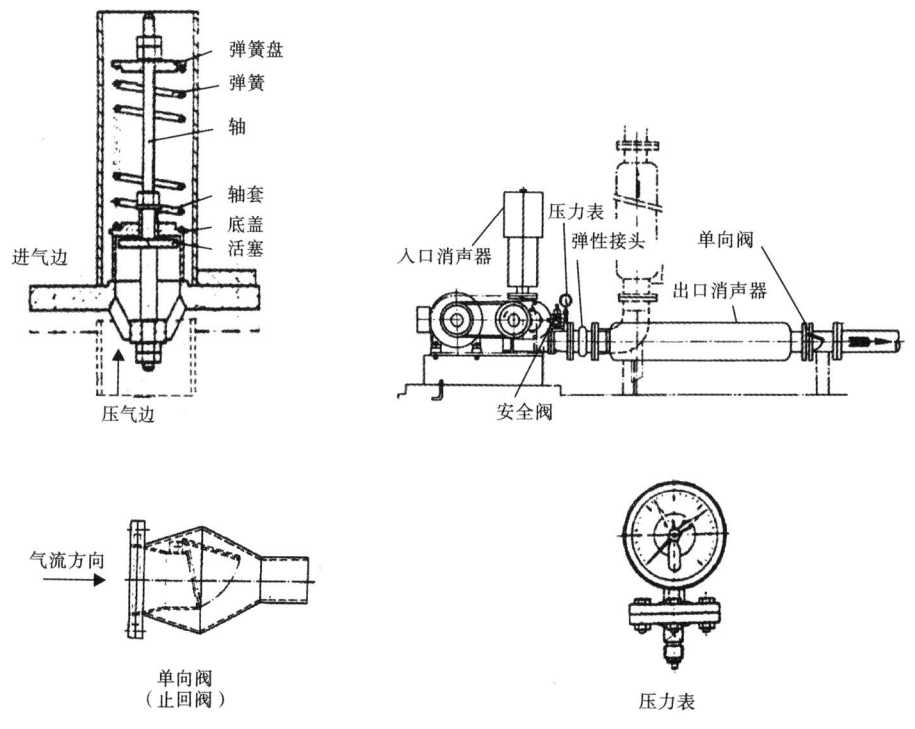

图3-23 罗茨鼓风机配置机组

罗茨鼓风机的压力是随所连接管道的阻力而变化的,因此,保证使用安全十分重要。例如,当罗茨鼓风机用于气力输送系统输送物料时,输送一定量的物料时的压力将上升到正常操作压力并在控制压力表上显示出来。但若输送物料的管道中出现意外堵塞时,压力会上升急剧,皮带会打滑或完全滑脱出皮带槽,若不停止工作,则电动机可能因超载而损坏。为了防止压力过高,可通过安全阀将空气泄出而降压;同时控压表也监测着压力,在安全阀动作之前,控压表因接触高压力开关而使供料装置停止供料,同时鼓风机还在继续工作。由于供料停止而压力下降,指针接触到低压力开关而使供料装置又开始工作。同样单向阀的作用是在电压突然降低或突然停机致使管道中压力降低时,防止物料倒流进入消声器和鼓风机中。因此,单向阀又被称为止回阀,应尽量将其在靠近供料装置处。

5. 罗茨鼓风机的选用

一般用途的罗茨鼓风机(输送清洁空气、清洁煤气等)型号由6个单元组成,见表3-12。

表3-12 罗茨鼓风机的型号单元组成

单元	1		2	3	4	5	6
	结构型式		转子直径	转子长度	流量	静压力	传动方式
特征	空气自然冷却	循环水冷却	cm	cm	m³/min	mmH₂O	B型——皮带轮中间支撑 C型——皮带轮悬臂支撑 D型——联轴器直联
代号	D	SD	直径×长度		流量/静压		
示例	D36×35-30/3500C 　　　　　　└传动方式 　　　　└表示鼓风机静压力为3500 mmH₂O 　　　└表示鼓风机流量为20 m³/min 　　└表示鼓风机转子长度为35 cm 　└表示鼓风机转子直径为36 cm └表示鼓风机外壳为气冷式结构						

【例3-8】 根据罗茨鼓风机的试验,测得下列数据:风量 $Q=64\ \mathrm{m^3/min}$,压力 $p=4\ 000\times9.8\ \mathrm{Pa}$,输入的功率为60 kW,电动机效率 $\eta_\text{电}=0.95$。罗茨鼓风机转子直径 $d=0.36\ \mathrm{m}$,长度 $l=0.6\ \mathrm{m}$,转速 $n=970\ \mathrm{r/min}$。试求此风机的容积效率和机械效率。

解:容积效率为 $\eta_\text{容}=\dfrac{Q}{Q_\text{理}}=\dfrac{Q}{\dfrac{\pi}{3}d^2n}=\dfrac{3\times64}{3.14\times0.36^2\times0.6\times970}=0.81=81\%$

罗茨风机的轴功率为 $N_\text{轴}=60\times0.95=57(\mathrm{kW})$

机械效率为 $\eta_\text{机}=\dfrac{Qp}{1\ 000\times60\times\eta_\text{机}\times N_\text{轴}}=\dfrac{64\times4\ 000\times9.8}{1\ 000\times60\times0.81\times57}=0.91=91\%$

【例3-9】 有一罗茨鼓风机,其转子直径 $d=0.22\ \mathrm{m}$,转子长度 $l=0.21\ \mathrm{m}$,在阻力 $p=3\ 000\ \mathrm{mmH_2O}$ 的输送风网中工作,其滑动系数 $\varphi=0.02$,机械效率为 $\eta_\text{机}=0.86$,采用4极电动机直联传动。试求其风量、轴功率和电动机功率(考虑10%的安全容量)。

解：滑动速度为 $u' = \varphi\sqrt{p} = 0.02\sqrt{3\,600 \times 9.8} = 3.3(\text{m/s})$

转子圆周速度为 $u = \dfrac{\pi d n}{60} = \dfrac{3.14 \times 0.22 \times 1\,450}{60} = 16.7(\text{m/s})$

容积效率为 $\eta_{容} = \dfrac{u - u'}{u} = \dfrac{16.7 - 3.3}{16.7} = 0.8$

鼓风机的风量为 $Q = \eta_{容}\dfrac{\pi}{3}d^2 l n = 0.8 \times \dfrac{\pi}{3} \times 0.22^2 \times 0.21 \times 1\,450 = 12.3(\text{m}^3/\text{min})$

鼓风机的轴功率为 $N_{轴} = \dfrac{Qp}{60\eta_{容}\eta_{机} \times 1\,000} = \dfrac{12.3 \times 3\,000 \times 9.8}{60 \times 0.8 \times 0.86 \times 1\,000} = 8.76(\text{kW})$

电动机功率为 $N_{电} = 1.1 N_{轴} = 1.1 \times 8.76 = 9.64(\text{kW})$

可选型号为 D22×16-15/3 000、功率为 17 kW 的电动机。

思考题

1. 风机按原理可分成哪几类？离心通风机按其压力范围可分为哪几类？
2. 离心通风机的主要构件有哪几部分？各有何作用？
3. 离心通风机是根据什么原理进行连续工作的？
4. 空气在风机的叶轮中是怎样运动的？如何用速度向量表示？它们之间有何关系？
5. 风机的基本方程式是如何论证的？有哪些假设？为什么要作这些假设？
6. 欧拉方程式各项的物理意义是什么？离心通风机的叶形对风机的理论全压有哪些影响？
7. 何谓反应度？有何意义？
8. 离心通风机的实际压力是考虑了哪些损失因素后的压力？是如何确定的？
9. 反映离心通风机的性能参数有哪些？
10. 两台离心通风机应满足哪些条件才能相似？如何利用相似定律对相似风机进行性能换算？
11. 何谓离心通风机的比转数？它的意义何在？有何用处？
12. 何谓风网特性曲线？与风机性能曲线有何区别？
13. 如何确定离心通风机的工作点？采用什么方法可以调节离心通风机工作点的工作位置？
14. 离心通风机的联合工作有哪两种方式？各有什么特点？离心通风机联合工作是否有利？
15. 离心通风机是如何命名的？说明 C 离心通风机 4-72-ll No.4A 左 90°各代号表示什么意义？
16. 粮食工厂常用的离心通风机有哪些？各有什么特点？
17. 离心通风机选用原则及方法是什么？
18. 离心通风机在安装及运行时应注意哪些问题？如何排除运行时的故障？
19. 在同一转速、同一机号条件下，试比较 4-72 型与 6-30 型风机的风量、风压如何？为什么？
20. 罗茨鼓风机的主要构件有哪些？是如何工作的？有何特点？

21. 罗茨鼓风机的压力由什么来决定？为什么不允许安装阻力阀门？
22. 罗茨鼓风机的风量由什么来决定？如何调节罗茨鼓风机的风量？
23. 罗茨鼓风机应用在什么场合？
24. 使用罗茨鼓风机时应该采用哪些安全措施？为什么？

习 题

1. 转速为 $n=1\ 500$ r/min 的离心通风机的叶轮外径 $D=600$ mm，内径 $D_1=480$ mm。已知风机进口、出口气流的相对速度分别为 $W_1=25$ m/s、$W_2=22$ m/s，叶片的安装角 $\beta_1=60°$，$\beta_2=120°$，空气密度 $\rho=1.2$ kg/m³，试绘出空气在叶片进出口处的速度三角形，并求出叶轮所产生的理论风压 $p_{T\infty}$。

2. 离心风机叶轮外径 $D_2=800$ mm，当气流径向地进入叶轮时，问在多少转速下所产生的理论风压 $p_{T\infty}=1\ 962$ Pa。设叶片出口处的相对速度 $W_2=16$ m/s，叶片安装角 $\beta=130°$。

3. 已知离心风机叶轮的直径 $D_2=600$ mm，叶片出口有效宽度 $b=150$ mm，叶片安装角 $\beta=30°$。当转速 $n=1\ 450$ r/min 时，风量 $Q=10\ 000$ m³/h，求叶片出口处的速度三角形。

4. 某离心通风机进口管径 $d=250$ mm，进口风速 $v=23$ m/s，其进口处的静压力 $p_{st}=225$ mmH₂O，风机出口处的全压力 $p_q=35$ mmH₂O。若风机的轴功率为 3 kW，采用三角带传动，问：该风机的效率、电机功率各是多少？

5. 设有一台通风机，运行半小时测得的空气流量 $Q=1\ 800$ m³，通风机的效率 $\eta=0.8$，电机轴上输出功率 $N=6$ kW，求通风机的压力。

6. 某离心通风机，当 $Q_1=10\ 850$ m³/h 时，$p_1=303$ mmH₂O，且消耗的轴功率 $N_1=9.9$ kW。当该风机的风量 $Q_2=14\ 700$ m³/h 时，$p_2=224$ mmH₂O，此时消耗的轴功率 $N_2=10.9$ kW。问：该风机在哪一种情况下工作较经济？为什么？

7. 已知 6-23 型 No.7 风机在转速 $n=250$ r/min 时，风量 $Q=4\ 150$ m³/h，风压 $p=600$ mmH₂O，效率 $\eta=0.82$，试计算 6-23 型 No.6 风机在同样效率和转速下的风量 Q 和风压 p。

8. 已知 6-30 型 No.5 风机在转速 $n_1=3\ 500$ r/min 时，$Q_1=4\ 218$ m³/h，$p_1=610$ mmH₂O。若改用 6-30 型 No.7 风机工作，其转速 $n_2=2\ 500$ r/min 时，风量和风压各是多少？

9. 车间有一台通风机，当转速 $n_1=1\ 450$ r/min 时，测得风量 $Q_1=3\ 650$ m³/h，功率 $N_1=2.8$ kW。为了提高吸尘效果，需增加 20% 的风量，你如何解决这一实际问题。

10. 设有一通风系统，当空气流量 $Q=8\ 000$ m³/h 时，阻力 $H=1\ 320$ Pa，求其特性方程；当流量增加 3 倍或减少一半时，阻力各为多少？

11. 若将 4-72 型 No.4A 风机安装在上题风网中，$n=2\ 900$ r/min 运行，求风机的风量与风压。

12. 已知 4-68 型 No.4A 风机在 $n=2\ 900$ r/min 的实测参数见表 3-13。

表 3-13 实测参数

测量编号	1	2	3	4	5	6	7	8
p/Pa	2 069	2 059	2 010	1 932	1 795	1 628	1 432	1 330
Q/(m³/h)	3 984	4 534	5 083	5 633	6 182	6 732	7 280	7 890
N/kW	2.78	3.01	3.19	3.36	3.48	3.64	3.70	3.90

求:(1)各测点的效率。
(2)绘制 p-Q、N-Q、η-Q 曲线。
(3)写出其额定参数。
(4)若将该风机安装在特性曲线方程为 $H=515Q^2$ 的管网中,求该风机的风量 Q、风压 p、轴功率 N 及效率 η。

13. 若 4-68 型 No.4A 风机的转速 $n=2\ 500$ r/min,求 $n=2\ 700$ r/min 新工况点的参数 p、Q、N 及 η 值。

14. 有一通风网路,已知 $Q_{计}=700$ m³/h,$H_{计}=191$ mmH₂O,试选择风机的型号、机号及电机功率。

15. 某气力输送网路,已知 $Q_{计}=3\ 900$ m³/h,$H_{计}=700$ mmH₂O,试确定风机的型号、机号及电机功率。

16. 某风网的总阻力 $H_{计}=1\ 080$ Pa,风网所需风量 $Q_{计}=6\ 550$ m³/h,试确定风机的型号、机号及电机功率。

17. 某车间有一风网系统,已知总阻力 $H_{计}=820$ mmH₂O,总风量 $Q_{计}=9\ 200$ m³/h,试选择风机的型号、机号,并求出电机功率。

18. 若大气压力 $p_{大气}=600$ mmHg,温度 $t=10$ ℃时,在 $d=200$ mm 的管中,测得 $p_d=20$ mmH₂O、风机的全压 $p_q=670$ mmH₂O、效率 $\eta=0.75$ 用三角带传动,电动机功率多大?应选配多大电动机?

19. 某米厂清理车间除尘风网,在风机吸入管($D=300$ mm)测得动压 $p_d=20$ mmH₂O、风机的全压 $p_q=200$ mmH₂O、效率 $\eta=0.86$,采用联轴器传动,试计算通风机轴功率以及电动机功率。

20. 已知风机的额定参数在 $n=965$ r/min 时,$Q=1\ 080$ m³/h、$p=1\ 635$ Pa,求风机的比转数。

21. 离心风机在管道中工作,风机在 $n=1\ 450$ r/min 工作的 p-Q 性能曲线如图 3-24 所示。管网特性曲线方程为 $H=2Q^2$。若采用改变风机转速的方法将流量调至 $Q=27\ 000$ m³/h 的情况下,风机的转速应为多少?

22. 已知某离心风机 p-Q 性能曲线(图 3-25)。试在同一坐标图上作两台同样型号风机

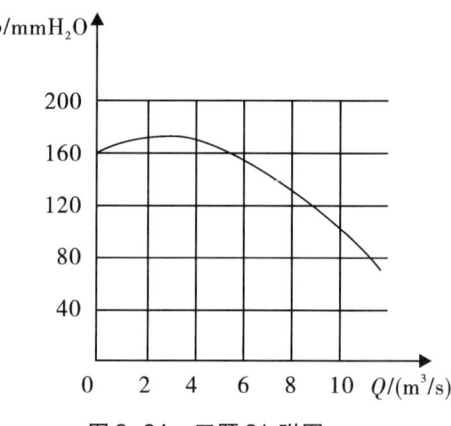

图 3-24 习题 21 附图

并联、串联运行的联合 p-Q 性能曲线;并设想某管网特性曲线进行分析比较,说明两种联合运行方式适合于什么情况?

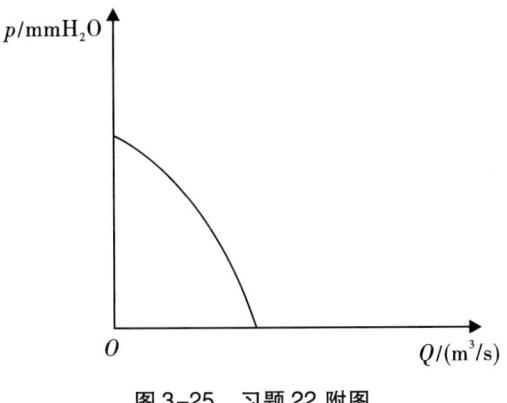

图 3-25　习题 22 附图

第四章 粉尘的控制

本章要点：本章介绍了粉尘的危害、分类及形成机理；防治粉尘的综合措施及粉尘控制所需达到的卫生标准和排放标准。重点介绍了粮食行业具有"一风多用"特色的防治粉尘的通风除尘方法。融入课程思政，通过"从硅肺病防治看粮食行业粉尘控制技术的发展"和"粉尘控制与食品工业的绿色发展"视频，歌颂了党和国家为了维护劳动者的整体利益，促进粮食行业不断发展，以控制粉尘扩散，使粮食行业致硅肺病的工作环境得到了根治；同时通过粉尘的控制，也为食品工业绿色发展做了重要贡献。

第一节 粉尘的危害及防尘综合措施

原粮是粮油饲料等加工工业的基本原料。在粮食的输送、破碎、研磨、筛分和包装等过程中，不可避免要产生粉尘。如不采取有效的防尘措施，任其飞扬，就会污染作业场所和室外环境，对人体、生产及环境造成很大的危害。

一、粉尘的危害

1. 对人体的危害

当粉尘进入人体肺部达到一定数量时，可能引起各种尘肺病，其中以硅肺病的危害最大。硅肺病是由于人体吸入含有二氧化硅的粉尘并在肺内沉积而引起的肺纤维性病变。

粉尘对人体的危害与粉尘的成分、粒径、含尘浓度、暴露时间等有关。有毒性的粉尘危害最大。粉尘越细，危害越大。10 μm 以上的粉尘颗粒可被鼻毛、鼻黏膜、上呼吸道所阻留，不易进入肺部；5~10 μm 的尘粒大部分会在呼吸道沉积，被分泌的黏液吸附，可随吐痰排出；5 μm 以下的粉尘能经毛细支管直接进入肺泡，引起各种尘肺病。粉尘散发量越大、含尘浓度越高、劳动强度越大、从事粉尘作业时间越长，则吸入量越大，就越易造成尘肺病。另外，粉尘也是致病菌等的携带者，将致病菌带入呼吸道引起疾病；粉尘也会刺激上呼吸道，引起过敏性哮喘。

2. 对生产的影响

空气中的粉尘落到机器转动部件上，会加速其磨损，降低机器的工作精度和使用寿命；落入电气设备里可能破坏绝缘而发生事故。粉尘弥漫的车间，降低了可见度，影响视野，妨碍操作，降低劳动生产率，甚至发生粉尘爆炸，造成严重后果。

3. 对大气的污染

排至厂房外的粉尘，污染厂区周围的环境。不仅危害居民的健康，而且还损害农、林、牧业生产。

二、防治粉尘的综合措施

根据《工业企业设计卫生标准》(GBZ 1—2010)对工作场所基本卫生要求(6.1条)中防尘措施,要求采取防治粉尘的综合措施。

(1)优先采用先进的生产工艺、技术,消除或减少粉尘职业性有害因素。对产生粉尘的生产过程和设备(含露天作业的工艺设备),应优先采用机械化和自动化,避免直接人工操作。

(2)对于工艺、技术达不到要求的,应根据生产工艺和粉尘特性,参照《工作场所防止职业中毒卫生工程防护措施规范》(GBZ/T 194—2007)的规定设计相应的防尘通风控制措施,使劳动者活动的工作场所有害物质浓度符合《工作场所有害因素职业接触限值 第1部分:化学有害因素》(GBZ 2.1—2019)的要求。

防尘设施应依据车间自然通风风向、扬尘和逸散粉尘的性质、作业点的位置和数量及作业方式等进行设计。对于逸散粉尘的生产过程,应对产尘设备采取密闭措施;设置适宜的局部排风除尘设施对尘源进行控制;生产工艺和粉尘性质可采取湿式作业的,应采取湿法抑尘。当湿式作业仍不能满足卫生要求时,应采用其他通风、除尘方式。对移动扬尘的作业,应与主体工程同时设计移动式轻便防尘设备。总之,应结合生产工艺采取通风和净化措施。通风、除尘设计应遵循相应的防尘技术规范和规程的要求。

(3)如预期劳动者接触浓度不符合要求的,应根据实际接触情况,参照《呼吸防护用品的选择、使用与维护》(GB/T 18664—2002)的要求同时设计有效的个人防护措施,如佩戴防尘口罩、面具或头盔等。

(4)工厂环境绿化。园林绿化带有滞尘和吸尘作用,对于产生粉尘的场所尽量用绿化带包围或隔离,使粉尘向外扩散减少到最低限度。

(5)建立严格的检查管理制度。为了确保通风除尘系统安全运行,定期检查作业点的含尘浓度及排放空气的排放浓度,检查防尘设施和除尘设备的运行情况并及时维护管理。

(6)宣传及卫生保健措施。加强防尘教育,并对从事粉尘作业的人员进行定期的健康检查。

第二节 粉尘的分类、形成及扩散

一、粉尘的分类

能在空气中分散(悬浮)一定时间的固体粒子叫作粉尘。它以一种不均质、不规则和不平衡的复杂运动状态分散于空气中。粉尘的分类有以下几种方法。

1. 按粉尘的生成特征分类

(1)粉尘 指因机械过程而产生的悬浮于空气中的固体微粒。如破碎、筛分和输送等工艺过程产生的粉尘,它在形成过程中没有任何物理或化学的变化,直径一般小于 0.25 μm。

(2)烟尘 指因物理化学过程(如氧化、升发、蒸发和凝冷等)而产生的悬浮空气中的固体微粒,如各种炉烟中的粉尘即属此类。

2. 在静止空气中,按粉尘的沉降性质分类

(1)尘埃 在静止空气中,呈加速度沉降的尘粒,其直径为 100 ~ 10 μm。

(2)尘雾　在静止空气中,呈等速沉降的尘粒,其直径为 10~0.25 μm。

(3)尘云　在静止空气中,不能沉降的浮尘,只能随空气分子作布朗运动,其直径小于 0.1 μm。

3. 按粉尘的光学性质分类

(1)可见粉尘　眼睛看得见的粉尘,其直径大于 10 μm。

(2)显微粉尘　用普通显微镜可以观察到的粉尘,其直径小于 10~0.25 μm。

(3)超显微粉尘　只能用超高倍微镜才能观察到的粉尘,其直径小于 0.25 μm。

4. 按粉尘的理化性质分类

(1)无机粉尘　包括矿物性和金属性粉尘。

(2)有机粉尘　包括植物性和动物性粉尘。

(3)混合粉尘　是指上述两种或多种粉尘的混合物。

5. 按卫生要求分类

(1)有毒粉尘。

(2)无毒粉尘。

(3)放射性粉尘。

6. 按粉尘的爆炸性质分类

(1)易燃易爆粉尘。

(2)非燃非爆粉尘。

在粮食加工中散发出的粉尘,按照《工作场所有害因素职业接触限值 第1部分:化学有害因素》(GB Z2.1—2019),被归于谷物粉尘类,游离 SiO_2 含量小于 10%。谷物粉尘为原粮输送和清理过程中产生的含有泥灰、砂土、皮、芒等粉尘,以及在粮食加工如研磨及成品输送过程中粮食粉碎物等粉尘,为无机及有机的混合物。由于含有可燃的有机物质,因此,具有一定爆炸危害性。

二、粉尘的形成及扩散

研究表明,在生产条件下,机械作用力、粉尘的重力和空气分子布朗运动对粉尘影响较小,可忽略不计。粉尘的形成和扩散主要是由于空气流动的结果。

生产过程中产生的粉尘,由于空气流动而引起飞扬的过程,称为"尘化"作用或扩散机理。

(一)一次尘化过程

伴随生产过程产生的气流称为一次尘化气流。一次尘化气流将处理散状物料时其中的粉尘或物料扬起,造成局部含尘空气的过程叫作一次尘化过程。

一次尘化过程的有下种几种情况,如图 4-1 所示。

(1)诱导空气造成的尘化　物料在空气中高速运动时,能带动周围空气随其运动,这部分空气称为诱导空气,如图 4-1(a)所示。例如,物料沿着溜管运动时,周围的空气由于同物料摩擦等原因,随着物料而流动(诱导作用),使粉尘飞扬和扩散。

(2)剪切作用造成的尘化　例如,振动筛在作往复振动时,使疏松的物料不断地受到挤压,从而把物料间隙中的空气猛烈地挤出来。当这些空气向外运动时,产生气流对粉尘的剪切作用,带动粉尘一起逸出,如图 4-1(b)所示。

(3)诱导、剪切综合作用造成的尘化　例如,从高处落下的物料,如入存仓的物料,由于空气迎面阻力而引起剪切作用,使粉尘悬浮起来;同时物料高速运动会产生诱导作用;物料入仓时,必然要排挤出同装入物料同体积的空气量,这种空气的剪切作用将由装料口携带粉尘逸出;物料在堆积的过程中,把物料间隙中的空气猛烈地挤出来,对粉尘产生剪切作用,如图4-1(c)所示。

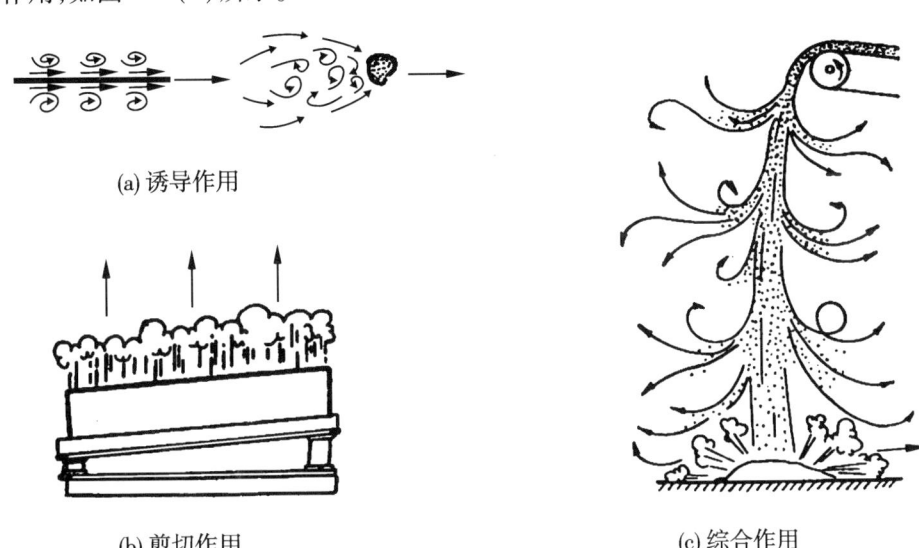

图4-1 粉尘的一次尘化作用

(二)二次尘化过程

二次尘化气流是指室内通风射流、冷热气流对流以及设备的振动、人的行走等形成的室内气流。这种室内气流将降落在设备、地坪和建筑结构上的粉尘再次扬起,并造成局部地点的含尘空气在车间内流动。实验证明:0.1~0.2 m/s的细小风速即能把10 μm以下的石英尘粒吹散至整个房间。所以,二次尘化过程是使粉尘大面积扩散的主要因素。

实际上粉尘的形成和扩散是一次尘化过程和二次尘化过程连续作用的结果。一次尘化过程使粉尘扬起,形成局部含尘空气;二次尘化过程将局部含尘空气(一次尘化造成的)从形成地点带走,使其在整个车间扩散弥漫。

第三节 含尘浓度、卫生标准和排放标准

一、含尘浓度

单位体积空气中所含灰尘量称为空气含尘浓度,是评价环境污染状况的主要指标之一,常用的表示方法有三种。

(1)质量浓度 单位体积空气中所含的粉尘质量,单位为 mg/m^3。

(2)计数浓度 单位体积空气中所含的粉尘的颗粒总数,单位为粒/m^3或粒/L。

(3)粒径计数浓度 单位体积空气中所含某一粒径范围(粒级)内的粉尘颗粒数,单位为粒/m^3或粒/L。

一般在工业通风技术中多采用质量浓度,计数浓度主要用于超净车间。

二、卫生标准

根据《工作场所有害因素职业接触限值 第1部分:化学有害因素》(GBZ 2.1—2019)中第4.2条工作场所空气中粉尘的职业接触限值规定见表4-1,对于谷物粉尘总尘浓度在工作场所空气中粉尘的职业接触限值不得超过 4 mg/m³。

表4-1 工作场所空气中粉尘的职业接触限值(部分)

序号	中文名	英文名	PC-TWA (mg/m³) 总尘	PC-TWA (mg/m³) 呼尘	临界不良健康效应	备注
1	白云石粉尘	Dolomite dust	8	4	尘肺病	—
2	玻璃钢粉尘	Fiberglass reinforced plastic dust	3	—	尘肺病;呼吸道、皮肤刺激	—
3	茶尘	Tea dust	2	—	哮喘	—
4	沉淀 SiO_2(白炭黑)	Precipitated silica dust	5	—	上呼吸道及皮肤刺激	—
5	大理石粉尘(碳酸钙)	Marble dust	8	4	眼、皮肤、呼吸系统损害	—
6	电焊烟尘	Welding fume	4	—	电焊工尘肺	G2B
7	二氧化钛粉尘	Titanium dioxide dust	8	—	下呼吸道刺激	G2B
8	沸石粉尘	Zeolite dust	5	—	尘肺病;肺癌	G1
9	酚醛树酯粉尘	Phenolic aldehyde resin dust	6	—	上呼吸道刺激	—
10	工业酶混合尘	Industrial enzyme-containing dust	2	—	皮肤、眼、上呼吸道刺激	敏
11	谷物粉尘(游离 SiO_2 含量<10%)	Grain dust (free SiO_2 <10%)	4	—	上呼吸道刺激;尘肺;过敏性哮喘	敏
12	硅灰石粉尘	Wollastonite dust	5	—	—	—
13	硅藻土粉尘(游离 SiO_2 含量<10%)	Diatomite dust(free SiO_2<10%)	6	—	尘肺病	—
14	过氯酸铵粉尘	Ammonium Perchlorate	8	—	肺间质纤维化	—
15	滑石粉尘(游离 SiO_2 含量<10%)	Talc dust (free SiO_2<10%)	3	1	滑石尘肺	—
16	活性炭粉尘	Active carbon dust	5	—	尘肺病	—
17	聚丙烯粉尘	Polypropylene dust	5	—	—	—
18	聚丙烯腈纤维粉尘	Polyacrylonitrile fiber dust	2	—	肺通气功能损伤	—
备注	PC-TWA:时间加权平均容许浓度(permissible concentration-time weighted average, PC-TWA),指以时间为权数规定的 8 h 工作日的平均容许接触水平。					

三、排放标准

根据《大气污染物综合排放标准》(GB 16297—1996)中"现有污染源大气污染物排放限值"规定,谷物粉尘属于颗粒物类的其他粉尘,最高允许排放浓度为150 mg/m³,允许排放速率因排放高度不同而异,见表4-2。

表4-2 颗粒物大气排放限值污染物

污染物	最高允许排放浓度/(mg/m³)	最高允许排放速率/(kg/h)				无组织排放监控浓度限值	
		排气筒高度/m	一级	二级	三级	监控点	密度/(mg/m³)
颗粒物	22(碳黑尘、染料尘)	15	禁排	0.60	0.87	周界外浓度最高点	肉眼不可见
		20		1.0	1.5		
		30		4.0	5.9		
		40		6.8	10		
	80(玻璃棉尘、石英粉尘、矿渣棉尘)	15	禁排	2.2	3.1	无组织排放源上风向设参照点,下风向设监控点	2.0(监控点与参照点浓度差值)
		20		3.7	5.3		
		30		14	21		
		40		25	37		
	150(其他)	15	2.1	4.1	5.9	无组织排放源上风向设参照点,下风向设监控点	5.0(监控点与参照点浓度差值)
		20	3.5	6.9	10		
		30	14	27	40		
		40	24	46	69		
		50	36	70	110		
		60	51	100	150		

第四节 粮油饲料加工厂仓控制粉尘的通风方法

一、粉尘控制通风方法的分类

所谓控制粉尘的通风方法是利用空气流动来改善车间的空气环境,使室内空气符合卫生标准的方法。通风方法按动力来源分为自然通风与机械通风。自然通风是利用室外风力造成的风压和室内外空气温度差所造成的热压使空气流动,不需要专设的动力,在某些热车间是一种经济有效的通风方法。机械通风是依靠风机造成的压力使空气流动。

机械通风方法按照控制范围可分为全面通风和局部通风。局部通风又分为局部排风和局部送风。

全面通风是对整个车间进行通风换气,用新鲜空气把整个车间的有害物浓度冲淡到最高容许浓度以下。全面通风换气要不断向室内供给新鲜空气,同时从室内排除污染空气。所需的风量大大超过局部排风,相应的设备也较庞大。因此,只有在由于生产条件的限制不能采用局部排风或者采用局部排风后,室内有害物浓度仍超过卫生标准的情况下才采用全面通风方法。

只需要向少数的局部工作地点送风,使局部地区造成良好的空气环境。这种通风方法称为局部送风,如图4-2所示。

局部排风是在粉尘产生的地点将部分含尘空气直接收集起来,经净化后排至室外的通风方法。它是防止粉尘在室内扩散的最有效的方法,且系统所需风量小、效果好,设计时应优先考虑。

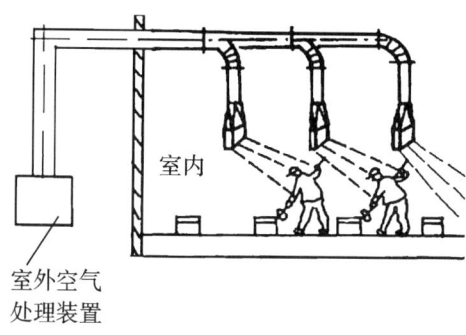

图4-2 系统式局部送风通风方法

二、粮油饲料加工厂仓的粉尘控制

1.粮油饲料加工厂仓控制粉尘的通风方法

粮食在生产过程中粉尘不断形成并扩散出来,一个粮食加工储存企业每天粉尘的散布量可达几百千克,如果不加控制任其飞扬,不仅会严重影响人体健康、污染车间和周围的空气环境,而且在经济上也是很大的损失,因为有些粉尘收集后是有利用价值的,例如面粉。

在粮食企业中,防止粉尘在室内扩散的最有效的方法,即局部排风(吸风)通风方法,这种局部排风的装置,或称通风除尘装置,或称通风除尘网路(或风网),由通风机、吸风罩、风管和除尘器四部分组成。

(1)吸风罩 吸风罩是收集含尘空气的罩子,它应靠近尘源安装。其一端同机器设备相连,另一端同风管连接。由于机器设备结构和操作不同,吸风罩的型式是多种多样的。

(2)风管 风管是输送含尘空气的管道,其断面一般呈圆形。图4-3所示为吸风罩同分支风管的连接型式,有直管、弯头、三通、变形管等,其中

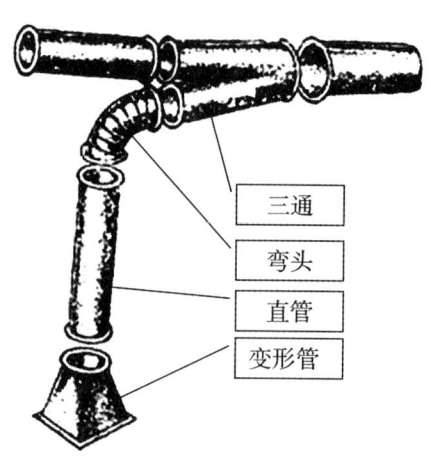

图4-3 风管

弯头、三通、变形管等称为局部构件。

(3)除尘器　除尘器是净化含尘空气的设备。控制粉尘所产生的含尘空气必须经过除尘器净化后使含尘浓度低于排放限值方可排入大气。

(4)通风机　通风机是通风网路的气源,一般选用中低压离心通风机。

当风网的通风机工作时,由于负压的作用,外界空气通过机器设备外壳的缝隙和专门的风道进入工作区,经吸风罩沿风管送入除尘器净化,再将净化后的空气排出室外。

2. 粮油饲料加工厂仓的通风除尘系统"一风多用"的特点

粮油饲料加工厂仓的通风除尘系统不仅可以起到控制粉尘的作用,还可完成一定的工艺任务,如降温、排湿、风选清理等,即"一风多用"的作用。

例如,粮食在加工过程中往往有大量热量产生,这不仅使物料温度升高而影响成品的品质,而且还会蒸发物料中的水分形成水汽,使机器设备内部和管道内表面发生水汽凝结现象。利用通风除尘系统,把机器设备工作时的热量和水汽带走,是冷却物料、排除蒸发水汽必不可少的重要措施。又如,利用空气的动力特性,对粮粒进行风选分级。此外,合理的通风除尘装置对防止微生物、害虫的滋生及粉尘爆炸事故均起到积极作用。

通风除尘系统进入机器设备的空气都取自室内,净化排出室外。在有些地处寒带的粮食企业,由于室内外温差极大,室内需密闭隔热,通风除尘系统长时间运行会造成室内压力低于室外,需从室外补充空气以保持压力平衡,但补充空气需要经过处理(包括洗涤、加热)。利用通风除尘系统净化后的空气直接排入室内,形成一个封闭环路,称为封闭再循环通风系统,可节省洗涤和加热补充空气的成本。为了克服封闭再循环通风系统中卫生效果差的缺陷,可适当补充(不小于10%)一些室外新鲜空气(也需经洗涤、加热后进入机器设备),这种系统称为半封闭再循环通风系统。另外,对于有些自带通风机的设备(如振动筛)或对风量要求准确的设备(如去石机),可装成单机空气封闭循环系统,这样可节省部分风管和除尘设备,风量易调节,也有利于节约电能。

3. 从粮食行业粉尘控制看粮食行业的发展

谷物(粮食与油料)在加工成为面粉、大米和食用油的过程中,会产生大量含有游离二氧化硅(SiO_2)的谷物粉尘。长期接触这类粉尘会引起以肺组织纤维性病变(硅肺)为主的全身性疾病。硅肺主要临床表现为咳嗽、咳痰、胸痛、呼吸困难,也可伴有咯血或呼吸道以外的其他全身症状,常见症状是消化功能障碍,它是尘肺中发病快、病情严重、预后较差的一种,也是我国目前患病人数最多、危害性最大的一种职业病。

因此,新中国成立后,党和政府在粮食行业发展过程中一直十分重视粉尘污染控制问题。在推动技术发展的过程中,始终把生产人员的健康保护、生产安全和环境保护放在首位。改革开放以来,特别是党的十八大、十九大和二十大报告指出,秉持生态文明理念,大力推进绿色发展、循环发展、低碳发展。我国的粮油加工从无任何粉尘控制措施的手工作坊,发展成为如今高效的通风除尘控制系统、现代化自动控制的粮油食品加工生产线,走上了"以人为本、绿色发展"的道路。

从硅肺病防治看粮食行业粉尘控制技术的发展

民以食为天,食品产业是我国乃至世界的第一大产业,因此,粮食行业的粉尘控制是美丽中国建设的"时间表"和"路线图"的重要组成部分。

粉尘控制与食品工业的绿色发展

➡ **思考与练习**

1. 粉尘有哪些危害?
2. 粉尘是如何形成与扩散的?
3. 控制粉尘的通风方法有哪些?粮油饲料加工厂仓一般采用哪些通风方法?具有什么特点?

第五章　粉尘和物料的性质

本章要点：本章介绍了关系到粉尘控制和物料输送的粉尘和物料的相关性质，如密度、分散度、摩擦角、黏附性、凝聚性、吸水性和比电阻等。重点介绍了粉尘的爆炸性及其防治，反映粉尘在气流中运动规律的绕流阻力、悬浮速度的分析与计算。

从粒径以微米为单位的粉尘直至小麦、稻谷、大豆，以及更大的颗粒状物料和块状物料，都是通风除尘与气力输送的处理对象。粒状物料粉碎成细微的粉尘后，除了继续保持原来的主要物理性质外，还出现了许多新的性质。

第一节　粉尘和物料的密度、粒径、分散度、摩擦角和黏附性

一、真实密度和容积密度

密实状态下单位体积物料的质量称为真实密度。自然堆积状态下的物料，颗粒之间存在空隙，通常把自然堆积状态下单位体积物料的质量称为容积密度，其值小于真实密度。在设计物料的贮存容器和输送设备时应按物料的容积密度计算。但是，在自然堆积状态下的粉尘或物料颗粒之间存在空隙，给予一定的压力，则密度会变大。如图5-1所示。

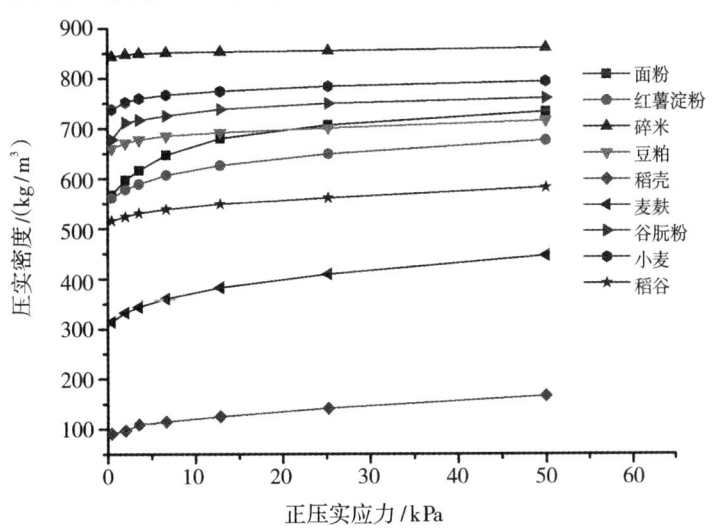

图 5-1　物料容积密度随压力的变化

若将物料颗粒之间的空隙体积同物料堆积体积之比称为空隙率（ε），则真实密度 ρ_s 同容积密度 ρ'_s 存在以下关系：

$$\rho'_s = (1 - \varepsilon)\rho_s \tag{5-1}$$

ρ_s 对一定的物料是定值,而 ρ'_s 随着空隙率而变化。根据物料的堆积方式不同,其值在 0.26~0.48 范围内变化。

部分粮食的真实密度、容积密度及粒径见表 5-1。

表 5-1 部分粮食的真实密度、容积密度及粒径

物料名称	真实密度 ρ_s/(kg/m³)	容积密度 ρ'_s/(kg/m³)	粒径 d_s/mm
小麦	1 270~1 490	650~810	4~4.5
大麦	1 230~1 300	600~700	3.5~4.2
稻谷	1 020	550	3.6
大米	1 480	620~680	7×3.2×2.5
玉米	1 240~1 350	600~620	9×8×6
大豆	1 180~1 220	560~720	3.5~10
油菜籽	1 040	640	1.3~2.2
面粉	1 410	612	0.162~0.197

二、粒度和分散度

表示固体微粒大小的尺寸,一般称为粒径。对于理想的球形微粒,其直径就是粒径。但是物料颗粒的形状是多种多样的,通常是按一定的测定和计算方法求出其代表性尺寸作为粒径。

1. 单颗粒的当量圆球直径

对颗粒较大的物料如小麦、大豆、煤炭块等,通常采用当量圆球直径 d_e 来表示颗粒大小,即把研究的不规则的物料颗粒视为圆球看待,其圆球的质量等于被研究的不规则物料颗粒的质量。

$$m_s = \frac{\pi}{6} d_e^3 \rho_s$$

$$d_e = \sqrt[3]{\frac{6 m_s}{\pi \rho_s}} = 1.24 \sqrt[3]{\frac{m_s}{\rho_s}} \tag{5-2}$$

式中:d_e——单颗粒的当量圆球直径,m;

m_s——单颗粒的质量,kg;

ρ_s——物料的真实密度,kg/m³。

2. 颗粒群的平均粒径

从颗粒群物料中任意 n 个颗粒,用天平称其总质量,则

$$m_{sn} = n \frac{\pi}{6} d_e^3 \rho_s$$

$$d_e = \sqrt[3]{\frac{6 m_{sn}}{\pi \rho_s}} = 1.24 \sqrt[3]{\frac{m_{sn}}{\rho_s}} \tag{5-3}$$

式中：d_e——颗粒群的平均粒径，m；

m_{sn}——测定的颗粒质量，kg；

n——测定的 n 个颗粒的个数；

ρ_s——物料的真实密度，kg/m³。

3. 粉粒体物料的粒径

粉粒体物料如面粉、米粉、水泥、砂子、煤粉等，对单颗粒尺寸的大小很难研究，通常采用筛分法来确定。筛分法就是通过不同孔径的筛，将物料分成若干种粒度范围，确定出每种粒度范围内的颗粒质量占全部质量的百分数，便可按公式计算全部粒子的平均粒径。

将一定量的粉粒体物料用筛孔尺寸分别为 d_1'，d_2'，$\cdots$，d_m'，d_{m+1}' 的 $m+1$ 个筛子进行分级。

设：d_1' 至 d_2' 粒级的平均粒径为 d_1，占总质量的百分比为 X_1；d_2' 至 d_3' 粒级的平均粒径为 d_2，占总质量的百分比为 X_2，$\cdots$，d_m' 至 d_{m+1}' 占总质量的百分比为 X_m，则

$$d_1 = \sqrt{d_1' d_2'}\ ;\ d_2 = \sqrt{d_2' d_3'}\ ;\cdots;\ d_m = \sqrt{d_m' d_{m+1}'}$$

则平均粒径为
$$d_s' = \frac{1}{\sum_{i=1}^{m}\left(\frac{X_i}{d_i}\right)} \tag{5-4}$$

或者简单地用算术平均粒径计算，即

$$d_s = \sum_{i=1}^{m} X_i d_i \tag{5-5}$$

4. 分散度

工业粉尘通常都是由各种不同粒径的尘粒组成的，可按一定粒径范围来分组，例如 5～10 μm、10～20 μm 等，叫作粉尘的粒级。在我国除尘技术中，粉尘的粒级常按 0～5 μm、5～10 μm、10～20 μm、20～40 μm、40～60 μm 和大于 60 μm 来分组。各种粒级的粉尘所占的质量百分比称为质量分散度。粒径小的尘粒所占的质量百分比大，表示分散度高，反之则表示分散度低。

粉尘的分散度也可以用计数分散度表示，即指粉尘中各种粒级的尘粒所占的颗粒数量的百分数。用不同的方法表示分散度，可以从不同的角度了解粉尘的情况，例如表 5-2 是大气粉尘粒径分布规律。从表中可以看出，大气粒尘中 ≤1 μm 的尘粒的计数分散度高(98.46%)，而所占的质量百分数却极低(3%)。

表 5-2 大气粉尘粒径分布

粒径范围 /μm	分散度/%	
	按质量计	按颗粒数计
30～10	28.00	0.05
16～5	52.00	0.17
5～3	11.00	0.25
3～1	6.00	1.07
1～0.5	2.00	6.78
<0.5	1.00	91.68

掌握粉尘分散度对防尘工作具有重要意义,粉尘分散度的数据是通风除尘系统的管路配置、管经计算以及选择除尘器的主要依据之一。此外,由于细微尘粒,尤其是 5 μm 以下的硅尘,对人体危害大。因此,分散度越高,越要认真做好防尘工作。

三、摩擦角

摩擦角是表示粉粒状物料静止和运动的力学特性的物理量。例如物料的流动性,物料同容器壁面的摩擦和滑落特性等。因此,在设计粉粒状物的除尘和输送装置时,摩擦角是一个很重要的因素。

粉粒状物料通过小孔连续地下落到平面上时,堆积成的锥体母线同水平面的夹角称为静止角或自然堆角。静止角的大小可反映出物料的流动性好与差,如图 5-2 所示。对于同一种物料,粒径越小则静止角越大。这是由于微细颗粒相互之间的黏附性增大的缘故。颗粒形状越接近球形,静止角越小。受到外部因素影响,粉粒状物料的静止角也会变化。例如,对物料进行振动则静止角减小,流动性增加;往物料通入压缩空气时,静止角显著地减小。

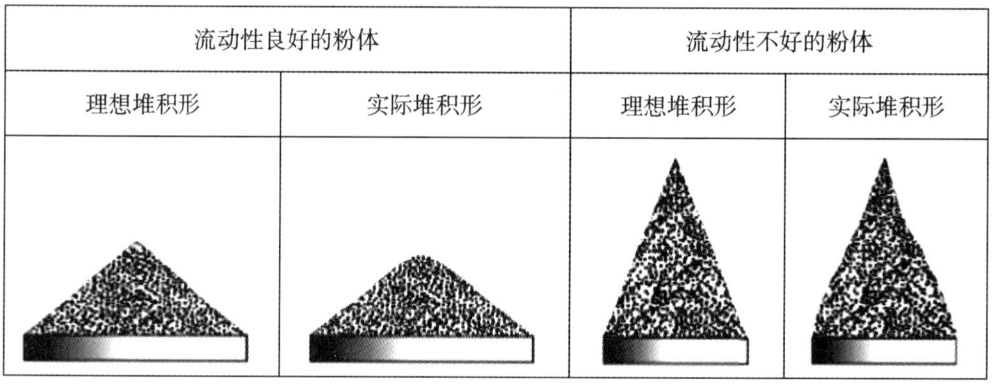

流动性良好的粉体		流动性不好的粉体	
理想堆积形	实际堆积形	理想堆积形	实际堆积形

图 5-2 粉粒状物料静止角与流动性的关系

粉粒状物料在倾斜面上开始滑落时的最小角称为滑动角,它反映物料颗粒同壁面的摩擦状况。物料层与容器或管道的壁面之间的摩擦角称为壁面摩擦角,它对存仓、料槽、高混合比气力输送装置的设计来说是很重要的物理量,要求能预先知道确切的数据。

粉粒状物料全部滑落时的滑动角通常比开始滑动时的角度大 10°以上。部分粮食及物料的静止角与壁面摩擦角见表 5-3。

表 5-3 部分粮食及物料的静止角与壁面摩擦角

名称	静止角/(°)	壁面摩擦角		名称	静止角/(°)	壁面摩擦角	
		对于钢	对于混凝土			对于钢	对于混凝土
小麦	33	22	32	燕麦	40	21	31
大麦	38	22	31	蚕豆	38	20	29
稻谷	40	23	36	花生	—	17	—

续表 5-3

名称	静止角/(°)	壁面摩擦角		名称	静止角/(°)	壁面摩擦角	
		对于钢	对于混凝土			对于钢	对于混凝土
荞麦	31	20	29	葵花子	33~45	21	—
小米	26	20	28	砂糖	50	40~45	—
玉米	32	23	34	干细盐	42~48	26	—
豌豆	26	18	26	面粉	58	36	—
大豆	31	19	25	洗衣粉	64	35	—
大米	30	23	30	陶土	24	18	—
高粱	34	20	27	黄沙	21~31	18~27	—

四、黏附性

在实践中，细粉料或高水分的和有显著带电性的物料对设备、流管、存仓壁面存在严重黏附的现象；在除尘风管的弯头和离心除尘器的内壁，由于离心力使表面压力增高，也会产生黏附层；在管路断面突然扩大处或伴随有涡流的地方，由于气流速度降低，分离力减小，也容易产生黏附；这种物料在气力输送管壁内形成黏附层会降低输送能力，严重时还会造成管道堵塞。

粉粒状物料的这种黏附现象的产生是因为在颗粒之间的附着力，它包括分子之间的相互作用的引力、附着水分的毛细管力和静电力。粉粒状物料的水分增加，会加强附着力；纤维性物料因互相纠缠，也会加强附着力。

第二节 粉尘的凝聚性、吸水性和比电阻

一、凝聚性

微细尘粒由于表面电荷、布朗运动、声波的振动和磁力作用，使尘粒相互碰撞而引起凝聚，这一性质对除尘的机理起着不可忽略的作用，超声波除尘器就是一例。

二、吸水性

粉尘一般有亲水性和疏水性之分。对于容易被水湿润的亲水性粉尘，可以考虑采用湿式除尘器净化。对于疏水性粉尘，不宜采用湿式除尘器净化。虽然粮食企业中粉尘属于容易被水湿润的亲水性粉尘，但粮食企业中很少采用湿法除尘，因为粉尘中有机成分会使得污水处理困难。

三、比电阻

面积为 1 cm^2、厚度为 1 cm 的粉尘层的电阻称为比电阻。它是评价粉尘导电性能的

一个指标。比电阻为 $10^4 \sim 10^{10}$ Ω·cm 的粉尘适宜用电除尘器净化。为使比电阻高的粉尘能用电除尘器净化，可对含尘空气进行喷水、喷蒸汽或喷化学药剂等方法进行预处理，以降低其比电阻。

粉尘的比电阻不仅同粉尘本身的性质有关，而且同含尘空气的温度、湿度和化学杂质含量有关。一般粉尘的比电阻在 150～200 ℃ 时出现最大值。利用粉尘导电性能净化含尘气流时，需充分了解粉尘的比电阻特性。

第三节 粉尘的爆炸和预防

一、粉尘爆炸的机理

达到一定浓度的有机粉尘，在外界的高温、明火、放电、摩擦等作用下会引起急剧燃烧而爆炸。这是因为粉尘燃烧后将产生大量气体，并受高温的作用，形成很高的压力而爆炸。

粉尘爆炸的危害一般比可燃气体还大，但需在满足如下条件下才可能发生。

首先，粉尘爆炸必须在粉尘与空气充分混合并达到一定浓度，这个浓度叫作粉尘爆炸的最低浓度，即爆炸浓度下限。在这样的浓度下，尘粒间的距离已缩短到可以彼此互相引燃的程度，并使热量积累足以引起爆炸。据研究，当面粉在 1 m³ 悬浮于空气中为 15～20 g 时，最易爆炸，特别是 10 μm 左右的粒子，当浓度为 20 g/m³ 的危险性最大，这一浓度相当于看 2 m 前的物体模糊不清的程度。但如果粉尘浓度过高，此时氧气的数量相对少了，已不够供应粉尘的强烈而完全的燃烧。所以粉尘爆炸浓度显然有一个最高界限，这个界限就叫作最高爆炸浓度。粉尘浓度超过这个界限，就没有爆炸的危害了，如堆积的面粉要使它燃烧是不大容易的。

粉尘的着火爆炸还必须要有足够温度和热量的火种存在。粉尘的最低着火温度是随着粉尘的水分、粗细度、不燃尘粒的数量而变化的。一般是粉尘越细、发火点越低、粉尘的爆炸浓度下限越小，爆炸危险性就越大。

表 5-4 为一些粉尘的着火点和爆炸浓度下限值。

表 5-4 一些粉尘的着火点和爆炸浓度下限值

名称	着火点/℃	爆炸浓度下限值/(g/m³)
煤粉	—	114
木粉	430	40
泥炭粉	—	10.1
棉花	470	25.1
面粉	—	30.2
亚麻皮屑	—	16.7
茶叶粉末	—	32.8

续表 5-4

名称	着火点/℃	爆炸浓度下限/(g/m³)
烟草粉末	—	68
奶粉	—	7.6
谷仓粉末	—	227.6
清理车间谷灰	—	40
谷物淀粉	470	45
脱水大蒜	360	100
麦粉	470	60
砂糖	19	410
花生壳	85	570
玉米及淀粉	45	470

二、防止粉尘爆炸的措施

根据粉尘爆炸机理,为了防止爆炸,必须做到:

(1)将产尘的机器设备做成密闭结构,防止粉尘飞扬。

(2)将产尘车间同其他车间分开,并在产尘车间安装通风除尘装置。

(3)及时清除地板、墙壁和机器设备上的积尘,保持车间各处清洁。生产车间内的各处积尘,是爆炸隐患。因为一次大规模的粉尘爆炸,往往是几个由小到大的连续爆炸形成的。开始爆炸可能是局部的,但是它所产生的热量和震动,可使那些原来积聚在地板和机器上的粉尘飞扬开来,给第二次较大的爆炸准备了条件。第二次爆炸的巨大能量,又可能产生更大的热量和震动,甚至破坏存放粉料如面粉等的仓、柜等,使大量的粉尘飞扬到空中,形成更巨大的爆炸。由此可见,及时清扫车间各处积尘是非常重要的。

(4)适当提高粉尘或大气的湿度。

(5)消除火种,并防止产生温度高于 250 ℃ 的灼热物体,严格遵守防火规定。火种来源很多,必须认真预防。必须禁止明火带入车间;严禁在车间吸烟;防止电气设备短路漏电;防止轴承过热和磨辊轧距过紧,等等。

(6)建筑物采用防火结构,同其他建筑的连接处应安设防火门。

(7)对有爆炸危险的房屋、机器设备、风管等应设置特别的安全壁、泄爆装置和火种粉尘隔离装置。

在粮食加工厂中,有些机器设备内部,如磨粉机、打麦机、通风机、斗式提升机、除尘器等,粉尘含量是有可能达到爆炸浓度的。如果有金属物质落到高速运转的机件上,就有可能产生强烈的火花而引起爆炸。因此,应该定期加强设备的检查维修,防止螺钉和金属物质掉落。在生产流程中,要装设足够的磁选设备,以吸除磁性金属的物质。

面粉厂最容易发生粉尘爆炸的是磨粉机,特别是头道皮磨。如果这种小规模的爆炸沿着气力输送的输送管道蔓延到袋式除尘器,就将引起大规模的爆炸。可将磨膛用隔板隔成二部分,提高粉尘浓度,减少粉尘在磨膛中的悬浮,这样即使火种产生,亦不致引起爆炸。一旦发现磨膛内爆炸,应迅速切断输送管,防止蔓延扩大。平时,要加强对小麦的清理和机器设备的保养检修。

第四节 粉尘和物料的空气动力特性

为了有效地控制粉尘扩散,正确地设计和选用通风除尘器和气力输送装置,必须掌握粉尘在气流中的运动规律。

一、附面层和绕流阻力

气流绕过固体的外围作相对运动称为绕流。如空气绕过建筑物流动,飞机、导弹的行驶,以及固体颗粒在空气中的沉降运动等,都属于绕流。在绕流中,流体对绕流物体存在着作用力,此力在平行于来流方向的分力叫作绕流阻力。这种力产生的原因,可用附面层(或边界层)理论来解释。

1. 附面层的形成

以气流绕过同流动方向平行的薄平板为例,如图 5-3 所示:均匀流气流以流速 v_0 从远处过来,由于黏性作用,当气流接触薄平板表面时,贴近平板的气流质点因受到阻滞而降速,离平板愈近,降速愈多,平板表面上的流体质点速度为零。在厚度为 δ 的范围内,速度从零迅速变化到接近 $99\% v_0$ 值,这个厚度 δ 称为附面层厚度。一般 δ 是极小的。附面层内的流体可以只是层流,但也可以是紊流。在紊流附面层 δ_1 里,附面层与物体壁面紧贴处仍一定是层流,也称为层流底层 δ_2。

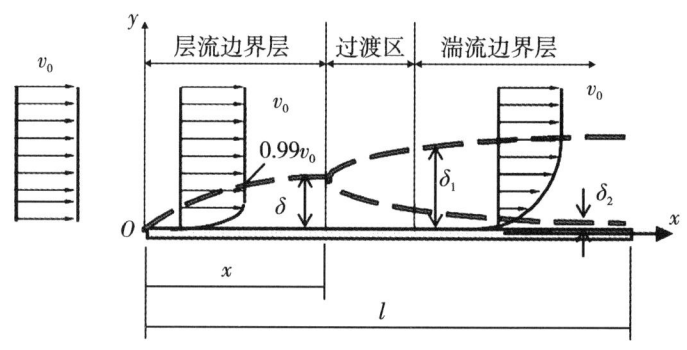

图 5-3 附面层的形成

有了附面层的概念,就可以将流体的绕流分成两个区。一个是紧挨着物体表面的附面层区,在这个区域内因速度梯度(dv/dy)很大,因而物体受到流体的黏性摩擦力作用;另一个是附面层外的主流区,在这个区内由于几乎没有速度梯度,可以不考虑流体黏滞力的影响。因此,在绕流流动中,将在附面层中发生摩擦阻力,而且随附面层的增厚而变大。

2. 曲面附面层的分离

速度为定值的平行流,流经平板时,由于附面层极薄,在平板附近主流中的速度和压力几乎没有改变,因而附面层中压力沿 x 轴也不改变,即 $\frac{\partial p}{\partial x} = 0$;但是,当流经具有一定厚度和外表形状的曲面时,由于曲面使流动有效断面发生变化,所以附面层外边界的流速将沿边界面发生变化,同时压力也随着变化,根据附面层内压力沿表面法线方向不变的特性可知沿表面压力梯度 $\frac{\partial p}{\partial x} \neq 0$,因此,发生附面层分离和形成旋涡而产生较大的压差阻力。

如图 5-4 所示,流体流经 ABMCSDE 曲面,其中 M 点为最高点。应用曲线坐标,以表面弧为 x 坐标,表面法线为 y 坐标,进行分析。

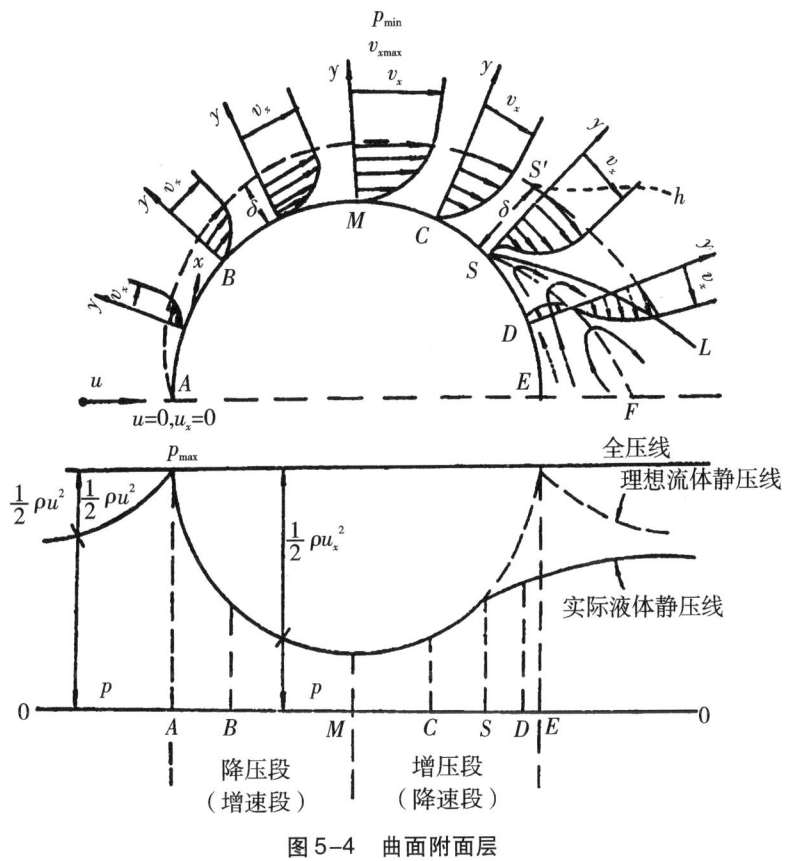

图 5-4 曲面附面层

(1)降压段。在 ABM 绕流段中面曲线上升使流线间隔减小,速度渐增,即 $\frac{\partial v_x}{\partial x} > 0$,压力渐减,即 $\frac{\partial p}{\partial x} < 0$,称为降压段。

(2)在最高点 M 处,速度达最大值,即 $\frac{\partial v_x}{\partial x} = 0$,而压力降至最低,即 $\frac{\partial p}{\partial x} = 0$。

(3)升压段。在 MCD 段,表面曲线下降使流线间隔增大,流速渐减,即 $\frac{\partial v_x}{\partial x} < 0$,压力渐增,即 $\frac{\partial p}{\partial x} > 0$,故称为升压段。

如果是理想流体的绕流,因为没有内摩擦力,所以不但在降压段压力较高的来流,可以保证流体沿表面流向升压段,就是在升压段中由于总的能量没有损失,可将动能转化为压力能使压力升高,仍能保证正常流动。但对于实际流体,由于有内摩擦损失而使表面附近流速越来越小,在升压段的某一点的前部(如 S 以前),使速度分布在表面附近变得尖削,但仍保持 $\left(\dfrac{\partial v_x}{\partial y}\right)_0 > 0$,而使流体有足够的动能向前流动。但到了 S 点时,表面附近质点的动能,由于摩擦而完全损失了,形成了 $\left(\dfrac{\partial v_x}{\partial y}\right)_0 = 0$ 的尖点形速度分布,说明表面附过质点被制止而不能再往下流动了,结果使附面层增厚。但是离表面较远的流体,因所受摩擦力较小仍有较大的动能继续往下流动。

从 S 点以下由于沿表面压力增高,$\dfrac{\partial p}{\partial x} > 0$,即下游压力比其上游压力大,结果在表面附近产生向上的倒流,即有 $\dfrac{\partial v_x}{\partial x} < 0$,如 D 点,于是上部流线 SL 被这股倒流挤开,而使附面层在 S 点与物体表面发生分离。S 点称为分离点。

附面层的分离,严重影响后面的流动过程,由于被挤而离开的主流与倒流间形成速度间断面 SF,且因间断面是不稳定的,随时瓦解,使间断面上下两部分构成一个一个旋涡,被外部主流带走,形成物体后部的旋涡尾流区。这些旋涡在尾流区中与周围流体的摩擦而产生热耗能,使其压力下降而比物体前部压力为低,结果形成压差阻力。

压差阻力的大小与分离点 S 位置有关,分离点越往下游去,旋涡区越小,压差阻力就越小。通常分离点取决于物体的形状、方位、表面粗糙度以及来流紊流度等因素,其中物体形状影响很大,因此,压差阻力又称为形状阻力或涡流阻力。如图 5-5 所示,对于有尖角的物体,分离点在尖角处。越是流线型物体,例如飞机、汽车、潜艇的外形尽量做成流线型,就是为了推后分离点,旋涡区越小,压差阻力也越小。

在工业通风中,有时还要利用绕流漩涡区,例如工业厂房的自然通风,如图 5-6,为使天窗开口能处在外界气流的漩涡区内,而有意加设挡风板,以利用漩涡区的低压,增加自然抽风能力。

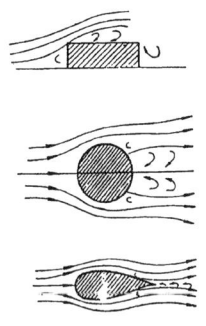

图 5-5 分离点受物体外形的影响

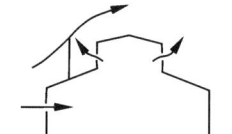

图 5-6 挡风板的作用

3. 管流附面层

附面层的概念对于管流同样是有效的。事实上,管路内部的流动除入口段外,都处于受壁面影响的附面层内。管路的沿程阻力是由附面层内的速度梯度引起的,管路的局部阻力则是附面层分离的产物,与一定的旋涡区相联系。旋涡区产生的条件与以上附层分离的条件是一致的。

如图 5-7 所示，假设速度以均匀速度流入，在入口段的始端将保持均匀的速度分布。由于管壁的作用，靠近管壁的流体将受阻滞而形成附面层。其厚度 δ 随离管口距离的增加而增加。当附面层厚度 $\delta = r_0$ 后，则上下四周附面层相衔接。使附面层占有管流的全部断面，而形成充分发展的管流。其下游断面将保持这种状态不变。从入口到形成充分发展的管流的长度称入口段长度，以 x_E 表示。根据试验资料的分析：

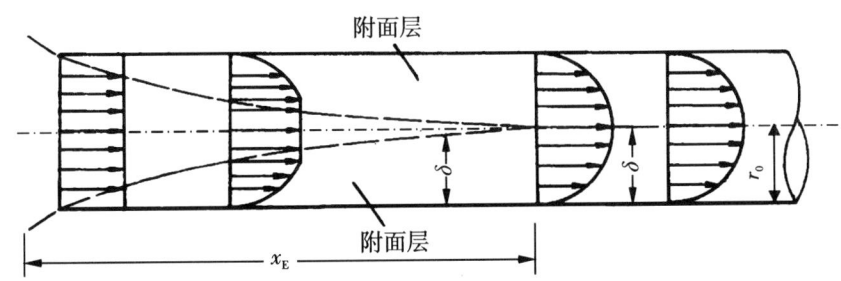

图 5-7 管流入口处的附面层

对于层流

$$\frac{x_E}{d} = 0.028 Re \tag{5-6}$$

对于紊流

$$\frac{x_E}{d} = 50 \tag{5-7}$$

显然，入口段的流体运动情况是不同于充分发展后的层流或紊流的。因此，在实验室内进行管路阻力试验时，需避开入口段的影响。

4. 绕流阻力

从上面分析知道，气流绕过物体同时产生摩擦阻力和漩涡阻力。这两种阻力之和称为绕流阻力。绕流阻力的表达式为

$$F_R = CA \frac{\rho v_0^2}{2} \text{ (N)} \tag{5-8}$$

式中：C——绕流阻力系数；

A——绕流物体垂直于气流方向的投影面积，m^2；

v_0——气流同绕流物体之间的相对运动速度，m/s。

C 值用实验的方法求得，它是 Re 的函数，即

$$C = \frac{a}{Re^k} \tag{5-9}$$

式中 a 和 k 之值按 Re 选定：

(1) 当 $Re \leq 1$ 时，为斯托克斯区（或黏性摩擦阻力区），$a = 24, k = 1$，则

$$C = \frac{24}{Re} = \frac{24\mu}{v_0 d_s \rho} \tag{5-10}$$

将此 C 代入式(5-8)中，得

$$F_R = 3\pi\mu d_s v_0 \text{ (N)} \tag{5-11}$$

(2) 当 $1 \leq Re \leq 500$ 时，为阿连区（或过渡区），$a = 10, k = 0.5$，则

$$C = \frac{10}{\sqrt{Re}} = \frac{10\sqrt{\mu}}{\sqrt{v_0 d_s \rho}} \tag{5-12}$$

将此 C 代入式(5-8)中,得

$$F_R = 1.25\pi\sqrt{\mu\rho d_s^3} v_0^{1.5} \tag{5-13}$$

(3)当 $500 \leqslant Re \leqslant 2\times10^5$ 时,为牛顿区(或涡流压差阻力区), $a = 0.44, k = 0$,则

$$C = 0.44$$

将此 C 代入式(5-8)中,得

$$F_R = 0.055\pi\rho d_s^2 v_0^2 = 0.22\pi\rho r_s^2 v_0^2 \text{ (N)} \tag{5-14}$$

二、物料的沉降速度与悬浮速度

1. 自由沉降速度和自由悬浮速度

当颗粒处在无限静止空气中,在浮重力(即重力与浮力之差: $W_s - W_a$)的作用下自由下落,如图 5-8(a)所示。下落速度逐渐增大,颗粒受到的绕流阻力 F_R 也同时增大,最后,当下落速度达到某一最大值 v_0 而使阻力同浮重力相等时,颗粒就以这一最大速度作恒定的等速沉降。因为没有受到其他颗粒和管壁条件的干扰和限制,此最大恒定速度就称为自由沉降速度。

如果空气以小于颗粒的自由沉降速度向上运动时,则颗粒将下落;如果空气以大于颗粒自由沉降速度向上运动时,则颗粒将上升;如果空气以颗粒的自由沉降速度向上运动时,如图 5-8(b)所示,则颗粒将处在一个水平上呈摆动状态,既不上升也不下降。此时,空气的速度称为该颗粒的自由悬浮速度,以 v_f 来表示。显然,悬浮速度同沉降速度在数值上是相等的,方向则相反。

在研究悬浮速度时,是向上运动的空气使颗粒悬浮,这时空气对颗粒的阻力 F_R 通常称为空气动力。

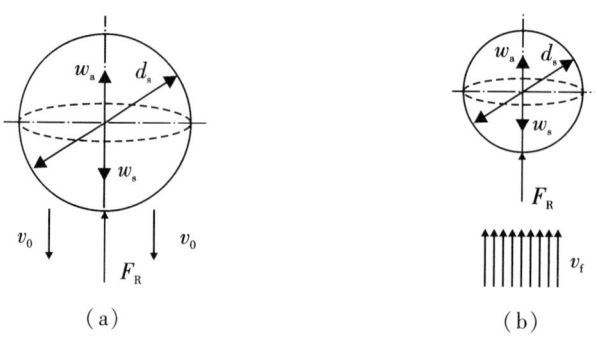

图 5-8 球体沉降受力图

2. 自由悬浮速度 v_f 的计算

对于直径为 d_s 的球形颗粒,如为向上运动的空气流所悬浮,则必须满足空气动力 F_R 同浮重力($W_s - W_a$)相平衡的力学条件,即有

$$C\frac{\pi}{4}d_s^2\frac{v_f^2}{2} = \frac{\pi}{6}d_s^3(\rho_s - \rho)g$$

由此可解出

$$v_f = \sqrt{\frac{4}{3}g\frac{d_s(\rho_s - \rho)}{C\rho}} = 3.62\sqrt{\frac{d_s(\rho_s - \rho)}{C\rho}} \tag{5-15}$$

式中:ρ_s——颗粒的真实密度,kg/m^3;

ρ——空气的密度,kg/m^3;

d_s——颗粒直径,m;

C——阻力系数。

式(5-15)即为颗粒自由悬浮速度的一般表达式,它表明,当d_s、ρ_s越大时,使其悬浮所需的速度较大,因而所耗能量较大。在设计通风除尘网路和气力输送网路时,悬浮速度是确定气流速度的重要依据。

式(5-15)尚不能进行实际计算,因为阻力系数C是Re的函数,Re中的速度也是悬浮速度。所以还需进一步研究才能得到计算公式。下面介绍应用较广的两种计算方法。

(1)分区悬浮速度公式及其适用粒径范围

1)斯托克斯区。$Re \leq 1$(或5.8),$Re = \frac{v_f d_s \rho}{\mu}$,$C = \frac{24}{Re}$,将$C$值代入公式(5-15),得悬浮速度公式

$$v_f = \frac{d_s^2(\rho_s - \rho)g}{18\mu} \tag{5-16}$$

由Re,得

$$v_f = \frac{Re\mu}{d_s\rho} \tag{5-17}$$

公式(5-16)与公式(5-17)是相等的,即有

$$\frac{d_s^2(\rho_s - \rho)g}{18\mu} = \frac{Re\mu}{d_s\rho}$$

可解出

$$d_s = \left[\frac{18Re}{g}\frac{\mu^2}{\rho(\rho_s - \rho)}\right]^{\frac{1}{3}} \tag{5-18}$$

由于斯托克斯区,$Re \leq 1$(或5.8),将此值代入上式,则得适用粒径范围

$$d_s \leq 1.225\left[\frac{\mu^2}{\rho(\rho_s - \rho)}\right]^{\frac{1}{3}} \text{ 或 } d_s \leq 2.2\left[\frac{\mu^2}{\rho(\rho_s - \rho)}\right]^{\frac{1}{3}} \tag{5-19}$$

对于$d_s \leq 5\ \mu m$的尘粒,式(5-16)必须修正,即

$$v_f = K_c\frac{d_s^2(\rho_s - \rho)g}{18\mu} \tag{5-20}$$

式中:K_c——库宁汉滑动修正系数。当空气温度$t = 20\ ℃$、压力$p = 1$个大气压时,有

$$K_c = 1 + \frac{0.172}{d_s} \tag{5-21}$$

式中:d_s——颗粒直径,单位以μm计。

在通风除尘网路中,尘粒同空气流的相对运动状态一般在斯托克斯区。

2)阿连区。1(或5.8)$\leq Re \leq 500$,$C = \frac{10}{\sqrt{Re}}$

悬浮速度公式

$$v_f = 1.195d_s\left[\frac{(\rho_s - \rho)^2}{\mu\rho}\right]^{\frac{1}{3}} \tag{5-22}$$

适用粒径范围

$$0.915\left[\frac{\mu^2}{\rho(\rho_s-\rho)}\right]^{\frac{1}{3}} (\text{或} \ 2.2\left[\frac{\mu^2}{\rho(\rho_s-\rho)}\right]^{\frac{1}{3}}) \leq d_s \leq 20.4\left[\frac{\mu^2}{\rho(\rho_s-\rho)}\right]^{\frac{1}{3}}$$

3)牛顿区。$500 \leq Re \leq 2\times10^5, C=0.44$

悬浮速度公式

$$v_f = 5.45\sqrt{\frac{d_s(\rho_s-\rho)}{\rho}} \tag{5-23}$$

适用粒径范围 $20.4\left[\frac{\mu^2}{\rho(\rho_s-\rho)}\right]^{\frac{1}{3}} \leq d_s \leq 1\ 100\left[\frac{\mu^2}{\rho(\rho_s-\rho)}\right]^{\frac{1}{3}}$ (5-24)

表 5-5 三个区域阻力特性、球体悬浮速度公式及其适用粒径范围

项目		斯托克斯区 $Re\leq1$(或5.8)	阿连区 1(或5.8)$\leq Re\leq500$	牛顿区 $500\leq Re\leq 2\times10^5$
阻力特性	阻力系数 C	$C=\dfrac{24}{Re}=\dfrac{24\mu}{vd_s\rho}$	$C=\dfrac{10}{\sqrt{Re}}=\dfrac{10\sqrt{\mu}}{\sqrt{vd_s\rho}}$	$C=0.44$
	绕流阻力或空气动力 F_R	$F_R=3\pi\mu d_s v_f$	$F_R=1.25\pi\sqrt{\mu\rho d_s^3}v_f^{1.5}$	$F_R=0.055\pi\rho d_s^2 v_f^2$
悬浮速度公式		$v_f=\dfrac{d_s^2(\rho_s-\rho)g}{18\mu}$	$v_f=1.195d_s\left[\dfrac{(\rho_s-\rho)^2}{\mu\rho}\right]^{\frac{1}{3}}$	$v_f=5.45\sqrt{\dfrac{d_s(\rho_s-\rho)}{\rho}}$
适用粒径范围公式		$d_s\leq 1.225\left[\dfrac{\mu^2}{\rho(\rho_s-\rho)}\right]^{\frac{1}{3}}$ 或 $d_s\leq 2.2\left[\dfrac{\mu^2}{\rho(\rho_s-\rho)}\right]^{\frac{1}{3}}$	$0.915\left[\dfrac{\mu^2}{\rho(\rho_s-\rho)}\right]^{\frac{1}{3}}$ (或 $2.2\left[\dfrac{\mu^2}{\rho(\rho_s-\rho)}\right]^{\frac{1}{3}}$) $\leq d_s \leq 20.4\left[\dfrac{\mu^2}{\rho(\rho_s-\rho)}\right]^{\frac{1}{3}}$	$20.4\left[\dfrac{\mu^2}{\rho(\rho_s-\rho)}\right]^{\frac{1}{3}}$ $\leq d_s\leq 1\ 100\left[\dfrac{\mu^2}{\rho(\rho_s-\rho)}\right]^{\frac{1}{3}}$

(2)悬浮速度的通用精确解法。所谓精确解法,即先精确地求解阻力系数 C 值,再按一般公式直接计算悬浮速度。为此提出一个新的无量纲参数 $\beta=CRe^2$,并依此 β 精确确定 C 值,从而解决悬浮速度直接计算问题。

1)β 的导出。由一般表达式(5-15),可解出

$$C=\frac{4}{3}\frac{g}{v_f^2\rho}d_s(\rho_s-\rho)$$

又由 $Re=\dfrac{v_f d_s \rho}{\mu}$

取 C 与 Re^2 之积,可消去悬浮速度 v_f,从而得到新的无量纲参数

$$\beta=CRe^2=\frac{4}{3}\frac{g}{\mu^2}d_s^3\rho(\rho_s-\rho) \tag{5-25}$$

式中:β——无量纲参数,亦称里亚申科无量纲数;

d_s——颗粒直径,m;

ρ_s——颗粒的真实密度,kg/m^3;

ρ——空气的密度,kg/m^3;

μ——流体动力黏性系数,$Pa \cdot s$。

2)直接计算v_f。由式(5-25)并已知的ρ、μ、d_s、ρ_s,求出β值,再根据β值在表5-6中查出阻力系数C。

表5-6 球形颗粒C、Re对应值所确定的β值

Re	C	β	Re	C	β
0.1	240	2.4	200	0.77	3.08×10^4
0.2	120	4.8	400	0.58	9.28×10^4
0.3	80	7.2	600	0.51	1.84×10^5
0.4	60	9.6	800	0.47	3.04×10^5
0.6	42	15.1	1 000	0.46	4.6×10^5
0.8	33	21.3	2 000	0.42	1.68×10^5
1.0	26.5	26.5	4 000	0.39	6.24×10^6
2.0	14.4	57.6	6 000	0.385	1.39×10^7
4.0	8.0	128	8 000	0.395	2.53×10^7
6.0	5.9	212	10 000	0.405	4.05×10^7
8.0	4.7	305	20 000	0.45	1.8×10^8
10.0	4.1	410	40 000	0.48	7.67×10^8
20	2.55	1.02×10^3	60 000	0.5	1.8×10^9
40	1.70	2.72×10^3	80 000	0.49	3.13×10^9
60	1.4	5.05×10^3	10^5	0.48	4.8×10^9
80	1.2	7.68×10^3	2×10^5	0.42	1.68×10^{10}
100	1.07	1.07×10^4			

由于β、悬浮速度一般表达式的计算较繁,为了简化计算而绘制成诺漠图(如图5-9),以便查读。查读方法参见下述例题。

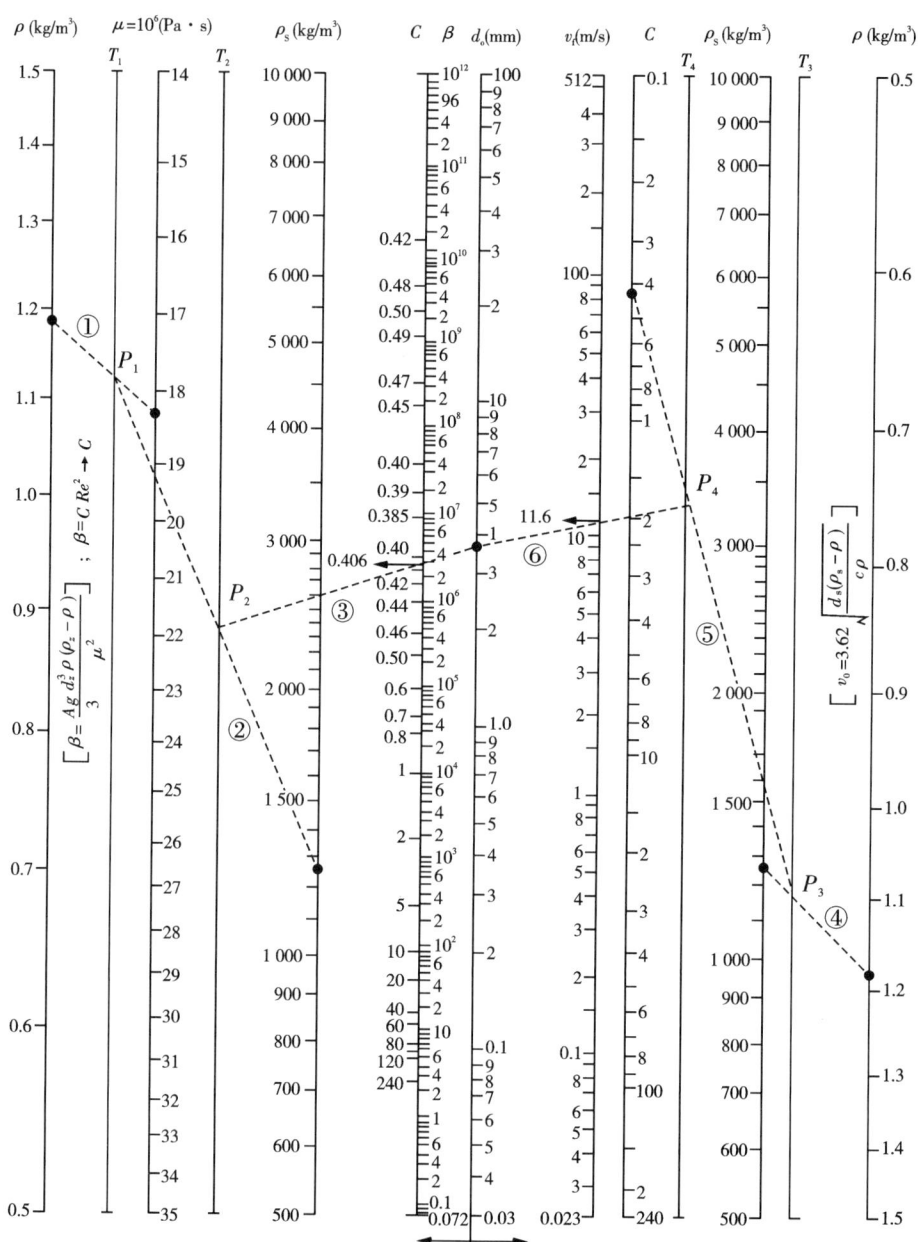

图 5-9 求解无量纲参数 β 以及球体自由悬浮速度 v_f 的诺漠图

【例 5-1】 设有粒径 $d_s = 3.64$ mm,密度 $\rho_s = 1\,260$ kg/m³ 的球形物料,已知流体密度 $\rho = 1.184$ kg/m³,$\mu = 18.32 \times 10^{-6}$ Pa·s。试按精确解法,求其自由悬浮速度 v_f。

(1) 确定 C 值:首先,定出 $\rho = 1.184$ kg/m³、$\mu = 18.32 \times 10^{-6}$ Pa·s 两点,作第①次连线,在转尺 T_1 上得交点 P_1;其次,在 ρ_s 尺上定出 1 260 点,与 P_1 点作第②次连线,在转尺 T_2 上得交点 P_2,最后,在 d_s 尺上定出 3.64 点,与 P_2 点作第③次连线,在 β 尺上得交点 $\beta = 2.7 \times 10^6$ 值,它对应的 $C = 0.406$。

(2) 计算 v_f 值：首先，由 $\rho = 1.184$ kg/m³ 及 $\rho_s = 1\ 260$ kg/m³ 两点作第④次连线，在转尺 T_3 上得交点 P_3；其次，在 C 尺上定出的 0.406 点，与 P_3 点作第⑤次连线，在转尺 T_4 上得到交点 P_4，最后，做 P_4 与 $d_s = 3.64$ mm 的第⑥次连线，在 v_f 尺上交于 $v_f = 11.6$ m/s，即为所求。

3. 非球体及颗粒群悬浮速度

上述所讨论的是球形颗粒在无限空间中的自由悬浮速度。但在工程上（如风管和气力输送管道）都是有限空间；同时颗粒的形状、大小都是不规则的；对于粉粒状物料，又总是以颗粒群出现。因此，需考虑管壁有限空间和颗粒形状对悬浮速度的影响，同时还要考虑颗粒群的速度问题。

考虑管壁有限空间的影响后，悬浮速度计算公式为

$$v'_f = 3.62 \sqrt{\frac{d_s(\rho_s - \rho)}{C\rho}\left[1 - \left(\frac{d_s}{D}\right)^2\right]} \tag{5-26}$$

式中：D——管道直径，m。

考虑不规则形状的影响后，其计算公式为

$$v''_f = \frac{1}{\sqrt{\Phi}} v'_f \tag{5-27}$$

式中：Φ——形状系数，实验测定值见表 5-7。

表 5-7 形状系数 Φ 测定值

形状	Φ 值	形状	Φ 值
当量球体	1.00	不规则椭圆体	1.06
半球体、棱形体	1.76	不规则块体	2.27
正方体	1.86	细长椭圆体	3.00
不规则球体	1.17	圆板片	5.00

对于颗粒群的悬浮速度，由于颗粒浓度（混合比），颗粒群之间的摩擦、撞击、气流有效截面的减小等因素的影响，颗粒群的悬浮速度要比单颗粒的小。上述因素在理论分析中难于全部考虑，因此，对于颗粒群的悬浮速度，实际上目前只有通过实验来确定。表 5-8 所列为部分物料的实测悬浮速度。

表 5-8 各种物料的悬浮速度

物料名称	悬浮速度/(m/s)	物料名称	悬浮速度/(m/s)
稻谷	7.5	砂糖	8.7~12
小麦	9.8~11	干细盐	9.8~12
大麦	9.0~10.5	玉米胚	7~8
糙米	7.7~9.0	玉米大糁	11~14
籼米	9.4~9.6		

续表 5-8

物料名称	悬浮速度/(m/s)	物料名称	悬浮速度/(m/s)
玉米	11.0~12.2	洗衣粉	2.0
大豆	10~13	滑石粉	0.5~0.8
豌豆	15.0~17.5	水泥	0.223
花生	12~14	茶叶	4
棉籽	7.1~7.9	葵花子	7.2~7.9
小米	8.5	刨花	3.0~4.0
燕麦	8	型砂	8.1~10.0
高粱	6.9	尿素	8.7~9.4
米糠(细糠)	1~2	砂	6.8
大糠(稻壳)	2.0~3.5	一皮磨下物	4~5
粗麸皮	1~3	前路心磨下物	4~5
麦芽	8.1	后路心磨下物	2~4
油菜籽	7.6~8.8	荞麦	8.5
面粉<163 μm	1.0~1.5	荞子	7.5
面粉 163~197 μm	1.2~1.5	稗子	4.5
面粉 185~800 μm	1.3~2.0	大米	9.5
荞麦	8.5		

【例 5-2】 经破碎而成的较均匀的石英砂颗粒,其形状接近于棱形体和不规则体,已知颗粒的质量 $m=0.092$ g,真实密度 $\rho_s=2\,650$ kg/m³。当温度 $t=15$ ℃,相对湿度 $\Phi=75\%$,管道直径 $D=0.1$ m 时。试求石英砂的实际悬浮速度。

解:(1)求当量球直径 d_e

$$d_e = 1.24\left(\frac{m}{\rho_s}\right)^{\frac{1}{3}} = 1.24\left(\frac{0.092 \times 10^{-3}}{2\,650}\right)^{\frac{1}{3}} = 4 \times 10^{-3}(\text{m}) = 4(\text{mm})$$

(2)依 $t=15$ ℃,$\Phi=75\%$ 查得空气的 $\rho=1.219$ kg/m³,$\mu=17.95 \times 10^{-6}$ Pa·s

(3)求 Φ 查 C 值

$$\beta = \frac{4 g d_e^3 \rho(\rho_s - \rho)}{\mu^2} = \frac{4 \times 9.8}{3} \times \frac{(4 \times 10^{-3})^3 \times 1.219 \times (2\,650 - 1.219)}{(17.95 \times 10^{-6})^2} = 8.39 \times 10^6$$

查表 5-6,得 $C=0.39$。

(4)求自由悬浮速度 v_f

$$v_f = 3.62\sqrt{\frac{d_e(\rho_s - \rho)}{C\rho}} = 3.62\sqrt{\frac{4 \times 10^{-3}(2\,650 - 1.219)}{0.39 \times 1.219}} = 17.1 \text{ (m/s)}$$

(5) 求形状系数 Φ

$$\frac{1}{\sqrt{\Phi}} = \frac{1}{2}\left(\frac{1}{\sqrt{\Phi_1}} + \frac{1}{\sqrt{\Phi_2}}\right) = \frac{1}{2}\left(\frac{1}{\sqrt{1.76}} + \frac{1}{\sqrt{2.27}}\right) = 0.71$$

(6) 实际悬浮速度 v_f''

$$v_f'' = \frac{1}{\sqrt{\Phi}} v_f' \left[1 - \left(\frac{d_s}{D}\right)^2\right] = 0.71 \times 17.1 \times \left[1 - \left(\frac{4 \times 10^{-3}}{0.1}\right)^2\right]$$

$$= 0.71 \times 17.1 \times (1 - 0.0016) = 12.1 \ (\text{m/s})$$

通过计算可知,本题情况 $(d_s/D)^2$ 项很小,可以不考虑管壁限制的影响。

思考与练习

1. 粉尘的真实密度与容积密度有何不同?

2. 设有近似椭球体,当量粒径 $d_e = 4$ mm 的小麦,密度为 $\rho_s = 1\ 300$ kg/m³,已知流体密度为 $\rho = 1.184$ kg/m³,$\mu = 18.32 \times 10^{-6}$ Pa·s,试用粒径范围解法求其自由悬浮速度 v_f。若其处在直径 $D = 180$ mm 管中,求其实际悬浮速度 v_f''。

3. 某玉米形状近似长方体,长×宽×高为 9 mm×8 mm×6 mm,其密度 $\rho_s = 1\ 300$ kg/m³;空气密度 $\rho = 1.23$ kg/m³;动力黏度 $\mu = 17.75 \times 10^{-6}$ Pa·s;试用精确解法求其自由悬浮速度 v_f,并求出其处于直径 $D = 200$ mm 管道中的实际悬浮速度 v_f''。

4. 已知大气粉尘粒径分布如表 5-2 所示,求大气粉尘的算术平均粒径。

5. 粒径 $d_s = 0.5$ mm、$\rho_s = 2\ 650$ kg/m³ 的石英砂球,用 $t = 20$ ℃ 空气试验其自由悬浮速度,试用两种方法计算其自由悬浮速度 v_f。

第六章 吸尘(风)罩

本章要点:本章介绍了吸风罩的型式(密闭罩、外部吸风罩、接受罩和吹吸罩)和设计要点。详细介绍了外部吸风罩和吹吸罩的设计计算方法。

从粉尘形成及扩散机理可知,粉尘的扩散是一次尘化和二次尘化连续作用的结果。因此,在控制粉尘时,应首先将一次尘化气流和二次尘化气流隔开。在通风除尘装置中,就是采用吸风罩(吸尘罩)将一次尘化气流与二次尘化气流隔开,所以吸风罩是通风除尘系统的重要部件,它的性能优劣直接影响通风除尘网路的经济效益。如果设计得合理,较小的吸风量就能获得良好的效果;反之,即使用了很大的吸风量也达不到预期的目的,则事倍功半,浪费能源。

第一节 吸尘罩的型式及设计要点

一、吸尘罩的型式

吸尘罩受生产设备和工艺条件的限制,其型式多种多样,根据其作用原理可分为密闭罩、外部吸气罩、接受罩和吹吸罩。

二、吸尘罩的设计要点

吸尘罩的型式多种多样,如何设计才能做到经济好用?通过长期生产实践的积累,总结了如下设计经验,归纳起来就是"密、近、顺、通、固、便"六个字。

1. 密

所谓"密"就是吸尘罩要将尘源尽可能密闭起来,使粉尘的扩散被限制在一个小的空间内。由于密闭罩开口面积较小,用较小的排风量,就能有效的控制粉尘溢出罩外。因此,只要条件允许,首先考虑采用,即为"密闭为主,通风为辅"的粉尘控制原则。这类吸尘罩统称为密闭罩。

2. 近

所谓"近"就是吸尘罩的罩口尽可能接近尘源。当受到生产设备或工艺条件限制,不能将尘源全部或部分密闭时,可将罩子设置在尘源附近,依靠罩口吸入的外部气流的运动,把散发的粉尘吸入罩内。这类吸尘罩统称为外部吸尘罩。

3. 顺

在生产过程中,设备产生的含尘气流常常朝着某个方向运动,设计吸尘罩时,让罩口迎着含尘气流的运动方向,使含尘气流直接进入罩内。这种吸尘罩统称为接受罩。

4. 通

所谓"通"就是吸尘罩要保证有足够的通风量,必须在尘源处造成一定的吸入速度。

合适的风量,需通过计算确定,不是排风量越大越好。过大排风量,使风管、除尘器和风机庞大,造成浪费。

5. 固

所谓"固"就是吸尘罩强度足够、坚固耐用。局部排风系统处于负压,如果吸尘罩没有足够的强度,容易被吸扁。通常可采用 0.75~1 mm 的镀锌薄钢板制作吸尘罩。对于振动大、物料冲击力大或有热量散发的场合,采用 1.5~5 mm 较厚的钢板制作。

6. 便

所谓"便"是指设计吸尘罩要考虑方便工人操作和设备维修。

总之,设计吸风罩时要做到:①应尽可能包围或靠近尘源,使粉尘局限于较小的空间;尽可能减小其吸气范围,便于捕集和控制;②吸气气流方向应尽可能与污染气流运动方向一致;③已被污染的吸入气流不允许通过人的呼吸区,设计时要充分考虑操作人员位置和活动范围;④应力求结构简单、造价低,便于制作安装和拆卸维修;⑤要与工艺密切配合,使局部排风罩的配置与生产工艺协调一致,力求不影响工艺操作,并适当完成如降温、排湿、物料分级等工艺任务;⑥要尽可能避免或减弱干扰气流如穿堂风、送风气流等对吸气气流的影响。

第二节 密闭罩

一、密闭罩的型式

密闭罩是将尘源或整个设备密闭。密闭得越好,吸气量越小,也越经济。因此,对产尘的机器设备应尽可能进行密闭。根据密闭范围大小和型式可分为局部密闭罩、整体密闭罩、大容积密闭罩和通风柜。

1. 局部密闭罩

这种密闭罩只将产尘点局部加以密闭,而产尘设备及传动装置在罩外。因此,它的罩容积和抽气量都比较小,观察和操作方便。如图 6-1 所示为胶带输送机进料端设置的局部密闭罩。物料下落时产生的粉尘以及下落过程中飞溅起的粉尘都被收集在密闭罩内,防止了粉尘的外逸。由于物料落下时会不断诱导部分空气进入罩内并积累,使得罩内气压升高并形成正压,粉尘因此会受正压挤压从缝隙处溢出。因此,要对从罩内吸出部分气流,以保持罩内处于负压状态,防止粉尘从罩内溢出。

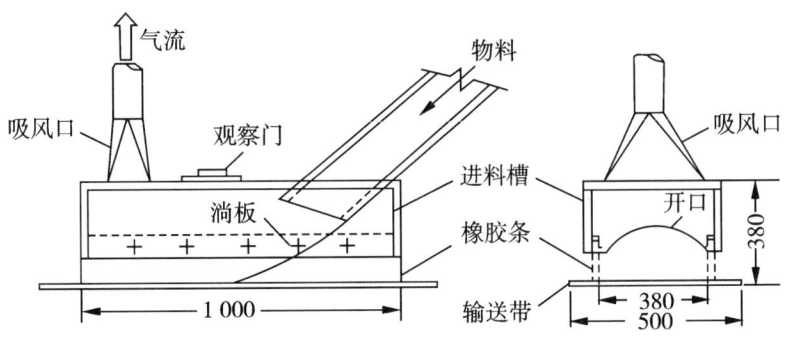

图 6-1 皮带输送机进料端密闭罩

2. 整体密闭罩

这种密闭罩是将产尘设备大部分或全部密闭起来,只把设备的传动部分留在罩外,罩上设有观察窗和检修门。其特点是密闭罩本身基本上成为独立整体,有的就是机器的罩壳,容易做到严密。适用于机械振动大、携尘气流速度较大的尘源,如斗式提升机、比重去石机、振动筛和平面回转筛等就是采用了整体密闭罩,实际为机器的外壳,如图6-2所示为平面回转筛、比重去石机的整体密闭罩。

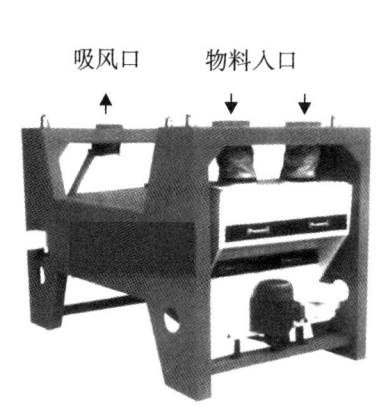

(a) 平面回转筛整体密闭罩　　(b) 比重去石机整体密闭罩

图6-2　整体密闭罩

3. 大容积密闭罩(或称密闭小室)

这类密闭罩是将产尘设备(包括传动机构)全部密闭起来,形成独立的小室,如图6-3所示,这种密闭罩适用于产尘量大、多点扬尘、检修频繁而不宜采用局部或整体密闭的情况。这种密闭罩占地面积大,材料消耗多,只有在其他密闭型式无法满足要求时才使用。

图6-3　荞子抛车密闭小室

4. 通风柜

由于操作需要,罩的一面或部分敞开,这时可采用通风柜,使产生粉尘的操作完全在罩内进行。根据控制粉尘情况,通风柜也有多种型式,如图6-4所示。

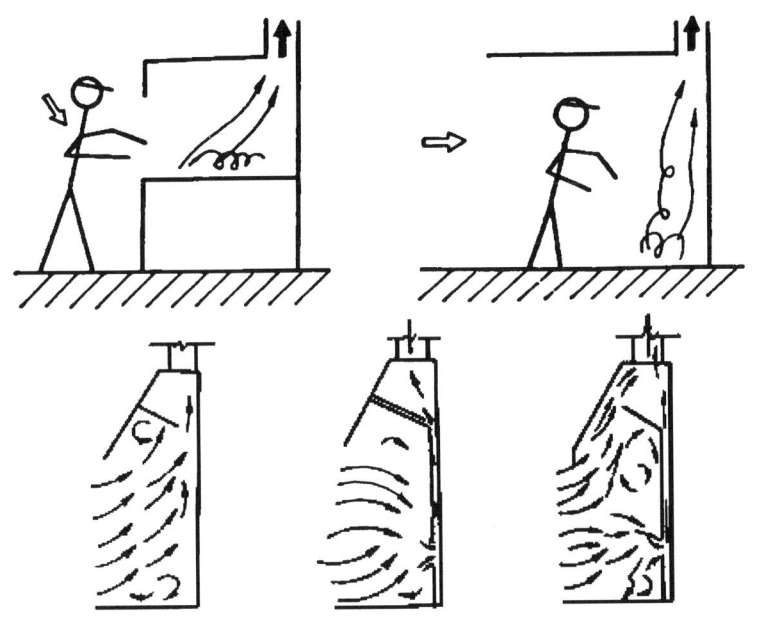

上部吸风冷过程通风柜　　下部吸风冷过程通风柜　　上下都吸风的通风柜

图6-4　通风柜

二、密闭罩的设计

设计密闭罩,首先根据生产设备的工作特点及含尘气流的运动规律,确定密闭罩的位置和型式,以满足对生产粉尘的控制;同时还可完成一定的工艺任务,如降温、排湿等;然后,配以合适的风量以达到有效控制粉尘和完成一定工艺任务的目的。

1. 密闭罩的设计要求

密闭罩设计要遵循"密闭为主、通风为辅"的原则,并考虑以下方面要求。

(1) 密闭罩一般不是十分严密的,由于工艺设备和物料的运动带入或诱导空气或罩内外空气温度差造成的热压等,都会使罩内局部地点产生正压,这时一次尘化气流就会从孔口和不严密的缝隙流入室内。为了有效控制粉尘的外逸,产尘设备密闭后,还必须进行抽风,以消除正压,使罩内保持负压。如图6-5所示,当物料经溜槽高速下落时,带着大量诱导空气进入下部密闭罩,使罩内压力升高,形成正压。为了防止粉尘外逸,必须在下部皮带的密闭罩上设置排风罩,抽出一定的空气,使罩内保持一定的负压。这样条缝处就只能进气,而不会向外冒尘。

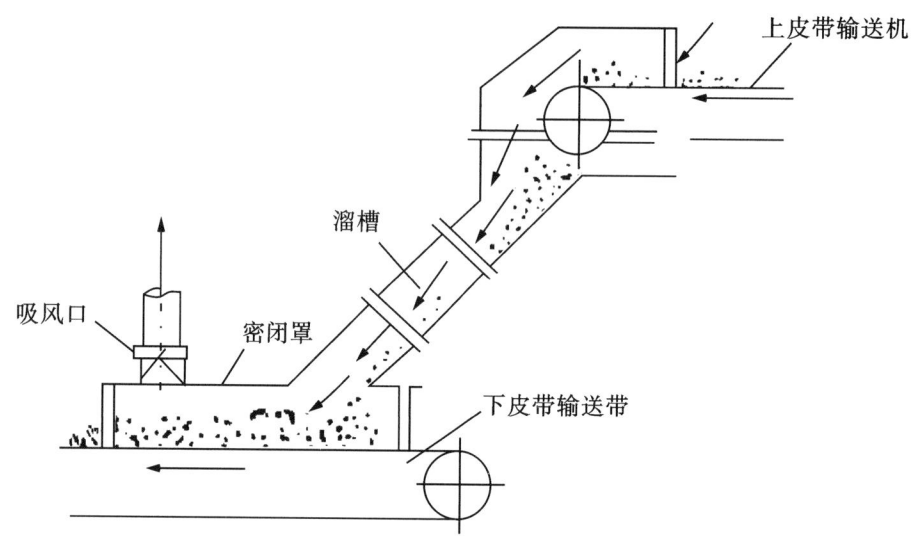

图 6-5　皮带输送机转运点密闭罩

(2)设置吸风口时应考虑罩内的压力分布,尽量把吸风口设在压力较高的部位;不要设置靠近观察孔、操作孔,以免吸入与除尘无关空气;也不要设置在物料飞溅区,以免吸走物料。如图 6-6 所示,(a)为斗式提升机机座,是粉尘的散发处。这是因为畚斗在畚取物料时,同机座中的物料冲撞和翻动所致;另外物流流入机座散发粉尘并诱导空气进入机座,下行畚斗也会带入空气进入机座,形成高压区,将吸风口设置机座或下行机筒处,可消除机座正压或减少下行诱导空气并消除机座正压。(b)为斗式提升机机头。带料畚斗上行时,或提升热物料时,会诱导空气或热气体随之上行,并在机头部形成正压,此种状态下,可以在机头设置吸风口以消除正压。

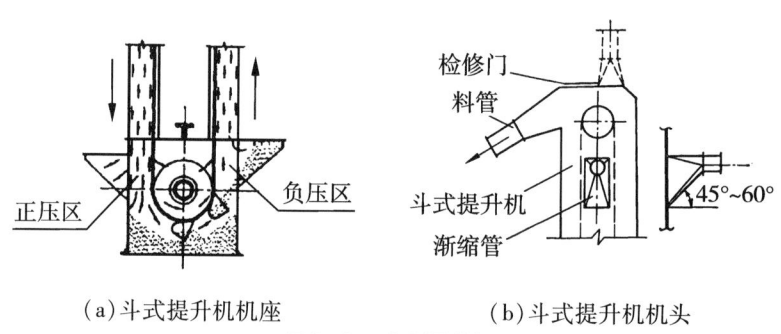

(a)斗式提升机机座　　　　(b)斗式提升机机头

图 6-6　斗式提升机

(3)物料运动速度快即物料飞溅时,局部尘化气流的流速很高,一般的抽吸作用是难以抑止的,必须采用宽大的罩子,让尘化气流到达罩壁的孔口或缝隙时,速度大大减弱,如图 6-7 所示。

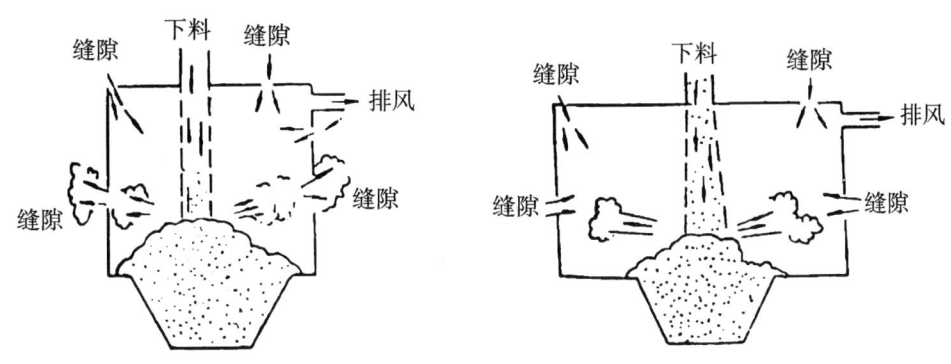

图 6-7 物料飞溅时的密闭罩

（4）为了避免把物料或过多的粉尘吸入系统,吸风口不宜设在物料集中的地点和飞溅区内,吸风口的风速不宜过高。对于粉料(粒径 0～3 mm),罩口速度一般取 0.5～1 m/s;对于粮粒(粒径>3 mm),一般取 1～2 m/s。

2. 消除密闭罩内正压,削减物料飞溅的方法

为了消除正压,增加缓冲作用,除了密闭罩本身应具有足够的空间外,还可以采取下列方法削弱和消除正压。

（1）降低落料高差。落差越小,物料诱导的空气量就越少。如图 6-8 是皮带输送机转落点的工作情况。物料的落差较大时,高速下落的物料诱导周围空气一起从上部罩口进入下部皮带密闭罩,使罩内压力升高;物料下落时的飞溅是造成罩内正压的另一个原因。为了消除下部密闭罩内诱导空气的影响,落差小于 1 m 时,物料诱导的空气量较小,可按图 6-8(a)设置排风口;物料的落差大于 1 m 时,应按图 6-8(b)所示在下部进行抽风,同时设置宽大的缓冲箱以减弱物料飞溅的影响。

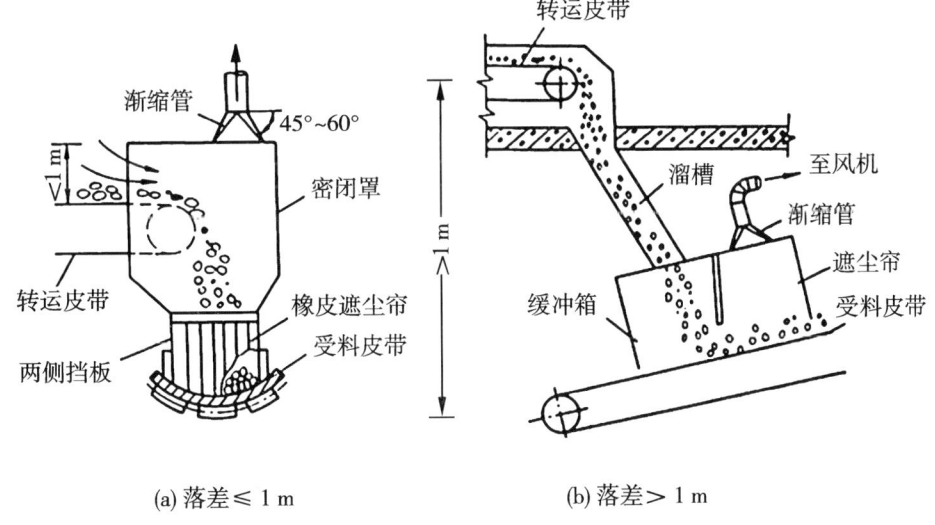

(a) 落差 ≤ 1 m   (b) 落差 > 1 m

图 6-8 皮带输送机转落点的密闭罩

(2)适当减小溜槽倾斜角。这样可以增加物料与溜槽壁之间的摩擦或碰撞,以降低诱导空气的能量。

(3)在溜槽内装设隔流挡板,以隔断诱导气流,减少诱导空气量。挡板可用橡皮或钢板制作,安装在溜槽上部便于检修的位置。如溜槽较长,为了减弱物料的冲击,也可上下部分各设一个。

(4)用连通管将正压区与负压区相连,使空气循环流动,以降低正压区的正压。

3. 密闭罩排风量和阻力的计算

在确定防尘密闭罩的吸风量时,必须考虑设备运行特点、罩的结构型式和罩内气流的运动状况,另外,鉴于有些设备的通风装置兼有降温、吸湿、风选等工艺任务。因此,吸风量应满足下列要求:①生产过程中产生的粉尘不得向机器外飞扬,保证机器内部含尘空气浓度不处于爆炸下限;②生产过程中产生的热量和水气能被吸风带走;③吸风罩要满足对物料风选或分级的要求;④在完成上述任务的前提下,要求吸风量达到最少。

密闭罩的排风量主要由两部分组成,即物料带入的诱导空气和孔口或不严密缝隙吸入的空气量。但要从理论上给出公式进行详细准确计算是非常复杂的。一般使用经验公式和计算表格计算,可按公式(6-1)计算,或通过实测获得。

按孔口或缝隙处空气的吸入速度计算排风量

$$L = 3\,600 F_0 v_0 \quad (m^3/h) \tag{6-1}$$

式中:F_0——吸风口或缝隙的总面积,m^2;

v_0——吸风口或缝隙处空气的吸入速度,m/s。

吸入速度 v_0 的经验值,可根据工艺设备的型号、规格和罩子形式从有关手册中查得。

吸尘罩阻力即空气通过吸尘罩、设备、风道和料层所产生的压力损失,类似局部阻力构件产生的阻力。由于风道结构不同,各构件又相互影响、干扰,因此,这个压力损失是无法精确计算的,一般靠试验来确定。

在吸风罩的结构型式一定时,阻力与风量有如下关系

$$H_{机} = \varepsilon Q_{机}^2 \tag{6-2}$$

式中:$H_{机}$——机器设备的压力损失,Pa;

$Q_{机}$——吸风量,m^3/s;

ε——机器设备的压力损失系数,$N \cdot s^2/m^3$。

粮食加工厂常用机器设备吸风量及吸风阻力见附录7。

三、粮食加工厂常见的密闭吸风罩

由于工艺设备的结构、产尘特点和型号不同,密闭罩的型式很多。下面介绍一些粮食行业常见的密闭罩示例。

1. 胶带输送机密闭罩

图6-1为皮带输送机进料端密闭罩;图6-8为皮带输送机转落点的密闭罩;图6-9(a)为胶带输送机与斗式提升机转运点;图6-9(b)胶带输送机入仓处密闭罩;图6-9(c)为皮带输送机入仓卸料小车密闭罩;图6-9(d)为皮带输送机抛料端密闭罩。

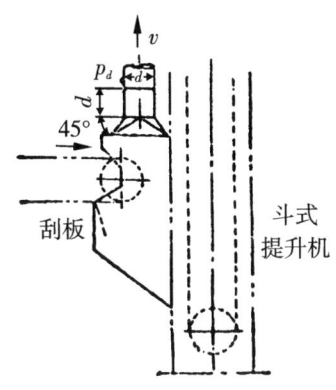
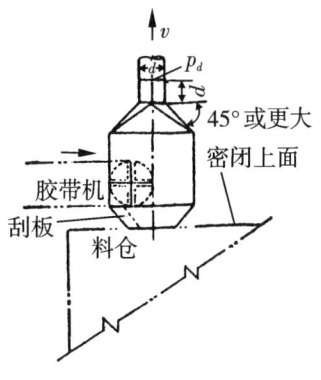

(a) 胶带输送机与斗式提升机转运点密闭罩　　　　(b) 胶带输送机入仓处密闭罩

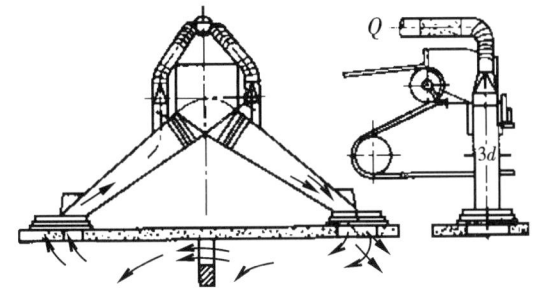
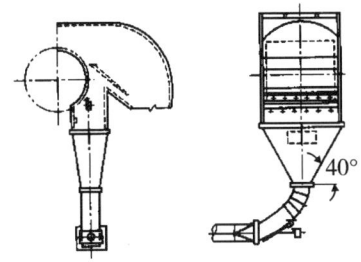

(c) 皮带输送机入仓库卸料小车密闭罩　　　　(d) 皮带输送机抛料端密闭罩

图6-9　胶带输送机各种型式的密闭罩

2. 斗式提升机密闭罩

图6-6为斗式提升机基座和机头密闭罩；图6-10为斗式提升机转运入存料仓的整体密闭罩。提升机或输送带的粮食在进入存料仓或作业机进料斗时，带入大量的空气而使仓内（或斗内）的气压增高，而仓内原有空气也因被不断进入的粮食所排挤而向上外逸，因此，吸风口应装在仓顶的中央或靠近溜管的地方。

3. 螺旋输送机密闭罩

螺旋输送机输送物料时，由于设备本身比较严密，一般不设通风除尘装置。但当物料落差较大时（大于1.5 m），则应在进料处附近设吸风罩（如图6-11所示）。为避免吸出物料，吸风罩下部宜设扩大箱。

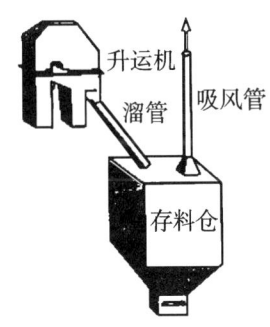

图6-10　斗式提升机转运入存料仓的整体密闭罩

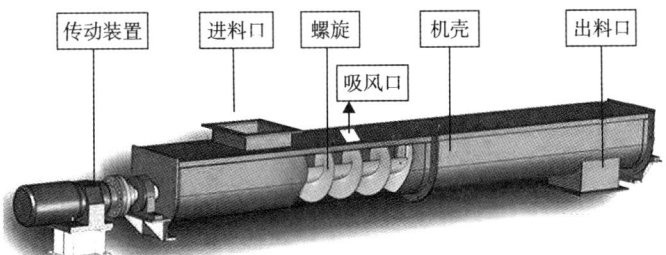

图6-11　螺旋输送机密闭罩

4. 其他设备的整体密闭罩

不少设备的机壳就是整体密闭罩，如图 6-12 ~ 图 6-18 所示。

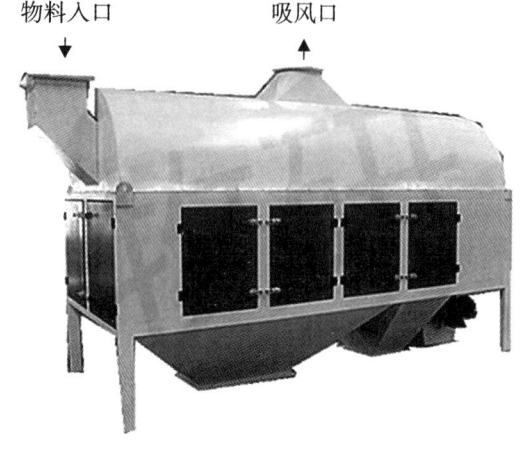

图 6-12　滚筒初清筛整体密闭罩

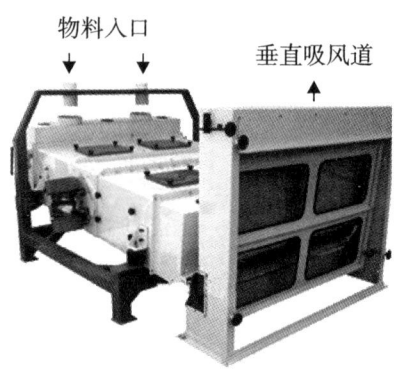

图 6-13　振动筛整体密闭罩

图 6-14　卧式打麦机整体密闭罩

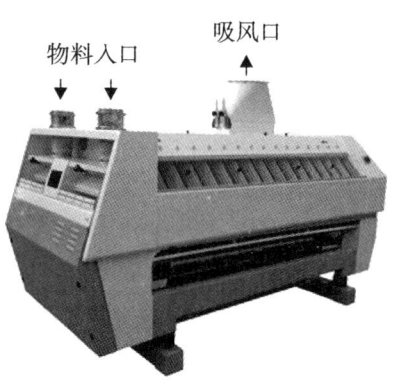

图 6-15　清粉机整体密闭罩

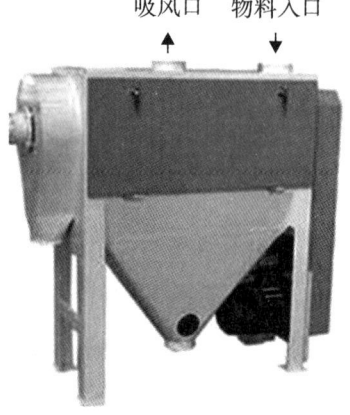

图 6-16　打麸机整体密闭罩

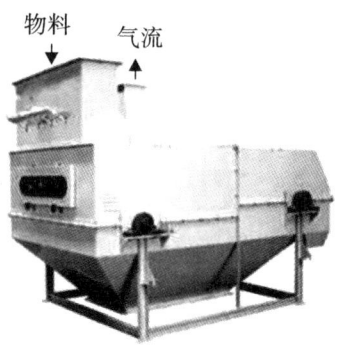

图 6-17　网带初清筛整体密闭罩

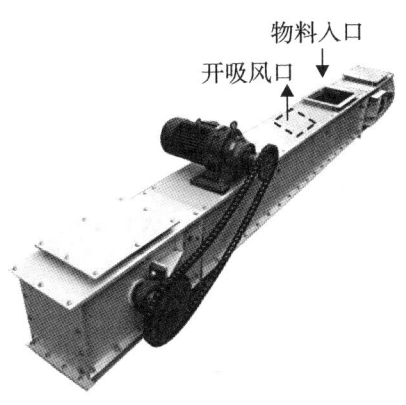

图 6-18　埋刮板输送机整体密闭罩

第三节　外部吸风罩

一、外部吸风罩的型式

有时由于工艺条件的限制,生产设备无法进行密闭,只能把局部吸风罩设在尘源附近,依靠罩口生产的抽吸作用,在粉尘散发地点造成一定气流的运动,把粉尘吸入罩内。这类吸风罩称为外部吸风罩。

外部吸风罩型式很多,按罩与尘源之间的位置关系可分为上吸罩、下吸罩和侧吸罩,如图 6-19 所示。

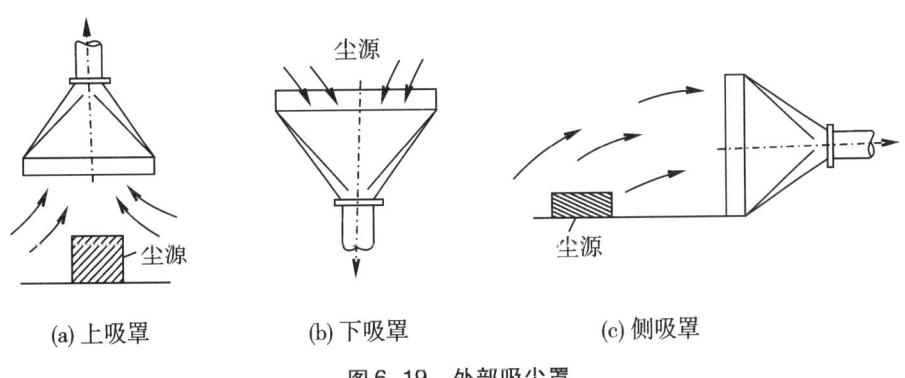

(a) 上吸罩　　　　(b) 下吸罩　　　　(c) 侧吸罩

图 6-19　外部吸尘罩

二、外部吸风罩的设计

1. 外部吸尘罩吸气口气流的运动规律

外部吸尘罩是通过罩口的抽吸作用,在距离吸气口最远的粉尘散发点(即控制点)上造成适当的空气流动,从而把粉尘吸入罩内。如图 6-20 所示,控制点 x 处的空气运动速

度称为控制速度 v_x(也称吸入速度)。那么,外部吸风罩需要多大的吸风量 Q,才能在距罩口 x 米处造成必要的吸入速度 v_x 呢?要解决这个问题,必须掌握 Q 和 v_x 之间的关系。因此,需先了解吸风口气流运动的规律。

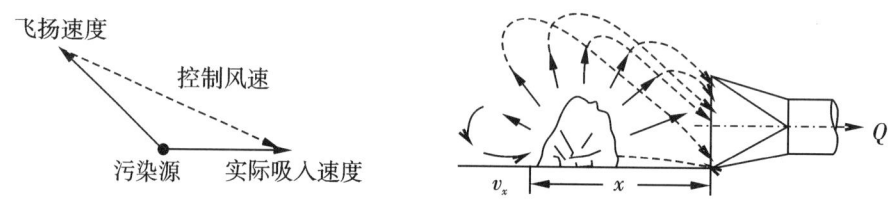

图 6-20　外部吸尘罩控制速度

(1)吸风口气流运动的规律。图 6-21(a)是位于自由空间的点汇吸气口。气流从四周流向该点时,它的流线是以该点为中心的径向线。在吸风口四周空气流速相等的点组成的面是以该点为球心的球面等速面。根据连续性方程,通过每个等速面的空气量即为点汇吸风口排风量,即

$$Q = 4\pi r_1^2 v_1 = 4\pi r_2^2 v_2 \quad (\text{m/s}^3) \tag{6-3}$$

式中:v_1、v_2——点 1 和点 2 的空气流速,m/s;
　　　r_1、r_2——点 1 和点 2 至吸风口的距离,m。

吸气口设在墙上时,吸气范围受到限制,如图 6-20(b)所示,它的等速面是半个球面,通过每个半球面的空气量即为吸风口的排风量,即

$$Q = 2\pi r_1^2 v_1 = 2\pi r_2^2 v_2 \quad (\text{m}^3/\text{s}) \tag{6-4}$$

从式(6-3)、式(6-4)可以看出,吸风口外某一点空气速度与该点至吸风口距离的平方成反比,随控制点至吸风口距离增大而减小。因此,在布置排风罩时,应尽量靠近尘源,尽量缩小控制范围。

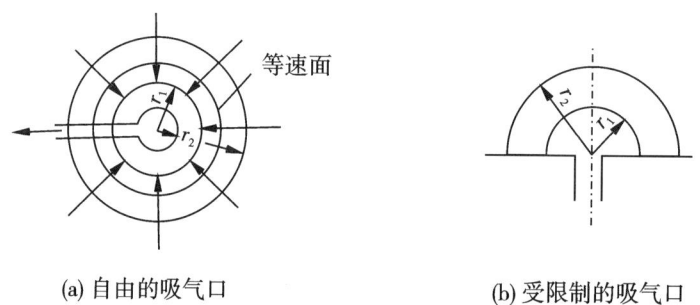

(a) 自由的吸气口　　　　　　　　(b) 受限制的吸气口

图 6-21　点汇吸气口

(2)前面无障碍的外部吸尘罩吸风量的计算。实际生产中采用的排风罩都是有一定面积的,不能看作一个点。因此,不能把点汇吸风口的流动规律直接应用于外部吸风罩的计算。为了解决生产实践中提出问题,对各种外部吸风口的气流运动规律进行了大量的实验研究,图 6-22 就是通过实验求得的四周无法兰边和四周有法兰边的圆形吸气口的速度分布图。

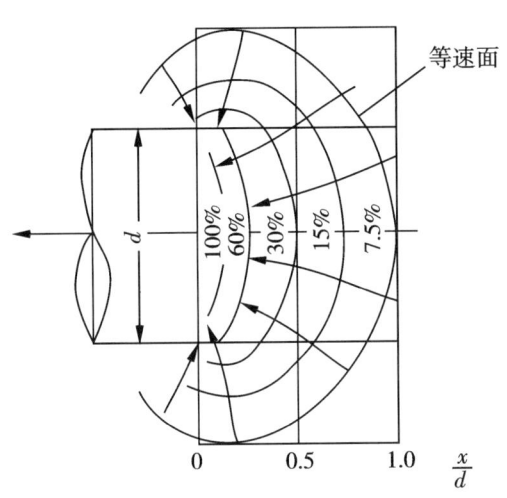 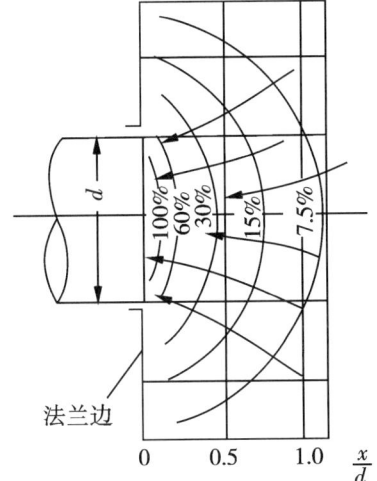

(a)四周无边圆形吸风口的速度分布　　　　(b)四周有边圆形吸风口的速度分布

图 6-22　四周有边、无边圆形吸风口的速度分布

图中横坐标是 x/d（x 为某点至吸风罩口的距离，d 为吸尘罩口直径），等速面的速度是以吸气口速度的百分数来表示的。

上述实验结果可用下列吸气口速度场的数学式表示。

对于无边的圆形或矩形（宽长比大于或等于0.2）吸气口速度场

$$\frac{v_0}{v_x} = \frac{10x^2 + F}{F} \tag{6-5}$$

对于有边的圆形或矩形（宽长比大于或等于0.2）吸气口速度场

$$\frac{v_0}{v_x} = 0.75 \left(\frac{10x^2 + F}{F} \right) \tag{6-6}$$

式中：v_0——吸气口平均流速，m/s；

v_x——控制速度，m/s；

x——控制点至吸气口的距离，m；

F——吸气口的面积，m^2。

公式(6-5)和公式(6-6)仅适用于 $x \leq 1.5d$ 的场合。当 $x > 1.5d$ 时，实际的速度衰减要比计算值大。法兰边的宽度通常取 100~150 mm。

由此求出无障碍四周无边或有边圆(矩)形外部吸气罩的吸风量为

四周无边　　　　$Q = v_0 F = (10x^2 + F)v_x$　（m^3/s）　　(6-7)

四周有边　　　　$Q = v_0 F = 0.75(10x^2 + F)v_x$　（m^3/s）　　(6-8)

图 6-23 是设在工作台上的侧吸罩(图中实线部分)，可以把它看成是一个假想的完整排风罩的一半。将二者视为一个完整的侧吸罩，其排风量为 $2Q$，罩口面积为 $2F$，代入公式(6-5)和公式(6-6)得

对于无边的圆形或矩形（宽长比大于或等于0.2）吸气口速度场

$$\frac{v_0}{v_x} = \frac{10x^2 + 2F}{2F} = \frac{5x^2 + F}{F} \tag{6-9}$$

对于有边的圆形或矩形(宽长比大于或等于0.2)吸气口速度场

$$\frac{v_0}{v_x} = 0.75\left(\frac{10x^2 + 2F}{2F}\right) = 0.75\left(\frac{5x^2 + F}{F}\right)$$
(6-10)

则工作台上无障碍四周无边或有边圆(矩)形侧吸罩的吸风量为

四周无边

$$Q = v_0 F = (5x^2 + F)v_x \quad (\text{m}^3/\text{s})$$
(6-11)

四周有边

$$Q = v_0 F = 0.75(5x^2 + F)v_x \quad (\text{m}^3/\text{s})$$
(6-12)

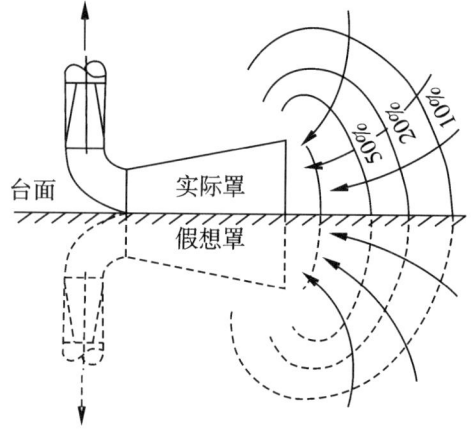

图6-23 设于台上的侧吸罩速度场

公式(6-11)、式(6-12)适用于 $x < 2.4\sqrt{F}$ 的场合。

【例6-1】 有一圆形局部吸尘罩,罩上直径 $d = 250$ mm,要在距罩中心 0.2 m 处造成 0.5 m/s 的吸入速度,计算该外部吸尘罩的吸风量。

解:(1)采用四周无边的排风罩

$$Q = v_0 F = (10x^2 + F)v_x = \left[10 \times (0.2)^2 + \frac{\pi}{4}(0.25)^2\right] \times 0.5 = 0.225(\text{m}^3/\text{s})$$

(2)采用四周有边外部吸风罩

$$Q = v_0 F = 0.75(10x^2 + F)v_x = 0.75 \times \left[10 \times (0.2)^2 + \frac{\pi}{4}(0.25)^2\right] \times 0.5 = 0.169(\text{m}^3/\text{s})$$

从计算可以看出,罩子四周加边后,吸风量可节省25%。另外计算外部吸风罩的吸风量时,首先要确定控制点的吸入速度 v_x 值。v_x 值同工艺过程和室内空气流动情况有关,一般靠实验求得。如果缺乏现场实测的数据,设计时可参考表6-1确定。

表6-1 控制点的控制风速

污染物散发情况	举例	控制风速/(m/s)
以轻微的速度散发到几乎平静的空气中	蒸汽的蒸发,气体或烟从敞口容器中外逸	0.25~0.5
以较低的速度散发到较平静的空气中	间歇粉料装袋,慢速倒袋,低速皮带机运输,焊接台,电镀槽,酸洗槽	0.5~1.0
以相当大的速度散发到空气运动迅速的区域	快速装袋或装桶,快速倒袋,往皮带机上装料,破碎机破碎,冷落砂机	1.0~2.5
以高速散发到空气运动很迅速的区域	磨床,重破碎机,在岩石表面工作,砂轮机喷砂,热落砂机	2.5~10

注:控制风速的上、下限可参考表6-2。

表6-2 控制风速的上、下限的选取

范围下限	范围上限
室内空气流动小或有利于捕集	室内有扰动气流
有害物毒性低	有害物毒性高
间歇生产产量低	连续生产产量高
大罩子大风量	小罩子局部控制

外部吸风罩结构型式很多,型式不同则罩口气流速度分布规律及吸风罩吸风量计算公式也不同。表6-3列出一些常用外部吸风罩的吸风量计算公式,供设计时参考使用。

表6-3 部分外部吸尘罩的吸风量计算公式

名称	型式	罩形简图	罩口尺寸	吸风量计算公式 /(m³/s)	备注
圆形或矩形平口侧吸罩	无边平口罩	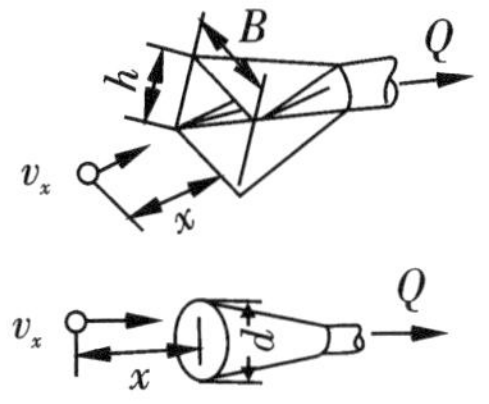	$\dfrac{h}{B} \geq 0.2$ 或圆形	无边 $Q = (10x^2 + F)v_x$ (6-13) 有边 $Q = 0.75(10x^2 + F)v_x$ (6-14)	x—控制距离,m; v_x—控制风速,m/s; F—罩口面积,m²。 圆形:$F = \dfrac{\pi}{4}d^2$ 矩形:$F = Bh$ B—罩口宽度,m; h—罩口高度,m; d—罩口直径,m
	有边平口罩	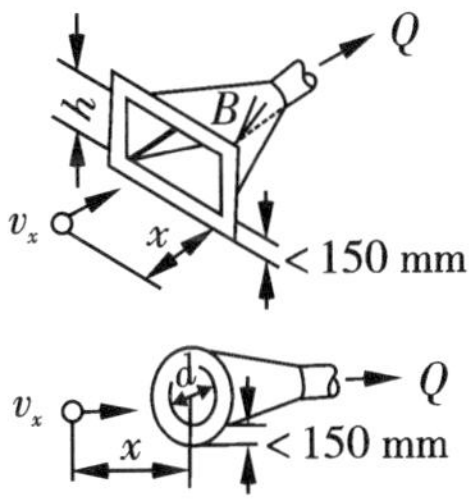			
	台上或落地式平口罩	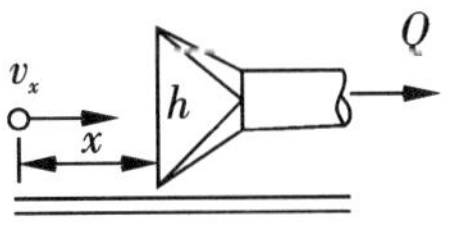	$\dfrac{h}{B} \geq 0.2$	无边 $Q = (5x^2 + F)v_x$ (6-15) 有边 $Q = 0.75(5x^2 + F)v_x$ (6-16)	$x < 2.4\sqrt{F}$
	台上平口罩	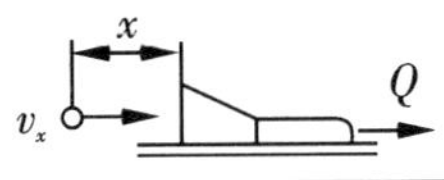	$\dfrac{h}{B} \geq 0.2$		

续表 6-3

名称	型式	罩形简图	罩口尺寸	吸风量计算公式 /(m³/s)	备注
条缝式侧吸罩	无边条缝罩	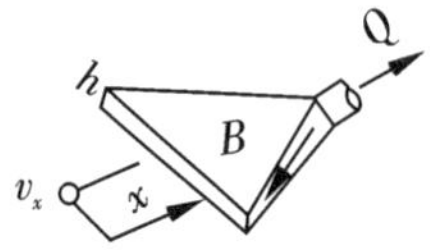	$\frac{h}{B} \leq 0.2$	无边 $Q = 3.7Bxv_x$ (6-17)	x—控制距离，m； v_x—控制风速，m/s； B—罩口宽度，m； h—罩口高度，m $F = Bh$
	有边条缝罩	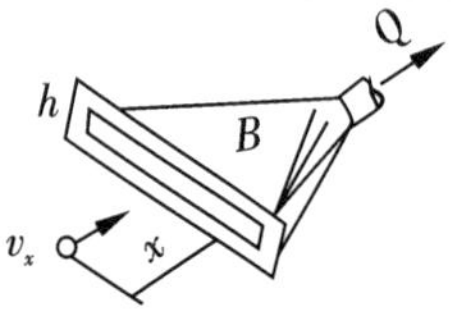	$\frac{h}{B} \leq 0.2$	有边 $Q = 2.8Bxv_x$ (6-18)	
	设在平台上或槽边的条缝罩	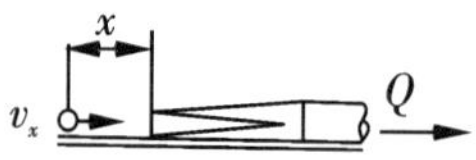	$\frac{h}{B} \leq 0.2$	无边 $Q = 2Bxv_x$ (6-19) 有边 $Q = 2.8Bxv_x$ (6-20)	
	设在平台上或槽边的无边条缝罩	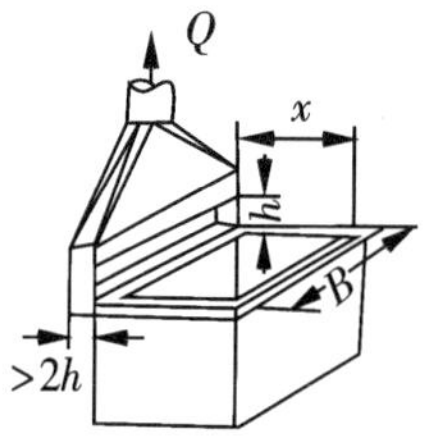	$\frac{h}{B} \leq 0.2$	$Q = 2.8Bxv_x$ (6-21) 或 $Q = 2.8Bxc$ (6-22)	h—按照罩口速度 $v_0 = 10$ m/s 确定； c—风量系数，一般采用 0.75～1.25 m³/(m²·s)
伞形罩	上吸式（常温或温度不高、散热量不大）	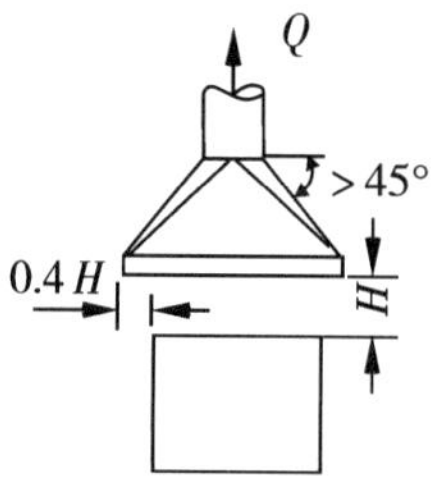	按设备和工艺要求	侧面无围挡 $Q = 1.4LHv_x$ (6-23) 两侧有围挡 $Q = (h + B)Hv_x$ (6-24) 三面有围挡 $Q = hHv_x$ (6-25) 或 $Q = BHv_x$ (6-26)	L—罩口周长，m； h—罩口宽度，m； B—罩口长度，m； H—尘源至罩口的距离，m
	下吸式（常温或温度不高、散热量不大）	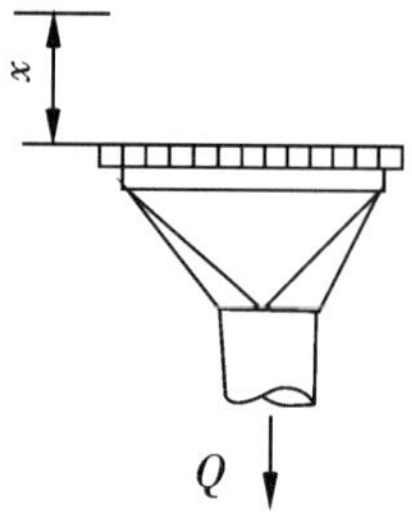	按设备和工艺要求	$Q = (10x^2 + F)v_x$ (6-27) 当 $x = 0$ $Q = Fv_x$ (6-28)	F—罩口面积，m²

2. 设计外部吸尘罩结构时应注意的问题

(1) 为了减少横向气流的影响和罩口的吸气范围，工艺条件允许时应在罩口四周设固定或活动挡板,见图6-24。

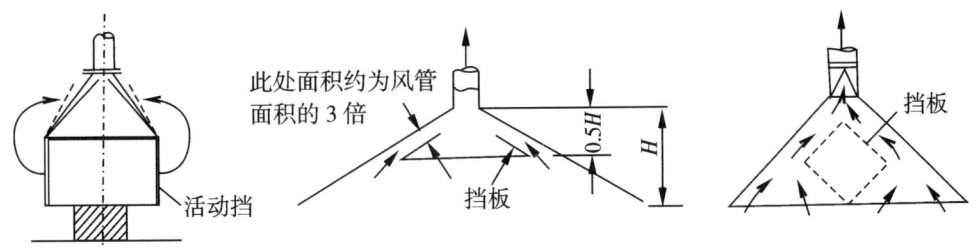

图6-24 设有挡板的伞形罩

(2)罩口上的速度分布对排风罩性能有较大影响。罩口上的速度分布与伞形吸风罩的扩张角 α 有关,见图6-25。从表6-3 罩口轴心速度 v_c 和罩口平均速度 v_0 的比值可见,随 α 增大比值增大,罩口速度分布越不均匀;其局部阻力系数(以管口动压为准)也与 α 有关,如图6-26 所示,当 α=30°~60°时阻力最小。

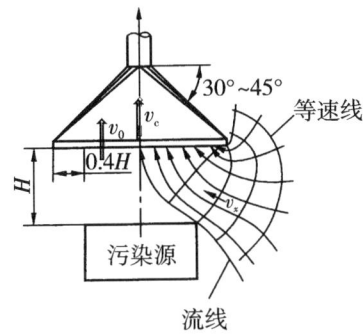

α	v_c/v_0
30°	1.07
40°	1.13
60°	1.33
90°	2.0

图6-25 上吸罩流线分布

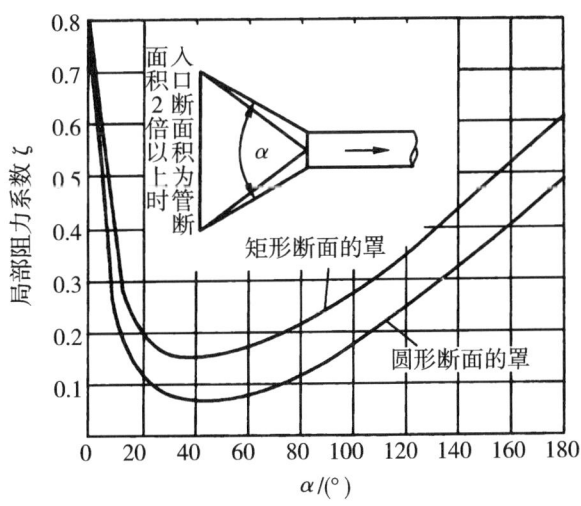

图6-26 吸尘罩的局部阻力系数 ξ

综合结构、速度分布、阻力三方面的因素,应尽可能 α≤60°。当罩口平面尺寸较大时,可采取图 6-26 所示的措施:①把一个大排风罩分割成几个小排风罩,如图 6-27(a)所示;②在罩内设隔板,如图 6-27(b)所示;③在罩口上设条缝口,要求条缝口风速在 10 m/s 以上,静压箱内的速度不超过缝口速度的 1/2,如图 6-27(c)所示;④在罩口设气流分布板,如图 6-27(d)所示。

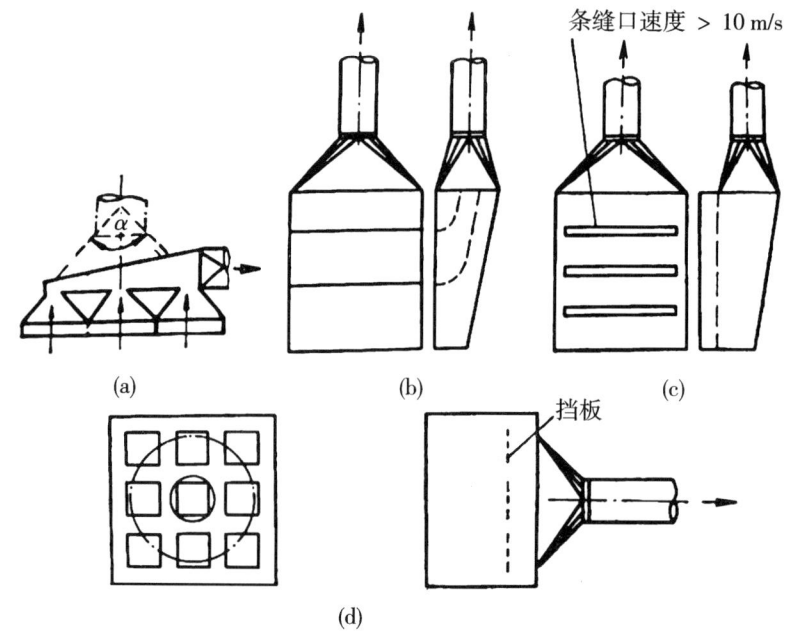

图 6-27　保证罩口速度均匀的措施

第四节　吹吸罩

一、吹吸罩的原理

由于外部吸风罩的罩口外的空气速度衰减很快,从图 6-28(a)所示的二维吸风口(条缝形吸风口)速度分布图可见,在罩口中心的轴线上 $x = 2b_0$(b_0 为条缝口宽度)处,空气的吸入速度 $v = 0.1v_0$(v_0 为罩口平均风速)。因此,罩口至尘源距离较大时,需要较大的排风量才能在控制点造成所需的控制风速,而且吸风气流容易受横向气流的影响。由于射流的能量密集程度高,速度衰减慢,从图 6-28(b)二维吹风口的速度分布可见,在 $x = 40b_0$ 处,中心轴线上的速度 $v = 0.4v_0$(v_0 为吹风口出口平均风速)。因此,可采用吹吸罩,利用射流作为动力,把粉尘等有害物输送到吸风罩口再由其排除,并可利用射流阻挡、控制粉尘的扩散,如图 6-29 所示。在同样的控制风速下,采用吹吸罩风量可以大大减少,控制距离越远则效果越明显,具有风量小、污染控制效果好、抗干扰能力强、不影响工艺操作等特点。吹吸罩在国内外得到日益广泛的应用。例如,利用气幕控制汽车来粮的下粮坑,如图 6-30 所示,当卡车向地坑卸粮食时,地坑上部无法设置局部排风罩,会扬起大量粉尘。为此,可在地坑一侧设吹风口,利用吹吸气流抑止粉尘的飞扬,含尘气流由对面的吸风口吸除,经除尘器后排放。也可以对于有热气产生的操作面进行控制,如图6-31所示,热源上部接受罩的安装高度较大时,排风量较大,而且容易受横向气流影响。在热源前方设置吹风口,在操作人员和热源之间组成一道气幕,同时利用吹出的射流诱导污染气流进入上部接受罩。

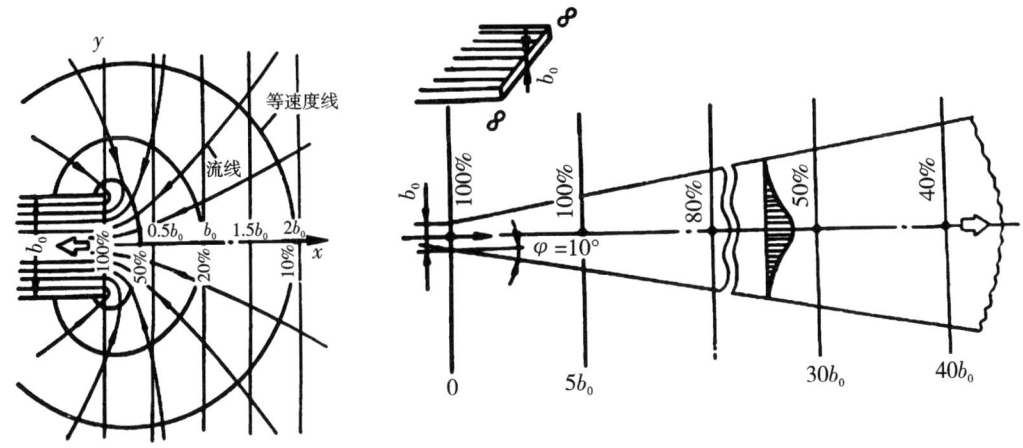

(a) 二维吸风口的速度分布　　　　　(b) 二维吹风口的速度分布

图 6-28　吹风口和吸风口的速度分布比较

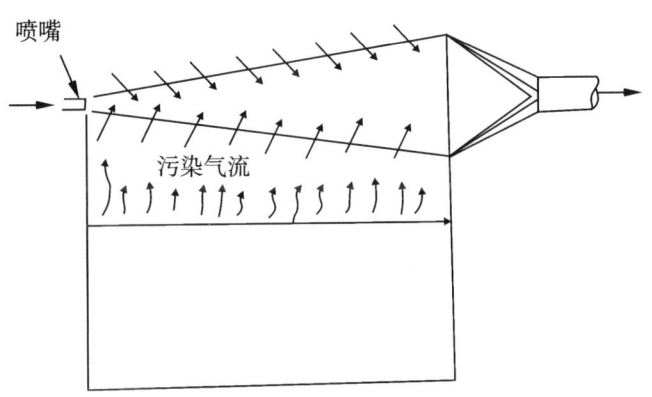

图 6-29　吹吸罩示意图

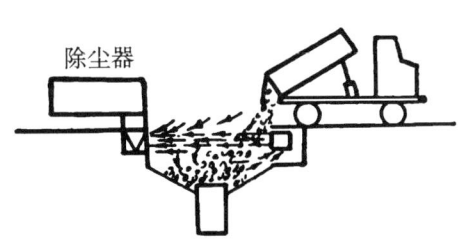

图 6-30　下粮坑吹吸罩

图 6-31　控制有热源操作面的吹吸罩

二、吹吸罩的设计

要使吹吸罩在经济的前提下取得最佳控制效果,须依据吹吸气流的运动规律,使两者协调一致地进行工作。国内外学者研究提出了各种计算方法。由于吹吸气流的运动情况较为复杂,虽然对某些基本观点有了一致的认识,但还缺乏统一的计算方法。下面介绍苏联学者巴杜林提出的"速度控制法"计算方法。

该方法把吹吸气流对粉尘等有害物的控制能力,简单地归结为取决于吹出气流的速度与作用在吹吸气流上的污染气流(或横向气流)的速度之比。只要吸风口前射流末端的平均速度保持一定数值(通常要求不小于 $0.75 \sim 1$ m/s),就能保证对有害物的有效控制。这种方法只考虑吹出气流的控制和输送作用,不考虑吸风口的作用,把它看作是一种安全因素。

如图 6-32 所示,吹风口与吸风口之间距离为 B、宽度为 L 的控制面的吹吸罩设计方法如下:

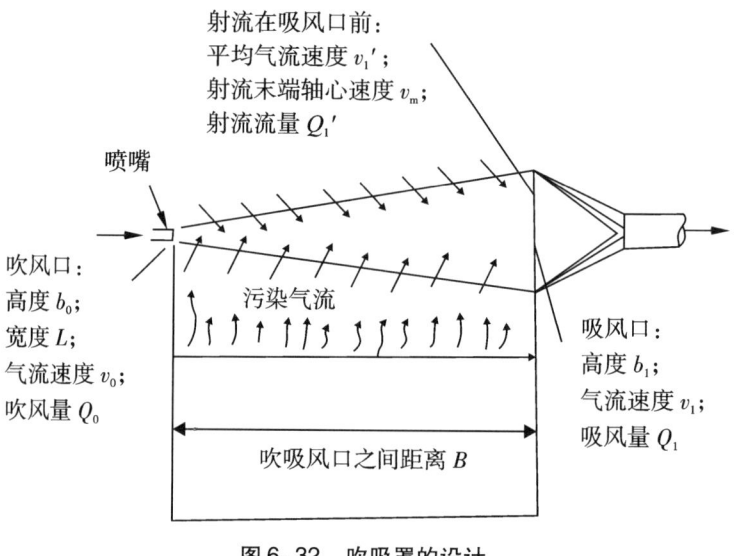

图 6-32 吹吸罩的设计

1. 设计参数的确定

(1)确定吸风口前必需的射流平均速度 v_1'。根据表 6-4 的经验数值,确定吸风口前必需的射流平均速度 v_1'。

表 6-4 吸风口前射流平均速度经验数值

污染气流的温度/℃	吸风口前射流平均速度 v_1' /(m/s)
70~95	$v_1' = B$
60	$v_1' = 0.85B$
40	$v_1' = 0.75B$
20	$v_1' = 0.5B$

(2)确定吸风口的排风量的范围。为了避免吹出气流溢出吸风口外,吸风口的排风量Q_1应大于吸风口前射流的流量,一般为射流末端流量Q_1'的1.1~1.25倍。

(3)确定吹风口高度b_0的范围。吹风口高度b_0一般为$(0.01~0.015)B$。为了防止吹风口发生堵塞,b_0应大于5~7 mm。

(4)确定吹风口出口流速v_0的范围。吹风口出口流速v_0不宜超过10~12 m/s。

(5)确定吸风口上的气流速度v_1的范围。吸风口的气流速度$v_1 \leq (2-3)v_1'$。v_1过大,吸风口高度b_1过小,污染气流容易溢入室内。但是b_1也不能过大,以免影响操作。

2. 计算步骤

(1)计算吸风口前射流末端平均风速v_1'。

(2)确定吹风口高度b_0。$b_0 = (0.01~0.015)B$,并使b_0大于5~7 mm。

(3)根据流体力学平面射流的公式计算吹风口出口流速v_0。

$$\frac{v_m}{v_0} = \frac{1.2}{\sqrt{\frac{\alpha B}{b_0} + 0.41}} \tag{6-29}$$

式中:v_m——射流轴心速度,可以近似认为$v_m = 2v_1'$;

α——吹风口的紊流系数,$\alpha = 0.2$;

v_0——吹风口出口流速,不宜超过10~12 m/s。

(4)计算吹风口的吹风量Q_0。$Q_0 = b_0 \cdot L \cdot v_0$

(5)计算吸风口前射流流量Q_1'

$$\frac{Q_1'}{Q_0} = 1.2\sqrt{\frac{\alpha B}{b_0} + 0.41} \tag{6-30}$$

(6)计算吸风口的排风量Q_1。$Q_1 = (1.1~1.25)Q_1'$

(7)计算吸风口的气流速度。$v_1 \leq (2~3)v_1'$

(8)计算吸气口的高度b_1。$b_1 = \frac{Q_1}{Lv_1}$

【例6-2】 某下粮坑控制面为2 m×2 m,常温($t=20$ ℃),采用吹吸罩控制粉尘。试计算吹风量、吸风量及吹风口高度、吸风口高度。

解:(1)吸风口前射流末端平均风速v_1'

$$v_1' = 0.5B = 0.5 \times 2 = 1 (\text{m/s})$$

(2)吹风口高度b_0

$$b_0 = 0.015B = 0.015 \times 2 = 0.03(\text{m}) = 30(\text{mm})$$

(3)计算吹风口出口流速v_0

$$v_m = 2v_1' = 2 \times 1 = 2(\text{m/s})$$

又由公式(6-29),得吹风口出口流速

$$v_0 = \frac{v_m \sqrt{\frac{\alpha B}{b_0} + 0.41}}{1.2} = \frac{2 \times \sqrt{\frac{0.2 \times 2}{0.03} + 0.41}}{1.2} = 6.18(\text{m/s})$$

(4)计算吹风口的吹风量

$$Q_0 = b_0 \cdot L \cdot v_0 = 0.03 \times 2 \times 6.18 = 0.37(\text{m}^3/\text{s})$$

(5) 计算吸风口前射流流量 Q_1'

根据公式(6-30),得

$$Q_1' = 1.2\sqrt{\frac{\alpha B}{b_0} + 0.41}\, Q_0 = 1.2 \times \sqrt{\frac{0.2 \times 2}{0.03} + 0.41} \times 0.37 = 1.65\ (m^3/s)$$

(6) 吸风口的排风量 Q_1

$$Q_1 = 1.1 Q_1' = 1.1 \times 1.65 = 1.82\ (m^3/s)$$

(7) 吸风口气流速度 v_1

$$v_1 = 3v_1' = 3 \times 1.5 = 4.5\ (m/s)$$

(8) 吸风口高度 b_1

$$b_1 = \frac{Q_1}{Lv_1} = \frac{1.82}{2 \times 4.5} = 0.202\ (m)$$

取 $b_1 = 200\ mm$。

这类计算方法有如下不足之处:

(1) 在侧流或侧压作用下射流会发生偏转,为了对有害物进行有效的控制,射流必须有一定的抵抗侧流、侧压的能力。射流抵抗侧流、侧压的能力并不单纯与速度有关,还与射流的流量有关,即取决于射流的出口动量。

(2) 吹吸罩依靠吹吸气流的联合作用进行工作,但是上述的计算方法没有考虑吸风口的作用。因此,设计中没有提出吹吸气流的最佳组合问题,即设计中如何使吹风量和排风量之和 (Q_0+Q_1) 保持最小。

(3) 它采用狭长的高速平面射流,出口流速 v_0 一般在 10 m/s 左右。流体与物体相撞时易于破裂,导致有害物散入室内。如采用低速气流,两者相遇时气流围绕物体流动,对有害物的控制效果好。

思考与练习

1. 吸尘罩一般可分为哪几种?

2. 密闭罩将尘源密闭后为什么还要吸风? 吸风口应设在什么地方?

3. 有一圆形吸风罩,其罩口直径 $d=200\ mm$ 要在距罩口中心 0.3 m 处造成 0.5 m/s 的吸入速度,试计算该吸风罩罩口四周无边和罩口四周有边的吸风量。

4. 有一工作台侧吸罩,罩口尺寸为 $300\ mm \times 200\ mm$,已知侧吸罩的吸风量为 $0.5\ m^3/s$,试计算风罩无边和有边两种情况下离罩口中心 0.3 m 的吸入速度 v_x。

5. 在什么样的情况下使用吹吸罩? 试分析图 6-33 中的几种情况控制粉尘效果如何? 为什么?

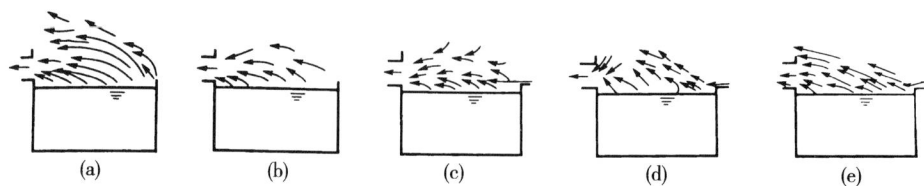

图 6-33 思考题 5 附图

第七章 除尘器

本章要点：本章介绍了除尘器的评价方法（如效率、阻力等）、类型及不同类型除尘器的结构、除尘机理与工作过程。重点介绍了重力沉降室的设计、影响离心除尘器和袋式除尘器性能的因素，以及除尘器的合理选用。

通风除尘中所含的粉尘浓度如超过排放标准，必须进行净化处理。从含尘空气中除去所含粉尘的设备称为除尘器。在粮油企业的通风除尘中收集的粉尘很多是有价值的，有的是成品，例如面粉等；有的可作饲料，例如麦麸等；有的可作其他综合利用，必须进行回收。因此，除尘器既是环境保护设备，又是生产设备。

空气的除尘净化一般有以下三种等级要求：

粗净化——主要除去 100 μm 以上的尘粒。

中净化——除去 10 μm 以上的尘粉粒，并使净化后的空气中剩余含尘量在 100 mg/m³ 以下。

精净化——除去 1 μm 以上的尘粒，并使净化后的空气中剩余含尘量达到极小的程度（$1 \sim 2$ mg/m³）。

粮油食品饲料等加工厂对含尘空气的净化程度，应根据卫生要求以及灰尘本身的价值来定。例如，清理车间的含尘空气，如果车间远离居民区，则一般采用中净化即可；经济价值较高粉尘，就必须采取精净化，以减少损失；位于稠密居民区的工厂，无论其灰尘性质如何，都必须对含尘空气进行精净化处理。根据空气净化要求不同和尘粒性质的差异，采用的除尘手段和方法也必然是多种多样的。经除尘器净化后的空气应符合国家卫生标准和排放标准。

第一节 除尘器概述

一、除尘器的评价方法

除尘器性能的优劣应根据其除尘效率、运行费用、设备造价、工作可靠性和操作管理的繁简等进行综合评定。

（一）除尘器的总效率和穿透率

1. 单只除尘器的总效率

除尘器除下的粉尘的质量流量同进入除尘器的质量流量之比称为除尘器的总效率。

$$\eta = \frac{M_2}{M_1} = 1 - \frac{Y_2}{Y_1} \tag{7-1a}$$

若为吸式除尘器且没有漏风，$Q_1 = Q_2$，则公式（7-1a）可表达如下

$$\eta = \frac{M_2}{M_1} = \frac{Q_1 Y_1 - Q_2 Y_2}{Q_1 Y} = 1 - \frac{Y_2}{Y_1} \tag{7-1b}$$

式中：M_1——进入除尘器的粉尘的质量流量，mg/s；

M_2——除尘器除下的粉尘的质量流量，mg/s；

Y_1、Y_2——进入和从除尘器排出的空气的含尘浓度，mg/m³。

式（7-1a）是通过称量求得总效率，称为质量法。这种方法主要应用于实验室。在现场测定除尘器总效率时，则测量出除尘器前后的空气含尘浓度，再按式（7-1b）计算其总效率，这种方法称为浓度法。由于含尘空气在管道内的浓度分布既不均匀又不稳定，因此，其准确性较差。

2. 串联除尘器的总效率

如果两种或两个除尘器串联运行，每级除尘器的除尘总效率分别为 η_1、η_2，则两级除尘的总效率为

$$\eta = 1 - (1 - \eta_1)(1 - \eta_2) \tag{7-2}$$

如果有 n 级除尘器串联运行，则其总效率的通式为

$$\eta = 1 - (1 - \eta_1)(1 - \eta_2) \cdots (1 - \eta_n) \tag{7-3}$$

3. 浓缩器同除尘器组装时的除尘总效率

含尘空气经浓缩器，分成两股，其中一股为较干净的气流，另一股为含尘浓度已提高的气流，再进入第 2 级除尘器 2。从除尘器 2 净化后的气流则重新引回到浓缩器 1 的进口气流中，见图 7-1 所示。这种装置的总除尘效率为

$$\eta = 1 - \frac{1 - \eta_1}{1 + \eta_1 + \eta_1 \eta_3} \tag{7-4}$$

4. 整个除尘器组装时除尘总效率

为了要把整个组装体的除尘效率提高，并高出任意单一的除尘器，可把三个除尘器按图 7-2 所示组装成整体，其中第一个除尘器起浓缩器的作用。这种装置的除尘总效率为

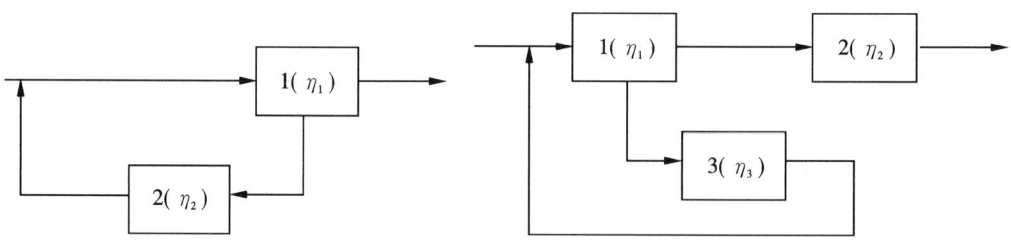

图 7-1　浓缩器同除尘器的组装　　图 7-2　提高除尘效率的组装

$$\eta = \eta_1 + \frac{(1 - \eta_1)[\eta_2 - \eta_1(1 - \eta_3)]}{1 - \eta_1 + \eta_1 \eta_3} \tag{7-5}$$

或
$$\eta = \eta_2 + \frac{\eta_1 \eta_3 (1 - \eta_2)}{1 - \eta_1 + \eta_1 \eta_3} \tag{7-6}$$

5. 除尘器的穿透率

除尘器未能净化粉尘的程度,可用穿透率(或通过率)P来表示。

$$P = 1 - \eta \tag{7-7}$$

例如,两台除尘器的总效率分别为99%和99.5%,两值非常接近,似乎其效果差别不大。但从防止大气污染的角度来分析,前者排入大气的粉尘量要比后者大一倍,即其穿透率分别为1%和0.5%。因此,穿透率主要着眼点是排放多少粉尘,对周围大气的污染程度如何。

(二)除尘器的分级效率

除尘器总效率的大小同处理粉尘的粒径有很大关系。例如,用离心除尘器处理40 μm以上的粉尘时,其总效率接近100%,而处理5 μm以下的粉尘时,总效率只有40%左右。因此,要正确全面地评价除尘器的除尘效果,必须按处理粉尘的粒径来标定除尘器的效率,这种效率称为分级效率。除尘器的分级效率取决于粉尘性质和除尘器运行工况。

除尘器的总效率同分级效率的关系式为

$$\eta = \sum_{i=1}^{n} \eta_i \mathrm{d}\Phi_i \tag{7-8}$$

式中:$\mathrm{d}\Phi_i$——粒径范围Δd_{si}内尘粒的质量分散度,%;

η_i——除尘器对粒径范围Δd_{si}尘粒的分级效率,%。

$$\eta_i = \frac{M_2}{M_1} \cdot \frac{\mathrm{d}\Phi_{2i}}{\mathrm{d}\Phi_{1i}} \times 100\% = \eta \frac{\mathrm{d}\Phi_{2i}}{d_{si}} \tag{7-9}$$

式中:$\mathrm{d}\Phi_{1i}$、$\mathrm{d}\Phi_{2i}$——除尘器进口、灰斗中的粒级Δd_{si}内尘粒的质量分散度,%。

【例7-1】 用石英粉($\rho_s = 2\ 660\ \mathrm{kg/m^3}$)对某种除尘器进行试验。其粒级(粒径范围)的质量分散度和分级效率如表7-1所示,试计算其总效率。

表7-1 粒级的质量分散度和分级效率

$\Delta d_{si}/\mathrm{\mu m}$	0~5	5~10	10~20	20~40	40~60	>60
$\mathrm{d}\Phi_i/\%$	10.4	14	19.6	22.4	14	19.6
η_i	27.75	86.75	95.85	97	97.75	100

解:按式(7-8)得

$$\begin{aligned}\eta &= \sum_{i=1}^{6} \eta_i \mathrm{d}\Phi_i \\ &= 27.75\% \times 10.4\% + 86.75\% \times 14\% + 95.85\% \times 19.6 + 97\% \times 22.4\% \\ &\quad + 97.75\% \times 14\% + 100\% \times 19.6\% \\ &= 88.83\%\end{aligned}$$

(三)除尘器的运行和管理

维护费用高、管理复杂、人员多等会影响除尘器的正常使用。通常用每净化 1 000 m³ 空气的耗电量、耗水量(对湿除尘器而言)来表示除尘器的维护费。用连续使用年限来评定除尘器的使用寿命。管理的繁简程度是用运行、维护费用和操作人员数作为特征的综合因素。

(四)除尘器的投入

除尘器的投入表示除尘器本身所需的投资。通常用每净化 1 000 m³ 空气量时所需投入的经费来表示。

二、除尘机理

目前常用除尘器的除尘机理主要有以下几个方面。

1. 重力

气流中的 40~50 μm 以上的粗大的尘粒可以依靠重力自然沉降,从气流中进行分离。

2. 离心力

含尘气流作圆周运动时,由于离心力的作用,尘粒脱离气流从气流中分离。这个机理主要用于 10 μm 以上的尘粒。

3. 惯性碰撞

含尘气流在运动过程中遇到物体(如挡板、水滴等)的阻挡时,气流要改变方向进行绕流,细小的尘粒会随气流一起流动,粗大的尘粒具有较大的惯性,脱离流线,保持自己的惯性运动,而与物体发生碰撞,这种现象称为惯性碰撞。

4. 滞留

当细小的尘粒随着气流一起绕过物体时,如果流线紧靠物体表面,有些尘粒会和物体表面发生接触而被阻留在物体上,从而从气流中分离,这种现象为滞留。

5. 扩散

小于 1 μm 的微小粒子在气体分子撞击下,像气体分子一样作布朗运动。如果尘粒在运动过程中和物体表面接触,就会从气流中分离,这个机理称为扩散。对于 $d_s \leqslant 0.3$ μm 的尘粒,主要依靠扩散。

6. 静电力

悬浮在气流中的尘粒,都带有一定的电荷,可以通过静电力使它从气流中分离。在自然状态下,尘粒的带电量很小,要得到较好的除尘效果,必须设置专门的高压电场,使所有的尘粒都充分荷电。

7. 凝聚

通过超声波、蒸汽凝结、加湿等凝聚作用,可以使微小粒子凝聚增大,然后再用一般的除尘方法去除。

各种除尘器往往不是简单地依靠一种除尘机理,而是几种除尘机理的综合应用。

三、除尘器的分类和一般性能

根据主要除尘机理的不同,除尘器可分为以下几类:①重力除尘如重力沉降室;②惯性除尘如惯性除尘器;③离心除尘如离心除尘器;④过滤除尘如袋式除尘器、颗粒层除尘器;⑤洗涤除尘如自激式除尘器、水膜除尘器;⑥静电除尘如电除尘器。

各类除尘器适合处理不同含尘空气状况,运行状况也不相同,压力损失和适用范围见表7-2及表7-3操作条件的适应性。

粮食企业中通常使用重力沉降室、离心除尘器及袋式除尘器等种类的除尘器。

表7-2 压力损失和适用范围

除尘器种类	压力损失/(mmH₂O)	进口含尘浓度 Y_1/(g/m³)							粉尘粒径 d_s/μm						
		10^{-3}	10^{-2}	10^{-1}	1	10	10^2	10^3	10^{-2}	10^{-1}	1	10	10^2	10^3	10^4
重力沉降室	5~10	…	…	…	…	–	–	–				…	…	–	–
惯性除尘器	25~50	…	…	…	…	–	–	–				…			
离心除尘器	50~150	…	…	…	…							…			
袋式除尘器	25~150	–									…	–			
电除尘器	5~25	–								…					

注:①用净化细粉尘的除尘器来净化粗粉尘是不经济的;②–表示适用范围,…表示勉强可用范围。

表7-3 除尘器对操作条件的适应性

除尘器种类	粗粉尘	细粉尘	超细粉尘	各分级效率要求99%	气体相对适度高	气体温度高	腐蚀性气体	维修量少	占空间少	投资少	操作费用低	风量波动影响小	可燃性气体和粉尘
重力沉降室	○	×	×	×	–	○	○	○	×	○	○	×	○
惯性除尘器	○	×	×	×	–	○	○	○	○	○	○	×	○
离心除尘器	○	×	×	×	–	○	○	○	○	○	○	×	○
袋式除尘器	○	○	○	○	–	–	–	–	×	×	○	×	×
电除尘器	○	○	○	○	–	○	–	×	×	×	×	×	×

注:①○代表适用;–代表勉强适用;×代表不适用。
②粗粉尘>75μm的dΦ=50%;细粉尘<75μm的dΦ=90%;超细粉尘<10μm的dΦ=50%。

第二节 重力沉降室和惯性除尘器

一、重力沉降室

重力沉降室是通过重力使尘粒从气流中分离,有水平式和垂直式两种。

垂直气流重力沉降室如图 7-3(a)所示。它可以除去沉降速度大于气流上升速度的尘粒,多用于烟囱的除尘。

水平气流重力沉降室,如图 7-3(b)所示。当气流进入沉降室,由于这里的空气速度减慢,处于层流或接近层流,尘粒在重力作用下缓慢向灰斗沉降。

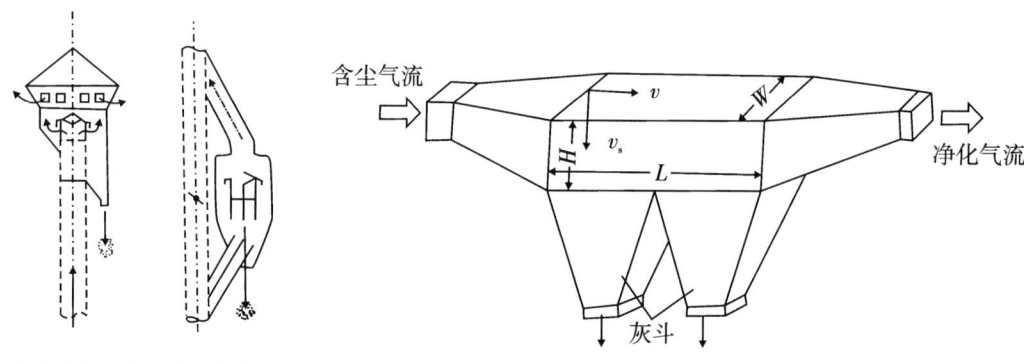

(a)垂直气流重力沉降室　　　　　(b)水平气流重力沉降室

图 7-3　重力沉降室

气流沉降室设计水平应符合如下条件,即一个尘粒从含尘空气中分离出来,必须让它在通过沉降室这段时间内,降落到沉降室底部。

假定含尘气流速度在沉降室截面上处于均匀的理想状态;在空气的流动方向上,粉尘和气流具有同一速度,且气流在沉降室内是层流($Re \leqslant 1$),尘粒降落时没有涡流的干扰;当尘粒降落到沉降室底部后,不会被气流重新带走;同一粒级的粉尘,在它们进入沉降室时,从顶部到底部都是均匀分布的。

含尘空气在沉降室内的逗留时间 t 为

$$t = \frac{L}{v} = \frac{WHL}{Q} \tag{7-10}$$

$$v = \frac{Q}{WH} \tag{7-11}$$

式中:L、W、H——沉降室的长度、宽度和高度,m;

　　　v——沉降室内气流运动速度(m/s),要根据尘粒的密度和粒径确定,一般为 0.3~2 m/s;

　　　Q——沉降室的含尘气流处理量,m³/s。

沉降速度为 v_s 的尘粒从沉降室的顶部降落至底部所需要的时间 t_s 为

$$t_s = \frac{H}{v_s} \tag{7-12}$$

式中:v_s——尘粒的沉降速度,m/s。

$$v_s = \frac{Q}{WL}$$

要把沉降速度为 v_s 的尘粒在沉降室内全部分离,必须满足 $t \geqslant t_s$,即

$$\frac{L}{v} \geqslant \frac{H}{v_s} \tag{7-13}$$

在层流状态下,如果这个尘粒很小,为斯托克斯当量粒径在 1~100 μm(最精确的范围 10~60 μm)的尘粒,则 $v_s \approx v_f$。

由公式(5-16)可知
$$v_f = \frac{g(\rho_s - \rho)d_s^2}{18\mu}$$

代入式(7-13)求得重力沉降室能 100% 除下的最小尘粒直径

$$d_{smin} = \sqrt{\frac{18\mu Hv}{g(\rho_s - \rho)L}} \tag{7-14}$$

设计重力降尘室时,先要算出捕集尘粒的沉降速度 v_s,选择沉降室内的气流速度 v,根据现场条件,然后再求得沉降室的长度和宽度(或高度)。

沉降室长度
$$L \geq \frac{H}{v_s}v \tag{7-15}$$

沉降室宽度
$$W \geq \frac{Q}{Hv} \tag{7-16}$$

实际上,沉降室的工作条件往往与理想状态不符,例如气流速度分布不均匀,气流是紊流,涡流未能完全避免,在粉尘浓度大时沉降会受阻,等等。为了使气流均匀分布,可以采用装设逐渐扩散的进口以及导流叶片或多孔板等措施。为减少涡流,可采取在沉降室内悬挂捧条等措施,并保持气流速度在 0.3~3 m/s 范围内。

【例 7-2】 某工程的排气量 $Q = 4\,000\ m^3/h$ 时,所含粉尘的真实密度 $\rho_s = 2\,700\ kg/m^3$。若要将大于 50 μm 的尘粒清除掉,试计算此重力沉降室的尺寸。若要求除掉 $d_s = 20$ μm 尘粒,试计算重力沉降室长度 L。

解:(1) 当 $d_s = 50$ μm 时

$$v_f = \frac{g(\rho_s - \rho)d_s^2}{18\mu} = \frac{9.8(2\,700 - 1.2) \times (50 \times 10^{-6})^2}{18 \times 1.79 \times 10^{-5}} = 0.206\ (m/s)$$

设 $v = 0.5$ m/s,取 $H = 1.5$ m,则 W 为

$$W = \frac{Q}{3\,600vH} = \frac{4\,000}{3\,600 \times 0.5 \times 1.5} = 1.48\ (m),取 1.5\ m。$$

$$L \geq \frac{vH}{v_f} = \frac{1.5 \times 0.5}{0.205} = 3.66\ (m),取 3.7\ m。$$

(2) 当 $d_s = 20$ μm 时

$$v_f = \frac{9.81 \times (2\,700 - 1.2) \times (20 \times 10^{-6})^2}{18 \times 1.79 \times 10^{-5}} = 0.032\,9\ (m/s)$$

沉降室的长度 L 为

$$L \geq \frac{Hv}{v_f} = \frac{1.5 \times 0.5}{0.032\,9} = 27.8\ (m)$$

从上述两例的计算结果可知,依靠重力沉降原理,重力沉降室一般只能除下大于 50 μm 的粉尘,若处理细尘粒,将需很大的空间。因此,重力沉降室除尘效率低,但具有结构简单、没有活动部件、压力损失小、投资和维护费用省的特点,在粮油饲料加工厂可用于沉降较大的杂质。

二、惯性除尘器

为了改善重力沉降室的除尘效果,可在其中设置各种型式挡板,使气流方向发生急

剧转变,利用尘粒的惯性冲击、回转,使其和挡板、百叶窗发生碰撞而捕集,这种除尘器称为惯性除尘器。如图 7-4 所示,气流在撞击或方向转变前速度愈高,方向转变的曲率半径愈小,则除尘效率愈高。虽然惯性除尘器在结构上比重力沉降室稍复杂一些,但体积变小,除尘效率提高,可捕集 20~30 μm 以上的粗大颗粒,常用作多级除尘中的第一级除尘。

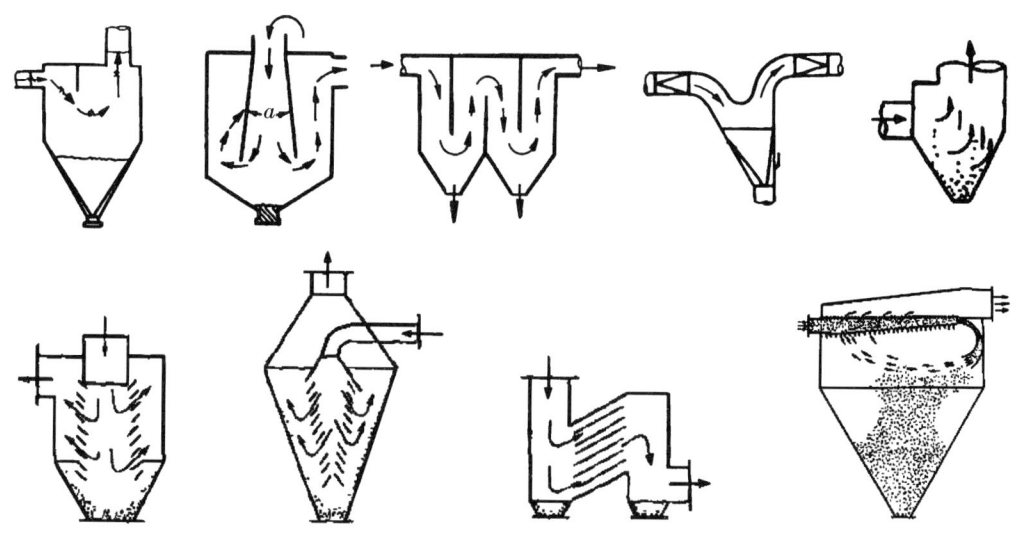

图 7-4 惯性除尘器

第三节 离心除尘器

离心除尘器是利用气流旋转过程中作用在尘粒上的离心力,使尘粒从气流中分离。对于 10~20 μm 的粉尘,效率为 90% 左右。因此,可用作除尘中的第一级除尘器分离 10 μm 以上的粉尘。虽然它的阻力高于重力沉降室和惯性除尘器,但具有结构简单、没有运动部件、操作简单、性能稳定、维修方便、价格低廉、占地面积不大等优点,并依生产条件的要求选用不同材料制作,以满足耐磨、耐高温等特殊需要,因此,被广泛用于食品、粮食、石油化工、冶金、矿山、水泥等各种工业部门,是一种简单有效的除尘和分离设备。

一、离心除尘器的结构和工作原理

1. 离心除尘器的结构与工作过程

离心除尘器由筒体、锥体、排出管三部分组成,有的在排出管上设有蜗壳形出口,即转向器,如图 7-5 所示。

含尘气流由切线进口进入除尘器,沿外壁由上向下作螺旋形旋转运动,即外涡旋。外涡旋到达锥体底部后,转而沿轴心向上旋转,最后经排出管排出,这股向上旋转的气流称为内涡旋。外、内涡旋的旋转方向是相同的。气流作旋转运动时,尘粒在离心力的推动下向外壁移动,到达外壁的尘粒在气流和重力的共同作用下,沿壁面落入灰斗。

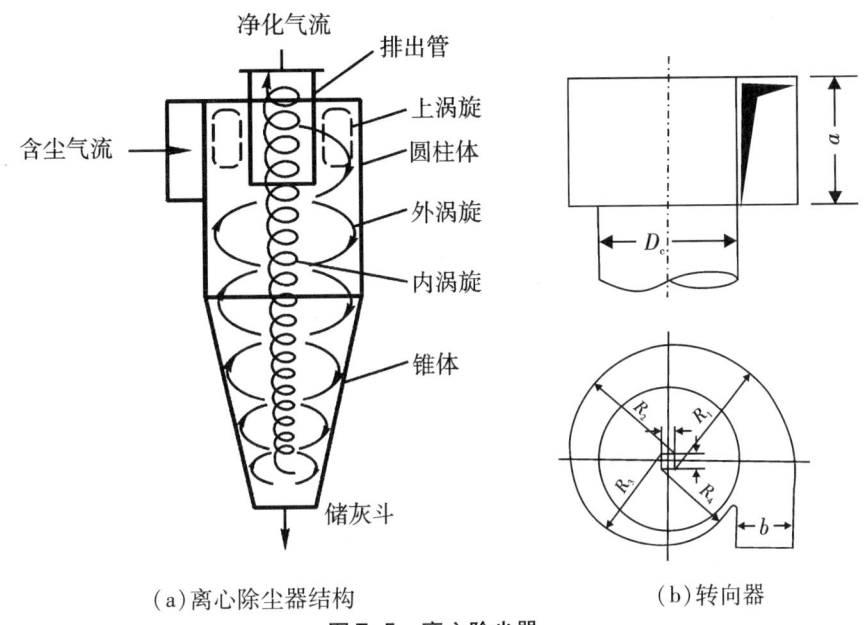

(a)离心除尘器结构　　　　　(b)转向器

图7-5　离心除尘器

气流从除尘器顶部向下高速旋转时,会使得顶部的压力发生下降,一部分气流会带着细小的尘粒沿外壁旋转向上,到达顶部后,再沿排出管外壁旋转向下,从排出管排出。这股旋转气流称为上涡旋。如果除尘器进口和顶盖之间保持一定距离,没有进口气流干扰,上涡旋表现比较明显。上涡旋空气中含尘未被分离即排出,使除尘效率下降,应尽量避免。

2. 离心除尘器内气流的运动

对离心除尘器内气流运动的测定发现,实际的气流运动是很复杂的,有切向、轴向和径向的运动。图7-6所示为离心除尘器内气流流线图。

(1)切向速度v_t。从图7-7实测除尘器某一断面上的切线速度分布可见,外涡旋的切向速度随半径r减小而增加,在内、外涡旋交界面上达最大。内外涡旋交界面的半径$r_0 = (0.6 \sim 0.65) r_p$($r_p$为排风管半径)。内涡旋的切向速度随$r$减少而减小,类似于刚体的旋转运动。

离心除尘器内某一断面上切向速度v_t的分布规律可用下式表示。

外涡旋　　　　　　　　　　$v_t \cdot r^n = $ 常数　　　　　　　　　　(7-17)

内涡旋　　　　　　　　　　$v_t / r = $ 常数　　　　　　　　　　(7-18)

式中:v_t——内、外涡旋的切向速度;

r——离轴心的距离;

n——指数,由实验确定,一般$n = 0.5 \sim 0.8$。

(2)径向速度v_r。实测表明,除尘器外涡旋的径向速度是向心的,而内涡旋的径向速度是向外的。这对尘粒的分离是不利的,有些细小的尘粒会在向心气流的带动下进入内涡旋,然后从排出管排出。

假设内、外涡旋的交界面是一个圆柱面,如图7-8所示,如果近似认为外涡旋气流均

匀地经过内、外涡旋交界面进入内涡旋，那么在交界面上气流的平均径向速度为

$$v_r = \frac{Q}{F} = \frac{Q}{2\pi r_0 l} = \frac{Q}{(1 \sim 1.2)\pi r_p l} \tag{7-19}$$

式中：v_r——外涡旋的平均径向速度，m/s；

Q——离心除尘器处理风量，m^3/s；

F、l——假想圆柱面的表面积（m^2）和高度（m）；

r_0——内、外涡旋交界面的半径（m），$r_0 \approx (0.5 \sim 0.6)r_p$；

r_p——排出管的半径，m。

实际上径向速度沿高度的分布是不均匀的，上部大，下部小。

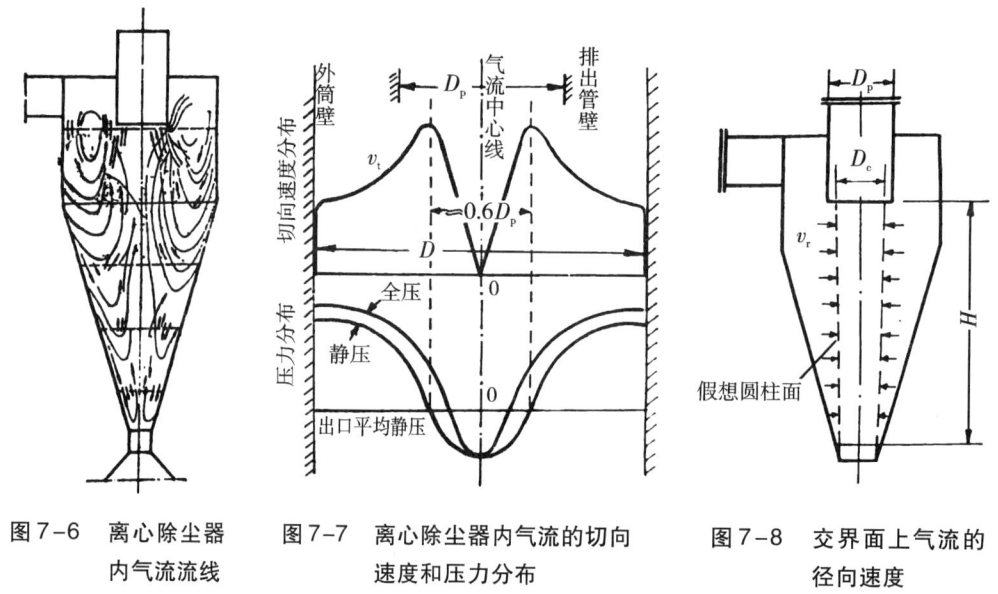

图 7-6　离心除尘器
　　　内气流流线

图 7-7　离心除尘器内气流的切向
　　　速度和压力分布

图 7-8　交界面上气流的
　　　径向速度

（3）轴向速度。离心除尘器外壁附近的轴向速度是向下的，中心部分则是向上的，在排风管底部达最大值。气流由锥底上升时，会将一部分已除下的粉尘重新带走，这是影响除尘效率的关键之一。

3. 离心除尘器内气流的压力分布

从图 7-7 可以看出，切向速度在径向有很大变化，因此径向的压力变化很大（主要是静压），外侧高中心低。这是因为气流在离心除尘器内作圆周运动时，要有一个向心力与离心力相平衡，所以外侧的压力要比内侧高。在外壁附近静压最高，轴心处静压最低。试验研究表明，即使在正压下运行，旋风除尘器轴心处也保持负压，这种负压能一直延伸到灰斗。据测定，有的离心风除尘器当进口处静压为 +900 Pa 时，除尘器下部静压为 -300 Pa。内涡旋气流高速向上旋转，即使离心除尘器在正压下操作，其底部仍有较高的负压。因此，离心除尘器下部不保持严密，会有空气渗入，把已分离的粉尘重新卷入内涡旋。试验证明，漏风 1%，除尘效率降低 5% ~ 10%；漏风 5%，除尘效率降低一半；漏风 10% ~ 15%，则除尘效率接近于零。

二、离心除尘器的性能

(一)离心除尘器的性能参数

1. 分离界限粒径

离心除尘器的分离界限粒径有两种处理方法:一种是指能够100%分离的最小限度,或相当于分级效率100%的尘粒的最小粒径d_{100};另一种是相当于分级效率50%的尘粒的粒径d_{50},也称分割粒径。

关于离心除尘器分离尘粒的理论有好几种,现介绍比较接近实际的假想圆筒理论。

在离心除尘器的不同高度上,半径位置相同的各点,切向速度大致相同。如图7-8所示,假定气流从内、外内旋交界的假想圆筒(直径为D_0,可近似取为排风管直径D_p)的侧面均匀地流入,在这个位置上以切向速度v_{t0}旋转的气流对尘粒造成的离心力$F_c = m\frac{v_{t0}^2}{r_0} = \frac{\pi}{6}d^3\rho_s\frac{v_{t0}^2}{r_0}$,以径向速度$v_r$向内漂流的气体作用于尘粒的阻力为$F_R$。当$Re \leq 1$时,$F_R = 3\pi\mu dv_r$。在假想圆筒面上,如果$F_c > F_R$,尘粒向外壁移动;如果$F_c < F_R$,尘粒在向心气流作用下进入内涡旋,最后排出除尘器;如果$F_c = F_R$,尘粒在假想圆筒面上不停地旋转,实际上,由于各种随机因素的影响,尘粒进入内涡旋和向外壁移动的概率均为50%,即它的除尘效率是50%,在这种情况下的尘粒粒径即d_{50},于是有

$$\frac{\pi}{6}d^3\rho_s\frac{v_{t0}^2}{r_0} = 3\pi\mu dv_r$$

$$d = d_{50} = \left(\frac{18\ r_0\mu v_r}{v_{t0}^2\rho_s}\right)^{\frac{1}{2}} \tag{7-20}$$

设$Q = abv_j$为流入离心除尘器的气体流量,则假想圆筒面上的v_r为

$$v_r = \frac{abv_j}{2\pi r_0 l} \tag{7-21}$$

式中:a, b——离心除尘器进口长度,cm;

v_j——离心除尘器进口处气流速度,m/s。

因而

$$d_{50} = \left(\frac{9\ \mu abv_j}{\pi\rho_s v_{t0}^2 l}\right)^{\frac{1}{2}} \tag{7-22}$$

由$v_t r^n = v_{t0} r_0^n$,得

$$v_{t0} = v_t \left(\frac{r}{r_0}\right)^n \tag{7-23}$$

木村曲夫研究指出,在$0.17 < \frac{\sqrt{ab}}{D} < 0.41$的范围内

$$v_t = 3.47\frac{\sqrt{ab}}{D}v_j \tag{7-24}$$

据此,式(7-23)为

$$v_{t0} = 3.47\frac{\sqrt{ab}}{D}\left(\frac{r}{r_0}\right)^n v_j \tag{7-25}$$

则
$$d_{50} = \left(\frac{3\mu D^2}{4\pi\rho_s lv_j}\right)^{\frac{1}{2}} \left(\frac{D_0}{D}\right)^n = \left(\frac{3\mu D^2}{4\pi\rho_s lv_j}\right)^{\frac{1}{2}} \left(\frac{D_p}{D}\right)^n \tag{7-26}$$

式中：D_0、D_p——内外涡旋交界面直径、排出管直径，m。

$$n = 1 - (1 - 0.35D^{0.14})\left(\frac{T}{283}\right)^{0.3} \tag{7-27}$$

式中：D——除尘器圆筒直径，mm；

T——气体的绝对温度，K。

2. 压力损失

离心除尘器的压力损失按局部阻力损失计算，即

$$p = \xi \frac{\rho v_j^2}{2} \text{（Pa）} \tag{7-28}$$

式中：ξ——除尘器的局部压损系数，无因次，通过实测求得；

v_j——除尘器进口处气流速度，m/s；

ρ——空气密度，kg/m³。

从旋转气流运动的理论，结合离心除尘器内的气流型式，经分析推证得出局部压损系数的公式为

$$\xi = \frac{1}{n}\left[\left(\frac{r}{0.65 r_p}\right)^{2n} - 1\right] = \frac{1}{n}\left[\left(\frac{D}{0.65 D_p}\right)^{2n} - 1\right] \tag{7-29}$$

式中筒体直径和半径、排出管直径和半径单位用 mm；指数 $n = 0.5 \sim 0.9$。

式(7-29)对粮油饲料工业中常用的离心除尘器(55 型、60 型、扩散型、50 型等)符合实际结果。但由于受到除尘器进风口形式不同，本体结构上的差异、含尘浓度的高低等因素影响，以及气流运动的复杂性及测试方法不同，理论值与实测值存在偏差，其比较结果如表 7-4。

表 7-4 离心除尘器局部阻力系数的理论值同实测值比较

离心除尘器型号	理论值 式(7-29) $n=0.85$	理论值 式(7-29) $n=0.5$	实测值	除尘器特点、进风口形式
55 型	5.63	5.6	5.7	切向螺旋面进风口
60 型	4.7	4.97	4.6	切向螺旋面进风口
CLT 型	4.7	4.97	4.9~5.6	切向螺旋面进风口
CLT/A 型	4.7	4.97	5~5.5	下倾15°切向螺旋面进风口
38 型	11.6	6	40r	半圆周蜗卷进风口
45 型	8.4	7.29	50r	半圆周蜗卷进风口
扩散型	6.83	6.63	6.69	具有倒锥体，全圆周蜗卷进风口
50 型	6.83	6.63	5~10	非螺旋面直接进风口
XLP/A 型	4.7	4.97	6.8~8	具双锥体旁室，半圆周蜗卷进风口
XLP/B 型	4.7	4.97	4.8~5.6	具旁室，半圆周蜗卷进风口

3. 分级除尘效率

在离心除尘器内,假想圆筒侧面上的向心气流实际是不均匀的,在排风管附近还有二次涡流,因而在除尘器不同高度位置上,作用于尘粒的阻力是不同的。因此,分离界限粒径随着除尘器内的位置不同而有一些变化,存在着分级除尘效率。

水田一和木村典夫把根据许多实验求得的离心除尘器分级除尘效率,归纳成下列实验式

$$\eta_i = 1 - \exp\left(-0.693 \frac{d_s}{d_{50}}\right) \tag{7-30}$$

应当指出,粉尘在离心除尘器内的分离过程是一个很复杂的现象。大的尘粒向外壁移动时,会带着细小的尘粒一起运动,结果有些理论上不能除下的细小尘粒也会除去。相反,由于局部涡流的影响,有些理论上应该除下的粗大尘粒却被卷入内涡旋。另外,有些已分离的尘粒,在下落过程中也会被气流重新带走。外涡旋气流在锥体底部旋转向上时,会带走部分已分离的尘粒,这种现象称为返混。

【例 7-3】 现拟选用某型号的离心除尘器来处理风量 $Q = 1\ 250\ \text{m}^3/\text{h}$ 的含尘空气(温度 20 ℃);除尘器的 $D = 500\ \text{mm}$、$D_p = 275\ \text{mm}$、$l = 1\ 250\ \text{mm}$;粉尘的真实密度 $\rho_s = 1\ 000\ \text{kg/m}^3$;气流的进口风速 $v_j = 14\ \text{m/s}$。试求该除尘器的切割粒径、压力损失和对 $d_s = 20\ \mu\text{m}$、$d_s = 10\ \mu\text{m}$ 的分级除尘效率。

解:(1)求旋转速度指数 n

由式(7-27) $n = 1 - (1 - 0.35 \times 50^{0.14})\left(\frac{273 + 20}{283}\right)^{0.3} = 0.603$

(2)求切割粒径 d_{50}

由式(7-26)

$$\begin{aligned}d_{50} &= \left(\frac{3\mu D^2}{4\pi \rho_s l v_j}\right)^{\frac{1}{2}}\left(\frac{D_p}{D}\right)^n \\ &= \frac{3 \times 1.79 \times 10^{-5} \times 0.5^2}{4\pi \times 1\ 000 \times 1.25 \times 14}\left(\frac{275}{500}\right)^{0.603} \\ &= 7.8 \times 10^{-6}\ (\text{m}) \\ &= 7.8\ (\mu\text{m})\end{aligned}$$

(3)求阻力系数 ξ 和压力损失

由式(7-29)

$$\begin{aligned}\xi &= \frac{1}{n}\left[\left(\frac{D}{0.65 D_p}\right)^{2n} - 1\right] \\ &= \frac{1}{0.603}\left[\left(\frac{500}{0.65 \times 275}\right)^{2 \times 0.603} - 1\right] = 4.08\end{aligned}$$

$$p = \xi \frac{\rho v_j^2}{2} = 4.08 \times \frac{1.2 \times 14^2}{2} = 480\ (\text{Pa})$$

(4)求分级除尘效率

由式(7-30)

$$\eta_{20} = 1 - \exp\left(-0.693 \frac{d_s}{d_{50}}\right) = 1 - \exp\left(-0.693 \times \frac{20}{7.8}\right) = 83.08\%$$

$$\eta_{10} = 1 - \exp\left(-0.693 \frac{d_s}{d_{50}}\right) = 1 - \exp\left(-0.693 \times \frac{10}{7.8}\right) = 55.92\%$$

(二) 影响离心除尘器性能的因素

1. 结构方面的因素

(1) 进口形式　常用的进口形式有直入式、蜗壳式和轴流式三种，如图 7-9。直入式又分为平顶盖和螺旋形顶盖；蜗壳式有半圆周和全圆周式。进口断面形状为矩形，易于同圆柱部分连接；进口断面积对除尘效率和阻力也有直接影响，进口的高宽比愈大，则进口气流的径向尺寸愈小，尘粒移向器壁的路程愈短，效率就愈高。直入进口高宽比为 2～5，蜗卷进口为 1～2。平顶盖直入式进口结构简单，应用最为广泛。螺旋形直入式进口避免了进口气流与旋转气流之间的干扰，可减小阻力，但效率会下降。蜗卷式进口较大，处理量大，可以避免进口气流与排出管发生直接碰撞，能改善除尘效率。轴流式进口主要用于多管除尘器。

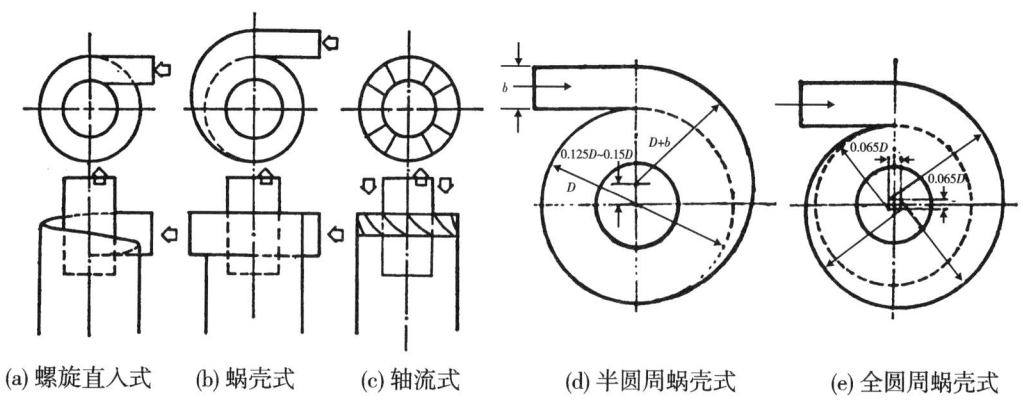

图 7-9　离心除尘器进口形式
(a) 螺旋直入式　(b) 蜗壳式　(c) 轴流式　(d) 半圆周蜗壳式　(e) 全圆周蜗壳式

(2) 管道同进口的连接　除尘器进口附近的管段如有弯头，正确的连接方式应当顺接，使含尘空气通过弯头时灰尘向外侧集中。此外，如果管道同除尘器进口的形状不同、面积不等，则两者应当平缓地过渡，以免截面突然变化形成涡流，导致灰尘沉积。

(3) 筒体直径 D 和排出管直径 D_p　在同样的切线速度下，筒体直径愈小，尘粒受到的离心力愈大，除尘效率愈高。一般认为，内、外涡旋交界面的直径 $D_0 \approx 0.6 D_p$，内涡旋的范围随 D_p 减小而减小，减小内涡旋有利于提高除尘效率。但 D_p 不能取得过小，以免阻力过大，一般取 $D_p = (0.5 \sim 0.6) D_0$。

(4) 筒体和锥体高度　从直观上看，增加筒体和锥体高度增加了气流在除尘器内的旋转圈数，有利于尘粒的分离。但实际上由于外涡旋有向心的径向运动，当外涡旋由上向下旋转时，气流会不断流入内涡旋。因此，筒体和锥体的总高度过大，对除尘效率影响不大，反而使阻力增大。实践证明，一般以不大于 $5D$ 为宜。在锥体部分，由于断面不断减小，尘粒到达外壁的距离也逐渐减小，气流的切向速度不断增大，这对尘粒的分离都是有利的。高效离心除尘器大都是长锥体，锥体长度为 $(2.8 \sim 2.85) D$，有的甚至没有筒体。

(5) 排尘装置　分离出来的灰尘必须尽可能立即排出来。因为除尘器内涡旋的中心是负压,如果出现漏风时,效率会显著下降。如何在不漏风的情况下进行正常排灰,是离心除尘器运行中必须重视的一个问题。

收尘量不大的除尘器,可在下部设固定灰斗,定期排除。收尘量较大,要求连续排灰时,可设双翻板式和叶轮关风器,如图7-10。翻板式关风器是利用翻板上的平衡锤和积灰质量的平衡发生变化时,进行自动卸灰的。它设有两块翻板轮流启闭,可以避免漏风。叶轮关风器采用外来动力使叶轮缓慢旋转,转速一般在15~20 r/min,可连续不断排灰。叶轮的刮板和外壳之间必须保持紧密贴合以保持严密。

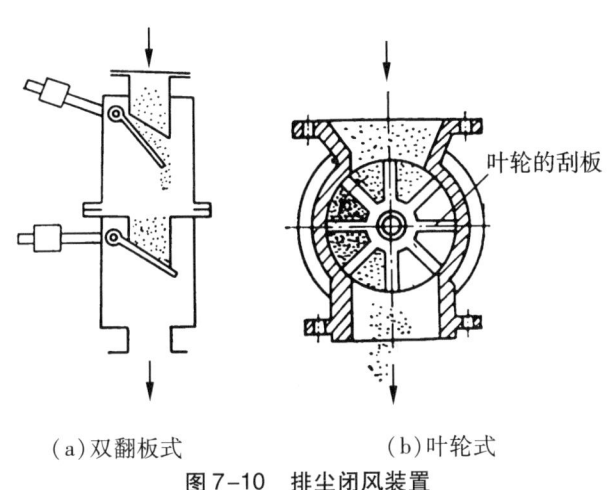

(a)双翻板式　　　(b)叶轮式

图7-10　排尘闭风装置

2. 工作条件方面的因素

(1)气体流量　气体流量与除尘器进口的气流速度v_j呈正相关。因此,通过v_j的变化可以反映气流流量的变化及对离心除尘器性能的影响。从式(7-26)可以看出,分割粒径d_{50}随v_j的增加而减小的。d_{50}愈小,说明除尘效率愈高;但v_j过高,紊流的影响比分离作用增加得更快,以致除尘效率反而降低;另外从公式(7-28)可以看出,阻力p与v_j的平方成正比,v_j过大,阻力会急剧上升。因此,v_j一般控制在12~20 m/s。

(2)灰尘状况　离心除尘器分离粗大粒子要比分离小粒子容易得多,这是因为分离力(即离心力)同粒径的立方成正比,而阻力只同粒径的一次方成正比。离心除尘器的除尘效率随尘粒真实密度的增大而提高;一般随灰尘负荷的增加而提高,因为大量尘粒在径向运动带动空气,从而带动小粒子向壁运动,小粒子同较大粒子碰撞而被捕集,壁面集聚的灰尘起缓冲作用,减少了尘粒同壁面碰撞而破碎和弹回。

三、粮油食品饲料加工厂常用的离心除尘器及其他结构型式

粮油食品饲料加工厂常用的离心除尘器有下旋型、内旋型和外旋型,其结构尺寸及性能见附录6表1~表6。另外,还有其他型式的离心除尘器在使用。

(1)多管除尘器　如前所述,离心除尘器是随筒体直径的减小而增加的,为了提高除尘效率,可以把许多小直径(100~250 mm)旋风管(称为旋风子)并联使用,即多管除尘器,如图7-11所示。含尘气流沿轴向通过螺旋形导流片进入旋风子,在其中作旋转运动,由此产生的离心力是重力的2 500多倍,而一般离心除尘器的离心力只是重力的5倍

多,因此,除尘效率大大提高,尤其是对细粉尘。对于 1 μm 的尘粒,除尘效率可达 50%,对于 5 μm 的尘粒,除尘效率可达 50% ~ 80%。但阻力较大,达 350 mmH₂O。另外,多管除尘器是几十个以上旋风子并联,要保证气流均匀分布,如果分配不均匀,有的旋风子会从下部进风,使效率显著下降。旋风子的尺寸不宜过小,不宜处理黏性大的粉尘,以免发生堵塞。

(2) 旁路式　如图 7-12 所示为旁路式离心除尘器。它的特点是顶盖和进口之间保持一定距离,且排出管插入深度较短,因此,上涡旋不受进口气流干扰,细小的粉尘会在顶部积聚形成灰环;为此,设有切向分离室(旁路分离室),让积聚在上部的细粉尘经旁路进入除尘器下部。试验表明,关闭除尘器的旁路时,效率会显著下降。使用时要特别注意旁路积灰,以免堵塞。

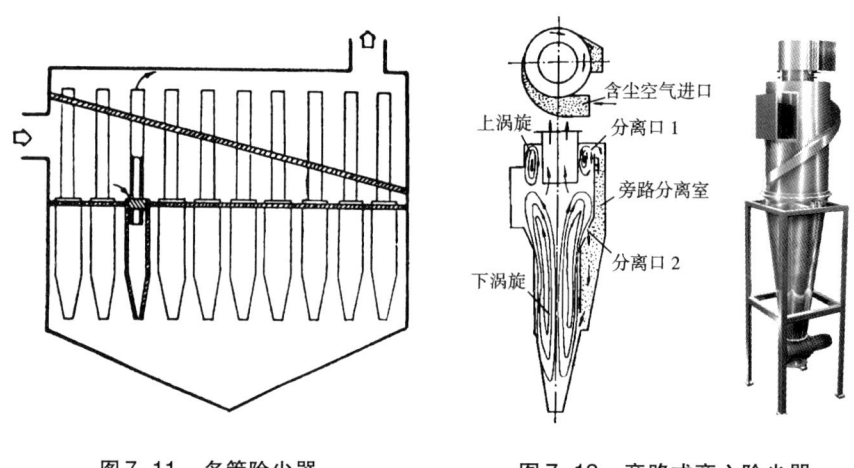

图 7-11　多管除尘器　　　　图 7-12　旁路式离心除尘器

四、离心除尘器的使用

离心除尘器对 40 ~ 50 μm 的粗大尘粒一般可达 95% ~ 99% 的除尘效率。高效离心除尘器对 10 ~ 15 μm 的尘粒也可达到同样效率。但在实际应用中,大部分离心除尘器是在 50% ~ 90% 的效率范围内工作。因此,离心除尘器最适宜于以下情况:①捕集粗大尘粒;②对除尘效率要求不高的场合;③空气含浓度很高时作为第一级除尘,以利用其处理高灰负荷的能力,收集粗尘粒,减少第二级处理细小尘粒的高效除尘器,如袋式除尘器的负荷;④作为预处理除尘器,防止块状物料或能够引起火灾、爆炸的物料进入第二级除尘器。

(一) 并联使用

离心除尘器常并联使用,其目的是满足较大的处理空气量,且直径小的除尘器的效率较高。图 7-13(a)(b)所示为两只和四只相同的离心除尘器并联的使用方式。它的排风灰口可共用一个集灰斗。但须注意,这种灰斗容易产生气体倒流。因此,注意进口处空气的均匀分配。排风可采用蜗卷式出口(转向器),也可采用如图 7-13(c)类似集灰斗的汇总排风型式。

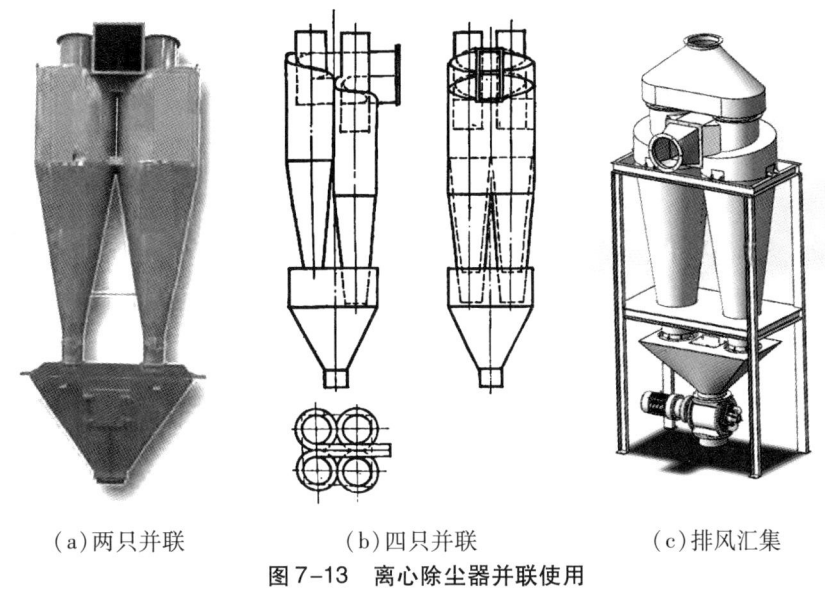

(a)两只并联　　　　　　(b)四只并联　　　　　(c)排风汇集

图7-13　离心除尘器并联使用

实际上,除尘器并联使用时的除尘效率与单独使用相比,会有所降低。另外处理纤维性灰尘时,并联进口会将纤维性灰尘、绳子、草梗等阻拦而增大除尘器阻力,因此,在纤维性灰尘较多的场合,采用单个大直径离心除尘器也有好处。

(二)串联使用

试验表明,在正常的进口风速情况下,两个离心除尘器串联工作时的总效率,要比压损相同的单个除尘器为低。虽然如此,但是在某些情况下还是可以考虑串联使用:①对于易破碎的物料,考虑到除尘器中的气流速度不能过高;②预防故障,采用串联作后备。

(三)离心除尘器的选用

离心除尘器在选用时,可根据所需处理的含尘空气量,按附录6来确定其直径和个数。例如,设所需处理的含尘空气量为1 500 m³/h,查附录6表1可选下旋55型$D525$ mm的离心除尘器。因为当进口风速$v_j=15$ m/s时,可处理1 490 m³/h的风量,与所要求风量相接近。此时阻力$H=50$ mmH$_2$O。还可选用$D600$ mm的离心除尘器,此时$v_j=12$ m/s,$H=80$ mmH$_2$O。还可以选用两只并联的直径较小的离心除尘器,例如选两只直径$D400$ mm,此时每只应处理的风量为750 m³/h与表中当风速为13 m/s的处理风量为758 m³/h相接近,其阻力为59 mmH$_2$O。还可选用其他型号除尘器,方法同上。

从上例中可以看到,同一风量可以选用不同规格、不同个数、不同型式的离心除尘器,究竟应该选择哪一种方案,可根据工艺上的要求、设备安装的位置以及网路阻力平衡等情况来确定。

如果需准确获得离心除尘器的阻力(H),可进行计算或采用内插法确定。

$$H=\frac{\xi \rho v_j^2}{2g} \quad (\text{Pa}) \tag{7-31}$$

$$v_j=\frac{Q}{a \times b}$$

式中：ξ——阻力系数，见附录6；
　　　v_j——进口气流速度，m/s；
　　　a、b——进口尺寸，m；
　　　Q——处理风量，m^3/s。

五、离心除尘器常见故障的排出方法

离心除尘器在使用时可根据排风口的粉尘携带情况(除尘效率)和压力损失情况来判断离心除尘器是否在正常运转。

(一)排风口粉尘浓度增加，压力损失增加

这两种情况一般是由于锥筒下部堆积粉尘，引起外涡旋气流混乱而将粉尘卷入内涡旋气流中一起从排风口排出，这时应清除灰斗内堆积的粉尘。

(二)排风口粉尘浓度增加，压力损失减少

这种情况可由下述几种原因引起：①除尘器底部(灰斗下端)不严密，空气由这里漏入，形成了上升气流；②由于排风管被粉尘磨损出现了孔洞，含尘气流被短路；③由于粉尘的磨损或焊接不良，离心除尘器的筒体出现了孔洞，引起泄漏。

这时应检查排尘装置、操作手孔、物料入孔等连接处的气密性，如有漏气迹象，应及时更换密封垫料；检查排风管、筒体及各连接部分是否因磨损、腐蚀而产生孔洞并及时修补。在离心除尘器停运后还要注意对除尘器各部分黏附的粉尘进行清扫。

第四节　袋式除尘器

袋式除尘器是一种干式高效除尘器，它利用如纤维织物等过滤材料的过滤作用分离粉尘，并具有以下特点：①除尘效率高，对0.5 μm的粉尘，效率高达97%~99%；②在一般情况下，从除尘器排出的空气的含尘浓度能达到卫生标准，可以直接返回车间循环使用，以节省热能；③收集下来的粉尘是干的，可直接使用或处理；④一般不易被腐蚀；⑤除尘器内的灰尘浓度可能达到爆炸的程度，这时倘有火种进入，就会发生事故；⑥更换滤布时工人的劳动条件较差；⑦所需费用较昂贵；⑧如果处理的是湿性粉尘，织物就会出现硬壳般的结块或堵塞现象。

一、袋式除尘器的除尘原理

袋式除尘器是利用直径为100~500 μm的棉、毛、人造纤维等的纱线编织的滤料进行过滤的。滤料本身的网孔较大，一般为20~25 μm，表面起绒的滤料为5~10 μm，如图7-14(a)所示。由于纤维之间的空隙内有5~20 μm长单根纤维伸出，相互搭成弹性网状，使之成为在开始滤尘时捕集灰尘的障碍物。

当干净织物刚开始捕集灰尘时，大部分粉尘会随气流穿过纤维之间的空隙，除尘效率不高。使用一段时间后，由于筛滤、碰撞、滞留、扩散、静电等机理，尘粉被捕集在纤维网上，同时也减少了纤维相互间的空隙。粉尘的粒径不同，机理也不同，尘粒d_s>1 μm时，主要依靠惯性的碰撞，d_s<1 μm主要依靠扩散。后来的尘粒又同已被捕集的尘粒接

触而逐渐形成尘粒集合体。于是纤维的空隙越来越小,最终形成附着于织物表面的一层粉尘,这层粉尘称为初层,如图7-14(b)所示。以后的运行过程中,初层成了滤袋的主要过滤层。依靠初层的作用,网孔较大的滤料也能获得较高的除尘效率。随着粉尘在滤袋上的积聚,除尘器效率和阻力都相应增加。当滤袋两侧的压力差很大时,会把有些已附在滤料上的细小尘粒挤压过去,使除尘效率下降。另外除尘器阻力过高,会使除尘系统的风量显著下降,影响局部排风罩的工作效果。因此,除尘器阻力达到一定数值后,要及时清灰(清去集尘层)。清灰时不能破坏初层,以免效率下降。

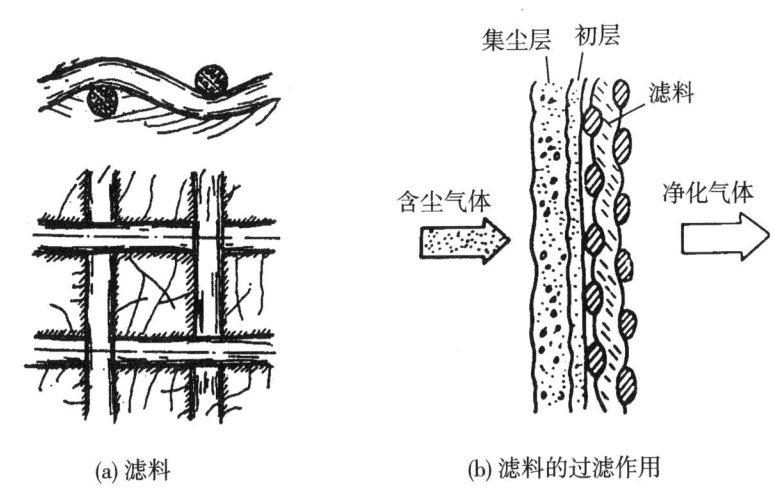

图7-14 过滤过程示意

二、袋式除尘器的滤料选择和性能

袋式除尘器的工作效果与滤料的性能关系较大,选择滤料时须考虑粉尘和气体的性质、温度、湿度、粒径等因素。良好性能的滤料应满足下列要求:①容尘量大,粉尘能深入滤料内部,透气性能好;②具有较高的过滤风速,且阻力低;③抗拉、抗皱褶、耐磨、耐高温、耐腐蚀、机械强度高;④吸湿性小,易清灰,清灰后仍能保留一部分粉尘在滤料上,以保持较高的除尘效率;⑤尺寸稳定性好,成本低,使用寿命长。

这些要求,有些取决于纤维的理化性质,有些取决于滤料的结构。一般滤料很难同时满足所有要求,要根据具体使用条件来选择合适的滤料。

袋式除尘器的滤料种类较多,按滤料的纤维来源分为有机和无机纤维滤料。有机纤维又分为天然纤维、合成纤维滤料。按照材质分,有天然纤维滤料、无机纤维滤料、合成纤维滤料、复合纤维滤料、覆膜滤料四大类。

1. 天然纤维滤料

天然纤维包括植物纤维(绵、亚麻等)、动物纤维(羊毛、蚕丝等)。棉布是价格最低的一种,通常只能用于80 ℃以下,温度高时强度急剧降低,耐酸差,对小于10 μm粉尘的过滤效率低,一般较少采用。毛织滤布(如呢料等)比棉布厚,纤维比棉纤维细、容尘量大,耐酸、碱性好,但只能用于90 ℃以下。棉、毛等天然纤维织成的滤料具有透气率高、阻力小、易于清灰等优点,使用温度一般为75~85 ℃。

2. 无机纤维滤料

无机纤维滤料有玻璃纤维、碳纤维、金属纤维和陶瓷纤维等滤料。目前多使用玻璃纤维滤布,具有过滤性能好、阻力小、化学稳定性好、耐高温(使用温度可以达到200~250 ℃)、抗拉强度大、延伸率小、不吸湿、价格便宜等优点,但过滤效率低于天然、合成纤维滤料,而且纤维较脆、不耐磨、不抗折、易断裂。为改善其性能,可用芳香基有机硅、聚四氟乙烯、石墨等方法处理。处理后能提高耐磨、疏水、抗酸和柔软性,表面光滑易于清灰,延长使用寿命。

3. 合成纤维滤料

各种合成纤维滤料在强度、耐腐蚀性、耐温性及耐磨性等方面有其各自的特点。用于制作中低温纤维滤料的主要合成纤维有聚酰胺(尼龙、锦纶)、聚酯(涤纶)、聚丙烯腈(腈纶、奥纶)、聚氯乙烯(维尼纶)、聚四氟乙烯(PTFE)等。

4. 复合纤维滤料

复合纤维滤料主要是利用无机纤维的价格优势、合成纤维的性能优势,进行纤维混合制成的滤料。

5. 覆膜滤料

覆膜滤料由滤料基层和基层表面所敷贴的滤膜组成。滤料基层有两种:织造布和非织造布。滤膜主要采用PTFE材料制成的具有致密微孔的滤膜,例如烧结板。

烧结板是由超高分子复合材料烧结而呈多孔结构材料作为基底,具有结构更为紧凑、基体耐磨性较好等特点。将PTFE涂在基体的表面,并使其渗入基体内部形成多层微孔过滤层,见图7-15所示。而且烧结板的基底及涂层设计为流线三角形结构,增大过滤面积。

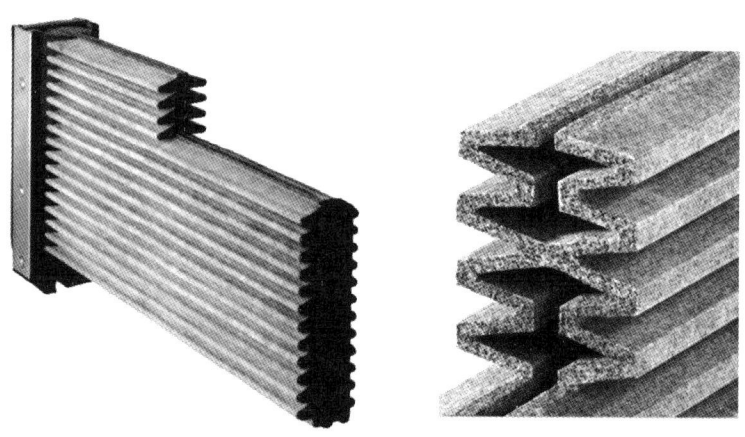

图7-15 烧结板

烧结板通过完全表面过滤具有极高的捕集效率及再生能力。采用定时控制或者压差控制对滤板进行在线脉冲反吹清灰,清灰性能良好。烧结板化学稳定性能、刚性良好,具有耐腐蚀性强、抗磨损及撕裂等良好性能。安装维修方便,净化能力强,维护成本低,适合于处理含尘浓度高、分散度高的含尘气流。

不仅滤料在不断进步,滤料的织物构造也在不断优化,使过滤机理更利于滤料性能的提高,如图7-16所示。

图7-16(a)为传统针刺滤料的织物构造。它是采用一种尺度纤维加工形成的非织造滤料,过滤通道容易造成颗粒物沉积,需要采用强度较大的气流喷吹才可以保证沉积颗粒物被清灰出来。图7-16(b)为覆膜滤料,滤膜主要采用PTFE材料制成的具有致密微孔的滤膜,它适用于对微细颗粒物的净化。图7-16(c)为根据覆膜滤料表面过滤机理研发给出了具有表层过滤功能的梯度纤维滤料。其滤料结构为:前面表层采用超细纤维,逐层采用更粗的纤维,形成前小后大的过滤通道,避免颗粒物在滤层中沉积,影响滤料的透气性。

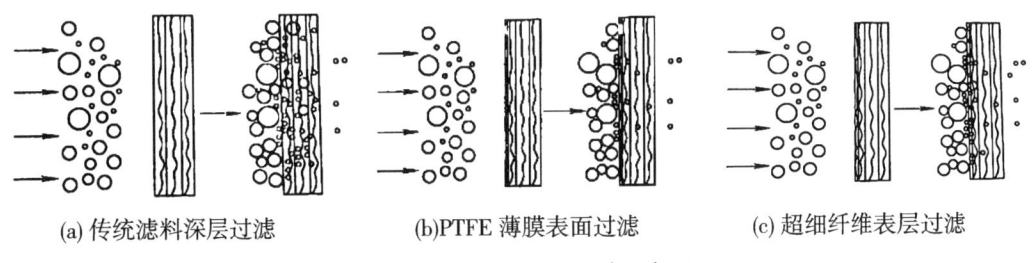

图7-16 滤料的织物构造示意图

三、袋式除尘器的结构及类型

1. 袋式除尘器的结构

如图7-17所示,袋式除尘器主要由进气口及进气箱、滤袋、排气箱及排气口、灰斗及排灰装置构成。含尘气流通过进口进入进气箱,经进气箱分配后从滤袋外穿过滤袋,粉尘被阻留在滤袋外,通过滤袋的净化气流进入排气箱后从排气口排出。当滤袋外的集尘层积累到一定厚度后,除尘器阻力增加,除尘效率降低,则需要对集尘层进行清理。

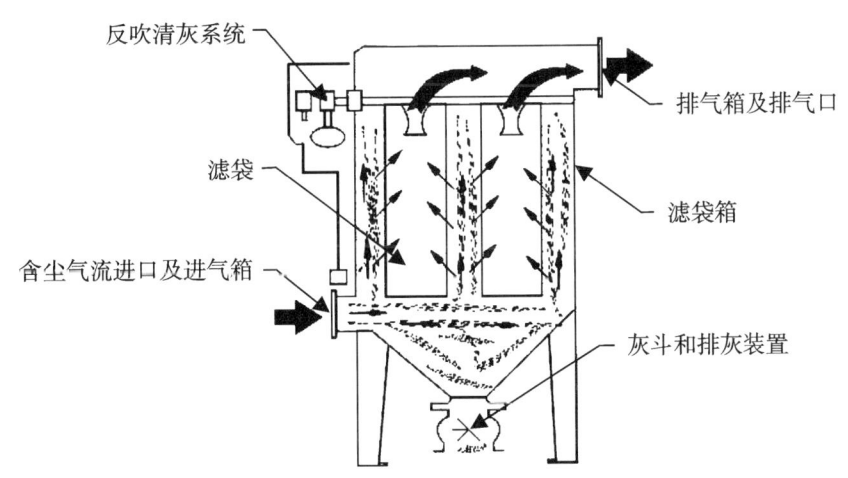

图7-17 袋式除尘器的结构

2. 袋式除尘器的类型

袋式除尘器种类很多,通常可根据以下特点进行分类:

(1)按清灰方法可分为机械清灰和气流清灰袋式除尘器。机械清灰包括人工振打、机械振打和高频振荡等。它是通过人工或机械振打装置等周期性地振打或摇动框架,以抖动挂在框架上滤袋,使黏附在滤袋上的粉尘层松动和脱落下来,从而达到清灰目的。这种清灰方式容易控制,机构简单,但滤料容易破损,增加了维修量。

气流反吹清灰又分为脉冲喷吹清灰和反吹风清灰等。

脉冲喷吹清灰是以压缩空气为动力,利用脉冲喷吹机构瞬间内喷出压缩空气,通过文氏管诱导数倍二次空气高速喷入滤袋,使滤袋产生脉冲鼓胀,以吹掉袋上的粉尘,这种清灰效果好,可以提高过滤速度。脉冲喷吹目前主要有中心喷吹、环隙喷吹、顺喷、对喷等,脉冲喷吹是目前主要清灰方式之一。

反吹风清灰是将除尘系统的干净气体或室外的空气沿着过滤时相反的方向通过滤袋,使黏附在滤袋上的粉尘脱落。采用这种清灰方法,清灰气流由风机提供,清灰均匀,效果较好,如回转反吹风袋式除尘器。

在某些情况下,可采用几种清灰方法相结合。

(2)按滤袋形状可分为圆袋和扁袋。圆袋结构简单,便于清灰,直径一般为 100~300 mm,最大不超过 600 mm。扁袋在除尘器体积相同的情况下,用扁袋比圆袋多 30% 以上过滤面积。

(3)按过滤方式可分为内滤式和外滤式。如图 7-18(c)(d)所示,内滤式含尘气流首先进入滤袋内部,由内向外过滤,粉尘积附在滤袋内表面;外滤式含尘气流由滤袋外部通过滤料进入滤袋内,粉尘积附在滤袋外表面。

(4)按进风方式可分为下进风和上进风式。如图 7-18(a)(b)所示,下进风含尘气流由除尘器下部进入除尘器内;上进风含尘气流由除尘器上部进入除尘器内。

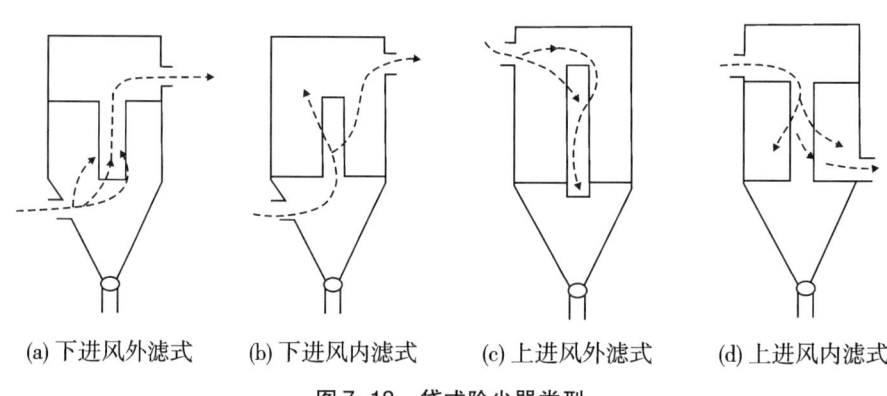

(a) 下进风外滤式　　(b) 下进风内滤式　　(c) 上进风外滤式　　(d) 上进风内滤式

图 7-18　袋式除尘器类型

四、不同清灰方式的袋式除尘器简介

袋式除尘器的清灰机构是除滤袋外最重要的部分,对除尘器的效率、压力损失、滤速及滤袋寿命等有很大的影响,除尘器的结构形状与清灰方法也直接相关。

1. 机械振动(打)清灰的袋式除尘器

如图 7-19 所示,它是利用机械装置振打或摇动悬吊滤袋的框架,使滤袋产生振动而清除积灰。这种除尘器过滤风速低,一般为 0.5~0.8 m/min,阻力为 400~800 Pa,除尘器进口浓度不宜超过 3~5 g/m³,适用于处理风量不大的场合。这种清灰方式结构简单、投资少。

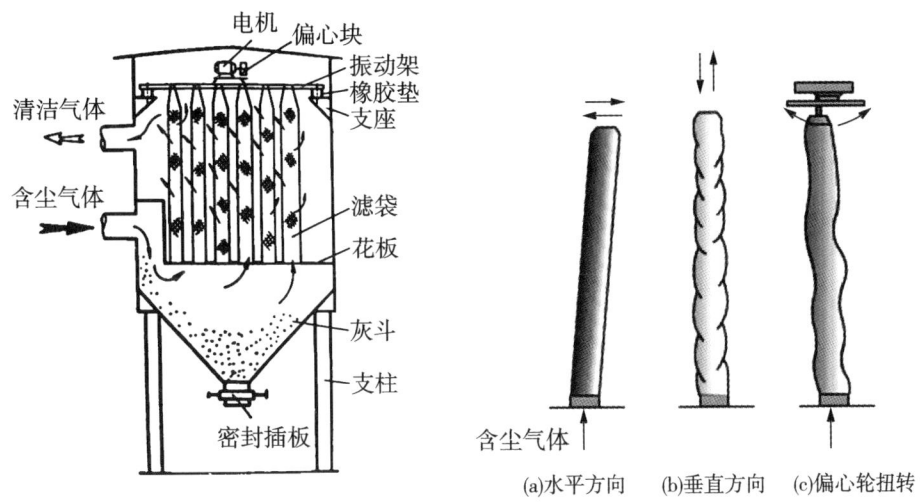

图7-19 振动清灰袋式除尘器

2. 逆气流清灰的袋式除尘器

它是利用与过滤气流反向的气流使滤袋胀缩或振动、或变形致粉尘层崩落。但清灰强度小;清灰的逆气流(吸或吹)的空气可取自系统外(设置专门风机)或采用已净化的气体;滤料采用经过处理的玻璃纤维滤布,过滤风速为 0.6~1.0 m/min,阻力为 1 800~2 000 Pa;通常采用分室间歇清灰。如图7-20所示为反吸风清灰大型袋式除尘器的示意图。它有三个室在工作,一个室在清灰。通过主风机吸入端的负压作用,吸入环境中空气对滤袋进行清灰。这种除尘器的特点是处理风量大,可达 10^5 m³/h 以上。常分成 3~20 个室进行清灰。反吸风量通常为滤袋过滤风量的 1/4~1/2。反吸风压要大于滤袋阻力的两倍。

3. 回转式逆气流反吹除尘器

如图7-21所示,反吹空气由风机供给,风压约为 5 kPa。反吹空气经中心管送到设在滤袋上部的旋臂内,由电动机带动旋臂旋转,使所有滤袋都得到均匀反吹。

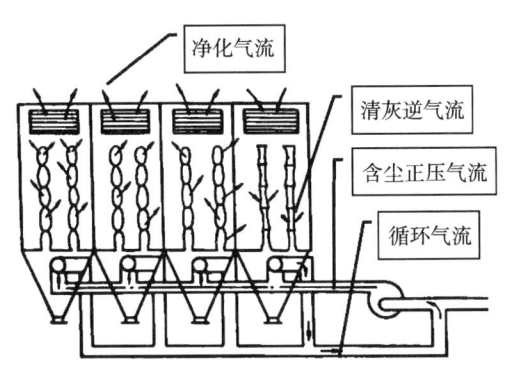

图7-20 正压布袋循环气流反吸清灰方式

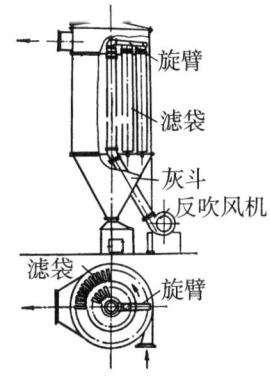

图7-21 回转反吹式袋式除尘器

每只滤袋的反吹时间约为 0.58 s,间隔时间约为 15 min。在 80~120 ℃高温工况下,推荐的过滤风速 $v_F=0.8$~1.2 m³/(min·m²);在小于 80 ℃低温工况下,推荐的过滤风速 $v_F=1.5$~2.5 m³/(min·m²),阻力为 800~1 400 Pa。

4. 脉冲喷吹清灰的袋式除尘器

如图 7-22(a)所示,含尘空气通过滤袋时,粉尘阻留在滤袋外表面,净化后的气体经文丘里管从上部排出。每排滤袋上方设一根喷吹管,喷吹管上设有与每个滤袋相对应的喷嘴,喷吹管前端装设脉冲阀,通过程序控制机构控制脉冲阀的启闭。脉冲阀开启时,压缩空气从喷嘴高速喷出,带着比自身体积大 5~7 倍的诱导空气一起经文丘里管进入滤袋。滤袋急剧膨胀引起冲击振动,使附在滤袋外的粉尘脱落。

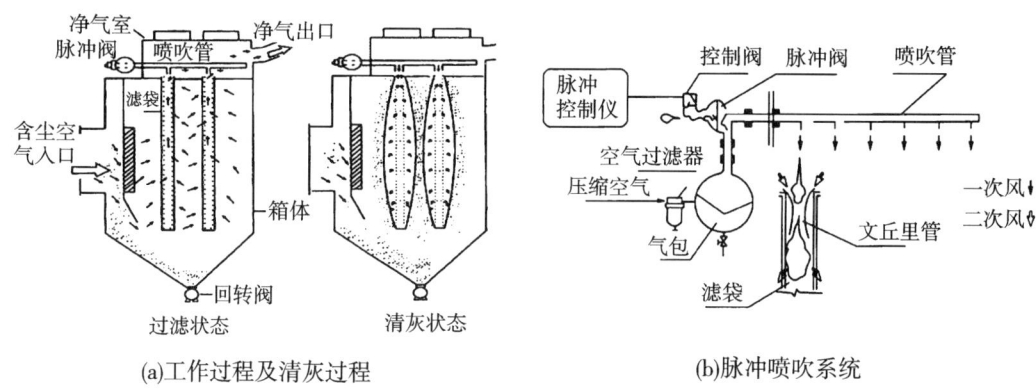

图 7-22 脉冲喷吹袋式除尘器

脉冲喷吹系统由控制仪、控制阀、脉冲阀、喷吹管及压缩空气包等组成,如图 7-22(b)。压缩空气的喷吹压力为 500~600 kPa,脉冲周期(喷吹的时间间隔)为 60 s 左右,脉冲宽度(喷吹一次的时间)为 0.1~0.2 s。

这种清灰方式清灰强度高、效果好,清灰时间短,可以不间断连续工作。过滤风速为 2~4 m/min,阻力采用定时控制或定压差控制,一般为 1 000~1 500 Pa。

脉冲袋式除尘器有多种型式,如:采用环喷文丘里管的环隙式,喷吹气流与含尘气流方向一致的顺喷式,在滤袋上、下同时喷吹的对喷式和脉冲扁袋除尘器等。

五、袋式除尘器的性能及其影响因素

(一)除尘效率及其影响因素

1. 除尘效率

袋式除尘器在刚开始使用时,滤料上无粉尘初层,捕集粉尘的能力较低,除尘效率仅为 50%~80%;当粉尘层形成后,除尘效率可达 99% 以上。

2. 影响袋式除尘器除尘效率的主要因素

(1)灰尘性质　如粒径分布、真实密度、形状、静电荷等。

(2)滤料性质　如纤维材料来源、纤维和纱线粗细、织物厚度、表面处理等。

(3)运行参数　如过滤速度、对气流的阻力、气体温度、清灰频率等。

(4)清灰方法　如机械振动、反向气流、反向射流、压缩空气清灰等。

(5) 相互依存的关系 灰尘和织物、灰尘和阻力、灰尘和清灰的方法等因素,对袋式除尘器性能影响具有交叉及依存作用。

(二) 除尘器的压力损失及其影响因素

1. 除尘器的压力损失(简称压损)

袋式除尘器压损可按下式计算:

$$\Delta H = \Delta H_c + \Delta H_f + \Delta H_d \tag{7-32}$$

式中:ΔH——除尘器阻力,Pa;

ΔH_c——除尘器的结构阻力(Pa),在正常过滤风速下,一般为 200~500 Pa;

ΔH_f——清洁滤料的阻力,Pa;

ΔH_d——粉尘层阻力,Pa。

实际应用的袋式除尘器大部分是在 50~200 mmH$_2$O(或 490~1 960 Pa)的压损下运行。

2. 影响袋式除尘器压力损失的主要因素

(1) 过滤速度 速度增大,压损成正比增加。

(2) 灰尘负荷 黏附在滤料上灰尘量越多压损也越大,当灰尘负荷量超过某一值时压损有急剧增大的趋势。

(3) 滤料表面状况 即使灰尘负荷量相同,灰尘附着在起毛面上比附着在不起毛面上时压损要小得多,同时起毛的滤料一般比不起毛的滤料压损要小。

(4) 清灰效果 除尘器运行时,积聚在滤袋上灰尘随时间而增加,使压损增大。根据同时清灰的滤袋数量、清灰的时间和程度,袋式除尘器的平均压损可以很接近于恒定。袋式除尘器的压损随时间的变化曲线一般呈锯齿形。

六、袋式除尘器的选用

选用袋式除尘器时首先必须了解需要处理的含尘气体状况(包括处理量、温度、湿度、含尘浓度、灰尘性质等)。袋式除尘器可适应不同风量要求,使用范围广,但一般不适用于处理含有油雾、凝结水和黏性大的粉尘的含尘气体,也不能用于有爆炸危险和带有火花的烟道气体;袋式除尘器主要用于细净化,当空气含尘量超过一定浓度时(一般为 10 g/m^3)应采用二级除尘,选用袋式除尘器时还应考虑这样几个问题。

(1) 过滤风速 即被过滤的气体流量(m^3/min)同过滤织物面积(m^2)的比值。它代表气体通过织物的平均速度。一般按除尘器样本推荐的数据及使用者的实践经验选,多数袋式除尘器的过滤风速在 0.5~2.5 m/min 之间。过滤风速的大小与滤料的类别、清灰方式、入口浓度及灰尘性质等因素有关。各种袋式除尘器的过滤风速参考值见表 7-5。

表 7-5 各种袋式除尘器的过滤风速参考值

进入除尘器气体含尘浓度/(g/m^3)		≥16	10~15	5~10	3~5	<3
过滤风速 v/(m/min)	机械振打类袋式除尘器	0.6	0.70	0.8	0.9	1
	回转反吹类袋式除尘器	1.1	1.3	1.5	1.7	1.9
	脉冲类袋式除尘器	1.5	2	2.3	2.7	3

(2)过滤面积 F 进入除尘器的气体流量 $Q(m^3/min)$ 除以所选用的过滤风速 v(m/min),即得实际所需的织物面积 $F(m^2)$。由于温度变化,以及空气的额外增减,进入除尘器的含尘气体体积不一定同生产过程所排出的体积相同。如果除尘器应用在流量有变化的场合,需要作出判断,究竟是按峰值流量还是平均流量来计算过滤面积。另外,还应考虑除尘器织物的储备量,以便进行清灰、检查和维修。

(3)压力损失 如果缺乏更恰当的设计经验,在过滤风速较低时可以把 735 Pa 作为典型数据;但若采取较高的过滤风速,或存在黏性或低孔率的灰尘层,应取稍高的数值。另外,选型时可从产品样本中直接查取压力损失值。

选择袋式除尘器参数时,首先应根据含尘空气的物理化学性质和技术经济指标选择合适的滤料和清灰方法,然后根据清灰方法的不同,确定过滤风速,计算所需的过滤面积,最后选定实际过滤风速。按下式计算过滤面积。

$$F = \frac{Q}{60v} \tag{7-33}$$

式中:F——过滤面积,m^2;
Q——通过除尘器的总风量,m^3/h;
v——过滤风速,m/min。

【例 7-4】 某粮食加工厂清理车间选用回转反吹类袋式除尘器进行除尘,处理风量为 3 000 m^3/h,袋式除尘器入口浓度为 10 g/m^3,试确定除尘器型号,并确定其阻力。

解:(1)根据表 7-5,选取过滤风速为 $v = 1.3$ m/min,或根据产品说明书选取过滤风速。

(2)计算过滤面积

$$F = \frac{Q}{60v} = \frac{3\ 000}{60 \times 1.3} = 38.5\ (m^2)$$

(3)查产品样本选 24ZC-I-2A 型回转反吹扁袋除尘器,$F = 38\ m^2$、$v = 1 \sim 1.5$ m/min、$Q = 2\ 280 \sim 3\ 420\ m^3/h$。实际过滤风速为

$$v_{实} = \frac{Q}{60F} = \frac{3\ 000}{60 \times 38} = 1.32\ (m/s)$$

(4)压力损失据产品样本知此情况为低负荷运行,压力损失为 $(80 \sim 130) \times 9.8$ Pa。

七、袋式除尘器的运行和维护、常见故障分析及其排除方法

(一)运行和维护

(1)根据使用条件对设备的各部分结构和性能有充分的了解,在试运行期间,注意观察并进行必要的调节。

(2)经常检查进气管道、流量控制装置、风机、滤袋等情况,并及时检查外壳、清灰机构、排灰机构、仪表的运行情况。

(3)对各转动部件要定期注油。

(4)除尘设备停止工作前,应使滤袋表面积灰脱干净,以保证滤袋使用寿命,注意停车后的清扫工作。

(5)重视安全措施,最好能设置火灾探测和自动报警系统。

(二)常见故障及其排除方法

袋式除尘器在使用时可据除尘效率和压力损失等情况来判断其是否在正常运转。

(1)在采用间歇清灰的袋式除尘器中,如果经抖落,含尘气体仍超过规定的压差,其原因可能是清灰装置失灵,或是由于滤袋的孔隙被堵塞,检查清灰装置和滤袋。

(2)如果出现压力损失减小,而且排出的粉尘增多(效率下降),必然是滤袋或连接滤袋的支撑损坏,使含尘气流不经过滤而短路,这时应查漏更换滤袋。

(3)若除尘器中有异常的响声,则是清灰装置的连接部分或多孔板等有故障。

第五节 湿式除尘器

湿式除尘器是通过含尘气体与液滴或液膜的接触使尘粒从气流中分离的。与干式除尘器相比,其优点:①在除尘的同时还能除去气态污染物;②适用于处理高温、高湿或潮湿的含尘气体,或有爆炸性或含有多种有害物的含尘气体;③不会因被捕集的灰尘再飞扬而出现二次污染;④结构简单,占地面积小;⑤除尘效率高。对于小于 $1~\mu m$ 的粉尘仍有很高的效率。

当负荷变化时,只要调节给水,就可以保持一定的除尘效率。其主要缺点:①废水和泥浆有时处理比较困难,可能成为二次污染源;②可能产生严重的腐蚀问题;③寒冷季节需考虑防冻;④有些湿式除尘器易被灰尘堵塞;⑤缺水地区使用有困难。

一、湿式除尘器的除尘机理

(1)通过惯性碰撞、接触阻留,尘粒与液滴、液膜发生接触,使尘粒加湿、增重、凝聚。

(2)细小尘粒通过扩散与液滴、液膜接触。

(3)由于含尘气体增湿,尘粒的凝聚性增加。

(4)高温烟气中的水蒸气冷却凝结时,要以尘粒为凝结核,形成一层液膜包围在尘粒面,增强了粉尘的凝聚性。对疏水性粉尘能改善其可湿性。

粒径为 $1\sim5~\mu m$ 的粉尘主要利用第一个机理,粒径在 $1~\mu m$ 以下的粉尘主要利用后三个机理。目前常用的各种湿式除尘器主要利用尘粒与液滴、液膜的惯性碰撞进行除尘。

二、湿式除尘器简介

湿式除尘器的种类很多,但是按照气液接触方式,分为两大类:①尘粒随气流一起冲入液体内部,尘粒加湿后被液体捕集,它的作用是液体洗涤含尘气体。属于这类的湿式除尘器有自激式除尘器、卧式旋风水膜除尘器、泡沫塔等。②用各种方式向气流中喷入水雾,使尘粒与液滴、液膜发生碰撞。属于这类的湿式除尘器有文丘里除尘器、喷淋塔等。

(一) 自激式除尘器

自激式除尘器内先要贮存一定量的水,它利用气流与液面的高速接触,激起大量水滴,使尘粒从气流中分离,如水浴除尘器、冲激式除尘器等。

图7-23是水浴除尘器的结构示意图,含尘空气以8～12 m/s的速度从喷头高速喷出,冲入液体中,激起大量泡沫和水滴。粗大的尘粒直接在水池内沉降,细小的尘粒在上部空间和水滴碰撞后,由于凝聚、增重而捕集。

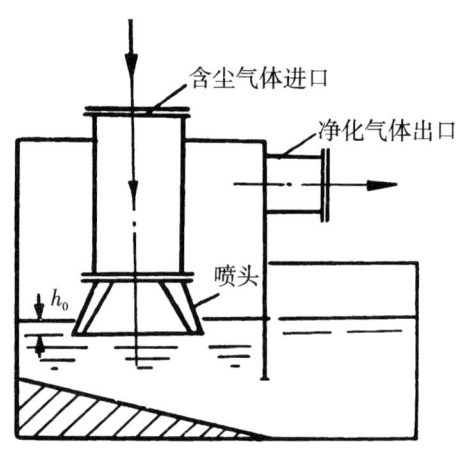

图7-23 水浴除尘器

水浴除尘器的效率一般为80%～95%,喷头的埋水深度$h_0 = 20 \sim 30$ mm,阻力为400～700 Pa。

水浴除尘器可在现场用砖或钢筋混凝土构筑,适合中小型工厂采用。它的缺点是泥浆清理比较困难。

(二) 卧式旋风水膜除尘器

图7-24是卧式旋风水膜除尘器的结构示意图,它由横卧的外筒和内筒构成,内外筒之间设有导流叶片。含尘气体由一端沿切线方向进入,沿导流片作旋转运动。在气流带动下液体在外壁形成一层水膜,同时还产生大量水滴。尘粒在离心力作用下向外壁移动,到达壁面后被水膜捕集。部分尘粒与液滴发生碰撞而被捕集。气体连续流经几个螺旋形通道,便得到多次净化,使绝大部分尘粒分离下来。气体在出口处要进行气液分离,小型除尘器采用重力脱水,大型除尘器用挡板或旋风脱水。

如果除尘器供水比较稳定,风量在一定范围内变化时,卧式旋风水膜除尘器有一定的自动调节作用,水位能自动保持平衡。

除尘器阻力为800～1 200 Pa,耗水量为0.06～0.15 L/m³。

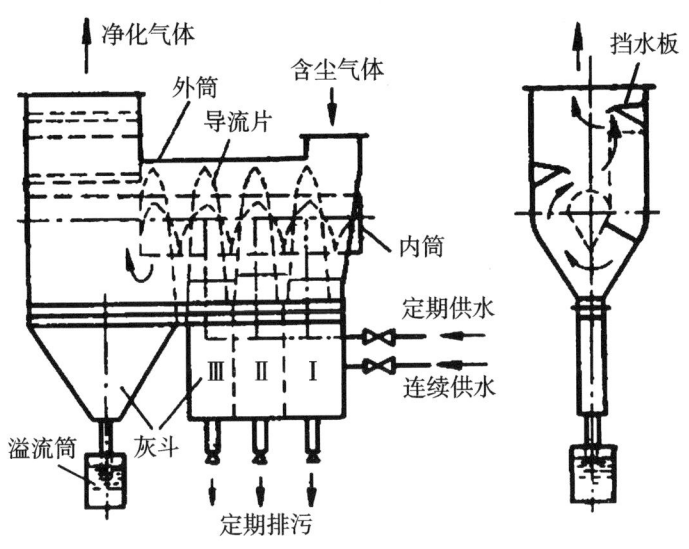

图 7-24 卧式旋风水膜除尘器

(三) 文丘里除尘器

图 7-25 所示为文丘里除尘器的结构示意图。含尘气流由风管进入渐缩管，气流速度逐渐增加，静压降低，在喉管中气流速度达到最高。由于高速气流的冲击，使喷嘴喷出的水滴进一步雾化。在喉管中气液两相充分混合，尘粒与水滴不断碰撞成为更大的颗粒。在渐扩管气流速度逐渐降低，静压增高。最后含尘气流经风管进入脱水器，粒尘和水滴一起除下。

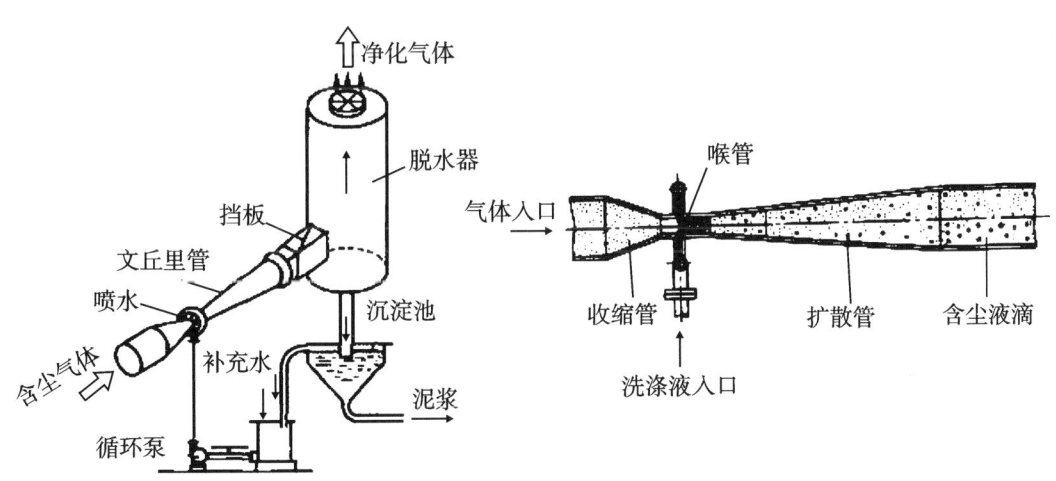

图 7-25 文丘里除尘器

文丘里除尘器的除尘效率主要取决于以下因素：
(1) 喉管中的气流速度　喉管流速高达 60～120 m/s，对小于 1.0 μm 的粉尘效率可达 99%～99.9%，但阻力也高达 5～10 kPa；当喉管流速为 40～60 m/s，效率为 90%～95%，阻力为 600～5 000 Pa。

(2) 雾化情况　水雾的形成主要依靠喉管中的高速气流将水滴粉碎成细小的水雾。喷雾的方式有中心轴向喷水、周边径向内喷等。喷水量或水汽比（通常用 L/m³ 表示）也是决定除尘器性能的重要参数。一般来说，喷水量或水汽比增加，除尘效率增加，阻力也增加，通常为 0.3～1.5 L/m³。

三、湿式除尘器的脱水装置

脱水装置的作用是防止气流把液滴带出湿式除尘器。常用的脱水装置有重力脱水器、惯性脱水器、旋风脱水器、弯头脱水器、丝网脱水器等。可置于除尘器气流出口处，也可与除尘器分开成为单独的设备。图 7-26 是设在除尘器内设于气流出口处的旋流式脱水器的结构示意图。气流经过脱水器的固定螺旋叶片形成旋转流动，在离心力作用下水滴被甩至器壁，从气流中分离。

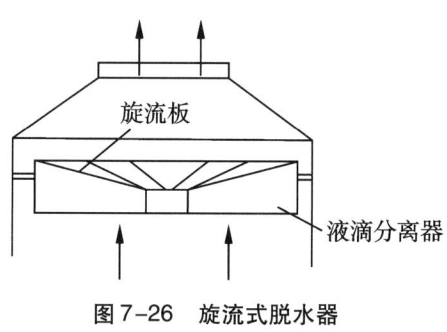

图 7-26　旋流式脱水器

在选择脱水器时，除了考虑脱水效率外，还应考虑阻力的大小。各种脱水器所能脱除的液滴大小、脱水效率和阻力见表 7-6。

表 7-6　各种脱水器的性能

形式	液滴大小/μm	脱水效率/%	阻力/Pa
惯性	150	96	9～17
重力	100	99	150
丝网	10	99	200
旋风	5	50	800～1 500
	20	99	

第六节　电除尘器

电除尘器是利用高压电场使尘粒荷电，在库仑力作用下使粉尘从气流中分离出来的一种除尘设备。

电除尘器是一种干式的高效除尘器，其优点：①能处理大流量气体和高温（350 ℃ 以下）或腐蚀性气体。②因为捕尘作用力即库仑力是直接对悬浮于气体中的尘粒起作用，而不是作用于含尘气体，因此，设备结构简单，气流速度低，压损小，一般在 100～200 Pa。③除尘效率高。对粒径 1～2 μm 的粉尘，除尘效率可达 98%～99%，并能有效地清除 0.5 μm 粒径的微细尘粒。④运行维护费用低，适合处理大量含尘气体。处理量愈大则经济效果愈明显。

其缺点:①设备庞大,占用空间大;②一次性投资大;③制造、安装的精度要求高;④对粉尘的比电阻有一定要求,当处理可燃气体或灰尘时有爆炸的危险。

电除尘器工作时,放电极接高压直流电源的负极,集尘极接地为正极,如图7-27所示。在电场作用下,空气中的自由离子要向两极移动,电压愈高、电场强度愈高,离子的运动速度愈快。由于离子的运动,极间形成了电流。开始时,空气中的自由离子少,电流较小。电压升高到一定数值后,放电极附近的离子获得了较高的能量和速度,它们撞击空气中的中性原子时,中性原子会分解成正、负离子,这种现象称为空气电离。空气电离后,由于连锁反应,在极间运动的离子数大大增加,表现为极间的电流(这个电流称为电晕电流)急剧增加,空气成了导体。放电极周围的空气全部电离后,在放电极周围可以看见一圈淡蓝色的光环,这个光环称为电晕。因此,这个放电的导线被称为电晕极。

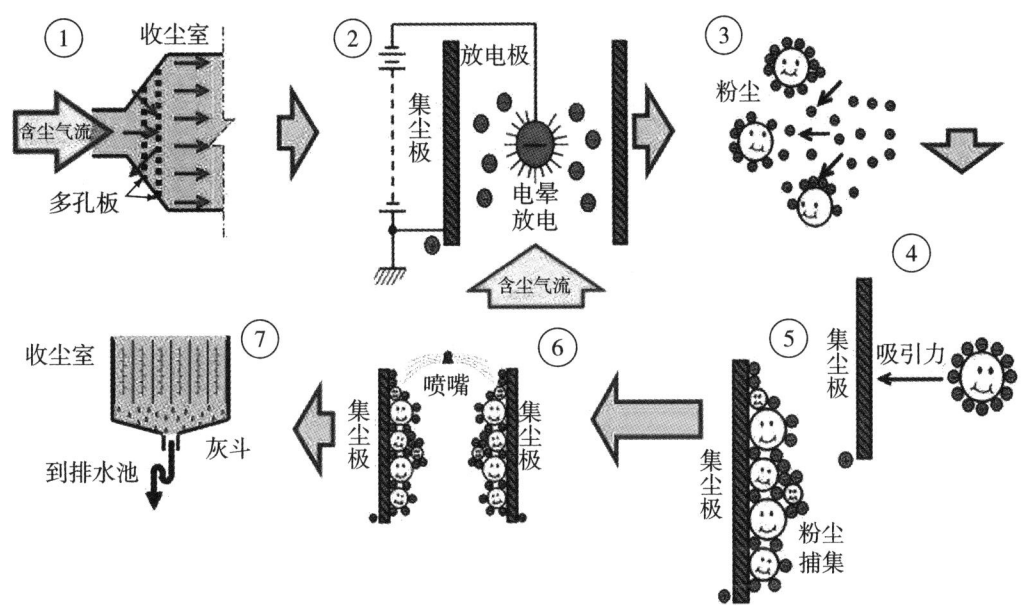

图7-27 电除尘器的工作原理

在离电晕极较远的地方,电场强度小,离子的运动速度也较小,那里的空气还没有被电离。如果进一步提高电压,空气电离(电晕)的范围逐渐扩大,最后极间空气全部电离,这种现象称为电场击穿。电场击穿时,发生火花放电,电路短路,电除尘器停止工作。为了保证电除尘器的正常运行,电晕的范围不宜过大,一般应局限电晕区于电晕极附近。

在高压直流电场(20~70 kV)的作用下形成的气体离子迅速向收尘电极运动,并且由于同尘粒碰撞而把电荷转移给它们。然后,同尘粒上的电荷互相作用的电场就使它们向收尘电极漂移,并沉积在收尘电极上,形成灰尘层。再利用振打电极的作用使灰尘离开电极。灰尘由于相互黏附而成为集合,在重力作用下落入到电极下的灰斗中。

思考与练习

1. 离心除尘器中,哪个部位的阻力最大?用什么方法能够在不改变原结构尺寸的情况下,大幅度降低除尘器的阻力?

2. 影响袋式除尘器性能的主要因素有哪些?

3. 某除尘装置的入口粉尘浓度为 $6.85\ g/m^3$,出口粉尘浓度为 $0.5\ g/m^3$,求下列两种情况下的除尘效率:(1)除尘装置不漏风;(2)除尘装置漏入空气占入口空气量的 10%。

4. 有一两级除尘系统,系统风量为 $2.22\ m^3/s$,工艺设备产尘量为 $22.2\ g/s$,除尘器的除尘效率分别为 80% 和 90%,试计算该系统的总除尘效率和排放浓度。

5. 已知处理风量为 $3\ 480\ m^3/h$,若选用下旋 55 型离心除尘器,问选用多大的尺寸?采用并联形式则选用多大的尺寸?阻力是多少?

6. 已知一除尘系统入口含尘浓度为 $25\ g/m^3$,处理风量为 $5\ 000\ m^3/h$。若采用两级除尘,确定各级除尘器选型,并确定各级除尘器的阻力。

第八章　通风除尘网路的设计与计算

本章要点: 本章介绍了通风除尘网路的类型(独立风网和集中风网)、特点、组合原则及设计计算方法,以及设计计算示例。

第一节　通风除尘网路的设计

粮油食品饲料加工厂中的通风除尘系统,通常叫作除尘风网或简称风网。风网有两种形式:一部机器或一个吸点单独用一台通风机进行吸风并利用除尘器进行净化,为单独风网;两个或两个以上的机器或吸点合用一台通风机进行吸风,为集中风网,见图8-1。

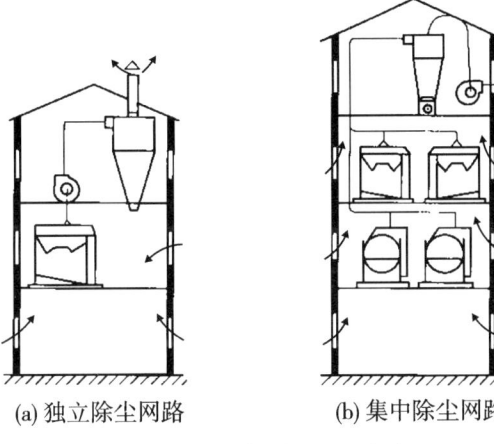

(a) 独立除尘网路　　　　(b) 集中除尘网路

图8-1　局部排风通风方法

一、单独风网与集中风网的比较

(1)单独风网的管道一般较短而简单,集中风网管路复杂。

(2)单独风网的风量容易调节和控制。而在集中风网中,当某机器或吸点的风量发生变动时,将会影响到网路中其他机器或吸点的风量,调节比较困难。

(3)单独风网通风机和除尘器等设备,相对占用面积较大,投资较大,不经济。集中风网吸点多,设备投资等方面较经济。

二、确定风网形式的原则

1.单独风网组合原则

吸出的含尘空气必须单独处理;吸风量要求准确,必须经常调节;需要的风量较大;

设备本身自带风机;附近没有其他需要吸风的设备或可以合并吸风的设备。

2. 集中风网组合原则

在把几部机器或吸点组合成一个集中风网时,依据下面原则:

(1)吸出物的品质相似。即组合在同一风网中的各设备内吸出来的粉尘,在品质上应该相类似。各机器设备的工艺任务是不同的,它们散发出来的粉尘,在品质和价值上也不一样。例如,在粮食加工厂清理车间中,初步清理时所形成的粉尘大都是泥灰、砂土,利用价值较小;而在后期清理时所产生的粉尘,则含有一些谷壳、麦皮和破碎的粮粒等有机性粉尘,是有一定利用价值的副产品。所以前后清理过程的吸风,应尽可能分开装设,以便使吸出物分别收集。又例如,面粉厂清理车间的粉尘主要是泥灰、砂土等,利用价值不高,而制粉车间的粉尘是面粉,可以完全利用。因此,清理车间和制粉车间的机器设备的吸风点,不能组合成同一个通风除尘系统。

(2)组合在同一风网中的各机器设备的工作时间应该相同,这样可使通风机的负荷稳定。对于互相交替进行工作的机器设备可接在同一风网上,但它们的风量应相近。

(3)风管设置要简单、合理。风管应尽可能垂直敷设,对于必要的水平风管,应设置密闭的清扫孔,较长水平管应设置一定斜度(一般斜度为0.3%)。对于粉尘和水汽共生的尘源,应使粉尘、水汽通过垂直管收集冷凝水后进入除尘器。三通管的夹角一般采用30°、45°为宜,以减少阻力。支管上应适当装设插板或蝶阀等风量调节装置。排风管应高出屋面1.5 m。风管一般应明设,不能妨碍走道和操作,在不增加投资条件下,也要照顾到外观整齐、美观。

(4)通风机一般布置在除尘器之后(吸气式),以减轻粉尘对通风机的磨损;当通风机布置在除尘器之前(压气式)时,应选用排尘通风机。

在设计时应根据原则权衡轻重、全面考虑。对于较复杂的情况,可以草拟几个组合方案进行对比分析,定出最经济最合理的网路组合方式。

在组合风网时,还须注意风网总风量不宜太大,吸风点不宜太多,以使调整方便和运行可靠。每个风网的总风量与阻力,要与风机的容量相适应。

随着环境保护要求的日益提高,袋式除尘器的日益完善和独立化,粮油食品饲料加工厂的风网形式正向单独、局部方向发展。即在每台需要吸风除尘的工艺设备上,不但自带风机,而且自带除尘器,就地净化含尘空气,或将含尘空气初步净化后循环使用,即循环风网。在组合循环风网时,要保证完成工艺生产任务后的空气经简单处理后,再次利用时不影响工艺效果;从循环空气中分离出来的粉尘,可就地、就近处理,处理方法简便、易行、经济。

三、通风除尘网路的主要设计步骤

(1)根据生产工艺过程中产尘设备的数量、位置,决定除尘风网的组合形式。

(2)根据生产工艺过程中粉尘的散发情况,确定设备吸风装置的结构和形式。

(3)根据粉尘的性质和含尘浓度,以及厂址周围环境和气象条件,确定净化方式和除尘设备的安装位置。

(4)布置管网的走向,绘制风网图。

(5)进行风网计算。

(6)根据各部分尺寸绘制施工图。

第二节 通风除尘网路的设计计算

一、设计计算的目的和内容

通风网路计算的目的主要是为了确定各段风管的尺寸、全部网路的阻力和风量,并选用风机、除尘器等设备。尺寸合适的风管才能保证各机器有一定的吸风量,并使空气在管道中保持按规定的速度运动。同时,空气在流过管道和各种设备时会产生阻力,这些阻力必须计算出来,作为选择合适的通风机的依据,使风机产生的压力来克服这些阻力。这样,机器所需的风量才能得到保证,才能实现防尘的目的。具体计算内容包括:①确定机器或吸风点所需的吸风量和空气阻力;②确定风管中的风速;③计算风网中各段风管的尺寸;④选定除尘器的形式、规格并计算其阻力;⑤计算各段风管的阻力和除尘风网的全部阻力,并对并联管路进行阻力平衡;⑥确定风机的型号、转速和功率消耗,以及电动机的规格。

二、风管中风速的确定

风管内的气流速度按下列原则确定:①不使粉尘在水平风管内沉积,造成风管堵塞;②不因风管内风速过高而使系统运行的动力消耗增加。通常在粮食加工厂风管中的风速保持 10~15 m/s 的范围内。直径小的风管应取较小的风速;直径大的风管可取较大的风速,可参照表 8-1 选取。另外,对于较长的水平风管中的风速,应该偏高一些,以防粉尘沉降在管中。临近风机的总风管中的风速应该是风网中最高的。

以上所说是指风速确定的一般原则。对于个别支管为了平衡阻力而提高风速,则不受上述范围的限制。

表 8-1 风管中风速的确定

风管直径/mm	<100	100~200	>200
选取风速/(m/s)	10	12	13~15

三、风管尺寸的确定

根据各管段的风量和选定的流速确定各管段的断面尺寸(管径)。确定除尘风管直径时,应采用表 8-2 所列的统一规格,以利于工业化加工制作。

表 8-2　圆形除尘风管规格

外径 D /mm			外径允许偏差 /mm	壁厚 /mm	外径 D /mm		外径允许偏差 /mm	壁厚 /mm
80	90	100	±1	1.5	300	320	±1	1.5
110	—	120			340	360		
130	—	140			380	400		
150	—	160			420	450		
170	—	180			480	500		
190	—	200			530	560	±1	2.0
210	—	220			600	630		
240	—	250			670	700		
260	—	280			750	800		

四、设计计算过程

(1) 根据组合的系统绘制风网系统示意图。在进行风网的计算时,首先根据机器和管道的布置情况绘制反映投影关系的风网示意图。图上的通风机、作业机和除尘器等均用简单的符号表示,管道用单线表示,并用短线画出管件的位置,如图 8-2、图 8-3 所示。

(2) 确定机器所需的风量 $Q_机$ 和阻力 $H_机$ (查附录 7),并注在图中设备处。

(3) 确定阻力最大的串联管路的路线,也称为主阻力路线,一般为离通风机最远或机器阻力最大或管件最多的路线,并对其按串联顺序进行分段编号。对于每一段直径不变而又连续的管道,不论其长短如何和是否弯曲,都作为一个管段,并按顺序编上号码。在号码旁注明每段管的长度,如图 8-2 所示,去方机独立风网:去石机—①—除尘器—②—③;如图 8-3 所示某集中风网:打麦机→①→②→③→除尘器→④→⑤。主路线分段编号完成后,对支路进行分段编号。如图 8-3 所示,支路 1:擦麦机→⑥;支路 2:振动筛→⑦。

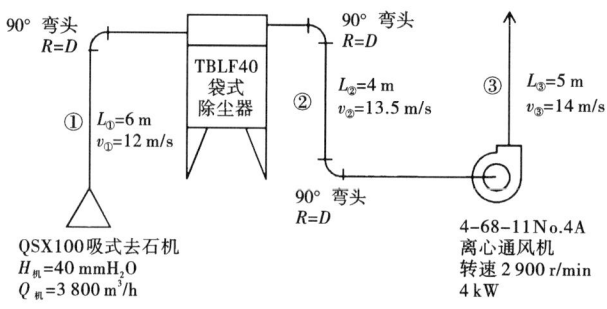

图 8-2　去石机单独风网系统示意图及路线分段编号

第八章 通风除尘网路的设计与计算 **165**

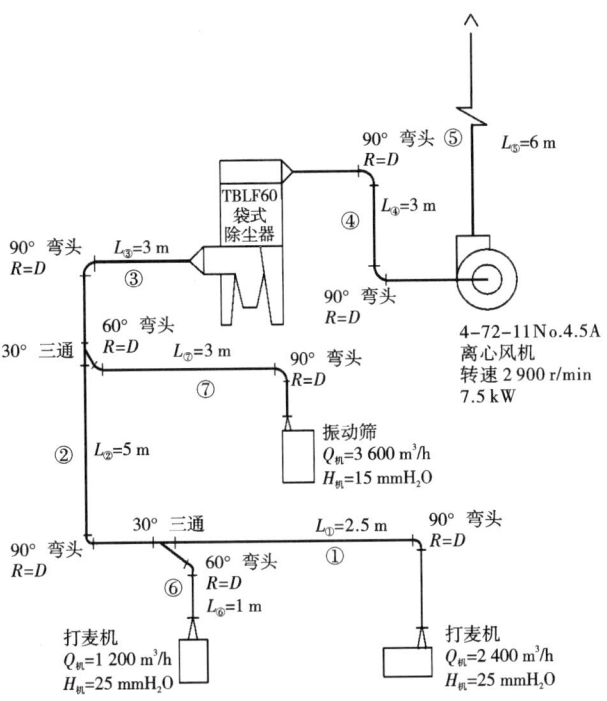

图 8-3 某面粉厂清理车间—集中风网系统示意图及路线分段编号

(4) 选取每段风管的气流风速,并确定风管管径,并注在每段管号处。

可由 $Q = \frac{\pi}{4}D^2 v$, 计算 $D = \sqrt{\frac{4Q}{\pi v}}$, 或查附录 3, 由 Q 和 v 确定管径 D。

(5) 计算风网的阻力及对支路管路进行阻力平衡。

1) 计算各管段的阻力和风网的全部阻力。

各管段沿程阻力和局部阻力按下式计算。式中 λ 可查附录 3 和 ζ 可查附录 4。

$$H_{沿程} = \frac{\lambda}{D} L \frac{\rho v^2}{2} \quad (\text{Pa}) \tag{8-1}$$

$$H_{局部} = \zeta \frac{\rho v^2}{2} \quad (\text{Pa}) \tag{8-2}$$

累计阻力最大的串联管路阻力为风网的全部阻力。即

$$\sum H = H_① + H_② \cdots + H_n \tag{8-3}$$

对于图 8-2 去石机风网为

$$\sum H = H_{机(去石机)} + H_① + H_除 + H_② + H_③$$

对于图 8-3 集中风网为

$$\sum H = H_{机(打麦机)} + H_① + H_② + H_③ + H_除 + H_④ + H_⑤$$

式中: $\sum H$ ——阻力最大的串联管路总阻力;

$H_①$、$H_②$ ······——各管段阻力,为各管段沿程阻力和局部阻力之和;

$H_{机}$——设备阻力;

$H_{除}$——除尘器阻力。选用并确定型号及阻力,并注在图中。

支路也采用相同方法计算出各自的总阻力。对于图 8-2 中

支路 1:$\sum H_{支1} = H_{机}(擦麦机) + H_{⑥}$

支路 2:$\sum H_{支2} = H_{机}(振动筛) + H_{⑦}$

2)对并联支路管路进行阻力进行平衡。

在进行风管阻力计算时,主、支的阻力不一定相等,以致主、支路的风量均达不到设计要求。为此,当主、支路计算阻力的相对值超过 10% 时,就需要作平衡计算。

阻力平衡方法:一是调整局部阻力,即在阻力小的支管上调节风门(闸阀或蝶阀),利用其附加阻力来达到平衡;二是缩小支管的直径以提高其风速,达到阻力平衡的目的,按公式(8-4)计算缩小的支管直径。实际上无论阻力平衡与否,每个吸风设备吸风罩上方均需设置调节风门,既可调节设备吸风量,也可用于阻力平衡。

$$d' = d \left(\frac{H_{支调前}}{H_{支调后}}\right)^{0.225} \tag{8-4}$$

【例 8-1】 一并联管路如图 8-4 所示,问阻力是否平衡?不平衡将如何调整?

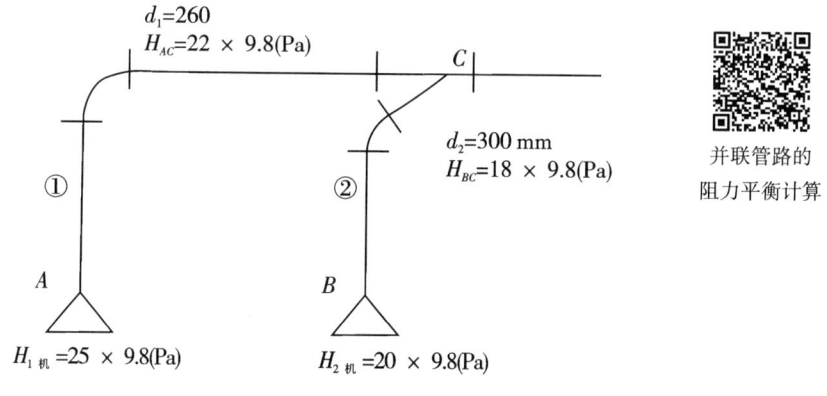

图 8-4 例 8-1 附图

解:由 $H_{①} = H_{1机} + H_{AC}$

$\qquad = 25 \times 9.8 + 22 \times 9.8 = 47 \times 9.8 (\text{Pa})$

$H_{②} = H_{2机} + H_{BC}$

$\qquad = 20 \times 9.8 + 18 \times 9.8 = 38 \times 9.8 (\text{Pa})$

又因 $\dfrac{H_{①} - H_{②}}{H_{①}} \times 100\% = \dfrac{47 \times 9.8 - 38 \times 9.8}{47 \times 9.8} \times 100\% = 19.15\% > 10\%$

所以并联管路阻力不平衡。采用如下调整措施:

在 BC 段加阀门,用其附加阻力来达到平衡。

调整 BC 段管的直径 d_2,按式(8-4)计算

$$d_2' = d_2 \left(\frac{H_{②调前}}{H_{②调后}}\right)^{0.225} = 300 \times \left(\frac{380}{470}\right)^{0.225} = 285.9 \ (\text{mm})$$

可选调整后的 BC 段管直径为 280 mm 或 285 mm。

(6)计算系统总风量 $Q_{总}$。

风网(系统)总风量为所有设备吸风量之和。

$$Q_{总} = \sum Q_{机} = Q_{机1} + Q_{机2} + \cdots + Q_{机n}$$

(7)风机的选用。

根据计算所得系统的总风量和总阻力,按照第三章离心通风机的选用方法配用风机,并注在图中风机处。

具体设计计算过程请扫二维码。

通风除尘系统
设计示例

第三节 循环除尘风网

现代化粮油食品饲料加工工厂的生产过程中几乎每道工序、每台设备都会使空气。如防尘、粮食接收、清理、加工、输送、气力输送、设备降温、风选、自控装置驱动等都须用空气。据统计一个现代化的面粉厂,每加工 1 t 小麦约需耗用 7 t 空气。由此,所耗用的电能约占全厂耗电量(吨麦)的 1/3,而在清理车间可达到车间用电量的 1/2 以上。

由于空气的大量使用,使得车间里管网复杂,除尘设备量增大,占用了一定的厂房面积和空间。另外,车间大量的空气排放后,必须从室外吸入空气补充,在冬季会影响车间的保暖,尤其在北方冬季需要供热取暖的车间,大量室外空气补充,直接导致供暖热量和费用支出的增多。由此,生产了减少清洁空气用量和含尘空气的排放循环使用空气除尘技术。即通过在清理设备上循环利用空气,就是将原有的清理机械与循环风选机(自带风机、沉降分离器、回风管的组成一个闭合回路),在完成一定的工艺效果并经适度的净化处理后,重又回到风机经增压后继续供给设备循环使用。循环回路须有少量空气从设备的进出口吸入,为此,常视具体情况从循环回路中适当排出少量空气(约 10%)经中央风网和净化处理后返回大气,从而大大减少了需净化的含尘空气及净化设备的使用量,减少了占用车间的面积及空间,降低了能耗(约 30%)。

一、循环风选机

目前循环风选机种类型式较多,其基本结构及工作原理如图 8-5 所示。该机主要由喂料系统、风选道、分离室、回风道、沉降室、离心风机和集尘排料系统等组成。

工作时当原料落入喂料斗并堆积到一定高度后,物料重力克服供料活门上的弹簧拉力顶开料槽进入设备,受偏心喂料机构的往复运动作用,被均匀地喂入风选道的全长上。在风选道中受垂直上升气流的作用,轻杂及尘粒进入圆筒型的惯性分离器后,落入沉降室中,经绞龙式关风器送往机外收集。经过初净化后的空气进入离心风机增压后,经回风道送至物料出口处继续循环使用。

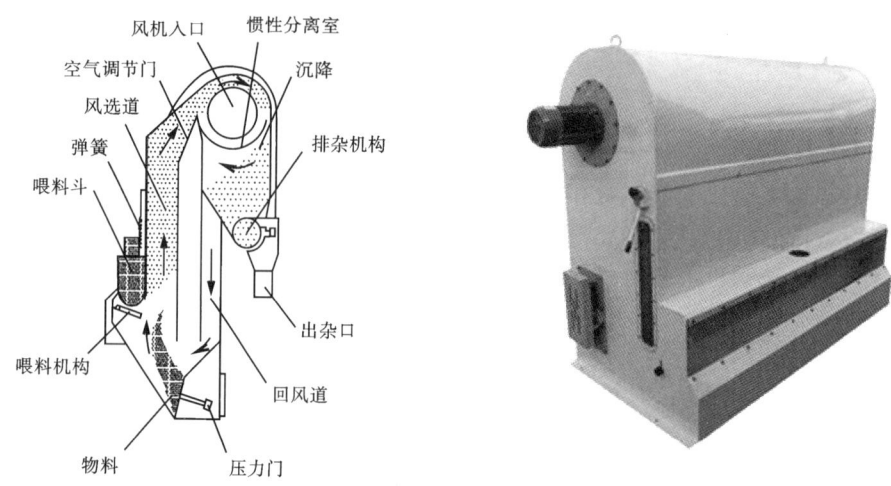

图 8-5 循环风选机

二、循环风选机与清理设备的配合使用

循环风选机主要用于粮食仓库、面粉加工厂、大米加工厂、油脂加工厂中的原粮初清和清理,通过吸风、分离、沉降、回风等步骤,从谷物中分离出壳、皮、秆、瘪粒、尘土等轻杂物。可与打麦机、平面回转筛、振动筛配合使用,也可串联在溜管中使用,还可用于玉米渣皮、胚混合物的分离。图 8-6 所示是重力分级去石机和振动筛的配合使用。

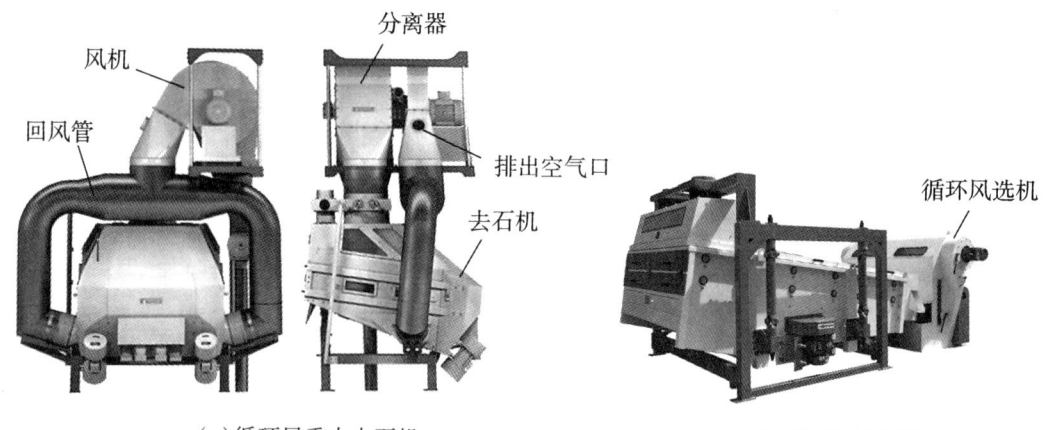

(a) 循环风重力去石机   (b) 循环风振动筛

图 8-6 重力去石机和振动筛配合使用

三、循环除尘风网

图 8-7 所示为采用了循环风设备的除尘风网。其具有以下优越性:

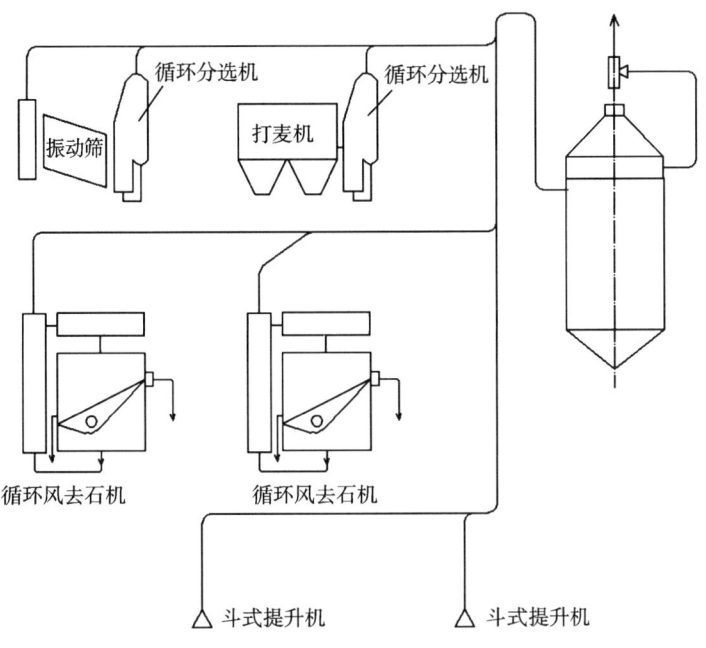

图 8-7 采用了循环风设备的除尘风网

（1）少量含尘气流进入集中网路，大大减少了含尘空气处理量，使袋式除尘器的使用量减少，减少占用车间的面积和空间，能耗降低。

（2）振动筛、打麦机等采用循环风选机，使大量轻杂直接沉降下来。对打麦机打麦后麦中的轻杂清理，省去了一道筛理设备，简化清理工艺流程。

（3）对风量准确性要求高的比重去石机，不必采用单独风网。

思考与练习

1. 通风除尘网路有哪两种形式？设计时应遵循哪些原则？
2. 通风除尘网路的计算内容有哪些？设计步骤有哪几步？
3. 如何确定主阻力路线？并联管路阻力平衡如何判断？调整并联管路阻力平衡方法有哪些？
4. 一并联管路如图 8-8 所示，已知 $H_{ac}=H_{bc}=2H$，$H_{机1}=\frac{1}{2}H_{机2}=H$，$D_1=D_2$。问并联管路阻力是否相平衡？不平衡如何调整？

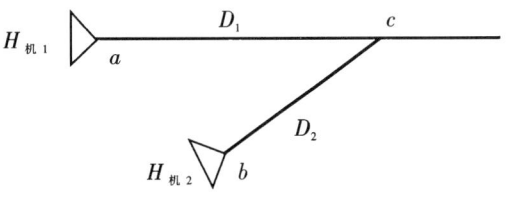

图 8-8 习题 4 附图

5. 有薄钢板风管,已知 $D=200$ mm, $Q=1\,700$ m³/h,输送的空气温度 $t=20$ ℃,当量绝对粗糙度 $\varepsilon=0.2$ mm,求该风管单位长度压损 R。

6. 有一矩形风管,断面尺寸为 400 mm×200 mm,风量 $Q=0.88$ m³/s,在 $t=20$ ℃ 的情况下运行,当量绝对粗糙度 $\varepsilon=0.15$,试分别用流速当量直径和流量当量直径求单位长度的阻力 R。

7. 根据图 8-9 所示的集中风网,确定其主阻管路及主阻管路的压力损失,并计算各支管应预付加的平衡阻力。如何进行阻力平衡?D_2、D_3 需要进行管径调整吗?如果需要,调到多少合适?

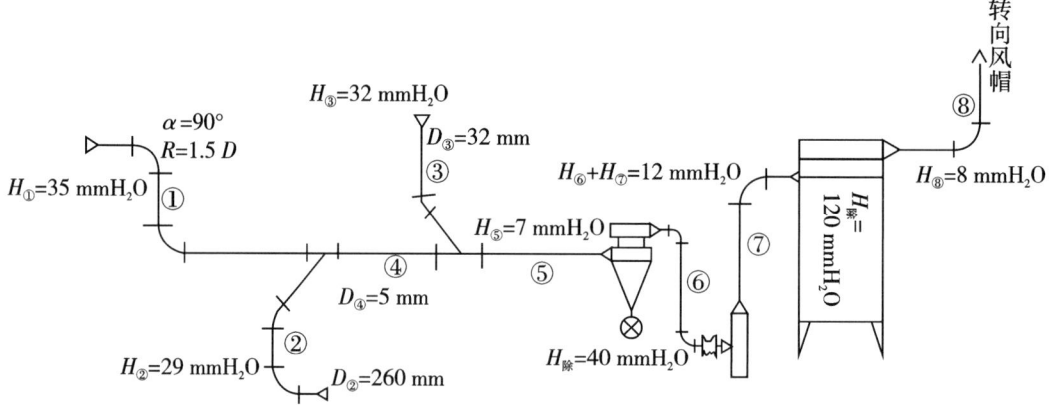

图 8-9 习题 7 附图

8. 有一如图 8-10 所示的 30°吸气(合流)三通,已知:$Q_1=10\,000$ m³/h、$D_1=500$ mm、$v_1=14.5$ m/s;$Q_2=6\,000$ m³/h、$D_2=500$ mm、$v_2=13.5$ m/s;$Q_3=4\,000$ m³/h、$D_3=300$ mm、$v_1=16$ m/s。试求此三通的局部阻力 H_{21}、H_{31}。

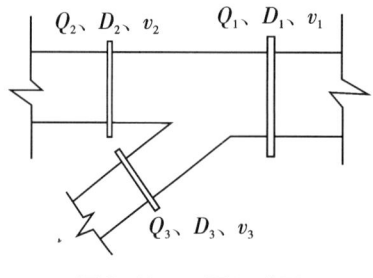

图 8-10 习题 8 附图

9. 已知下列局部管件,查阻力系数 ξ。
(1) 90°弯头,$R/D=1$,三中节两端节。
(2) 60°弯头,$R/D=1.5$,五中节两端节。
(3) 渐缩管长 $L=50$ mm,$d_1=120$ mm,$d_2=100$ mm。
(4) 圆形风管 $D=200$ mm 的闸板,开启深度 $h=160$ mm。

10. 一振动筛(筛面宽 1 000 mm)组成的单独风网,如图 8-11 所示。试:(1)确定设备的吸风量和压损;(2)确定各风管直径;(3)选择下旋 55 型离心除尘器;(4)选择袋式除尘器;(5)计算系统阻力;(6)选择离心通风机。

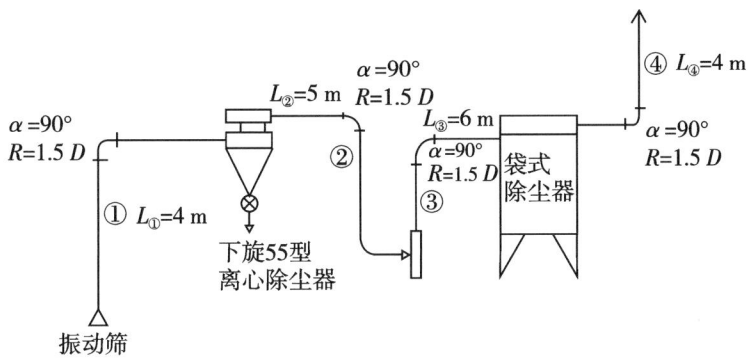

图 8-11　习题 10 附图

11. 某面粉厂清理车间由组合筛、升运机、比重去石机组成通风除尘网路(如图 8-12),离心除尘器为 60 型,通风机为 4-72 型,确定袋式除尘器的规格和参数,通风机的规格和参数,若用插板平衡支管的阻力,问插板应插入多少?若采用调节支路管径进行只管平衡,问应将管径调至多少?

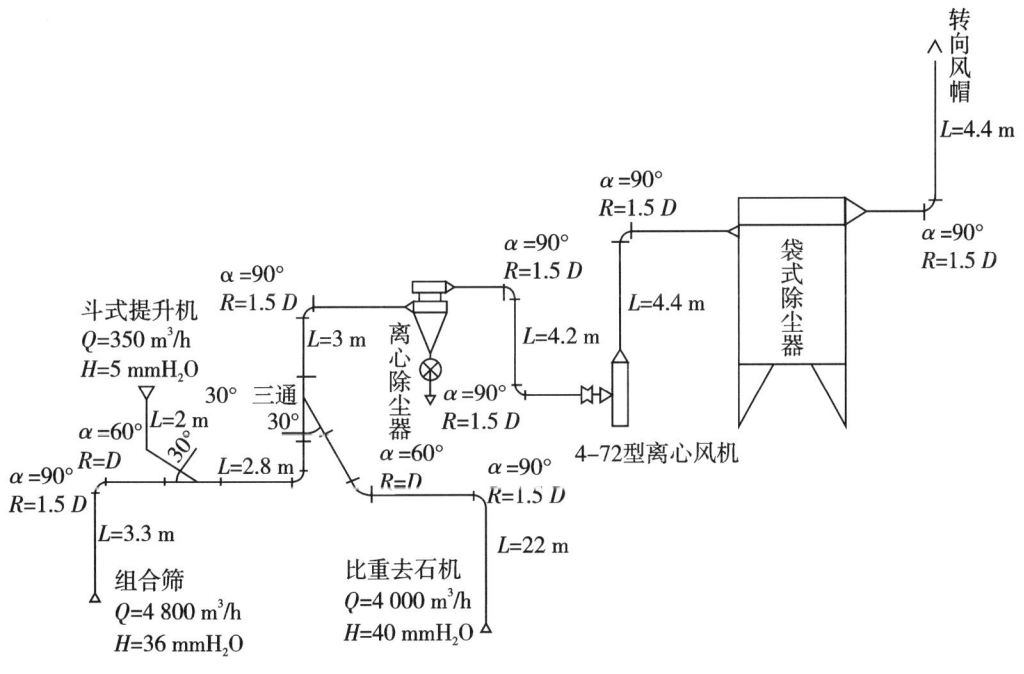

图 8-12　习题 11 附图

12. 采用循环风有何优点?
13. 循环风选机和循环风比重去石机的工作原理及过程如何?

第九章 通风除尘网路的调整和管理

本章要点: 本章介绍了通风除尘网路测定的仪器(测速仪、测压管、测压计等)及其使用方法。重点介绍了通风管道中风速和风量、设备吸风量和阻力、除尘器性能(处理风量、阻力和效率等)的测定方法;管道内含尘浓度和环境大气的含尘浓度的测定方法。根据测定结果分析设备或系统存在的问题,并进行调整。

为了检查通风除尘网路是否达到预期的效果,需要对施工后的风网进行测定调整。通过测定调整,一方面可以发现风网设计、施工质量和设备性能等方面存在的问题;另一方面也为风网的经济合理运行积累资料。已投产的风网有问题时,也需要通过测定找出原因,提出改进方案。有时由于工艺过程的改变,需要增加或减少一些机器设备,这就要在原有风网上新接或取下一些管道,其结果使通风机的工况、风管中的风量发生变化,为了确定新情况下通风机的工况、风网中风量的分配和新添管道的直径,必须对风网风量进行调整计算及测定调整。

通风除尘网路测定调整的主要内容包括:①机器设备的吸风量及阻力的测定与调整;②风管内风量、风压和风速的测量与调整;③除尘器的性能(包括处理风量、阻力和除尘效率)的测定与调整;④风机的性能(包括风量、风压、转速、效率、耗用动力)测定与调整;⑤车间作业点以及排放到大气的空气含尘浓度。

第一节 测量风速、风压的仪器

一、热电风速计

热电风速计是将流速信号转变为电信号的一种测速仪器,也可测量流体温度或密度,如图9-1所示。其原理是将一根通电加热的细金属丝(称热线,长度一般在0.5~2 mm,直径在1~10 μm,材料为铂、钨或铂铑合金等)置于气流中,热线在气流中的散热量与流速有关,而散热量导致热线温度变化而引起电阻变化,流速信号即转变成电信号。电信号经放大、补偿和数字化输入计算机,自动完成数据后处理过程。可同时完成瞬时值和时均值、合速度和分

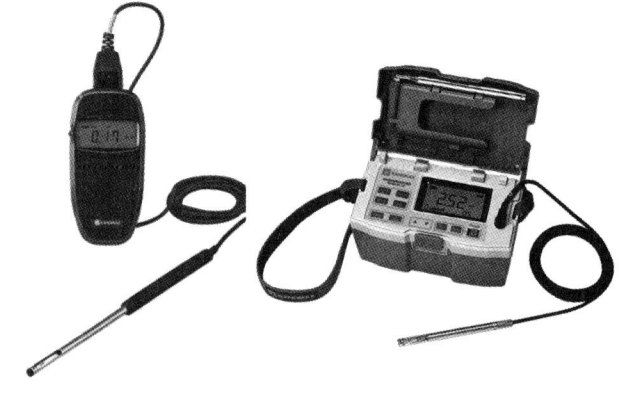

图9-1 热电风速计

速度、湍流度和其他湍流参数的测量。与皮托管相比,具有探头体积小、对流场干扰小、响应快、能测量非定常流速和很低流速(如低达 0.3 m/s)等优点。

它有两种工作模式:①恒流式。通过热线的电流保持不变,温度变化时,热线电阻改变,因而两端电压变化,由此测量流速。②恒温式。热线的温度保持不变,如保持 150 ℃,根据所需施加的电流可度量流速。恒温式比恒流式应用更广泛。

若以一片很薄(厚度小于 0.1 μm)的金属膜代替金属丝,即为热膜风速仪,功能与热丝相似,但多用于测量液体流速。热线除普通的单线式外,还可以组合为双线式或三线式,用以测量各个方向的速度分量。

二、叶轮风速仪

图 9-2 所示为叶轮风速仪。它一般由叶轮和计数机构组成。叶轮由若干轻的铝叶片制成。计数机构可将转动转换成电信号,再经检测仪转换处理得到转速值后,直接读出风速。测量时使叶轮旋转面垂直于气流方向,并需注意转动方向。

由于仪器本身的惯性和机械摩擦力等原因,风速仪指针读数不一定能反映出真实的空气流速,因此,使用前须用风洞校正或用已校正过的叶轮风速仪互校。

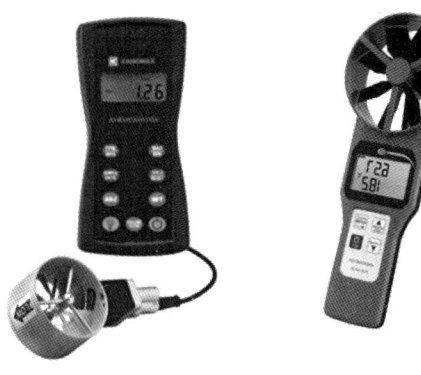

图 9-2 叶轮风速仪

大口径探头风速仪(如 60 mm、100 mm)适合于测量中、小流速的紊流(如在管道出口)。小口径探头风速计更适于测量管道横截面积大于探头横截面积 100 倍以上的气流。叶轮风速仪测量风速的范围为 0.5 ~ 10 m/s,较精密的叶轮风速仪只适用于测量 0.3 ~ 5.0 m/s 范围内的风速。因为测量风速较大,叶片容易受损和弯曲。

三、浮子流量计

浮子流量计是根据沉降速度理论工作的,如图 9-3 所示。金属浮子置于上大下小的锥形玻璃管筒中,上升气流通过管筒时,浮子停留在自重等于绕流阻力和浮力的位置上。由于浮子的质量是一定的,当上升气流的流量增大时,浮子就停留到较高位置,因为那里的通流面积大些,以保持流速不变,使绕流阻力不变。经过标定刻度,就可以根据浮子停留位置来表示上升气流的流量大小。浮子流量计读取流量方便、流体阻力小,测量精确度较高,适应性广。

图 9-3 浮子流量计

四、孔板流量计

图 9-4 所示为孔板流量计。它是利用测得气流通过孔口产生压力差来计算出流量。对于一定结构(依据国家标准确定)的孔口流量计,通过的风量越多,孔口阻力越大,压差就越大。孔板流量计构造简单、制造与安装都方便,但能量损失较大。

以上浮子流量计和孔板流量计常用于测量含尘空气的装置中。

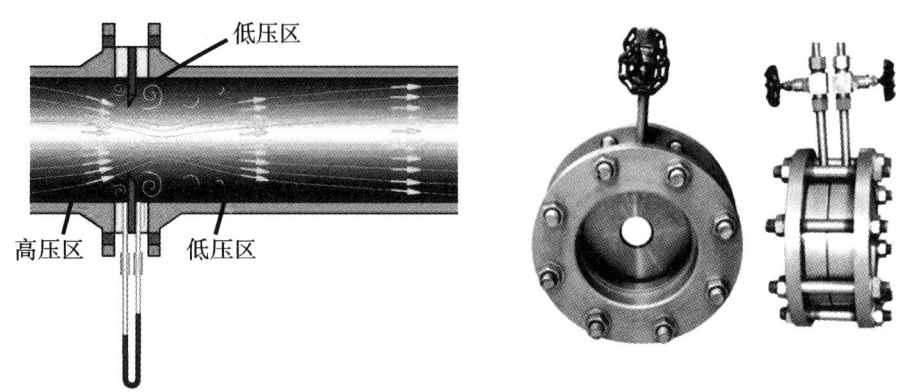

图 9-4　孔板流量计

五、测压管(皮托管)

皮托管是用来测量运动气流中任一点压力、速度的重要仪器,其由一根静压管和一根全压管组成。全压孔、静压孔分别用两根细管接出,测量时用橡皮管连接到测压计上。

标准型皮托管只适用无尘或含尘少的气体测量,若用于含尘浓度高的气体的测量容易堵塞,此时可采用开口非标准皮托管。非标准皮托管是由两根同样的管组成,测定时开口面向气流为全压孔,背向气流的为静压孔。两个开口的朝向必须和校正时的朝向一致,不能任意颠倒。如图 9-5 所示。

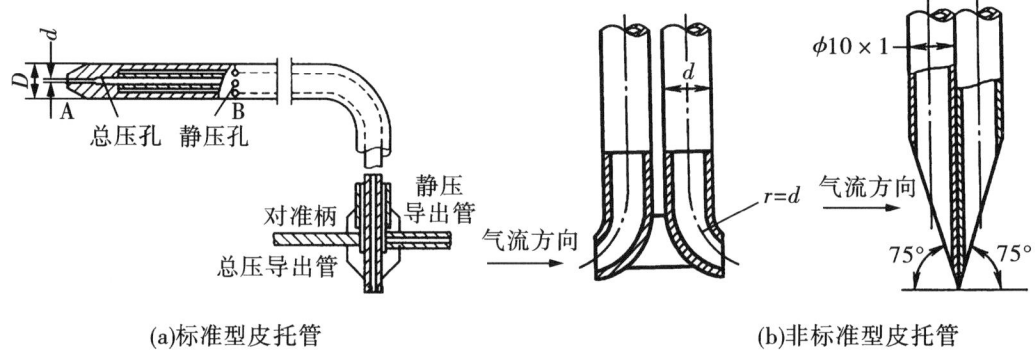

(a)标准型皮托管　　　　　　　　(b)非标准型皮托管

图 9-5　标准型皮托管和非标准型皮托管

每根皮托管在使用之前都必须在一定流速范围内的"风洞"或校正装置中进行校正。使用皮托管时,其轴线同气流的偏斜角不应超出 12°,否则会带来较大的误差。

六、压力计

1. U 形管压力计

U 形管是最简单的测量风压的仪器。在压力 p_1 和 p_2 的作用下,测得液柱差的高度 h

就是风压差的毫米液柱数,如图9-6所示。

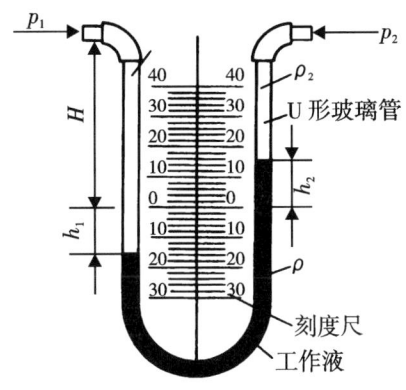

图9-6　U形管压力计

2.智能数显压力风速风量仪

如图9-7所示为智能数显压力风速风量仪。它是将压力传感器的信号转变为电信号,输入芯片自动完成数据处理并显示瞬时压力值。如设置密度、截面积后,还可显示流速和流量。同类产品较多,根据需要可选择不同测试范围和精度的压力计使用。

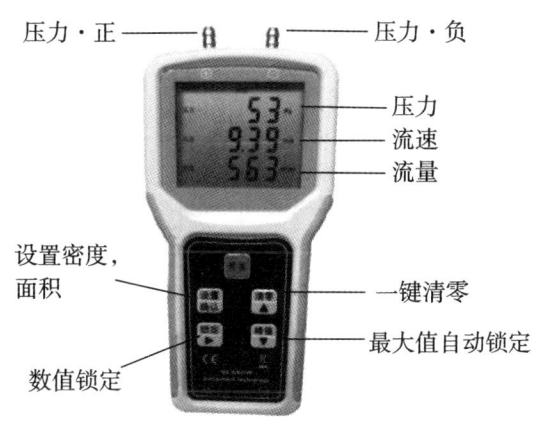

图9-7　智能数显压力风速风量仪

第二节　通风管道中风压和风量的测定

测定通风除尘系统中风管内的风速和风量,目前多通过压力的测定再换算求得。要得到气体的真实压力值,除了正确使用测压器外,还需合理选择测量断面和测点,减少气流扰动对测量结果的影响。

一、测定断面的选择

测量断面应选择在气流平直、扰动少、气流平稳直管段上。如果测量断面设在弯头、三通等异形部件前面（相对气流运动方向）时，距这些部件的距离要大于 2 倍管道直径；设于其后面时，应大于 4~5 倍管道直径，见图 9-8。条件许可时，距这些部件的距离越远越好。应避免在调节阀的前后布置测定断面。如果在测定动压时发现任何一个测点出现零值或负值，表明气流不稳定，有涡流，该断面不宜作为测定断面。如果气流方向偏出风管中心线 15°以上，该断面也不宜作为测量断面。另外，选择测量断面，还应考虑测定操作的方便和安全。

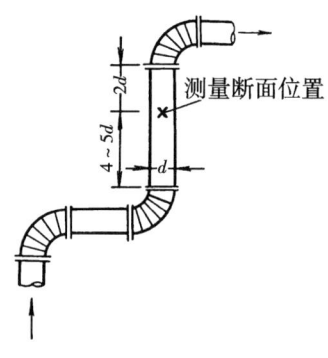

图 9-8 测定断面的选择

二、测定断面上测点位置的确定

由流体在管道中流动规律可知，管道断面上的气流速度、压力分布不均，需要测定多点的动压方能求出这一断面的平均风速。

如图 9-9 所示，对于矩形风管，可将断面划分为若干个边长 200 mm 左右的面积相等的小矩形，测点布置在每个小矩形的中心；对于圆形风管，应根据管径的大小按表 9-1 划分为若干个面积相等的同心圆环。圆环面积的等分线与两轴线的交点即为测点位置，每个圆环测点四个，同心圆环上各测定距风管中心的距离可按下式计算：

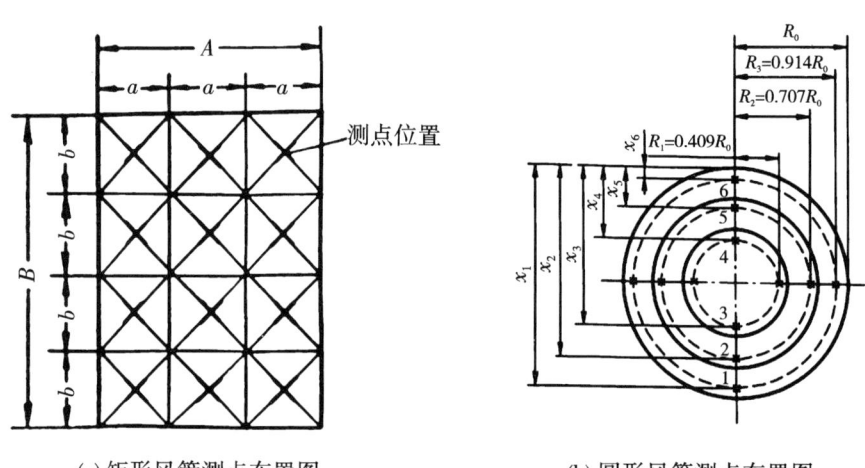

(a) 矩形风管测点布置图　　(b) 圆形风管测点布置图

图 9-9 风管测点布置图

$$R_n = \frac{D}{2}\sqrt{\frac{2n-1}{2m}} \tag{9-1}$$

式中：R_n——从风管中心到第 n 测点的距离，mm；

D——风管直径，mm；

n——从风管中心算起的测点顺序号（即圆环顺序号）；

m——所划分的圆环数目。

为方便现场测定时使用,可按公式(9-2)计算出测点距管壁的距离 x_n 或 y_n。

$$x_n \text{ 或 } y_n = D\left(\frac{1}{2} \mp \sqrt{\frac{2n-1}{2m}}\right) \quad (\text{mm}) \tag{9-2}$$

式中:$\left(\frac{1}{2} \mp \sqrt{\frac{2n-1}{2m}}\right)$——管壁距离系数。可根据不同风管直径的圆环数计算并列入表9-1中。

【例9-1】 如图9-9(b)的风管,直径 $D=400$ mm,查表9-1,可分成三个同心环,试计算各测点至管道内壁的距离。

解:在 x 和 y 方向,各有6个测点。以 x 方向为例

点1:$x_1 = 0.956D = 0.956 \times 400 = 382$(mm)

点2:$x_2 = 0.853D = 0.853 \times 400 = 341$(mm)

点3:$x_3 = 0.704D = 0.704 \times 400 = 282$(mm)

点4:$x_4 = 0.296D = 0.296 \times 400 = 118$(mm)

点5:$x_5 = 0.147D = 0.147 \times 400 = 59$(mm)

点6:$x_6 = 0.044D = 0.044 \times 400 = 17.6$(mm)

表9-1 圆环上的测点至测孔的距离系数

风管直径/mm		≤300	300~500	500~800	800~1 100	>1 100
划分圆环数目		2	3	4	5	6
测点至测孔的距离	1	0.933	0.956	0.968	0.975	0.980
	2	0.750	0.853	0.895	0.920	0.930
	3	0.250	0.704	0.806	0.850	0.880
	4	0.067	0.296	0.680	0.770	0.820
	5		0.147	0.320	0.660	0.750
	6		0.044	0.194	0.340	0.650
	7			0.032	0.226	0.360
	8				0.147	0.250
	9				0.081	0.177
	10				0.025	0.118
	11					0.067
	12					0.021

三、风管内风压、风速和风量的测定

1. 风压的测定和计算

风管内的风压包括全压、静压和动压三项。根据需要可分别测量,也可以测出其中的两项再求出第三项。可用测压管(如皮托管)和不同量程范围和精度的压力计配合测

得。测量时,按照图 9-10 放置测压管并与压力计连接。测得动压时,压力计与测压管全压孔和静压孔连接。若测定吸气管段的全压和静压时在读数前应加负号。

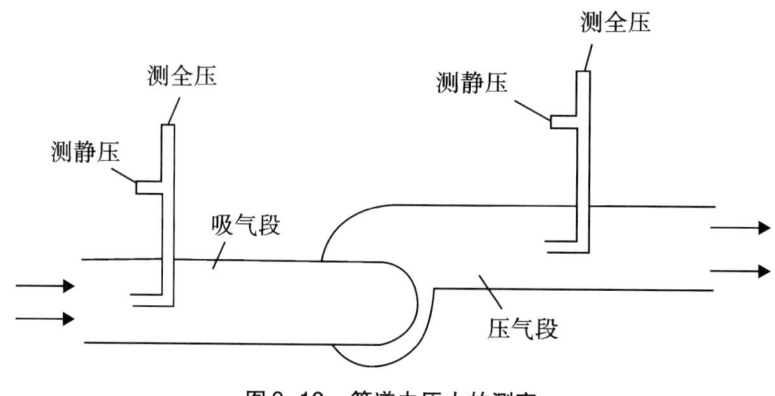

图 9-10 管道内压力的测定

测定截面上的静压、全压和动压平均值按下式计算

$$\bar{p}_j = \frac{p_{j1} + p_{j2} + \cdots + p_{jn}}{n} \quad (\text{mmH}_2\text{O}) \tag{9-3}$$

$$\bar{p}_q = \frac{p_{q1} + p_{q2} + \cdots + p_{qn}}{n} \quad (\text{mmH}_2\text{O}) \tag{9-4}$$

$$\bar{p}_d = \frac{p_{d1} + p_{d2} + \cdots + p_{dn}}{n} \quad (\text{mmH}_2\text{O}) \tag{9-5}$$

式中:p_{jn}、p_{qn}、p_{dn}——各测点的静压、全压和动压,mmH$_2$O;

n——测点数。

在测定动压时,有时会碰到某些测点的读数出现零或负值的情况,这是由于气流很不稳定而出旋涡所产生的。在按式(9-5)计算平均动压时,应将负值当作零计算。

2. 风管内平均风速的测定与计算

风管内平均风速的测定,可通过测定截面上的动压后计算得到,也可直接用风速仪测得。

测得截面上各测点的动压后,按照式(9-6)计算风管内的平均风速 v。

$$v = \sqrt{\frac{2g}{\rho}} \left(\frac{\sqrt{p_{d1}} + \sqrt{p_{d2}} + \cdots + \sqrt{p_{dn}}}{n} \right) \quad (\text{m/s}) \tag{9-6}$$

式中:ρ——空气密度,在标准状态下,$\rho = 1.21$ kg/m^3;

p_{dn}——各测点动压,mmH$_2$O。

3. 风管内风量的测定

风管内风量是通过测量动压求得平均风速,按式(9-7)计算得到的。

$$Q = 3\,600 \times \frac{\pi}{4} d^2 v \quad (\text{m}^3/\text{h}) \tag{9-7}$$

式中:d——风管的内径,m。

第三节 吸风罩的吸风量及阻力的测定

如图9-11(a)所示,吸风罩的罩口断面(0-0断面)与1-1断面的全压差即为吸风罩阻力 ΔH_q。

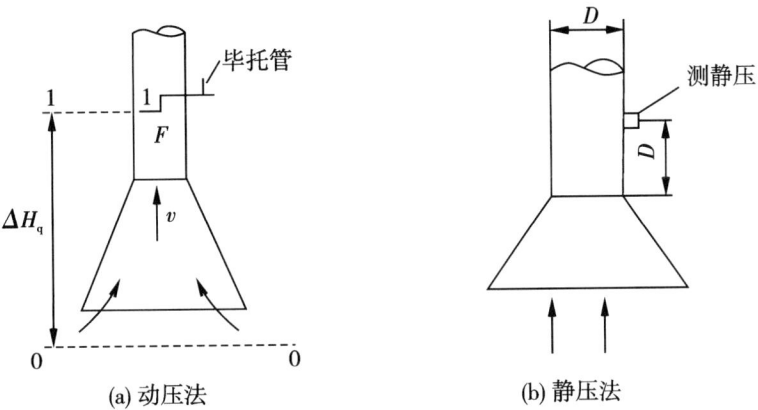

图9-11 吸风罩排风量及阻力测定

由于罩口断面上(0-0断面)的全压等于零,所以

$$\Delta H_{q0} = p_{q0} - p_{q1} = 0 - p_{q1} = 0 - (p_{j1} + p_{d1}) \tag{9-8}$$

式中：p_{q0}、p_{q1}——罩口断面(0-0断面)、1-1断面的全压,mmH$_2$O；
p_{j1}——1-1断面的静压,mmH$_2$O；
p_{d1}——1-1断面的动压,mmH$_2$O。

测出断面1-1断面上各测点的动压后,即可按公式(9-7)算出吸风罩的吸风量 Q。

在现场测定时,各管件之间的距离很短,不易找到比较稳定的测定断面,用动压法测量流量有这一困难。在这种情况下,可按图9-11(b)所示,通过测量静压求得吸风罩的吸风量。

由

$$\Delta H_q = -(p_{j1} + p_{d1}) = \xi \frac{\rho v_1^2}{2g}\rho = \xi p_{d1} \tag{9-9}$$

式中：ξ——吸风罩的局部阻力系数；
v_1——1-1断面的平均流速,m/s；
ρ——空气的密度,kg/m^3。

因此, $p_{d1} = \dfrac{1}{1+\xi}|p_{j1}|$

则

$$\sqrt{p_{d1}} = \frac{1}{\sqrt{1+\xi}}\sqrt{|p_{j1}|} = \mu\sqrt{|p_{j1}|} \tag{9-10}$$

式中：μ——吸风罩的流量系数。

吸风罩的吸风量

$$Q = v_1 F = \sqrt{\frac{2p_{d1}}{\rho}} \cdot F = \mu F \sqrt{\frac{2g}{\rho}|\rho_{j1}|} \quad (\text{m}^3/\text{s}) \tag{9-11}$$

式中：F——1-1 断面的面积，m^2。

各种形状的吸气口的流量系数 μ 可用实验方法求得，从公式（9-11）可得

$$\mu = \sqrt{\frac{p_{d1}}{|P_{j1}|}}$$

μ 值可以从有关资料查得。在实际工作中，先测出吸风罩的 μ 值，然后按公式（9-11）计算吸风量；也可根据吸风量要求计算出静压，从而对吸风量进行调整，这样工作较动压法可以大大简化。

【例 9-2】 某吸风罩连接管直径 $d = 200$ mm，连接管上的静压 $p_j = -36$ Pa，空气温度 $t = 20$ ℃，$\mu = 0.9$，求该吸风罩的吸风量。

解：连接管断面面积为

$$F = \frac{\pi}{4}d^2 = \frac{\pi}{4}(0.2)^2 = 0.0314 \, (m^2)$$

吸风罩吸风量为

$$Q = \mu F \sqrt{\frac{2g}{\rho}} \sqrt{|p_j|} = 0.9 \times 0.0314 \times \sqrt{\frac{2 \times 9.81}{1.2} \times \left|\frac{-36}{9.81}\right|} = 0.219 \, (m^3/s)$$

第四节　空气中含尘浓度的测定

测定空气中含尘浓度的目的是评价车间工作区空气的洁净度、排放空气的净化程度是否达到国家规定的卫生标准和排放标准，并以此作为设计或改进通风除尘网路的依据。

一、室内空气含尘浓度的测定

1. 原理和装置

在测定地点用抽气机抽取一定体积的含尘空气，含尘空气通过采样器的滤膜时，其中粉尘被阻留在滤膜上。根据采样前后的滤膜增重（即集尘量）和总抽气量，即可算出空气的质量含尘浓度（mg/m^3），测定装置如图 9-12 所示。

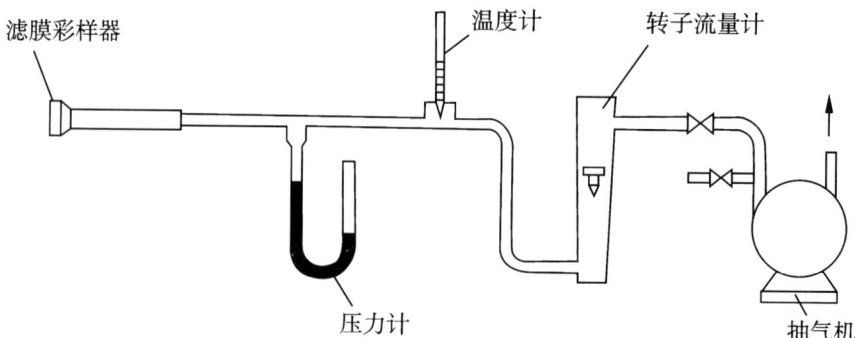

图 9-12　测定室内空气含尘浓度的采样装置

2. 测定方法

根据《作业场所空气中粉尘测定方法》规定进行测定。

(1) 测尘点　采样位置应选择在接近操作岗位或产尘点的工人呼吸带(一般为距地面高 1.5 m 左右处);对连续性产尘作业的工作环境,在作业开始 30 min 后开始测定;对于阵发性产尘作业,在工人工作时采样;有风流影响时,一般应选择在作业地点的下风侧或回风侧;移动式产尘点的采样位置,应位于生产活动中有代表性的地方,或将采样器架设于移动设备上。

(2) 滤膜　当粉尘浓度低于 50 mg/m³ 时,用 D 40 mm 的滤膜;高于 50 mg/m³ 时,用 D 75 mm 的滤膜。用万分之一分析天平进行称重。

(3) 采样　检查仪器严密性。启动抽气机后应迅速调整采样流量,一般用 15~40 L/min(此时空气通过滤膜的压损为 20~50 mmH$_2$O);浓度较低时,可适当加大流量,但不得超过 80 L/min。在整个采样过程中,流量应稳定。

采样持续的时间一般不得小于 10 min(当粉尘浓度高于 10 mg/m³ 时,采气量不得小于 0.2 m³;低于 2 mg/m³ 时,采气量为 0.5~1 m³)。为了减少测定误差,采样过程中应保持流量稳定。一般按式(9-12)估算采样持续的时间。

$$\tau = \frac{\Delta m \times 1\,000}{c'Q} \quad (\text{min}) \tag{9-12}$$

式中:τ——采样持续时间,min;

Δm——要求的粉尘增量,其质量不小于 1 mg,mg;

c'——作业场所的估计粉尘浓度,mg/m³;

Q——采样时的流量,l/min。

采样结束后,将滤膜从滤膜夹上取下,一般情况下,不需干燥处理,直接称量记录质量。如果采样现场的相对湿度大于 90% 或有水雾存在时,应将滤膜放在干燥器内干燥 2 h 后称量并记录结果。称量后再放入干燥器中干燥 30 min,再次称量,当相邻两次的质量差不超过 0.1 mg 时,取其最小值。

(4) 含尘浓度的计算　室内空气中含尘浓度按式(9-13)计算

$$c = \frac{m_2 - m_1}{V_0} \tag{9-13}$$

式中:m_1、m_2——采样前后滤膜质量,mg;

V_0——抽气体积(标准状态下),m³,它是采样流量与采样时间的乘积。

转子流量计是在 $t=20\ ℃$、压力 $p=101.3$ kPa 的状态下标定。当流量计前采样空气的状态同标定的状态相差较大时,流量计应按式(9-14)进行修正,再按式(9-15)换算成标准状况下的空气体积 V_0。

$$V = V'\left[\frac{101.3(273+t)}{(B+p)\times(273+20)}\right]^{\frac{1}{2}} \tag{9-14}$$

$$V_0 = V_1 \frac{273}{273+t} \cdot \frac{B+p}{101.3} \tag{9-15}$$

式中:B——当地大气压力,kPa;

p——流量计前压力计读数,kPa;

t——流量计前温度计读数,℃。

两次平行试验的偏差小于20%为有效。取样平均值作为该采样点的含尘浓度。

【例9-3】 在空气温度为28℃、大气压力为95.7 kPa的状况下,以15 1/min的流量采样。流量计前压力计读数为-3.3 kPa,采样时间为60 min,采样前后滤膜质量分别为44 mg和51.4 mg,求此时空气的含尘浓度。

解:(1)从流量计读出的抽气体积 $V' = 15 \times 60 \div 1\,000 = 0.9(m^3)$

(2)通过流量计的实际体积为

$$V = 0.9 \left[\frac{101.3(273+28)}{(95.7-3.3) \times (273+20)} \right]^{\frac{1}{2}} = 0.955(m^3)$$

(3)将 V_1 换算成标准状况下的体积为

$$V_0 = 0.955 \times \frac{273}{273+28} \times \frac{95.7-3.3}{101.3} = 0.848(m^3)$$

(4)空气含尘浓度

$$c = \frac{51.4-44.6}{0.848} = 8.02(mg/m^3)$$

二、风管中空气含尘浓度的测定

1. 原理和装置

风管中空气含尘浓度的测定装置如图9-13所示。它同图9-12的不同之处是,采样管头部设有可更换的尖嘴形采样头,含尘气流经采样管(引尘管)进入滤膜采样器。在高含尘浓度时,为增大尘容量,可采用滤筒收集尘样。

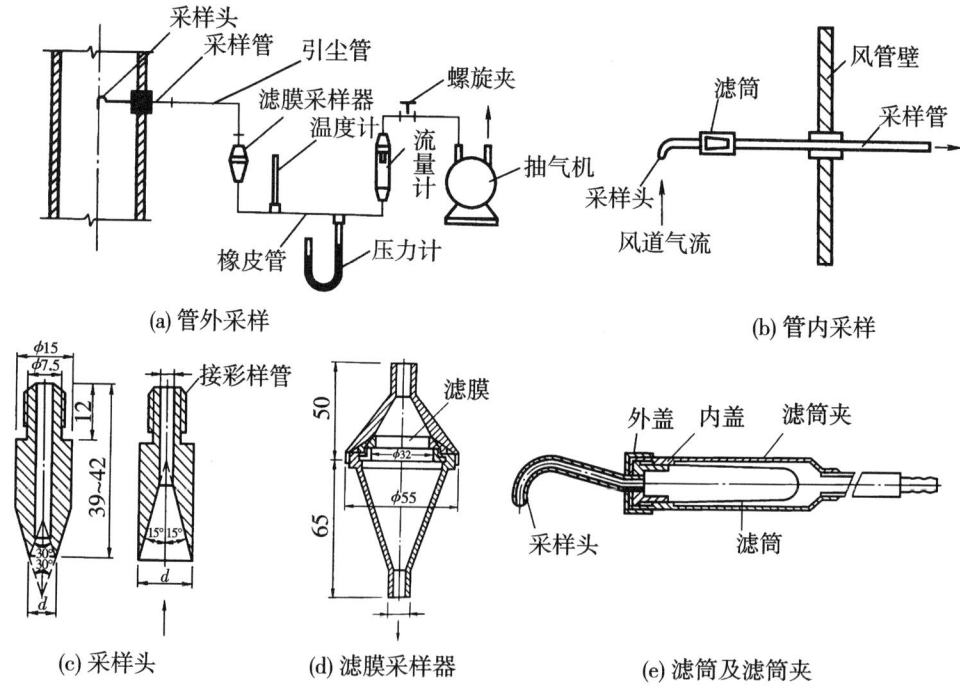

图9-13 风管中空气含尘浓度的测定装置

2. 采样

(1) 采样方式 采样方式有管内和管外两种。管内采样的主要优点是尘粒通过采样嘴后直接进入集尘装置,沿途没有损耗。管外采样时,尘样要经过较长的采样管才进入集尘装置,沿途有可能黏附在采样管壁上,使采集到的尘量减少,不能反映真实情况。

(2) 等速采样 所谓等速采样是指采样速度 v 必须等于风管中该点的空气流动速度 v_0。如图9-14所示,当 $v<v_0$ 时,处于采样头边缘的一些粗大尘粒($>3.0\sim5.0\ \mu m$)本应随气流一起绕过采样头,由于惯性的作用,会继续按原来方向前进,进入采样头内,使测定结果较实际情况偏高。当 $v>v_0$ 时,处于采样头边缘的一些粗大尘粒出于本身的惯性,不随气流改变方向进入采样头内,而是继续沿着原来的方向前进,从采样头外通过,使测定结果偏低。因此,只有当采样流速等于风管内气流速度时,采样管收集到的含尘气流样品才能反映风管内气流的实际含尘情况。可采用预测流速法、静压平衡法等方法进行采样速度。

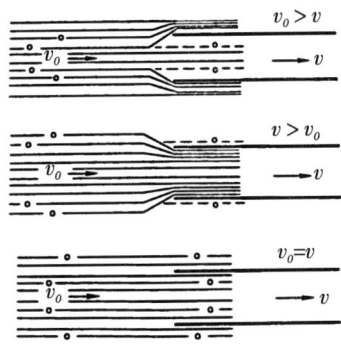

图9-14 在不同采样速度时尘粒运动情况

1) 预测流速法 在采样前,先要测出风管中采样点的空气流速 v_0,再根据采样点空气流速 v_0 和采样头进口直径 d 算出采样抽气量。等速采样时,$v=v_0$,即

$$Q = \frac{\pi}{4}d^2v \quad (\text{m}^3/\text{s}) \tag{9-16}$$

式中:d——采样头进口内径,m;

v——采样头处的空气速度,m/s。

采样管内的空气流量应等于采样头进口断面的空气流量。为了防止采样管内积尘,一般要求采样管内的空气速度大于 25 m/s,由此得

$$Q = \frac{\pi}{4}d^2v = \frac{\pi}{4}d_0^2 \times 25$$

从而确定采样头大小 d,即

$$d = \frac{5d_0}{\sqrt{v}} \tag{9-17}$$

式中:d_0——采样管内径,m。

为了适应不同流量及流速,采样头进口内径有 4 mm、5 mm、6 mm、8 mm、10 mm、12 mm、14 mm 等多种。若计算的抽气量超过了流量计或抽气机的工作范围,应改换小号采样头,重新计算抽气量。

2)静压平衡法 当管道内气流速度波动大时,按预测流速法难以取得准确的结果,可采用图 9-15 所示的等速采样头:在等速采样头的内、外壁上各有一根静压管,只要采样头内外的静压差保持相等,$p_{0j}=p_j$,采样头内的气流速度 v 就等于风管内的气流速度 v_0,即采样头内外的动压相等。此法不需预先测定气流速度,只要在测定过程中调节采样流量,使采样头内、外静压相等,就可以做到等速采样。需要注意,等速采样头是利用静压而不是用采样流量来指示等速情况的,由于瞬时流量在不断变化着,所以记录采样流量时不能用瞬时流量计,要用累计流量计。

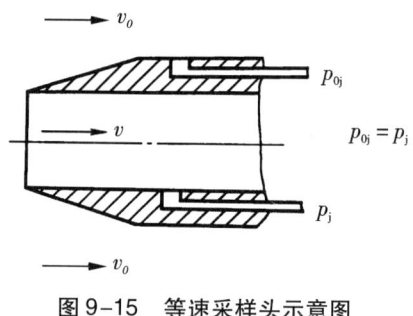

图 9-15 等速采样头示意图

(3)采样点的布置 由于风管断面上含尘浓度分布不均匀,在垂直管中,含尘浓度由管中心向管壁逐渐增加;在水平管中,由于重力的影响,下部的含尘浓度较上部大,而且粒径也大。因此,一般优先在垂直管段进行采样。要测得风管中某断面上的平均含尘浓度,必须在该断面进行多点采样。但如何布点,才能测得平均含尘浓度,目前尚未取得一致的看法。

目前常用的采样方法有以下几种:

1)多点采样法 分别在已定的每个采样点上采样,每点采集一个样品,然后再计算出断面的平均颗粒物浓度。

2)移动采样法 用同一集尘装置,在已定的各采样点上,用相同的时间移动采样头连续采样。每个采样点的采样时间不得少于 2 min。由于风管中各点空气流速不同,要做到等速采样,必须在移动采样头的同时迅速调整采样流量。对于颗粒物浓度随时间变化显著的场合,采用上述两种方法测出的结果较为接近实际。

3)平均流速点采样法 找出风管测定断面上的气流平均流速点,并以此点作为代表点进行等速采样。

4)中心点采样法 在风管中心点进行等速采样,以此点的颗粒物浓度作为断面的平均浓度。

在测定过程中,随着滤膜或筒内粉尘的积聚,阻力也会不断增加,因此,必须随时调整。

第五节 除尘器性能的测定

除尘器性能的测定主要是指除尘器的除尘效率、压力损失及处理风量、漏风率等的测定。如图 9-16 所示。

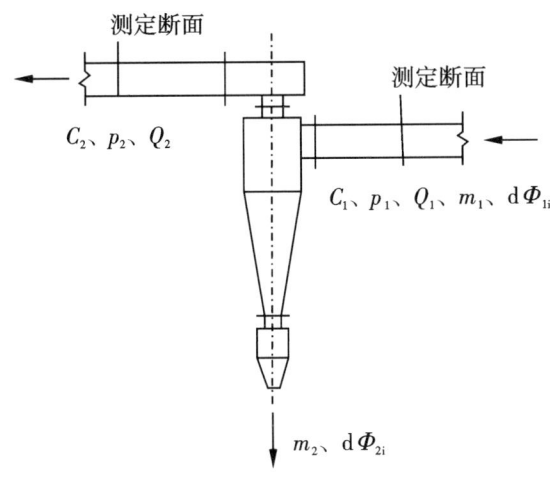

图 9-16　除尘器性能测试示意图

一、除尘总效率和分级效率的测定

1. 除尘总效率的测定

除尘器除尘总效率的测定有质量法和浓度法。

在实验室中采用质量法。质量法是将一定质量 m_1 的灰尘均匀地发散到被测的除尘器进风管中。将被除尘器捕集的灰尘收集起来，称出其质量 m_2，则可得除尘器的总效率

$$\eta = \frac{m_2}{m_1} \times 100\% \qquad (9-18)$$

在工厂现场测定时一般用浓度法。浓度法是在同一时间内，分别测出除尘器进、出口风管中含尘空气的含尘浓度 c_1 和 c_2，再按照下式计算除尘效率

$$\eta = \frac{c_1 - c_2}{c_1} \times 100\% \qquad (9-19)$$

用浓度法测定时，必须采用同样的仪器、在同一时间内，同时在除尘器前后采样。测定时不允许有明显的漏风现象。为了消除漏风对测定结果的影响，在计算效率时，应把漏风量考虑进去。即

$$\eta = \frac{c_1 Q_1 - c_2 Q_2}{c_1 Q_1} \times 100\% \qquad (9-20)$$

式中：Q_1，Q_2——除尘器进、出口风管中风量，m^3/h。

2. 除尘器除尘分级效率的测定

测定分级效率的方法通常有两种：一种是选出某一粒径范围的灰尘单独测定；另一种是用含有不同粒径的灰尘综合测定，即同时测定除尘器进出口含尘浓度和质量分散度，然后再计算分级效率。

二、压力损失、风量和漏风率的测定

除尘器的压力损失可用其进出口管中两截面上的全压差表示。若进出口风管直径

相等,则可用两截面的静压差表示。即

$$\Delta p = p_1 - p_2 \tag{9-21}$$

式中：Δp——除尘器阻力,Pa；

p_1——除尘器进口处的平均全压,Pa；

p_2——除尘器出口处的平均全压,Pa。

测定除尘器的处理风量时,要求同时测出进入除尘器的风量 Q_1 和从除尘器排出的风量 Q_2,其目的是检查除尘器本身的漏风情况。如有漏风现象,应取除尘器进出风量的平均值表示其处理风量。

根据定义,除尘器漏风率 ε 用下式表示

$$\varepsilon = \frac{Q_2 - Q_1}{Q_1} \times 100\% \tag{9-22}$$

式中：Q_1——除尘器进口处风量,m^3/s；

Q_2——除尘器出口处风量,m^3/s。

第六节　测定中发现问题的分析及通风除尘网路的维护管理

测定中发现问题的分析及通风除尘网路的维护管理

通风除尘系统在运行或调试过程中可能出现一些问题,可通过测定,依据测定结果进行判断分析并提出解决措施。常见问题分析及解决措施可参见"测定中发现问题的分析及通风除尘网路的维护管理"二维码内容。

思考与练习

1. 室内和风管中的空气含尘浓度是如何测定的？何谓等速采样？为什么要等速？如何做到等速采样？

2. 在现场风网测定中发现了以下问题：①风网风量小于设计风量；②风网风量大于设计风量；③作业机吸风效果不佳；④风管漏风、积尘；⑤除尘器效率低。试分析可能是什么原因造成的？如何调整解决？

3. 已知管道内含尘气流流量 $Q = 0.7\ m^3/s$,管道直径 $d = 200\ mm$。在平均流速点采样,测定气体含尘浓度。已知抽气量 $Q = 24\ m^3/min$,流量计前温度 $t = 20\ ℃$,流量计前压力计读数 $p = 1.5\ kPa$,当地大气压力 $B = 101.3\ kPa$,试确定采样管及采样头直径。

4. 风网测定的目的是什么？测定哪些内容？采用哪些仪器？

5. 如何正确地确定测量断面及布置测点？

6. 如何测定风管内的风压和风量？

7. 如何测定机器设备的吸风量和阻力？

8. 除尘器总效率、分级效率、处理风量及阻力是如何测定的？

9. 现场中如何测定通风机的性能？

10. 转速一定的离心式通风机,在运行中管网发生堵塞,则系统的吸风量和阻力将如何变化？

第十章 气力输送原理

本章要点：本章介绍了我国气力输送技术的发展历程。介绍了粮食行业著名专家孙武亮教授，孙武亮教授一生致力于我国粮食行业通风除尘与气力输送的教学与研究，他专心致志，锲而不舍，辛勤耕耘，为我国粮食行业通风除尘与气力输送技术的进步与发展做出了杰出贡献。重点介绍了气力输送的类型和特点，尤其是粮食行业气力输送系统具有"一风多用"的特点，料气两相流的性质（浓度、密度等），在直管、弯管中的运动规律（运动状态及运动微分方程、压力损失）。

第一节 概述

气力输送是利用一种具有一定压力和一定速度的气流在管道中连续输送粉、粒状物料的技术及装置。

1853 年，世界上出现了第一个用于在邮局内部传递信件的气力输送装置。1882 年，在俄罗斯圣彼得堡港出现了第一台用来从船舱中卸载粮食的气力输送装置，即吸粮机。1893 年，英国也出现了吸粮机。之后世界各港口广泛采用气力输送装置来卸运粮食。随着生产过程连续机械化发展需要，气力输送作为一种输送技术和防尘措施逐步用于工业生产工艺过程中，实现输送物料的连续化。1945 年，在瑞士建成了世界上第一个气力输送面粉厂。1958 年，我国在浙江金华建成了第一个气力输送面粉厂；1966 年，在南京浦镇建成了采用气力输送的米厂。

目前，国内外面粉厂在制粉车间均采用气力输送技术。其他行业也广泛采用气力输送技术输送如化工物料、棉花、羊毛、烟叶、农药、饲料、矿石、型砂、可可、奶粉等物料。气力输送装置的型式也越来越多，输送量和输送距离不断提高。目前最大生产率已超过 1 000 t/h 以上，输送距离也至数公里。

一、气力输送的特点

气力输送较其他连续输送方式具有如下优点：
(1) 实现输送物料散状运输。
(2) 设备简单、占地面积小、可充分利用空间，设备的投资和维修费用小。据统计，对于相同产量的面粉厂，采用气力输送所需建筑容积比采用机械输送减少 30% ~ 50%。需要的操作人员少，可实现无人操作和自动化管理。
(3) 输送管道能灵活地布置，利于合理布置设备，不受气候和管道周围环境条件的限制。能够避免物料受潮、污损或混入其他杂物，可以保证输送物料的质量。
(4) 输送量范围适应性较大。

(5)可以由数点集中送往一处或由一处分散送数点的远距离输送。

(6)在输送过程中可以实现多种工艺操作,如混合、粉碎、分级、干燥、冷却、除尘和化学反应等,即一风多用。

然而与机械输送型式相比,其缺点是稀相气力输送动耗大、磨损大、物料破碎大、噪声大。稀相气力输送的动耗为斗式提升机的 2~4 倍、带式输送机的 15~40 倍,且输送距离愈短愈明显。密相栓流气力输送方式克服了上述缺点,但装置比较复杂。气力输送与机械输送装置的单位功率消耗(动力指数)比较见表 10-1。

表 10-1 气力输送与机械输送装置的单位功率消耗比较

输送方式	气力输送			机械输送			
	稀相		密相栓流	带式输送机	振动输送机	斗式提升机	埋刮板输送、螺旋输送机
功率消耗 /(kW·h/t·m)	压送式	吸运式					
	0.002~0.3	0.03~1.0	0.001~0.02	0.0003~0.006	0.002~0.8	0.003~0.03	0.01~0.1

二、气力输送的分类

气力输送可按物料、气流的量比、力学特征及装置特征来分类,见表 10-2。

表 10-2 气力输送各种分类方法一览表

划分方法	划分原则	划分界限	类型
料、气两相数量比	按料、气质量流量比划分/(kg/s)	<5	稀相
		5~50	中相
		>50	密相
料、气两相流体力学特征	按空气速度划分/(m/s)	10~40	稀相
		8~15	中相
		1.5~9	密相
装置特征	按气源压力划分/(kg/cm^2)	0~1.0	低真空
		<-1.0	高真空
		0~0.5	低压
		0.5~7	高压
	按压力差性质划分	<大气压	吸运
		>大气压	压送

三、气力输送装置的型式

气力输送装置型式按空气在管道中的压力状态,分为吸运式和压送式。此外,根据需要还有既吸又压的混合式及密闭循环式等型式。

(一)吸运式

吸运式气力输送装置的组成如图10-1所示。输送物料的过程在风机吸气段一侧完成。

吸运式气力输送的特点:①输送装置处于负压状态下工作,物料和灰尘不会飞逸外扬;②适宜于物料从几处向一处集中输送;③适用于对堆积面广或存放在深处、低处的物料进行输送(如仓库、货船等散装物料输送);④喂料方便简单,不受空间位置限制;⑤对卸料器、除尘器的严密性要求高,要求在气密条件下排料,致使设备结构较复杂;⑥动力消耗较高,使输送量、输送距离受到限制。

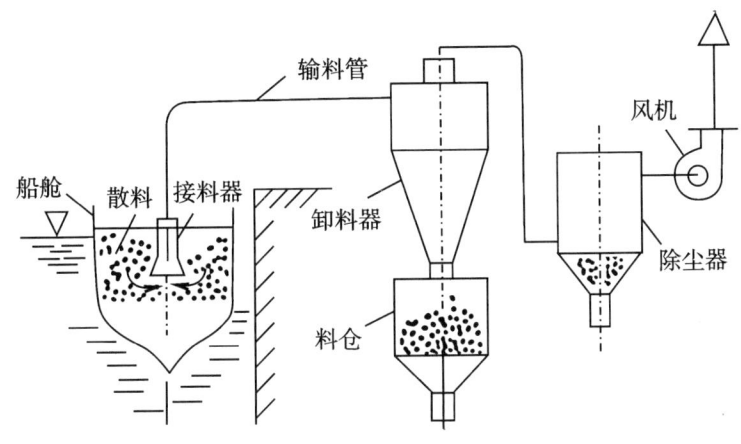

图10-1 吸运式气力输送装置

(二)压送式

压送式气力输送装置中,物料的输送过程是在风机的压气段一侧完成的,其组成如图10-2所示。

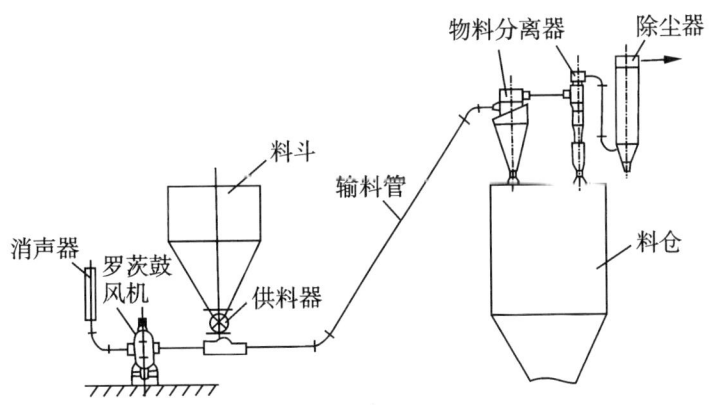

图10-2 压送式气力输送装置

与吸运式相比,压送式气力输送装置具有以下特点:①适合于大流量、长距离输送;②需要在密闭条件下加料,加料装置占有一定高度,结构复杂;③卸料器结构简单;④能够防止杂质进入系统;⑤容易造成粉尘外扬,输送条件受到限制。

(三)混合式

混合式气力输送装置是由吸运式和压送式组合而成的,如图10-3所示。它具有两者的共同特点,适用于既要集料又要配料的场合,一般多用于移动式气力输送装置。

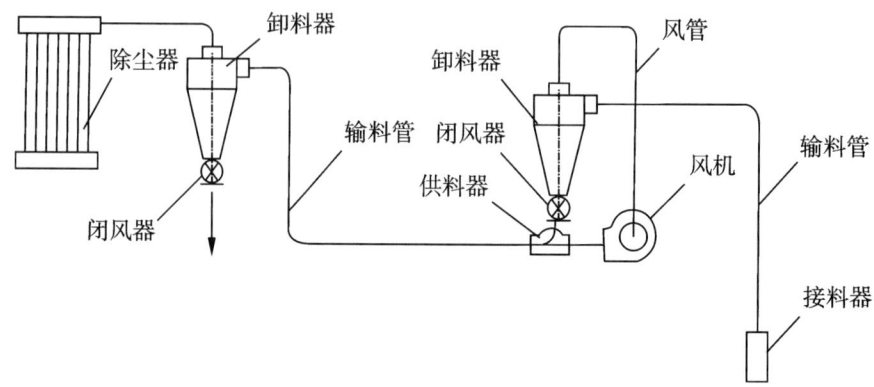

图10-3 混合式气力输送装置

(四)循环式

循环式气力输送装置适用于输送细小、贵重或危害性大的粉状物料,其组成如图10-4所示。其特点:①大部分空气返回至接料器进行再循环,部分空气经净化后排入大气,故减少排入大气的含尘空气,也减少了物料损失及净化设备配置量;②多一根回风管,同时因回风中带有一定的物料易使风管磨损;③输送量较小。

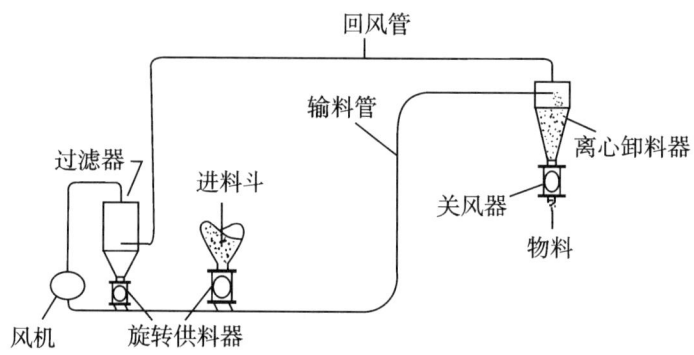

图10-4 循环式气力输送装置

(五)粮油食品饲料加工厂采用的气力输送的型式及特点

在粮油食品饲料加工厂常采用如图10-5～图10-7所示的气力输送型式。图10-5所示为面粉加工厂制粉车间采用的吸运式气力输送系统。图10-6所示为面粉厂进仓、倒仓、配粉采用的压送式气力输送系统。图10-7所示为大米加工厂砻糠分离并输送进仓所采用的吸压混合式气力输送系统。

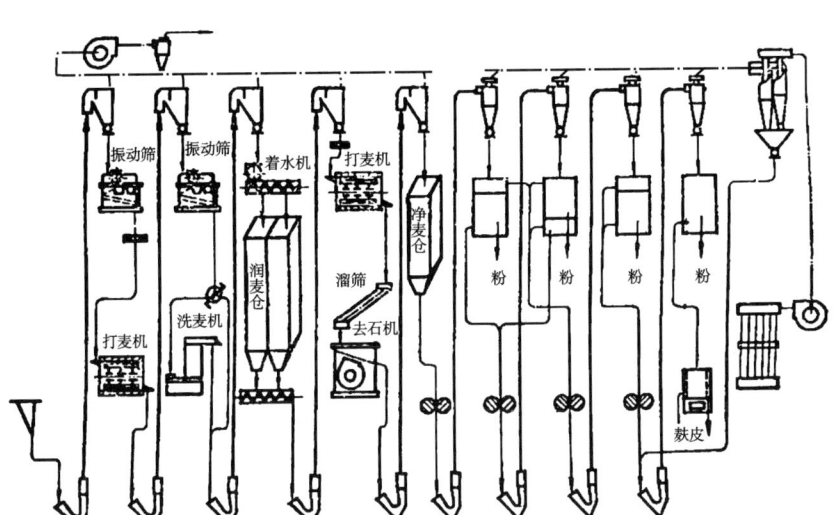

图 10-5 面粉加工厂制粉车间气力输送系统（吸运式）

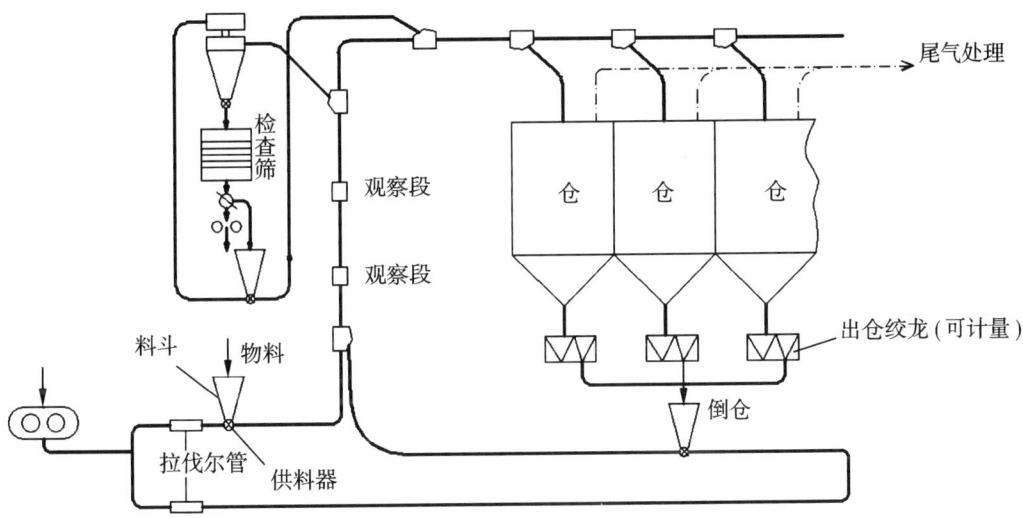

图 10-6 面粉厂进仓、倒仓、配粉采用的气力输送系统（压送式）

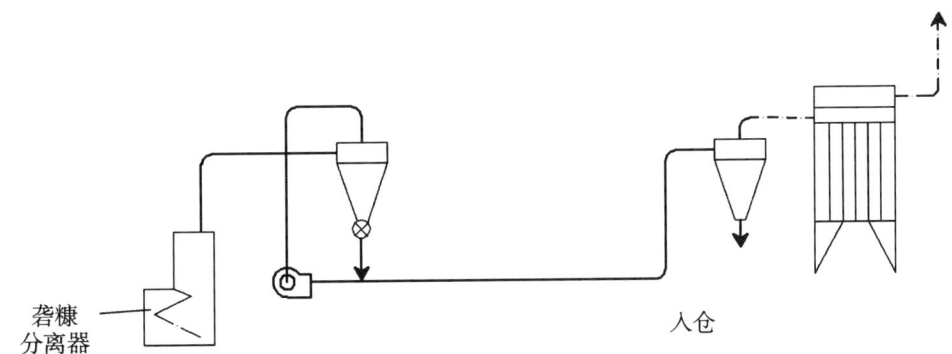

图 10-7 大米加工厂输送砻糠分离进仓气力输送系统（混合式）

1958年,气力输送技术首次应用于面粉厂输送面粉加工过程中的小麦、面粉和中间产物,经过几代工程技术人员地不断探索、研究,逐步形成"一风多用"特色,即粮油食品饲料工业生产中采用气力输送技术与某些工艺需求有机结合,完成了一些必须依靠气流作用的部分工艺任务。

由于在粮食工业气力输送中,结合了加工的工艺特点,善于开发利用气力输送技术的气流运动规律,使气力输送的高能耗从多种途径即一风多用的替代作用中得到了补偿,使得气力输送技术在粮食工业中得到了广泛的应用,而且很快将气力输送技术推广应用到其他行业,体现了中国粮食行业技术人员为发展我国气力输送技术用于革新、探索的工匠精神。

粮油食品饲料工业生产中气力输送还与某些工艺要求结合起来,可完成那些必须依靠气流作用的部分工艺任务。

锲而不舍大工匠
倾力传道老粮翁

(1) 吸尘作用　如图10-8(a)所示,花篮接料器的空气是从输送带卸料端的吸尘罩引入。

(2) 清理物料、风选分离作用　如图10-8(a)所示回风式卸料器,当小麦随气流进入卸料器,首先与卸料器内碰壁碰撞摩擦,使麦粒表面的麦毛和黏附的尘土污垢脱落下来;在气流的作用下,完整麦粒与气流分离,而麦壳、麦毛、瘪麦等轻杂质则混杂在气流中,进入沉降室沉降而单独分离出来。

又如图10-7所示,利用气力输送的风将砻糠与糙米分离,砻糠分离器同时也是接料器。

(3) 吸湿冷却作用　如图10-8(b)所示,从磨粉机出来的物料,温度比室温高出10~20℃,过高的温度不仅使蛋白质变性、淀粉糊化,影响面粉品质,同时物料温度的增高,产生大量水汽,在设备内部形成水汽凝结,不利于物料后续的流动和筛理。

采用气力输送使一部分风通过磨粉机磨膛,可有效地降低物料和磨粉机内部温度,改善面粉的品质;同时带走了热量与水汽,可提高平筛的筛理效果。又例如在植物油厂,饼粕经烘干处理后,其温度将超过100℃,不宜于安全存放,采用气力输送入库,起到冷却作用。在饲料厂,粉碎机出来的物料采用气力输送,不但可以降低温度、吸除水汽,还可以提高粉碎机的产量。

由于在粮食工业气力输送中,结合了加工的工艺特点,善于开发利用气力输送技术的本质属性,使气力输送的高能耗从多种途径的替代作用(即一风多用)中得到了补偿,使得气力输送技术在粮食工业中得到了广泛的应用。

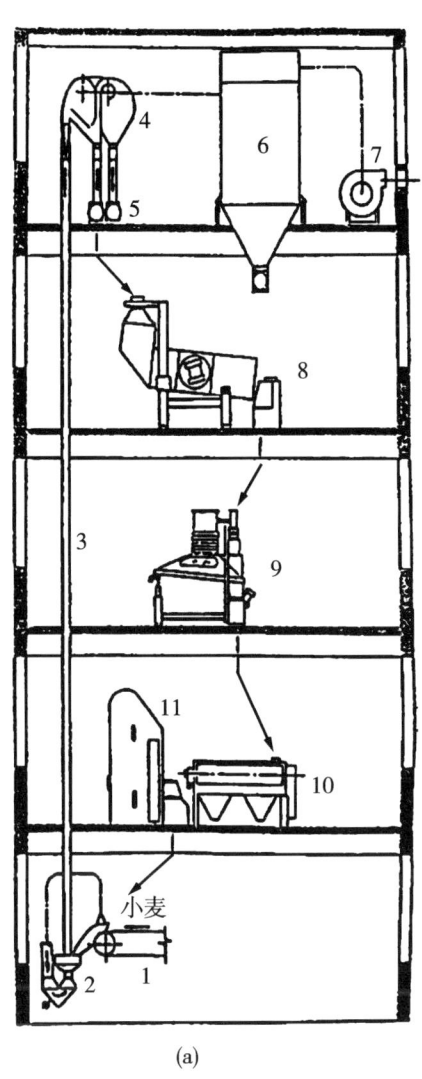 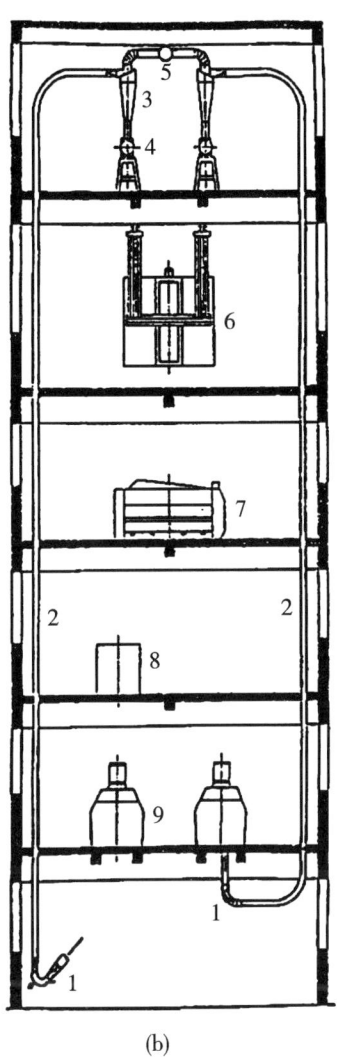

(a)   (b)

1—胶带输送机；2—花篮接料器；3—输料管；
4—回风式卸料器；5—关风器；6—除尘器；
7—风机；8—振动筛；9—去石机；10—擦麦机；
11—初清筛

1—接料器；2—输料管；3—卸料器；
4—关风器；5—汇集风管；6—高方筛；
7—清粉机；8—打麸机；9—磨粉机

图 10-8 面粉加工厂气力输送系统

第二节 固气两相流的性质

固体物料与空气的混合物，被称为固气两相流。固气两相流的性质对两相流的运动状态、固体颗粒的运动速度以及输料管内的压力损失等有很大的影响。

一、浓度

浓度也称料气混合比，是指两相流中固体物料量与空气量比值，它是反映输送量和输送状态的指标,是两相流的重要参数之一。

浓度一般分为质量浓度、体积浓度与实际浓度等三种。

(1)质量浓度 μ　指通过输料管断面的物料质量流量 G_s 与气体质量流量 G_a 之比。即

$$\mu = \frac{G_s}{G_a} = \frac{G_s}{\rho_a Q_a} \tag{10-1}$$

式中:G_s——物料质量流量,kg/h;

G_a——气体质量流量,kg/h;

Q_a——气体流量,m³/h;

ρ_a——气体密度,kg/m³。

(2)体积浓度 M　指物料的密实体积流量 Q_s 与气体体积流量 Q_a 之比,即

$$M = \frac{Q_s}{Q_a} = \frac{G_s/\rho_s}{G_a/\rho_a} = \mu \frac{\rho_a}{\rho_s} \tag{10-2}$$

式中:Q_s——物料的密实体积流量,m³/h;

ρ_s——物料的密实密度,kg/m³。

质量浓度、体积浓度都是根据流体与固体物料流量数据计算得到的,因此,它与输料管内运动的混合体的实际浓度不同。

(3)实际浓度 μ'　是指输料管中单位长度内的物料质量(G_s/v_s)与气体质量(G_a/v_a)之比,即

$$\mu' = \frac{G_s/v_s}{G_a/v_a} = \frac{G_s}{G_a} \cdot \frac{v_a}{v_s} = \mu \frac{v_a}{v_s} \tag{10-3}$$

式中:v_s——物料平均速度,m/s;

v_a——气体平均速度,m/s。

由于在气力输送中 $v_a > v_s$,所以 $\mu' > \mu$,即实际浓度大于质量浓度。在稀相、输送粒状物料时,当两相流进入稳定输送段之后,可视 $v_a \approx v_s$,此时可用质量浓度来代替实际浓度进行设计计算。

在气力输送设计中,通常采用质量浓度作为设计已知参数,可参照表10-3。

表10-3　质量浓度的选用范围

输送方式		质量浓度 μ
吸运式	低真空吸运	0.5~10
	高真空吸运	10~40
压送式	低压压送	1~10
	高压压送	10~40
	流态化输送	50~400

二、密度

两相流的密度可用流量密度和实际密度表示。

(1)流量密度 ρ_{sa}　流量密度是指两相流质量流量 $G_{sa}(G_{sa}=G_s+G_a)$ 与其体积流量 $Q_{sa}(Q_{sa}=Q_s+Q_a)$ 之比,即

$$\rho_{sa}=\frac{G_{sa}}{Q_{sa}}=\frac{G_s+G_a}{Q_s+Q_a}=\frac{\rho_s Q_s+\rho_a Q_a}{Q_s+Q_a}\quad(kg/m^3) \qquad(10-4)$$

式中：G_{sa}——两相流质量流量,kg/h；

　　　Q_{sa}——两相流体积流量,m³/h。

当忽略气体质量流量 G_a 和物料体积流量 Q_s 时,上式变为

$$\rho_{sa}=\frac{G_s}{Q_a}=\mu\rho_a\quad(kg/m^3) \qquad(10-5)$$

这说明,两相流的流量密度近似等于气体密度的质量浓度倍数。

(2)实际密度 ρ'_{sa}　实际密度是指输料管中运动状态下两相流的密度,即单位长度输料管内两相流质量与其体积之比,即

$$\rho'_{sa}=\frac{G_s/v_s+G_a/v_a}{Q_s/v_s+Q_a/v_a}=\frac{G_s/v_s+G_a/v_a}{A_s+A_a}\quad(kg/m^3) \qquad(10-6)$$

式中：A_s——物料的截面积,m²；

　　　A_a——空气的截面积,m²。

在稀相气力输送中,物料所占体积(Q_s/v_s)较小,可忽略不计,则得

$$\rho'_{sa}=\frac{G_s/v_s+G_a/v_a}{Q_a/v_a}=\frac{G_s}{Q_a}\cdot\frac{v_a}{v_s}+\frac{G_a}{Q_a}=\rho_a(\mu\cdot\frac{v_a}{v_s}+1)=\rho_a(\mu+1)\quad(kg/m^3)$$

$$\qquad(10-7)$$

若再忽略气体的质量(G_a/v_a)时,则得

$$\rho'_{sa}=\frac{G_s/v_s}{Q_a/v_a}=\frac{G_s}{Av_s}=\rho_a\mu\cdot\frac{v_a}{v_s}=\rho_a\mu'\quad(kg/m^3) \qquad(10-8)$$

式中：$A=\dfrac{Q_a}{v_a}$——单位长度输料管内物料的体积,m³。

这说明,实际密度等于气体密度的实际浓度的倍数。

由式(10-5)及式(10-8)可知,$\rho'_{sa}>\rho_{sa}$。

式(10-8)是忽略气体质量及物料体积的条件下得出的,因而在物理意义上,它实质是单位管长容积中悬浮着的颗粒群的质量,即输料管中的悬浮状态下颗粒群的密度(ρ_n),即

$$\rho_n=\rho'_{sa}=\frac{G_s}{Av_s} \qquad(10-9)$$

第三节　物料在管道中的运动分析

一、物料颗粒在垂直管中的运动状态

在垂直输料管中,物料颗粒的重力与气流动力处在同一直线上,但方向相反。当气流速度大于物料悬浮速度时,物料颗粒就向上运动。同时,由于紊流使与流向相垂直的

速度分量(径向)存在,另外由于颗粒形状不规则,涡流影响以及颗粒之间或颗粒与管壁之间的碰撞所引起的旋转运动而产生的马格努斯效应,使颗粒会受到垂直于运动方向的力,故物料在输料管中的实际运动状态变得十分复杂,往往呈一种不规则的曲线上升运动。这种运动的不规则程度,与物料性质、两相流在输料管中的浓度以及气流速度的大小密切相关。

二、物料颗粒在水平管中的运动状态

1. 物料单颗粒在水平管中的运动状态

物料单颗粒在水平管中的运动状态可用图10-9来说明。当气流速度很小时,物料颗粒在管底不动;当气流速度大于某一最低值时,物料颗粒开始运动,主要是滚动,滑动较少。当气流速度进一步增大,物料颗粒即离开管底作间断悬浮状态运动,即一会儿跳到气流中,一会儿又由气流中沉到管底,接着沿管底滚动一段距离,周而复始地进行。当气流速度再增加,物料颗粒就处于完全悬浮状态,又由于颗粒本身重力的作用,它不是直线前进,而是边浮边沉地向前运动。

图10-9 水平管道物料单颗粒运动状态

2. 水平管道中物料颗粒悬浮因素

在水平管道内,物料颗粒有以下五种克服重力悬浮的作用:①紊流时气流的垂直方向分速对颗粒产生的气动力为悬浮力,如图10-10(a)所示。②在管底的颗粒,由于气流速度分布为上部流速大,下部流速小,因此,上部静压力小,下部静压力大,形成悬浮力,如图10-10(b)所示。③颗粒旋转引起颗粒周围的环流与气体叠加而产生的马格努斯效应的升力,如图10-10(c)所示。由于气流速度分布不均,使得处在管道下部的颗粒,上部受到向右的黏性力,下部受到向左的黏性力,而产生顺时针旋转;流场涡流引起颗粒的旋转;颗粒形状不对称,受力不均而产生旋转;颗粒沿管底的滚动等。颗粒旋转时,由于黏性而使颗粒附近气体随同颗粒旋转,而形成环流。此环流与水平流的叠加流场,使颗粒上部流速加快,静压力降低,下部流速减慢,静压力增高,从而产生一个升力,此即马格努斯效应。④由于颗粒处于角的方位,气流对颗粒的气动力在垂直方向有分力,如图10-10(d)所示。⑤由于颗粒相互间或管壁碰撞而获得的反弹力在垂直方向的分力,如图10-10(e)所示。

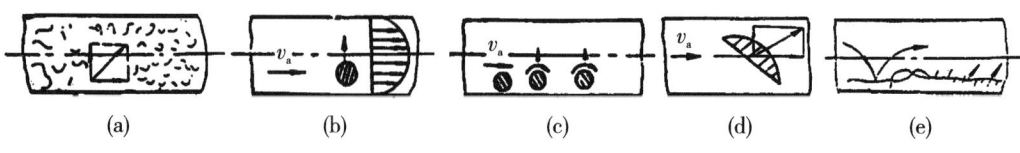

图10-10 使颗粒悬浮的力

这些力的作用结果,使颗粒在气流中一面呈悬浮状态作不规则运动,一面反复与管壁碰撞或摩擦滑动。对于粉状物料,则(a)(d)(e)项因素起主要作用,而(b)(c)项因素由于粒度太小,几乎不起作用;对于较大颗粒的物料粒状,则(b)(c)项因素起主要作用,而(a)(d)(e)项比颗粒重力小得多,几乎不起作用。

3. 物料颗粒群在水平管道中的运动状态

输料管中物料群的运动状态是随气流速度和浓度的不同而有显著变化的。实验观察颗粒运动状态与风速的关系,如表10-4中的图例所示。

(1)悬浮流(均匀流) 颗粒在管道中呈均匀分散的悬浮流动状态,这是低压稀相气力输送的理想流动状态。但只有输送量很小的粉状物料,风速很高、浓度很低时才能出现。

表10-4 输料管中物料运动状态

序号	流动状态	料流名称	物料速度 v_s / 气流速度 v_a	质量浓度 μ
1	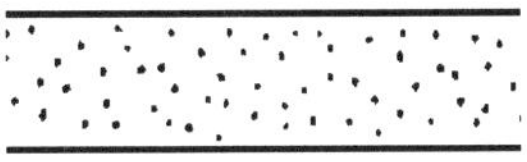	悬浮流（均匀流）	$(0.5 \sim 0.8)v_a$ $v_a = 15 \sim 30$ m/s	$1 \sim 4$
2		管底流	$(0.1 \sim 0.3)v_a$ $v_a = 6 \sim 20$ m/s	$5 \sim 10$
3	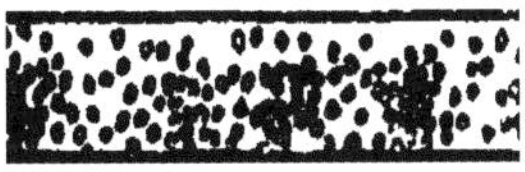	疏密流	$v_a = 8 \sim 15$ m/s	$10 \sim 20$
4		集团流（停滞流）	$v_a = 8 \sim 15$ m/s	$20 \sim 30$
5		部分流	$(0.2 \sim 0.7)v_a$ $v_a = 5 \sim 15$ m/s	$30 \sim 50$
6		栓塞流	$(0.8 \sim 1.0)v_a$ $v_a = 5 \sim 10$ m/s	$30 \sim 300$

(2)管底流 当风速减小时,在水平管中颗粒多集聚在管底,但未出现停滞,即处于管道上下部悬浮量不同的流动状态。对于这种流态,当风速不变,如果增加浓度,则会进一步增多管底流。

(3)疏密流　当风速再降低或再增加浓度时,则出现非常稳定的疏密流。气流压力出现脉动现象,密集部分的下部速度小,上部速度大,密集部分呈现边旋转边前进,但其中速度快的小颗粒逐渐跑掉。如果形成速度较慢的颗粒群集团,但未停滞,部分颗粒在管底滑动,这是颗粒悬浮输送极限状态。

以上三种状态,都属于悬浮输送状态。

(4)集团流(停滞流)　疏密流的风速再降低,则密集部分进一步增大,其速度也降低,大部分颗粒失去悬浮能力而在管底开始滑动,形成颗粒群堆积的集团流。由于在管底堆集颗粒占据了有效面积,使管内断面变小,气流速度在该区段增大,致使停滞的物料重新被吹走。这样就形成停滞、积聚、吹走互相交替的不稳定输送状态,压力也相应地产生脉动现象。

(5)部分流　当气流速度过小时,物料颗粒就要堆积在管底。堆积层上部的物料颗粒在气流的作用下,将作不规则的移动,并随着时间的推移,堆积层像砂丘移动似的流动。

(6)栓塞流或栓状流　堆积的物料层如已充满管道,物料靠物料柱前后存在空气压力差推动而输送。

4.物料在弯管中的运动状态

弯管中物料的运动状态,已由实验得出下述结果:①绕弯管外半径滑动的料层相当松散,料速比气速慢得多;②物料通过弯管时,经过数次碰撞,其轨迹为折线,通常在大颗粒运动时可以观察到;③当物料以较低的速度与弯管外侧内壁碰撞而失去动能后,最终将导致颗粒与管壁保持接触,并沿管壁作减速滑动;④由于受离心力的作用,在径向平面内形成旋涡,使流动状态更为复杂。

三、直管中颗粒群运动的微分方程

在研究低压低真空输送管道中固、气两相流的流动时,将两相流视为一种特殊的均质流体,即颗粒群均匀悬浮流,并视其具有一般流体运动的基本规律,这是当前研究气力输送管道中均匀悬浮两相流的一种较普遍的方法。

1.颗粒群受力分析

如图 10-11 所示,在倾斜输料管段内,取 dl 段颗粒群进行受力及运动规律分析。

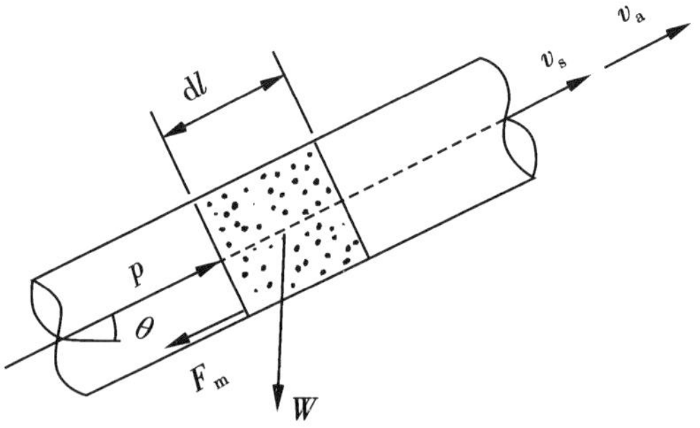

(1)空气推力

$$p = C_s A_s \frac{(v_a - v_s)^2}{2} \rho_a \quad (\text{N}) \tag{10-10}$$

式中:C_s——颗粒群的绕流阻力系数;
　　　A_s——与气流方向垂直的颗粒群断面积总和,m^2。

图 10-11　dl 段物料运动所受的力

(2)管壁阻力

$$F_m = \frac{\lambda_s}{D} dl \frac{v_s^2}{2} \rho_n \cdot A = \frac{\lambda_s}{D} dl \frac{v_s^2}{2} \rho_n \frac{\pi}{4} D^2 \quad (\text{N}) \tag{10-11}$$

式中：λ_s——颗粒群在管内运动的摩擦阻力系数；
A——输料管截面积，m^2；
D——输料管直径，m。

（3）dl 段颗粒群的重力
$$W = \frac{G_s}{v_s} g \mathrm{d}l \quad (N) \tag{10-12}$$

2. 有关量的代换

（1）悬浮分散状态下颗粒群密度 ρ_n 将式（10-9）$\rho_n = \frac{G_s}{A v_s}$ 带入式（10-11），得

$$F_m = g \cdot \frac{G_s}{v_s} \mathrm{d}l \frac{\lambda_s v_s^2}{2gD} \quad (N) \tag{10-13}$$

（2）输送状态下的 C_s 用悬浮状态下的 C_n 来代替

由
$$C_s = \frac{\alpha}{Re^k} = \frac{\alpha}{\left[\frac{(v_a - v_s) d_s}{v}\right]^k} \tag{10-14}$$

得
$$C_n = \frac{\alpha'}{Re^{k'}} = \frac{\alpha'}{\left(\frac{v_f d_s}{v}\right)^{k'}} \tag{10-15}$$

式中：d_s——粒径，m；
v_f——颗粒群的悬浮速度，m/s。

当两种状态在同一阻力区时，则 $a' = a$，$k' = k$，可得

$$C_s = C_n \left(\frac{v_f}{v_a - v_s}\right)^k \tag{10-16}$$

此外，当微段颗粒群处于悬浮状态时，气动力与颗粒群重力相等（空气的重力忽略），即

$$C_n A_s \rho_n \frac{v_f^2}{2} = g \frac{G_s}{v_s} \mathrm{d}l$$

$$C_n = \frac{g \frac{G_s}{v_s} \mathrm{d}l}{A_s \rho_n \frac{v_f^2}{2}} \tag{10-17}$$

将式（10-16）、式（10-17）代入式（10-10），整理得

$$p = g \frac{G_s}{v_s} \mathrm{d}l \left(\frac{v_a - v_s}{v_f}\right)^{2-k} \tag{10-18}$$

3. 颗粒群的运动微分方程

根据牛顿第二定律 $M_s \frac{\mathrm{d}v_s}{\mathrm{d}t} = p - F_m \pm W \sin\theta$，将式（10-12）、式（10-13）和式（10-18）代入，则得

$$\frac{1}{g} \frac{\mathrm{d}v_s}{\mathrm{d}t} = \left(\frac{v_a - v_s}{v_f}\right)^{2-k} - \frac{\lambda_s v_s^2}{2gD} \pm \sin\theta \tag{10-19}$$

此式即为倾斜管道内颗粒群运动以时间为变量的微分方程。式中"－"号说明颗粒群

沿斜管上升;"+"号说明颗粒群沿斜管下落。

将 $\dfrac{\mathrm{d}v_\mathrm{s}}{\mathrm{d}t} = v_\mathrm{s}\dfrac{\mathrm{d}v_\mathrm{s}}{\mathrm{d}l}$ 代入式(10-19)得

$$\frac{1}{g}v_\mathrm{s}\frac{\mathrm{d}v_\mathrm{s}}{\mathrm{d}l} = \left(\frac{v_\mathrm{a}-v_\mathrm{s}}{v_\mathrm{f}}\right)^{2-k} - \frac{\lambda_\mathrm{s}}{D}\frac{v_\mathrm{s}^2}{2g} \pm \sin\theta \tag{10-20}$$

此式即为倾斜管道内颗粒群运动以输送管道距离为变量的微分方程。

由于粒径及滑动速度($v_\mathrm{a}-v_\mathrm{s}$)的不同,在管中气体对粒子的阻力性质,$k$ 值也因不同的雷诺数区域而不同,可得到不同的微分方程,列于表10-5中。

表10-5 不同雷诺数区域的颗粒群运动微分方程

雷诺数区域	运动微分方程	公式号
$Re \leqslant 1$, 斯托克斯黏性阻力区, $k=1$	$\dfrac{1}{g}\dfrac{v_\mathrm{s}}{\mathrm{d}t} = \dfrac{v_\mathrm{a}-v_\mathrm{s}}{v_\mathrm{f}} - \dfrac{\lambda_\mathrm{s}}{D2}\dfrac{v_\mathrm{s}^2}{g} \pm \sin\theta$	(10-21)
	$\dfrac{1}{g}v_\mathrm{s}\dfrac{\mathrm{d}v_\mathrm{s}}{\mathrm{d}l} = \dfrac{v_\mathrm{a}-v_\mathrm{s}}{v_\mathrm{f}} - \dfrac{\lambda_\mathrm{s}}{D}\dfrac{v_\mathrm{s}^2}{2g} \pm \sin\theta$	(10-22)
$1 \leqslant Re \leqslant 500$, 阿连黏惯阻力区, $k=0.5$	$\dfrac{1}{g}\dfrac{v_\mathrm{s}}{\mathrm{d}t} = \left(\dfrac{v_\mathrm{a}-v_\mathrm{s}}{v_\mathrm{f}}\right)^{1.5} - \dfrac{\lambda_\mathrm{s}}{D}\dfrac{v_\mathrm{s}^2}{2g} \pm \sin\theta$	(10-23)
	$\dfrac{1}{g}v_\mathrm{s}\dfrac{\mathrm{d}v_\mathrm{s}}{\mathrm{d}l} = \left(\dfrac{v_\mathrm{a}-v_\mathrm{s}}{v_\mathrm{f}}\right)^{1.5} - \dfrac{\lambda_\mathrm{s}}{D}\dfrac{v_\mathrm{s}^2}{2g} \pm \sin\theta$	(10-24)
$500 \leqslant Re \leqslant 2\times 10^5$, 牛顿惯性阻力区, $k=0$	$\dfrac{1}{g}\dfrac{v_\mathrm{s}}{\mathrm{d}t} = \left(\dfrac{v_\mathrm{a}-v_\mathrm{s}}{v_\mathrm{f}}\right)^2 - \dfrac{\lambda_\mathrm{s}}{D}\dfrac{v_\mathrm{s}^2}{2g} \pm \sin\theta$	(10-25)
	$\dfrac{1}{g}v_\mathrm{s}\dfrac{v_\mathrm{s}}{\mathrm{d}l} = \left(\dfrac{v_\mathrm{a}-v_\mathrm{s}}{v_\mathrm{f}}\right)^2 - \dfrac{\lambda_\mathrm{s}}{D}\dfrac{v_\mathrm{s}^2}{2g} \pm \sin\theta$	(10-26)

四、直管中颗粒群最大运动速度和料、气速度比

由不同区域的颗粒群运动微分方程,如式(10-21)或式(10-22),当 $\dfrac{\mathrm{d}v_\mathrm{s}}{\mathrm{d}t}=0$ 或 $\dfrac{\mathrm{d}v_\mathrm{s}}{\mathrm{d}l}=0$ 时,则 $v_\mathrm{s}=v_\mathrm{sm}$,即

$$\frac{v_\mathrm{a}-v_\mathrm{sm}}{v_\mathrm{f}} - \frac{\lambda_\mathrm{s}v_\mathrm{sm}^2}{2gD} \mp \sin\theta = 0 \tag{10-27}$$

由此式解出 v_sm,为

$$v_\mathrm{sm} = \frac{-1 \mp \sqrt{1 + \dfrac{2\lambda_\mathrm{s}v_\mathrm{f}}{2D}v_\mathrm{a}\left(1 \mp \dfrac{v_\mathrm{f}}{v_\mathrm{a}}\sin\theta\right)}}{\dfrac{\lambda_\mathrm{s}v_\mathrm{f}}{gD}} \tag{10-28}$$

式中:v_sm——物料最大运动速度。应该是正值,故上式根号前取"+"号。

在气力输送的理论和实际应用中,常用料、气速度比 $\varphi = \dfrac{v_s}{v_a}$ 的概念,则

$$\varphi_m = \dfrac{v_{sm}}{v_a} = \dfrac{-1+\sqrt{1+\dfrac{2\lambda_s v_f}{2D}v_a\left(1 \mp \dfrac{v_f}{v_a}\sin\theta\right)}}{\dfrac{\lambda_s v_f v_a}{gD}} \tag{10-29}$$

式中:φ_m——最终料、气速度比。

水平、垂直等直管段在不同雷诺数区域的 φ_m 列于表 10-6 中[公式(10-29)~公式(10-37)]。

表 10-6 直管道中颗粒群在不同雷诺数区域的最大速度及料气速度比

直管道位置	雷诺数区域	φ_m	公式号
倾斜直管	$Re \leq 1$,斯托克斯黏性阻力区,$k=1$	$\varphi_m = \dfrac{v_{sm}}{v_a} = \dfrac{-1+\sqrt{1+\dfrac{2\lambda_s v_f}{2D}v_a\left(1 \mp \dfrac{v_f}{v_a}\sin\theta\right)}}{\dfrac{\lambda_s v_f v_a}{gD}}$	(10-29)
	$1 \leq Re \leq 500$,阿连黏惯阻力区,$k=0.5$	$\varphi_m = \dfrac{v_{sm}}{v_a} = \dfrac{\sqrt{1.5^2+4\left(\dfrac{\lambda_s v_f^{1.5} v_a^{0.5}}{2gD}-0.375\right)\left[1-\left(\dfrac{v_f}{v_a}\right)^{0.5}\sin\theta\right]}-1.5}{2\left(\dfrac{\lambda_s v_f^{1.5} v_a^{0.5}}{2gD}-0.375\right)}$	(10-30)
	$500 \leq Re \leq 2\times10^5$,牛顿惯性阻力区,$k=0$	$\varphi_m = \dfrac{v_{sm}}{v_a} = \dfrac{1-\sqrt{\left(1-\dfrac{\lambda_s v_f^2}{2gD}\right)\left(1-\dfrac{v_f^2}{v_a^2}\sin\theta\right)}}{1-\dfrac{\lambda_s v_f^2}{2gD}}$	(10-31)
水平管直管	$Re \leq 1$,斯托克斯黏性阻力区,$k=1$	$\varphi_m = \dfrac{v_{sm}}{v_a} = \dfrac{-1+\sqrt{1+\dfrac{2\lambda_s v_f}{2D}v_a}}{\dfrac{\lambda_s v_f v_a}{gD}}$	(10-32)
	$1 \leq Re \leq 500$,阿连黏惯阻力区,$k=0.5$	$\varphi_m = \dfrac{v_{sm}}{v_a} = \dfrac{\sqrt{1.5^2+4\left(\dfrac{\lambda_s v_f^{1.5} v_a^{0.5}}{2gD}-0.375\right)}-1.5}{2\left(\dfrac{\lambda_s v_f^{1.5} v_a^{0.5}}{2gD}-0.375\right)}$	(10-33)
	$500 \leq Re \leq 2\times10^5$,牛顿惯性阻力区,$k=0$	$\varphi_m = \dfrac{v_{sm}}{v_a} = 1 \Big/ \left(1+\sqrt{\dfrac{\lambda_s v_f^2}{2gD}}\right)$	(10-34)

续表 10-6

直管道位置	雷诺数区域	φ_m	公式号
垂直直管	$Re \leqslant 1$,斯托克斯黏性阻力区,$k=1$	$\varphi_m = \dfrac{v_{sm}}{v_a} = \dfrac{-1+\sqrt{1+\dfrac{2\lambda_s v_f}{2D}v_a\left(1\mp\dfrac{v_f}{v_a}\right)}}{\dfrac{\lambda_s v_f v_a}{gD}}$	(10-35)
	$1 \leqslant Re \leqslant 500$,阿连黏惯阻力区,$k=0.5$	$\varphi_m = \dfrac{v_{sm}}{v_a} = \dfrac{\sqrt{1.5^2+4\left(\dfrac{\lambda_s v_f^{1.5}v_a^{0.5}}{2gD}-0.375\right)\left[1-\left(\dfrac{v_f}{v_a}\right)^{1.5}\right]}-1.5}{2\left(\dfrac{\lambda_s v_f^{1.5}v_a^{0.5}}{2gD}-0.375\right)}$	(10-36)
	$500 \leqslant Re \leqslant 2\times 10^5$,牛顿惯性阻力区,$k=0$	$\varphi_m = \dfrac{v_{sm}}{v_a} = \dfrac{1-\sqrt{\dfrac{\lambda_s v_f^2}{2gD}\left(1-\dfrac{v_f^2}{v_a^2}\right)+\left(\dfrac{v_f^2}{v_a^2}\right)^2}}{1-\dfrac{\lambda_s v_f^2}{2gD}}$	(10-37)

由式(10-37)可解出气流速度为 v_a

$$v_a = v_{sm} + v_f\sqrt{1+\dfrac{\lambda_s v_{sm}^2}{2gD}} \tag{10-38}$$

在已知 v_{sm}(包括 v_f、λ_s、D)条件下,可求 v_a。不同物料的 λ_s 见表 10-7。

表 10-7 不同物料在不同管材管道中的 λ_s 值

管材	钢铜	钢铜	钢	钢
物料	煤粒	小麦	玻璃珠	焦炭
粒度/mm	3~5	4.1	1~4.5	$d_s \times l = 4.5 \times 5$
λ_s	0.001~0.002	0.002~0.006	0.008~0.044	0.034

五、直管道中颗粒群加速运动的加速段长度

根据公式(10-22),在条件 $v_s=0$,$l=0$;$v_s=v_{sm}$,$l=l_a$ 进行积分,即得在不同阻力区内的颗粒群加速运动的加速段长度 l_a。不同位置和雷诺数区域 l_a 见表 10-8 公式(10-39)~公式(10-44)。

表10-8 水平管和垂直管内颗粒群加速运动加速段长度

阻力区	水平管内颗粒群加速运动加速段长度	公式号	垂直管内颗粒群加速运动加速段长度	公式号
$Re \leqslant 1$,斯托克斯黏性阻力区,$k=1$	$l_a = \dfrac{v_f^2}{2gx}\left[\dfrac{1}{y}\ln\dfrac{2+\dfrac{v_{sm}}{v_a}(y-1)}{2-\dfrac{v_{sm}}{v_a}(y+1)} - \ln\left(1-\dfrac{v_{sm}-v_a}{v_a}x\dfrac{v_{sm}^2}{v_a^2}\right)\right]$ 式中,$y=\sqrt{1+4v_a x}$;$x=\dfrac{\lambda_s v_f}{2gD}$	(10-39)	$l_a = \dfrac{v_f^2}{2gC}\left[\dfrac{1}{y}\dfrac{2\left(1-\dfrac{v_f}{v_a}\right)-\dfrac{v_{sm}}{v_a}(y+1)}{2\left(1-\dfrac{v_f}{v_a}\right)+\dfrac{v_{sm}}{v_a}(y-1)} - \ln\dfrac{1-\dfrac{v_{sm}}{v_a}-v_a C\dfrac{v_{sm}^2}{v_a^2}}{1-\dfrac{v_f}{v_a}}\right]$ 式中,$C=\dfrac{\lambda_s v_f}{2gD}$;$y=\sqrt{1+4(v_a-v_f)C}$	(10-42)
$1 \leqslant Re \leqslant 500$,阿连黏滞阻力区,$k=0.5$	$l_a = \dfrac{M}{2N}\left[\dfrac{\ln[1-1.5\dfrac{v_{sm}}{v_a}-N\dfrac{v_{sm}^2}{v_a^2}]}{P} - \dfrac{1.5}{P}\ln\dfrac{(1.5+p)\dfrac{v_{sm}^2}{v_a^2}-2}{(1.5-p)\dfrac{v_{sm}^2}{v_a^2}-2}\right]$ 式中,$M=\dfrac{v_f^{1.5}v_a^{0.5}}{g}$;$N=0.375-\dfrac{\lambda_s v_f^{1.5} v_a^{0.5}}{2gD}$;$p=\sqrt{1.5^2-4N}$	(10-40)	$l_a = \dfrac{H}{2U}\left[\ln\dfrac{T-1.5\dfrac{v_{sm}}{v_a}U(\dfrac{v_{sm}}{v_a})^2}{T} - \dfrac{1.5}{W}\ln\dfrac{(1.5-W)\dfrac{v_{sm}}{v_a}-2T}{(1.5+W)\dfrac{v_{sm}}{v_a}-2T}\right]$ 式中,$H=v_f^{1.5}v_a^{0.5}/g$;$T=1-(\dfrac{v_f}{v_a})^{1.5}$;$W=\sqrt{1.5^2-4TU}$ $U=0.375-\dfrac{\lambda_s v_f^{1.5} v_a^{0.5}}{2gD}$	(10-43)
$500 \leqslant Re \leqslant 2\times 10^5$,牛顿惯性阻力区,$k=0$	$l_a = \dfrac{v_f^2}{2gB}\left\{\dfrac{\ln[1-(1+B)\dfrac{v_{sm}}{v_a}]}{1-B} - \dfrac{1}{2}\ln\dfrac{A-2\left(1-\dfrac{v_{sm}}{v_a}\right)+B\left(\dfrac{v_{sm}}{v_a}\right)^2}{A}\right\}$ 式中,$B=\sqrt{\lambda_s v_f^2/(2gD)}$; 应用条件:①$B\neq 1$;②$v_f^2\neq \dfrac{1}{1+B}$	(10-41)	$l_a = \dfrac{v_f^2}{2gB}\left[\ln\dfrac{A-2\left(1-\dfrac{v_{sm}}{v_a}\right)+B\left(\dfrac{v_{sm}}{v_a}\right)^2}{A} - \dfrac{1}{2}\ln\dfrac{A-\dfrac{v_{sm}}{v_a}(1-Z)}{A-\dfrac{v_{sm}}{v_a}(1+Z)}\right]$ 式中,$A=1-\dfrac{v_f^2}{v_a^2}$;$B=1-\dfrac{\lambda_s v_f^2}{2gD}$;$Z=\sqrt{1-AB}$	(10-44)
备注	在应用公式时,速度比不能用最终速度比$\left(\dfrac{v_{sm}}{v_a}\right)$,只能用接近最终速度比的值,取$\dfrac{v_s}{v_a}=(0.9\sim 0.99)\dfrac{v_{sm}}{v_a}$			

【例 10-1】 水平输料管加速段长度 l_a 的计算：对于直径 $D=25.4$ mm 的水平气力输送小麦的管道，拟测定其等速段的附加阻力系数 λ_s，需要有 6 m 长的等速段，若小麦密度 $\rho_s=1\,140$ kg/m³，当量粒径 $d_s=5$ mm，系不规则椭圆体，其 $K_s=1.06$，取 $v_f=v_f'$，$\lambda_s=0.006$。问：从供料开始，管道最短为多少？（20 ℃ 空气，取 $\dfrac{v_s}{v_a}=0.99\dfrac{v_{sm}}{v_s}$）

解：20 ℃ 空气，$\rho_a=1.2$ kg/m³，$\mu=1.82\times10^{-6}$ Pa·s

(1) 依粒径判定阻力区及其悬浮速度

$$A=\left[\dfrac{\mu^2}{\rho_a(\rho_s-\rho_a)}\right]^{\frac{1}{3}}=\left[\dfrac{(1.82\times10^{-6})^2}{1.2(1\,140-1.2)}\right]^{\frac{1}{3}}=0.062\,35\times10^{-3}$$

$20.4A=20.4\times 0.062\,35\times10^{-3}=1.272\times10^{-3}(\text{m})=1.272(\text{mm})$

$1\,100A=1\,100\times 0.062\,35\times10^{-3}=68.59\times10^{-3}(\text{m})=68.59(\text{mm})$

可见 $d_s=5$ mm 在 1.272~68.59 mm，为牛顿阻力区，其悬浮速度为

$$v_f'=\dfrac{v_0}{\sqrt{K_s}}=\dfrac{5.45\sqrt{\dfrac{d_s(\rho_s-\rho_a)}{\rho_a}}}{\sqrt{K_s}}=\dfrac{5.45\sqrt{\dfrac{5\times10^{-3}(1\,140-1.2)}{1.2}}}{\sqrt{1.06}}=11.53\text{ m/s}$$

(2) 粒群悬浮速度　依题意 $v_f=11.53$ m/s

(3) 最终速度比 φ_m　对于牛顿区内水平管，由公式(10-34)，得

$$\dfrac{v_{sm}}{v_s}=\dfrac{1}{\left(1+\sqrt{\dfrac{\lambda_s v_f^2}{2gD}}\right)}$$

$$=\dfrac{1}{1+\sqrt{0.006\times11.53^2/2\times9.81\times25.4\times10^{-3}}}$$

$$=0.442$$

取 $\dfrac{v_s}{v_a}=0.99\dfrac{v_{sm}}{v_a}=0.99\times0.442=0.437$

(4) 计算加速段长度 l_a　由公式(10-44)，整理得

$$l_a=\dfrac{v_f^2}{2gB}\left\{\dfrac{\ln\left[1-(1-B)\dfrac{v_{sm}}{v_a}\times0.99\right]}{1-B}-\dfrac{\ln\left[1-(1+B)\dfrac{v_{sm}}{v_a}\times0.99\right]}{1+B}\right\}$$

$$=\dfrac{11.53^2}{19.62\times1.265}\left\{\dfrac{\ln[1-(1-1.265)\times0.437]}{1-1.265}-\dfrac{\ln[1-(1+1.265)\times0.437]}{1+1.265}\right\}=8.63(\text{m})$$

(5) 管道最短应有长度 l

$l=l_a+6=8.63+6=14.63(\text{m})$

第四节　物料在弯管中的运动分析

假定物料进入弯管沿外侧内壁流动，由于物料本身同管壁间的摩擦而减速；忽略弯管中气流对物料运动的作用；但当物料离开弯管时，颗粒受到气流的加速，而又达到它们的原来速度。下述分析便是以这样的假设为基础的。

如图 10-12 所示，物料在由水平转为垂直向上的弯管中运动时的受力分析。

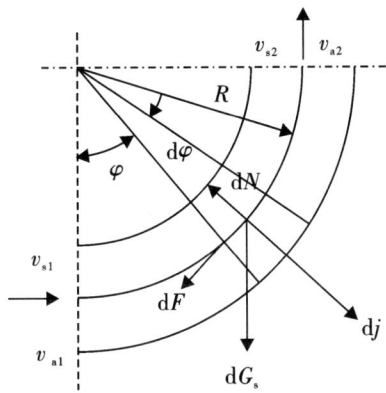

图 10-12 物料在由水平转为垂直向上的弯管中运动时受力分析

重力：$dG_s = R_0 d\varphi \dfrac{G_s}{v_s}$

离心力：$dj = \dfrac{dG_s}{g} \dfrac{v_s^2}{R_0} = R_0 d\varphi \dfrac{v_s^2}{gR_0} \cdot \dfrac{G_s}{v_s}$

支撑力：dN

摩擦力：$dF = f_w dN$（f_w 为物料与管壁间的摩擦阻力系数）

按照物料运动方向建立运动方程

$$-dF - (dG_s)\sin\varphi = \dfrac{dG_s}{g} \dfrac{dv_s}{dt} \tag{10-45}$$

按照垂直于运动的方向建立力平衡方程

$$dj + (dG_s)\cos\varphi = dN \tag{10-46}$$

在 $\varphi = \varphi_1 \sim \varphi_2$ 时，求式（10-45）、式（10-46）两方程的积分解。当起始点 $\varphi_1 = 0$ 时，$v_s = v_{s1}$；$\varphi_2 = \varphi_0$ 时，$v_s = v_{s2}$，其中 φ_0 为弯管的弯曲角，v_{s2} 为物料在弯管终点的速度。可求得 v_{s2} 对 φ_0 的关系式

$$v_{s2} = e^{-f_w\varphi_0} \sqrt{v_{s1}^2 + \dfrac{2gR_0}{4f_w^2 + 1}\{2f_w^2 - 1 - e^{2f_w\varphi_0}[3f_w\sin\varphi_0 + (2f_w^2 - 1)\cos\varphi_0]\}} \tag{10-47}$$

对于直角弯管 $\varphi_0 = \pi/2$ 时，有

$$v_{s2} = e^{-\tfrac{\pi}{2}f_w} \sqrt{v_{s1}^2 + \dfrac{2gR_0}{4f_w^2 + 1}(2f_w^2 - 1 - 3f_w e^{\pi f_w})} \tag{10-48}$$

$$\dfrac{v_{s2}}{v_{s1}} = e^{-\tfrac{\pi}{2}f_w} \sqrt{1 + \dfrac{gR_0}{v_{s1}^2} \cdot \dfrac{2}{4f_w^2 + 1}(2f_w^2 - 1 - 3f_w e^{\pi f_w})} \tag{10-49}$$

同理可求出物料在不同弯管中运动的运动方程、最终速度及终始速度比,见表10-9。表10-9、公式(10-50)至公式(10-64)见"物料在弯管中的运动特性"二维码。

表10-9 物料在弯管中的运动特性

第五节 悬浮态固气两相流的压损

固气两相流中,气流与物料所消耗的各种能量,都是由气流的压力能量来补偿的,造成气流的压力能损失,简称为压损。

一、两相流的压损特性

两相流的压损与均质流不同,如图10-13所示。

单相流的压损是随气流速度增大而增大的。

两相流运动由于存在着物料粒子之间、颗粒与管壁之间不断发生碰撞和摩擦而产生能量的损失,故两相流与单相流的压损不同,如图10-13中两相流可分为$a \sim b$、$b \sim c$、$c \sim d$三段。$a \sim b$段为物料与气流混合并启动的过程。由于颗粒速度很小,输送困难,故需较大能量启动,两相流总压损随流速的增加而急剧增大的。$b \sim c$段固体颗粒处于间断悬浮状态,总压损随流速

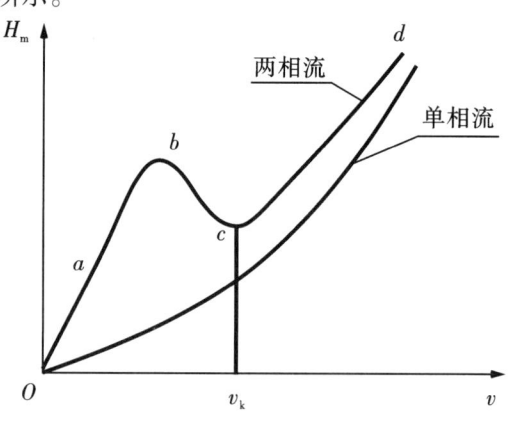

图10-13 压损和速度的关系

的增加而减小。由于颗粒处于悬浮状态,从而使颗粒与管壁的摩擦损失减小的能量损失值超过了总压损的增加值。当流速达到c点时,固体颗粒基本上达到完全悬浮而压损最小。c点被称为临界流动状态点,此点流体流速称为临界流速,用v_k表示。在临界状态的流动是均匀流。$c \sim d$段物料颗粒全部处于完全悬浮状态,粒子较均匀地布满整个管道断面,输送状态稳定,压损随流速的增大而增加,且压损曲线逐步趋近于单相流压损曲线。

两相流的压损还受物料性质的影响,物料容重大、黏性大、形状不规则且有尖角,其摩擦作用大,因而压损大;物料颗粒不均匀系数大,颗粒之间速度差大,互相碰撞机会多,则压损也大。

二、沿管道长度上的压力变化

物料在输送管道中运动时,由于物料的运动速度和条件不同,因而物料运动时的压力损失也不相同。这可从如图10-14(a)所示稀相吸运系统的实验研究中得到证实。实验输送管道$D150$ mm,输送小麦,输送浓度μ恒定,气流速度v在$20 \sim 30$ m/s范围内、每间隔2 m/s的速度条件下,测定物料以初速度等于零自加料口,并在管道中运动时压力沿长度上变化,如图10-14(b)所示。

气流速度越大,压损也越大。对同一气流速度,沿管道长度上压损的变化可分为A、

B、C、D 几段。A 段为从加料口处起 0~5 m 之间的水平管段,压损在不同气流速度下均急剧增加,气流将物料加速到某一值,故称为加速段。其后物料便不再加速而以某一速度作稳定运动,即曲线 B 段,又称等速段。以后物料通过由水平转垂直向上的弯管而减速(C-1 段);在垂直段中,物料又进一步加速(如果铅垂管段充分长,又将出现稳定运动段),当进入由垂直转向水平的弯管时,物料重又减速(C-2 段)后,又被加速(C-3 段),C 段到此为止。最后又出现一个等速段 D 段。

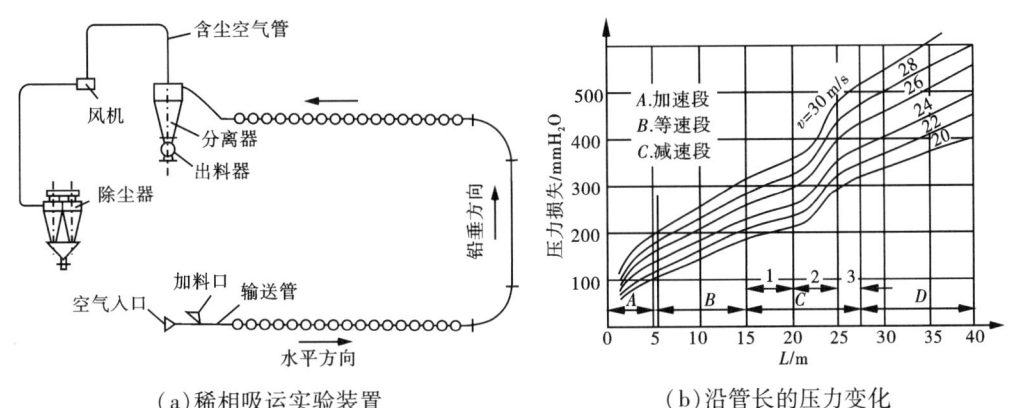

(a)稀相吸运实验装置　　　　　(b)沿管长的压力变化

图 10-14　稀相吸运系统实验

总之,物料在管道中的整个运动过程中有三种不同的运动阶段。

(1)加速段　物料初入管道时的加速段和经系统管件(如弯管)减速后再加速的加速段。

(2)等速段　物料经加速到一定速度时的稳定段。

(3)减速段　物料经管件(主要是弯管)而减速的减速段。

通常加速段、等速段均发生在直线管中,减速段主要发生在经管件(主要是弯管)处。

三、悬浮式两相流的理论压损

目前对管道悬浮输送中的气固两相流压损,按下述原则处理:①将两相流中的物料颗粒当作一种特殊流体,服从于纯流体管道阻力计算的达西公式;②在确定纯气流压力损失时,忽略物料所占的断面和容积,而按单相气流的压损来计算;③两相流的压损,它是由气流各项压损与颗粒群运动附加的各项压损两部分组成的。

两相流的总压损,由加速压损、摩擦压损、悬浮压损及局部压损所组成。

1. 两相流的加速压损 ΔH_a

这项压损产生于加速段,消耗于空气和物料的启动与加速。当空气和物料混合由接料器进入输料管时,两者的初速很小(物料速度按零处理),经过加速段后,气流和物料分别达到最大速度 v_a 和 v_s。假设使二者加速终了所需压损为 ΔH_a。根据功能原理,单位时间内气流供给的功应等于 G_a 量的空气和 G_s 量的物料所增加的动能,即

$$\Delta H_a v_a A = \frac{1}{2} \frac{G_a}{g} v_a^2 + \frac{1}{2} \frac{G_s}{g} v_s^2 \tag{10-65}$$

式中：A——管道截面积，m^2。

引入浓度 μ 后，得

$$\Delta H_a = \left[1 + \mu \left(\frac{v_s}{v_a}\right)^2\right]\rho_a \frac{v_a^2}{2}$$

令 $\beta = \left(\frac{v_s}{v_a}\right)^2$，则上式变为

$$\Delta H_a = [1 + \beta\mu]\rho_a \frac{v_a^2}{2} \tag{10-66}$$

2. 两相流的摩擦压损 ΔH_m

这项压损发生在等速段，它是空气的摩擦压损和物料引起的附加压损之和。

等速段内纯空气摩擦压损，由达西公式

$$\Delta H_{ma} = \frac{\lambda_a}{D} L \rho_a \frac{v_a^2}{2} \tag{10-67}$$

式中：λ_a——空气摩擦阻力系数；
   D——管道直径，m；
   L——管道长度，m。

物料引起的附加摩擦压损，按达西公式

$$\Delta H_{ms} = \frac{\lambda_s}{D} L \rho_n \frac{v_s^2}{2} \tag{10-68}$$

式中：λ_s——物料摩擦阻力系数。

两相流的摩擦压损为

$$\Delta H_m = \frac{\lambda_a}{D} L \rho_a \frac{v_a^2}{2} + \frac{\lambda_s}{D} L \rho_n \frac{v_s^2}{2}$$

引入浓度 μ 后，则得

$$\Delta H_m = \left(1 + \mu \frac{\lambda_s}{\lambda_a} \cdot \frac{v_s}{v_a}\right) \frac{\lambda_a}{D} L \rho_a \frac{v_a^2}{2}$$

令 $K_m = \frac{\lambda_s}{\lambda_a} \cdot \frac{v_s}{v_a}$，称为摩擦阻力的附加系数，则上式变为

$$\Delta H_m = (1 + K_m\mu) \frac{\lambda_a}{D} L \rho_a \frac{v_a^2}{2} \tag{10-69}$$

令 $\alpha = 1 + K_m\mu$，称为压损比，则上式变为

$$\Delta H_m = \alpha \Delta H_{ma} \tag{10-70}$$

压损比 α 和 K_m 计算式见表 10-10。

对于 λ_a，在气力输送中多采用柏列斯公式

$$\lambda_a = 0.012\,5 + \frac{0.001\,1}{D} \quad (D \text{ 以 m 计}) \tag{10-71}$$

表 10-10　α 及 K_m 计算式

物料种类或资料来源	水平管	公式号	垂直管	公式号
粗物料	$K_m = \dfrac{0.135D}{v_a^{1.25}}$	(10-72)	$K_m = \dfrac{0.24(D-40)}{v_a^{1.33}}$	(10-77)
细物料	$K_m = \dfrac{0.11D}{v_a^{1.25}}$	(10-73)	$K_m = \dfrac{0.16(D-40)}{v_a^{1.33}}$	(10-78)
原粮	$K_m = \dfrac{0.15D}{v_a^{1.25}}$	(10-74)	$K_m = \dfrac{0.215D^{0.75}}{v_a^{0.8}}$	(10-79)
刀根英明	$\alpha = \sqrt{\dfrac{30}{v_a}} + 0.3\mu$	(10-75)	$\alpha = \dfrac{250}{v_a^{1.25}} + 0.15\mu$	(10-80)
洛巴耶夫	$\alpha = 1 + \dfrac{1.25\mu D}{v_s/v_a}$	(10-76)		

3. 两相流的悬移压损 ΔH_{fl}

物料在输料管中，被悬浮和提升所需能耗总称为悬移压损。

(1) 悬浮压损 ΔH_f 如前所述，物料在流动着的流体中悬浮与在静止的流体中等速沉降，其悬浮速度与沉降速度在数值上是相等的，所消耗的能量相同。

设管长为 l 的一段物料，其重量为 $\dfrac{G_s}{v_s}l$，以等速 v_f' 沉降时，单位时间内重力所做的功为

$$\frac{G_s}{v_s}l\frac{dl}{dt} = \frac{G_s}{v_s}v_f'$$

式中：v_f' ——沉降速度，m/s。

则使同样的物料悬浮所消耗能量 ΔH_f 为

$$\Delta H_f = \frac{G_s}{v_s}v_f \tag{10-81}$$

式中：v_f ——悬浮速度，m/s。

(2) 提升所耗能量 ΔH_l 为单位时间内将管段 l 中的物料提升到一定高度时所具有的势能。

$$\Delta H_l = G_s l\sin\theta \tag{10-82}$$

式中：θ ——输料管与水平面夹角。

(3) 对于单位体积流量 Q_a 所提供的悬移压损为

$$\Delta H_{fl} = \frac{\Delta H_f + \Delta H_l}{Q_a}$$

$$= \frac{\dfrac{G_s}{v_s}lv_f \pm G_s l\sin\theta}{Q_a} \cdot \frac{\rho_a}{\rho_a}$$

$$= \frac{G_s}{Q_a\rho_a} \cdot \frac{\rho_a l(v_f \pm v_s\sin\theta)}{v_s}$$

引入浓度 μ,则上式变为

$$\Delta H_{\mathrm{fl}} = \mu \rho_{\mathrm{a}} l \left(\frac{v_{\mathrm{f}} \pm v_{\mathrm{s}} \sin\theta}{v_{\mathrm{s}}} \right) \tag{10-83}$$

在垂直管中,$\theta = 90°$,$\sin\theta = 1$,则上式为

$$\Delta H_{\mathrm{fl}} = \mu \rho_{\mathrm{a}} l \frac{v_{\mathrm{f}} \pm v_{\mathrm{s}}}{v_{\mathrm{s}}} \tag{10-84}$$

式中:正号表示物料上升,负号表示物料下降。

4. 两相流局部压损 ΔH_{j}

两相流的局部压损也是由纯空气的局部压损和由物料引起的附加压损两部分组成的。

$$\Delta H_{\mathrm{j}} = \Delta H_{\mathrm{ja}} + \Delta H_{\mathrm{js}} = \xi_{\mathrm{a}} \rho_{\mathrm{a}} \frac{v_{\mathrm{a}}^2}{2} + \xi_{\mathrm{s}} \rho_{\mathrm{s}} \frac{v_{\mathrm{s}}^2}{2} \tag{10-85}$$

式中:ΔH_{ja}——纯空气的局部压损,$\Delta H_{\mathrm{ja}} = \xi_{\mathrm{a}} \rho_{\mathrm{a}} \dfrac{v_{\mathrm{a}}^2}{2}$;

ΔH_{js}——颗粒群引起的附加局部压损,$\Delta H_{\mathrm{js}} = \xi_{\mathrm{s}} \rho_{n} \dfrac{v_{\mathrm{s}}^2}{2}$;

ξ_{a}——空气的局部阻力系数;

ξ_{s}——颗粒群的附加局部阻力系数。

引入浓度 μ,则

$$\Delta H_{\mathrm{j}} = \left(1 + \mu \frac{\xi_{\mathrm{s}}}{\xi_{\mathrm{a}}} \cdot \frac{v_{\mathrm{s}}}{v_{\mathrm{a}}} \right) \xi_{\mathrm{a}} \rho_{\mathrm{a}} \frac{v_{\mathrm{a}}^2}{2}$$

令 $K_{\mathrm{j}} = \dfrac{\xi_{\mathrm{s}}}{\xi_{\mathrm{a}}} \cdot \dfrac{v_{\mathrm{s}}}{v_{\mathrm{a}}}$,则

$$\Delta H_{\mathrm{j}} = (1 + K_{\mathrm{j}}\mu) \xi_{\mathrm{a}} \rho_{\mathrm{a}} \frac{v_{\mathrm{a}}^2}{2} \tag{10-86}$$

(1)对于供料器,由于供料器处料气速度均不稳定,但二者差别不大,故 $K_{\mathrm{j}} \approx 1$,则

$$\Delta H_{\mathrm{jg}} = (1 + \mu) \xi_{\mathrm{g}} \rho_{\mathrm{a}} \frac{v_{\mathrm{a}}^2}{2} \tag{10-87}$$

式中:ΔH_{jg}——供料器阻力;

ξ_{g}——纯气流时供料器的局部阻力系数。

(2)对于弯管,它取决于物料性质、气流速度、弯管的空间方位、弯曲角以及曲率半径。

$$\Delta H_{\mathrm{jw}} = (1 + K_{\mathrm{w}}\mu) \xi_{\mathrm{w}} \rho_{\mathrm{a}} \frac{v_{\mathrm{a}}^2}{2} \tag{10-88}$$

式中:ΔH_{jw}——弯管阻力;

ξ_{w}——纯空气弯管的局部阻力系数;

K_{w}——弯管局部阻力的附加系数。其值见表10-11。

表 10-11　弯管局部阻力的附加系数

弯管空间方位	弯曲角 φ_0	K_w 值
垂直向下转向水平	90°	1.0
垂直向上转向水平	90°	1.6
水平转向水平	90°	1.5
水平转向垂直向上	90°	2.2
水平转向垂直向上(粉料)	90°	0.7

（3）对于卸料器和除尘器，按照气流的压损计算，即

$$\Delta H_{jx} = \xi_x \rho_a \frac{v_x^2}{2} \quad (10-89)$$

式中：ΔH_{jx}——卸料器或除尘器的阻力；

ξ_x——卸料器或除尘器的阻力系数；

v_x——卸料器或除尘器的进口风速，m/s。

总之，气力输送装置两相流总压损 ΔH_{sa} 为装置系统所有各项压损之和，即

$$\Delta H_{sa} = \Delta H_{jg} + \Delta H_a + \Delta H_m + \Delta H_{fl} + \Delta H_{jw} + \Delta H_{jx} \quad (10-90)$$

四、悬浮式固气两相流压损与临界风速(或经济风速)

1. 水平输料管中气流速度分布

纯空气在管道中作层流或紊流流动时，速度沿管中心线速度对称分布，中心出现最大值。而两相流在管道中流动的气流速度最大值的位置移至管道中心线以上，如图 10-15 所示。这是因为：颗粒受重力的影响，越接近管底分布越密，使得管内流速最大值偏中心线以上。

气流速度分布随颗粒的运动状态发生变化。对同一种物料而言，随平均气流速度、输送浓度、输料管径及配管情况而变化。越靠近管底，空气受到的阻力越大，速度越小。管底处由于气流速度小，导致颗粒的速度也减小，常常会出现因物料的停滞而将管道堵塞的情况。因此在进行气力输送设计时所选的气流速度应能保证管底物料不致停滞，否则容易引起掉料、管道堵塞，影响连续性生产；但若气流速度过高，会造成物料的破碎、管件的磨损及动力消耗的浪费。因此，恰当的选择气流速度是很重要的。

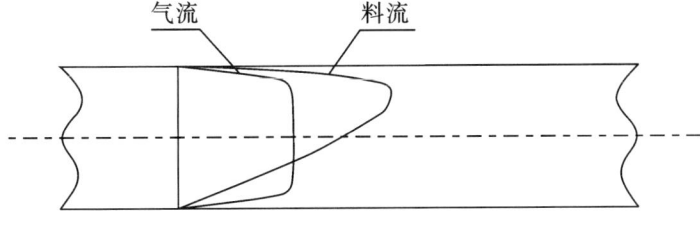

图 10-15　水平输料管中气流速度分布

2. 临界风速（或经济风速）v_c

输料管中的压损由两相流的加速压损、摩擦压损，以及颗粒群的悬浮提升压损组成。加速压损、摩擦压损遵循与风速平方成正比的抛物线变化规律；颗粒群的悬浮压损遵循与风速成反比的双曲线变化规律；提升压损与风速无关，为一定值。由压损特性可知，当气流速度到达临界流速时，固体颗粒基本上达到完全悬浮，压损最小。压损叠加如图 10-16 所示，可见存在一个最小压损的输送风速，这就是在给定浓度下动力消耗最小的最经济的输送工况。这一风速称为临界风速或经济风速，用 v_c 来表示。

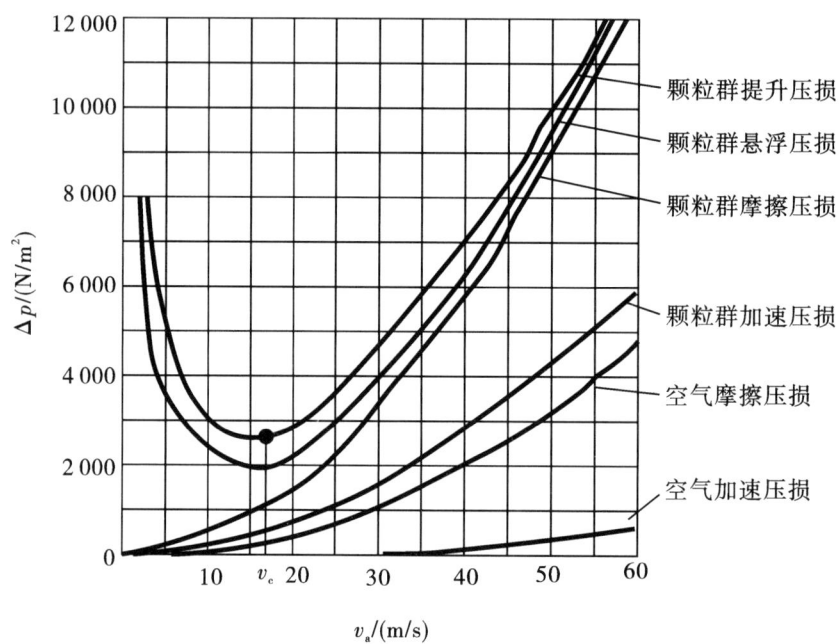

图 10-16 压损叠加线图

从理论上分析，当 $v_c = v_f$ 时最经济。但实际输送的最经济速度大于悬浮速度，因为如在水平管中使悬浮的实际能量要比计算大值，且 v_c 还会随 $\left(\dfrac{v_s}{v_a}\right)_{max}$、物料间摩擦系数 λ_s 以及物料与管壁之间的摩擦系数 f_w 变化。因此，在不同输送条件下，v_c 值就不同。下面介绍一些研究者在不同实验条件下得到的经济风速的实验式。

对于粉体物料：颗粒粒径 $d_s < 0.1$ mm，$\mu < 0.75$ 时，粉体在管底不致沉积的经济风速，可用下式计算

$$v_c = 0.25 \sqrt{\dfrac{\rho_s}{\rho_a} g D} \tag{10-91}$$

对于颗粒物料：颗粒粒径 $d_s > 0.5$ mm，$\mu < 15$ 时，经济风速为

$$v_c = 1.3 v_f \mu^{0.25} \tag{10-92}$$

或写成

$$\mu = 0.35 \left(\dfrac{v_c}{v_f}\right)^4 \tag{10-93}$$

上述各式适用于阿连黏惯阻力区和牛顿阻力区。下列公式为对小麦、菜籽、大豆进

行试验的结果

$$\mu = 0.4\left(\frac{v_c}{v_f}\right)^3 \tag{10-94}$$

即

$$v_c = 1.58 v_f \mu^{\frac{1}{3}} \tag{10-95}$$

对于粗颗粒料:高浓度输送 $\mu>15$,对小麦、菜籽,在 $D=50.2$ mm 水平管中进行实验的结果

$$v_c = 2.87 v_f \sqrt{f_w} \tag{10-96}$$

式中:f_w——物料与管壁的摩擦系数;对小麦,$d_s = 4.1$ mm,$f_w = 0.38$;菜籽 $f_w = 0.39$。

3. 两相流的压损

在输送物料、输送距离和输送物料量一定条件下,两相流压损的大小取决于气流速度和管径,而管径可通过浓度与空气和物料量相关联,故两相流压损大小取决于气流速度和输送浓度的选择,达到使单位物料所消耗动力为最小,或单位动力的输送量为最大,即最经济值。这一点可以通过如图 10-17 的实验结果说明。

图 10-17 所示是在 D125 mm 的管道中,采用气力压运输送稻谷实验所获得的相关参数的关系图,也称为气力输送相图。

相图的横坐标为输送所用空气用量(kg/s),纵坐标为输送压力损失(kPa)。图中曲线为不同输送产量下输送所用空气用量与所耗压力的关系,即 $\Delta p = f(G_s, G_a)$。

由

$$\Delta p = f(G_s, G_a) \tag{10-97}$$

又 $G_s = \mu G_a$,$G_a = \frac{\pi}{4} D^2 v_a$,代入式(10-95),则

$$\Delta p = f(G_s, G_a) = f(\mu, v_a^2, D^2) \tag{10-98}$$

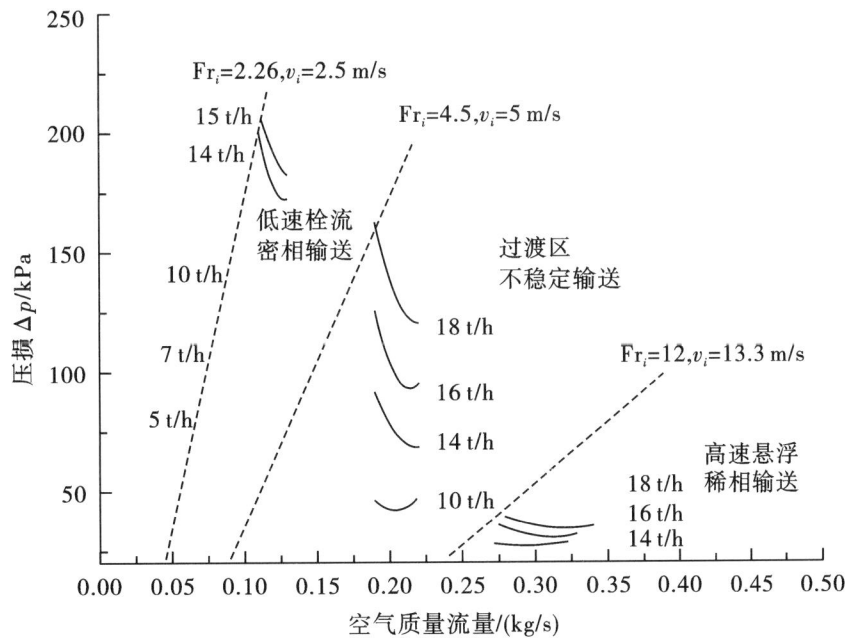

图 10-17 稻谷气力输送相图(D125 mm)

从相图中可以看出,空气用量一定时,随着输送产量的增大,压损也增大。

图中 Fr 为 Froude(弗鲁得)准数,见公式(10-99)。它将气力输送按输送浓度分为低速栓流密相输送区、高速悬浮稀相输送区和不稳定的过渡区。

$$Fr = \frac{v_a}{\sqrt{gD}} \tag{10-99}$$

气力输送的能耗不仅与压力损失有关,而且与输送所需风量的关系更大,因此,高速悬浮稀相气力输送的能耗最高。

思考与练习

1. 气力输送的特点是什么?如何分类?
2. 气力输送的装置有哪些型式?各有什么特点?
3. 粮食工业中常采用的气力输送装置有哪些型式?各有什么特点?
4. 什么是两相流?什么是两相流的浓度、密度?如何表示它们?
5. 物料颗粒在垂直管中是如何运动的?
6. 物料颗粒在水平管的悬浮机理及运动状态如何?
7. 物料颗粒在弯管中的运动状态如何?
8. 影响物料在弯管中运动最终速度的因素有哪些?试分析论述。
9. 试述两相流的压损特性。
10. 吸运式气力输送的压力沿管道长度上是如何变化?有什么特点?
11. 在分析两相流时应作哪些处理?
12. 在两相流理论中将其压损分为哪几部分?各代表什么意义?
13. 水平输料管中气流速度分布有何特点?
14. 什么是气力输送的经济风速?如何求得经济风速?

第十一章 气力输送装置的主要设备

本章要点:本章介绍了气力输送装置的主要设备如接料器(供料器)、输料管和管件、卸料器等的结构、设计要点和工作过程。

气力输送装置在运行时的可靠性和经济性取决于各设备的合理设计与选择和正确使用,其主要设备是由接料器、输料管和管件、卸料器、闭风器等组成。

第一节 接料器

接料器是使物料与空气混合并送入输料管的一种设备,为气力输送的咽喉,直接影响整个气力输送系统的生产量、输送的稳定性及能耗的高低。

在设计和选用接料器时,对其结构的要求如下:①物料和空气在接料器中应能充分混合,让物料均匀地散落在气流中,以有效地发挥气流悬浮和推动作用,且不易掉料;②接料器的结构要使空气能通畅地进入,不致产生过分的扰动和涡流,以减少空气流动的能量损失;③要使进入气流的物料尽可能与气流的流动方向相一致,避免逆向进料。在某些情况下,要使物料减速,或利用其冲力使其转向,这样可降低气流推动物料的能量消耗。

接料器分为用于吸送式气力输送装置中的负压接料器和用于压运式气力输送装置中的正压接料器(供料器)两类。

一、吸送式气力输送的接料器

由于处于负压状态下工作,接料器入口处的物料极易随空气一起被吸入管内并被加速,因此,接料器构造较简单,设计时要求做到:①在进风量一定的情况下,产量要高且均匀稳定;②装有调节机构或二次进风装置;③如发生块状物料在吸嘴口卡死时,要能及时排除;④尽量轻便,牢固,安装及拆卸要方便,外形尺寸小。粮油食品饲料加工厂常用的有吸嘴、三通式、诱导式等接料器。

1. 双筒形吸嘴

双筒形吸嘴主要用来直接吸取仓库内或车船内的如小麦、稻谷、大豆、玉米等散装粮食,如图11-1(a)所示。它由内、外两筒组成。内筒用来吸取物料,其直径与输料管直径相同。为了减少空气的进口阻力,内筒前端做成喇叭形,外筒是空气进入内筒的通道,即使吸嘴埋入粮堆时,仍有足够的空气进入。外筒通常做成活动的,以调节内外筒下端的间距S,提高吸料量并保证稳定性,S最佳值通过现场调节确定,例如吸送稻谷时,最佳S为2~4 mm。

在风速<30 m/s时,双筒形吸嘴的结构尺寸按照内外筒之间的环形面积大致与内筒

的截面积相等来确定。即

$$\frac{\pi}{4}d^2 = \frac{\pi}{4}D^2 - \frac{\pi}{4}(d+2\delta)^2$$

$$D = \sqrt{d^2 + (d+2\delta)^2} \quad (\text{mm}) \tag{11-1}$$

式中：D——外筒内直径，mm；
　　　d——内筒内直径，mm；
　　　δ——内筒壁厚，mm。

则喇叭管扩大口的内径 d_1 为

$$d_1 = \sqrt{D^2 - \frac{1}{2}d^2} - 2\delta \quad (\text{mm}) \tag{11-2}$$

一般外筒总长度为 1 m 左右，内外筒壁厚 2~4 mm，吸嘴插入深度≤450 mm，阻力系数为 1.5~1.8。

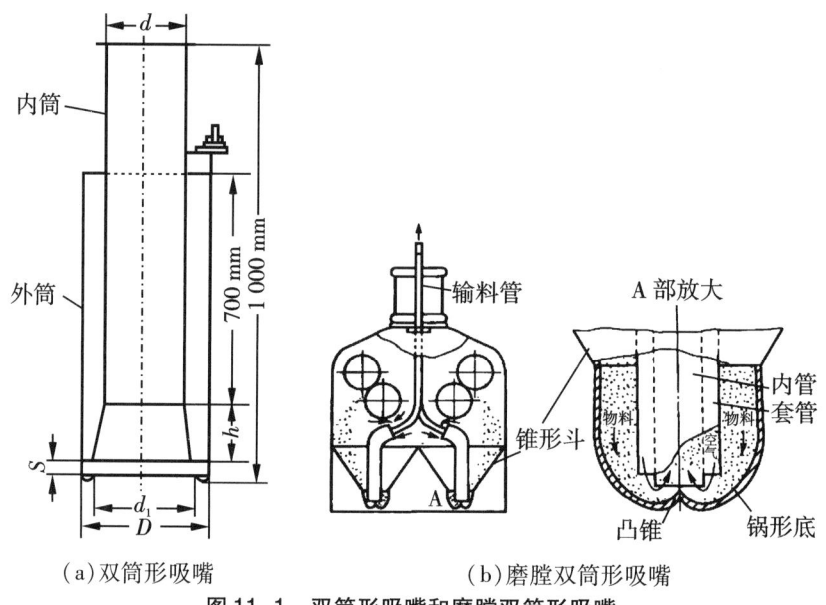

(a) 双筒形吸嘴　　　(b) 磨膛双筒形吸嘴

图 11-1　双筒形吸嘴和磨膛双筒形吸嘴

双筒形吸嘴可用来从设备内部如磨粉机的磨膛内直接吸料，如图 11-1(b) 所示。磨膛的底部做成锅形，中心部分呈向上凸圆锥形。吸嘴内管悬置于凸锥的正上方。套管的端面比内管的端面稍高。由于套管的上端开口在磨膛内，吸料所需的空气全部从磨膛吸出。因此，不仅可将物料吸走，同时还可对磨粉机起到冷却、防止粉尘外扬的作用。使用磨膛接料，磨粉机可放置在一楼，节省建筑费用，但阻力较大。

2. 三通式接料器

三通式接料器由接料溜管和风管两个基本部分组成，有垂直和水平(卧式)两种型式。

(1) 水平(卧式)三通式接料器　如图 11-2 所示，它由进料弯管、短管和隔板组成。物料由弯管顺着气流方向被引入短管，与从短管右端引入的空气混合，再进入输料管。为避免因物料过多而在短管内引起堵塞，用隔板将短管分隔为上下两部分，使短管下部能始终保持畅通。

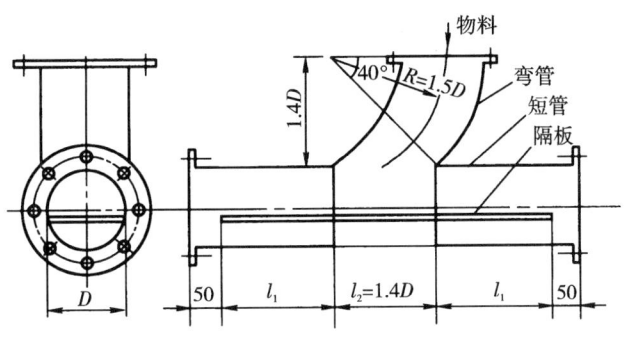

图 11-2　水平(卧式)三通接料器

水平三通式接料器的进料口可与机器下方的出料口对接,并可把几台机器下的物料并入同一条输料管,以减少输料管的数量。但要使物料垂直提升,则需在接料器后面另装弯头,会增加能量消耗,而且弯头容易引起堵塞。

图中 l_1 值在 $(0.8 \sim 0.7)D$ 之间。l_1 值大小与物料的自流角有关,自流角大,取值应小些,反之则取大些。水平三通式接料器的阻力系数为 1.0。

(2)垂直三通式接料器　如图 11-3 所示,它是由倾斜的溜管 1 和垂直风管 7 以 40°左右角度接合而成的。工作时物料从圆形溜管 1 下落,经变形管 2 和矩形溜管 5 进入垂直风管 7。空气则从下端喇叭管 8 吸入,与物料混合并携带物料经变形管 9 一起向输料管 10 提升。可调的弧形板 6 可使物料冲散并折向上方,这样能均匀地与气流混合并在一开始就具有向上运动的力量,减少物料的起动压损。弧形板 6 的尾端通常与水平成 45°向上倾角。压力活门 3 可用来限制溜管中随同物料吸入的空气,因为在物料上方运动的空气吸入过多,将减少从物料下方的喇叭管吸入的空气量,以致托力减小,物料容易下落。垂直风管 7 的直径比输料管 10 的直径略小,使其中的风速较高,利于物料的启动与加速。

3. 诱导式接料器

如图 11-4 所示,它是垂直三通式接料器的一种变形,具有较好的流体力学特性。物料沿矩形溜管 1 下落,经弧形淌板 5 转向并上冲,落入进风口 2 引入的气流中。弧形淌板 5 装在两边的弧形轨道中,可根据物料下落的情况来调节其插入深度,使物料适当减速或顺着气流方向冲出。诱导式接料器适用于粒状和粉状物料,阻力系数为 0.7。

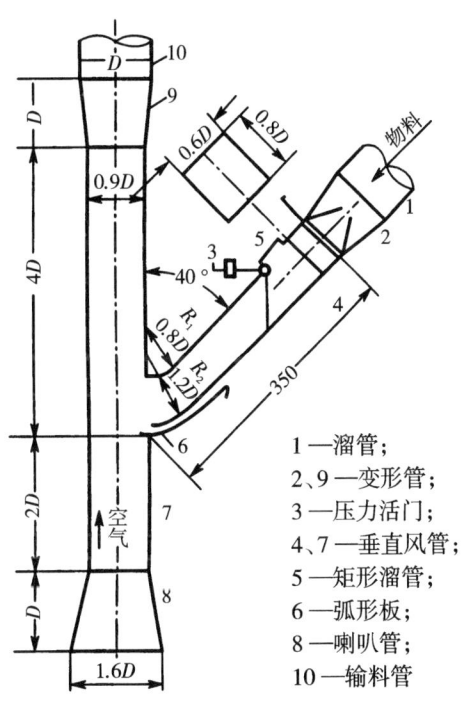

1—溜管；
2、9—变形管；
3—压力活门；
4、7—垂直风管；
5—矩形溜管；
6—弧形板；
8—喇叭管；
10—输料管

图 11-3　垂直三通接料器

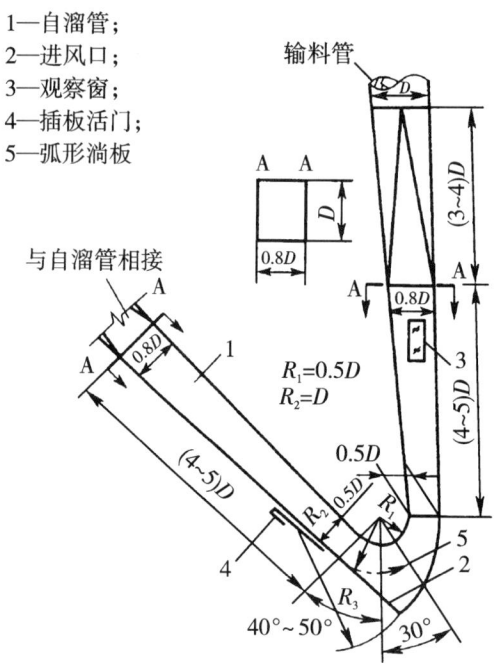

1—自溜管；
2—进风口；
3—观察窗；
4—插板活门；
5—弧形淌板

图 11-4　诱导式接料器

4. 花篮式接料器

如图 11-5 所示为适用于粒状物料的花篮式接料器。物料自溜管进入花篮（接料斗）后，即从接料斗底部分布在输料管圆周上四个进料口流入输料管，被由下向上的气流悬浮提升。进料量可通过调节移动套管进料孔的大小来控制。由于进料孔宽度达输料管圆周长的 2/3 以上，故物料进入输料管的流层较薄，扩散均匀，利于与空气充分混合，且很少有空气随物料吸入，空气全部来自下方，非常利于物料的悬

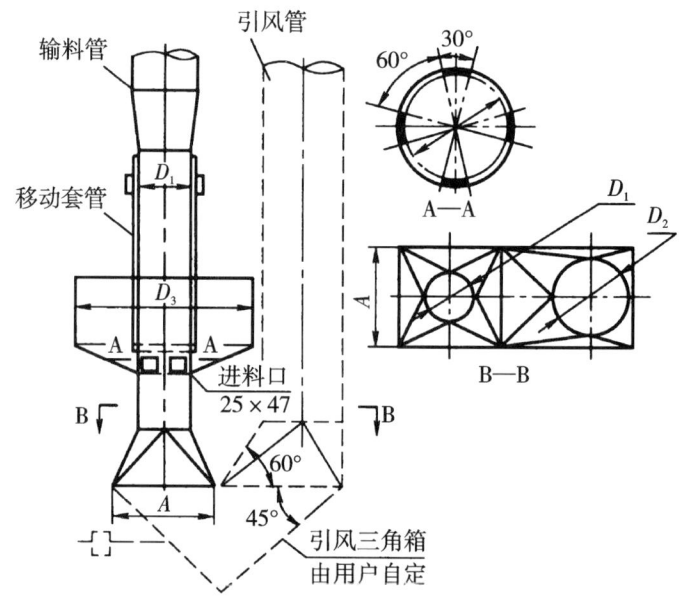

图 11-5　花篮式接料器

浮和启动。花篮（接料斗）可承接多方向来料。若在接料器下方设置三角箱，并将引风管连接到需要吸风防尘的设备上，用于气力输送的空气可先完成吸尘或风选等任务，做到一风多用。其阻力系数为 1。

5. 补气式接料器

如图 11-6 所示,它是在垂直三通式接料器和诱导式接料器的基础上改进而成的。它的进风口除主风口外,还开设了副风口即补气口,其作用是为了增加诱导力和防止物料对内壁的冲击。其阻力系数为 0.5。

6. 弯头接料器

弯头接料器适用于在作业机下面承接物料,并能从机器内部吸走足够的空气。如图 11-7 所示的弯头接料器的横断面呈矩形,通过变形管分别与圆形输料管和溜管连接。物料沿溜管的底部流动,自作业机吸出的空气在溜管上部运动。物料流到插板处,被其阻挡,物料在自身冲力作用下向上抛,被上方的气流吸散、混合并被悬浮。同时,在弯头底部的弧形活门的间隙和孔眼中,补充吸入一部分空气,进一步加强了对物料的承托和悬浮作用,使物料与空气充分混合后进入输料管提升。故弧形活门处不要求做得很严密,并在活门的左半部分开设若干个小孔,作为补充空气的入口。在工作时,活门借负压和压砣的作用关闭。

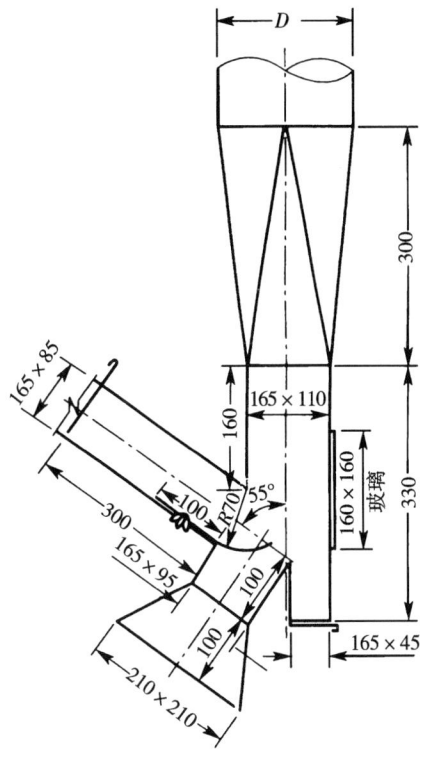

图 11-6 补气式接料器

当堵塞时,负压消失,活门在物料的重力作用下自动打开,使物料排出。

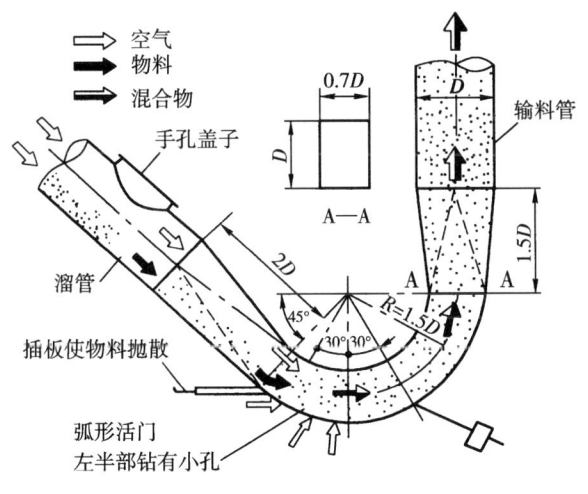

图 11-7 弯头接料器

弯头接料器结构简单,操作方便,具有良好的吸风作用,可带走作业机的部分热与湿。但是在所连接的作业机上,必须留有适当的进风口,不能过分密闭,以免阻力增加,影响进风。

图 11-8 是国外面粉厂使用的弯头接料器,体积小,长度不到 500 mm,与磨粉机出料

口对接(垂直),然后水平输送,因此,后续提升会增加一个水平向上转垂直的弯头。补气孔可通过盖上或打开小盖子调节进风量。

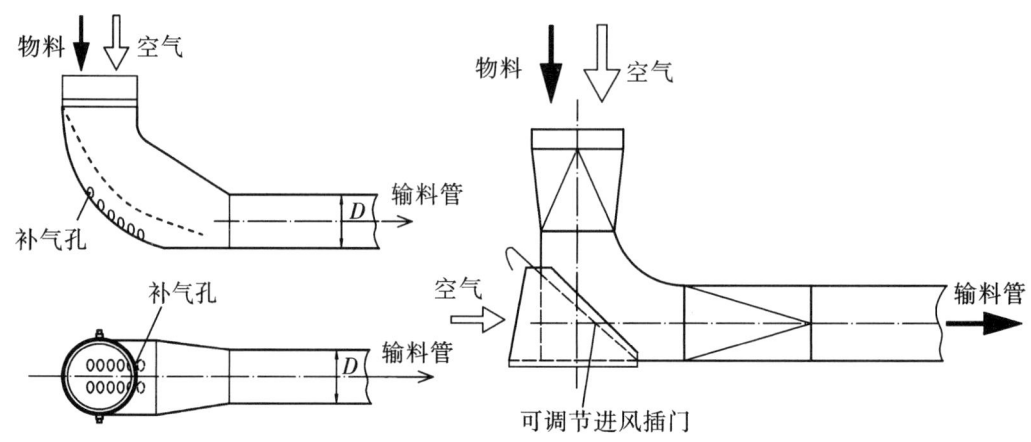

图 11-8 其他型式的弯头接料器

二、压运式气力输送的供料器

压运式气力输送装置中,由于输料管内的压力大于大气压力,因此,必须依靠专门的供料装置,即所谓的正压供料器,才能使物料顺利地进入输料管中。设计供料器时,要求不仅能定量供料、使空气与物料充分混合、悬浮以易于加速,而且要具有密闭性,以保证输送量和不漏出大量压缩空气。所以,其构造复杂,要求严格密闭。供料器有叶轮旋转式、收缩管式、喷射式和充气罐式等型式。

1. 叶轮旋转式供料器

如图 11-9 所示,将面粉、麸皮等细粉状物料供入低压压送装置中,其工作原理如图 11-9(a)所示,当叶轮由电机和减速传动机构带动在壳体内旋转时,物料从下料斗进入旋转叶轮格腔中,然后从下部流进输料管。图 11-9(b)所示吹通式旋转供料器结构,物料由顶部进口进入叶轮的格腔,并随叶轮转动,当转到供料器底部时,叶轮格腔与输送管路相通,输送气流就将格腔内的物料吹入输料管中。吹通式叶轮旋转供料器的壳体实际上成为输送管路的一部分,目前面粉加工厂里广泛采用这种供料器。

在格腔与进料口连通的瞬间,正压气流会由下方进入供料器而阻碍物料向下流动。因此,为了提高格腔的装满程度,壳体上安装高压空气导出管道,如图 11-9(c)所示,或将高压空气排至叶轮式供料器上部的料斗中[图 11-9(d)],或安装匀压管将高压空气排放到了进料侧的格腔内,如图 11-9(b)所示。

为了防止物料进入轴和端盖之间,在两端还有清理气封气流,如图 11-9(e)所示。清理气封气流来自纯空气管(供料器前)或罗茨鼓风机处,压力较供料器内高,故可防止物料外溢;同时高压空气进入格腔中,使物料流动性增加,并在此压力作用下使物料易于排出。

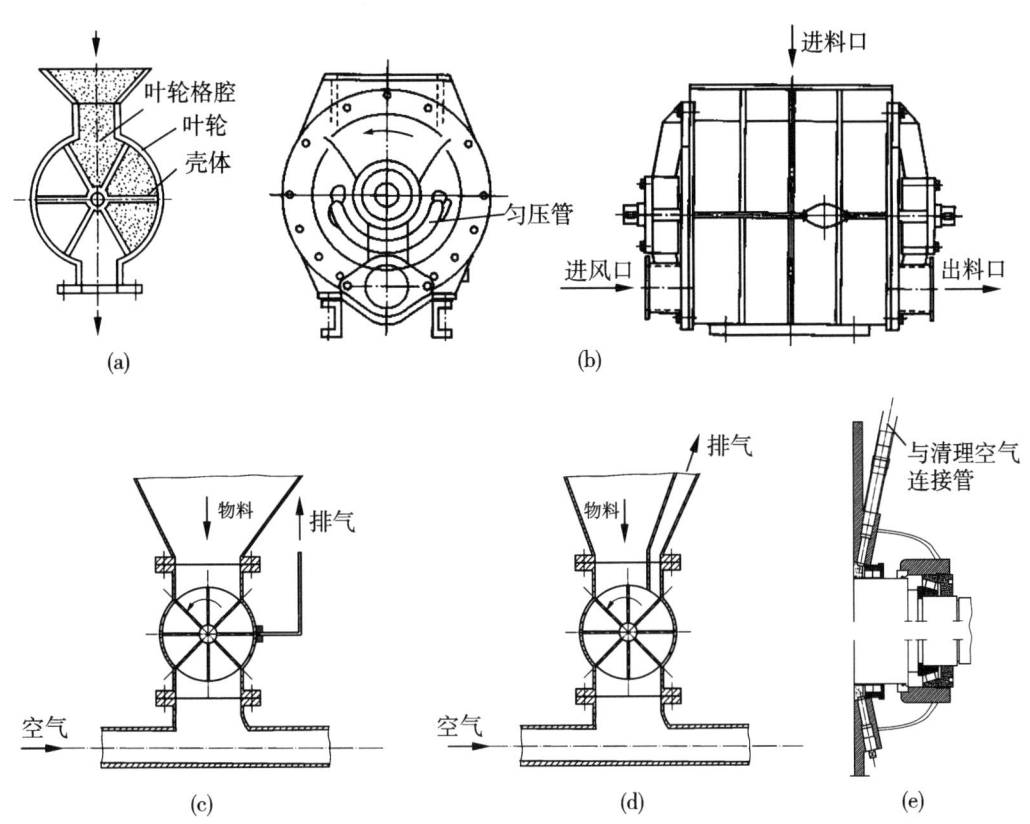

图 11-9 旋转式供料器

2. 收缩管式供料器

收缩管供料器又称为文丘里供料器。如图 11-10 所示,在渐扩和渐缩管段中间连一圆柱管段,即空气与物料混合管段,又称混合室。随着渐缩管截面不断减小,即空气速度不断增加,该处空气的静压转变为动压,使混合室内大气压相平衡或低于大气压,料斗中的物料则可在重力作用下进入混合室而被输送。供料处为负压,正压空气不会向上吹,物料可以连续供入,还会有部分空气从料斗进入。在粮食加工厂中,输送稻壳、麸皮、米糠、下脚等物料,常采用这种输送型式。但是这种供料器能耗较大,约占总能耗的三分之一。

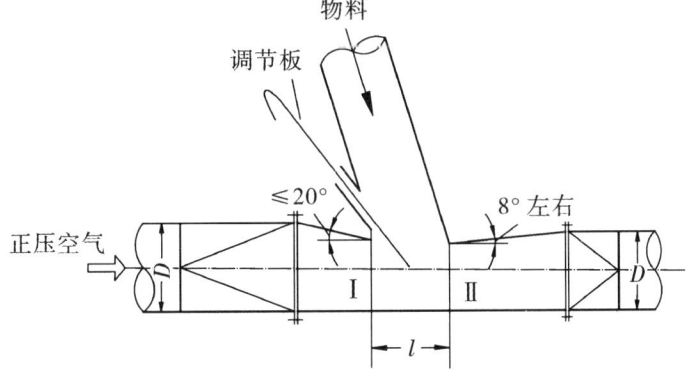

图 11-10 收缩管式供料器

收缩截面Ⅰ、Ⅱ一般做成矩形,宽度 $b=(0.65\sim0.85)D$,高度 h_1、h_2 按下式计算,长度 $l=(0.65\sim0.85)b$。

$$h_1 = \frac{Q}{v_1 b} \quad (\text{m}) \tag{11-3}$$

$$h_2 = \frac{Q+\Delta Q}{v_2 b} \quad (\text{m}) \tag{11-4}$$

式中:Q——输送风量,m^3/s;

ΔQ——从料斗进入的风量,$\Delta Q \approx (5\% \sim 10\%)Q$,$\text{m}^3/\text{s}$;

v_1、v_2——Ⅰ、Ⅱ截面风速,m/s。

在取 h_1、h_2 的实际尺寸时,可比上述计算值大 10%~20%,以使用插板进行调节。

为求得两截面输送风速,设从Ⅰ截面到卸料端的总压损为 H_2,喷嘴效率 $\eta=0.6\sim0.75$。

为了正常供料和输送,Ⅰ截面的全压力 H_1 应为

$$H_1 = \frac{H_2(Q+\Delta Q)}{\eta Q} \quad (\text{Pa}) \tag{11-5}$$

根据Ⅰ、Ⅱ截面的相对静压为零的原则,可求出两截面的输送风速

$$v_1 = \sqrt{\frac{2H_1}{\rho}} \quad (\text{m/s}) \tag{11-6}$$

$$v_2 = \sqrt{\frac{2H_2}{\rho}} \quad (\text{m/s}) \tag{11-7}$$

3. 喷射式供料器

如图 11-11 所示,喷射卧式供料器是利用供料口处输送管道的收缩喷嘴使气流速度增大、动压升高、静压下降的特性,造成供料口处的静压等于或低于大气压,如此,物料可从料斗落入管道被输送。由于高速气流的引射作用,还会使少量空气和物料从供料口处被吸入到输料管中,促进向正压空气管道的供料。

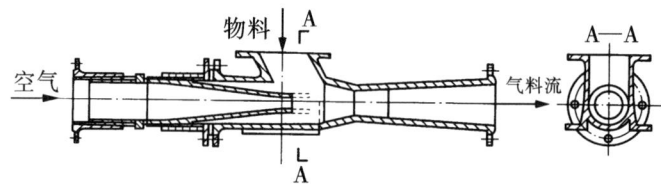

图 11-11 喷射卧式供料器

在供料口的后面有一段渐扩管,在渐扩管中气流速度逐渐减小,静压逐渐升高,使气流转换到正常输送的气流速度和静压力。

喷射式供料器的优点是结构简单、尺寸小、无转动部件。缺点是输送浓度低、压力损失大、效率低。

第二节 输料管与管件

一、输料管

输料管是用来输送物料和空气混合物的管道,连接于接料器和卸料器之间。输料管通常采用圆形截面,在粮、油、饲料、油脂加工厂的气力输送装置中的输料管,其内径一般为 50~300 mm。气力吸运输料管可采用 1.0~1.5 mm 厚镀锌薄钢板卷制而成,或 3~5 mm 厚的无缝钢管等。气力压运输料管均采用 3~5 mm 厚的无缝钢管。在输送砻糠时,一般采用矩形玻璃管。需要移动或伸缩取料时,可采用一段有一定扰性的金属或塑料软管。采用玻璃、塑料等输料管时,要注意做接地处理以消除静电。

输料管一般由若干段连接而成。对于用薄钢板卷制的输料管,各管段应以规定的直径为基准做成大小头,按气流的方向套接,套接处的缝隙要焊封,以防漏气。对于无缝钢管管道可采用法兰连接、焊接、橡胶管套或金属管道连接器等快速接头连接(图 11-12)。连接处必须采用密封垫圈以保持气密性。气力压运输料管与供料器连接处采用法兰连接,管道采用焊接。

输料管通过支撑固定于墙上。中间楼层或与设备连接处约 1.5 m 高度处安装一段有机玻璃管,观察物料运输情况。管道连接要保证接头处平整,以减少输送阻力。

图 11-12 管道连接器

二、弯头

弯头是改变输料方向的管件。为了缓和物料与弯头壁面的撞击,弯头的曲率半径 R 取 $(6~12)D$ 或 ≥ 1 m,其中 D 为输料管的直径。为了外观整齐,组合在同一风网中的各根输料管的弯头,可采用相同的曲率半径。通常是根据直径最大的一条输料管上的弯头来确定的。

弯头较直长管道容易磨损,为了便于更换,它与直长管段采用法兰连接。当采用方形截面的弯头时,在易磨损的外侧内壁,可嵌上衬垫或增加厚度,还可浇上一些金刚砂,以延长弯头的使用时间。

三、汇集管

在吸气式气力输送系统中,汇集管的作用是用来汇集从各个卸料器排出的空气,并将它引入除尘器。汇集管可由三通和直管连接成直长汇集管[图 11-13(a)],也可作成圆锥形[图 11-13(b)]。

从卸料器排出的空气,可以借风管引入汇集风管。这时汇集风管可直接敷设在卸料器的顶上。如因受楼层高度的限制,也可把汇集风管敷设在卸料器的一侧。这时,空气借敷设在卸料器排气管上的蜗壳转向器,引入汇集风管。

汇集管一般可采用 1.0 mm 的薄钢板制作。若强度不足时,可在沿汇集管适当长度上,安装若干个加强铁箍,以防管道变形。

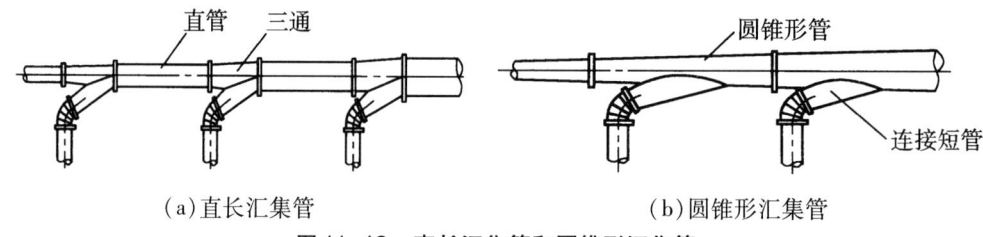

图 11-13　直长汇集管和圆锥形汇集管

四、换向阀

气力压运输送管道改变输送路线时,需要使用换向阀。

选用换向阀时,应注意下列几点:①结构简单,体积小;②耐磨损;③流动阻力小;④转动部分不残留物料,选配管孔衔接准确;⑤内部泄漏少。不同物料又有不同的要求和侧重点。对于粉料,由于颗粒分散且粒度较小,因而着重于阀门运转的可靠性、转动轴是否粘料、转动是否灵活和阀门的内部泄漏等问题。对于颗粒物料不需要考虑切换时物料的卡塞和黏附等问题。

图 11-14 是用于粉料的换向阀。图 11-14(a)所示为摆动式双路阀,它没有泄漏,压损小,多半用于粉料输送。图 11-14(b)所示为挡板式双路阀,使用薄挡板压紧管口,可作粉料输送,但粉料容易残留,且压损较大。图 11-14(c)所示为叶片转动式双路阀,由于单纯用板阀切换,在侧面存在间隙,因而有泄漏,但切换压损小,用于与内部泄漏无关的无压损切换的场合,目前专用粉厂气力压运广泛采用这种换向阀。

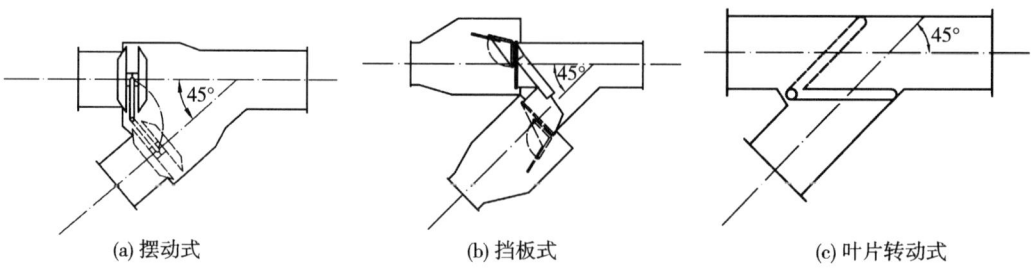

图 11-14　用于粉料的双路换向阀

图11-15是用于颗粒物料的换向阀。图11-15(a)为滑管式双路阀,这种结构在切换部位有微小间隙,不能完全防止内部泄漏。图11-15(b)为滑管式多路阀,这种结构可以完全气密。因此,也可用于输送粉状的或细颗粒状的物料,像面粉、奶粉或糖等。图11-15(c)为阀芯转动式双路阀,由于旋转体体积小,容易密闭,因此,也可用于粉料。目前专用粉厂气力压运系统中,采用这种双路阀用于面粉、麸皮的输送。

换向阀的位置转换可以采用气电控制,也可以采用手动转换位置。

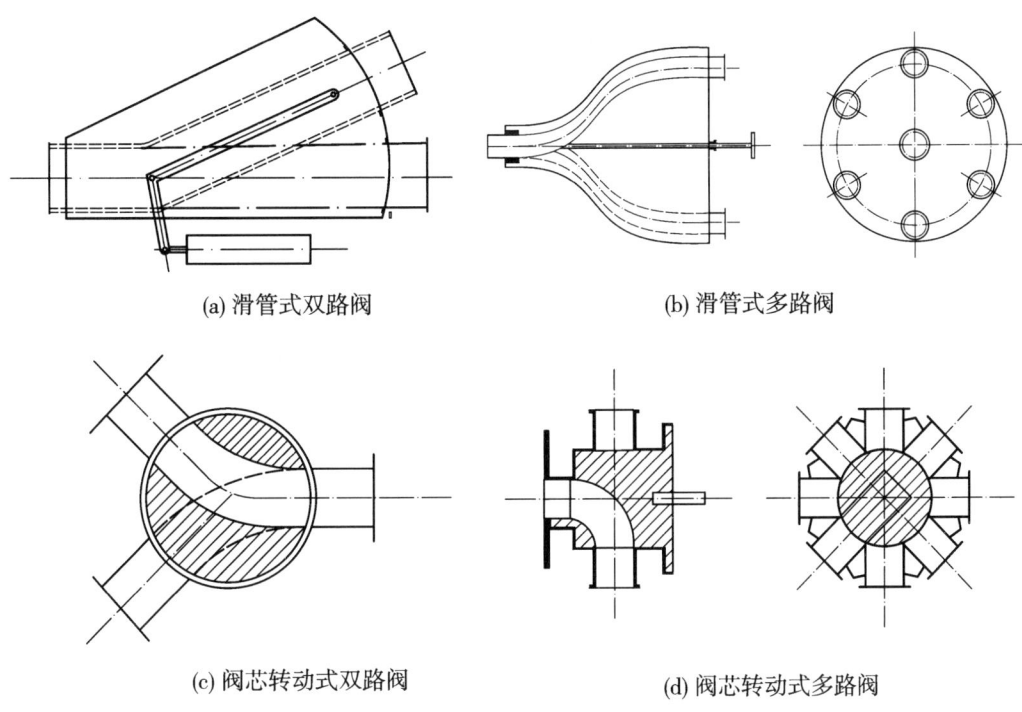

(a) 滑管式双路阀　　(b) 滑管式多路阀

(c) 阀芯转动式双路阀　　(d) 阀芯转动式多路阀

图11-15　用于颗粒物料的换向阀

第三节　卸料器

卸料器是将随同气流一起进入的物料从气流中分离出来的一种设备,因此,有时也称为物料分离器。

一、设计卸料器的要求

分离效率要高。对于如小麦、稻谷等颗粒状物料来说,是比较容易做到的,但对粉状物料,要完全分离就较困难。

性能要稳定。即当输送条件稍有变化时(例如风量或浓度发生变化),也要具有稳定的分离能力。

结构要简单,体积要紧凑。容易磨损的部位能拆卸更换;检查维修要方便。另外要有较多的透明部分,以便观察和操作。

对于分离粮粒的卸料器,要具有"一风多用"的作用。即不仅能卸出粮粒,而且还能把其中的灰尘和轻杂质分离出来,并对粮粒表面有一定的摩擦、清理作用。

二、常用卸料器的分类

常用的卸料器按其工作原理,可分为重力式、惯性分离式、离心式等若干种。

1. 重力式卸料器

(1)容积式卸料器 料气两相流经输料管进入卸料器后,由于卸料器的容积很大,其有效断面比输料管断面大很多,料气流的速度骤然降低,使气流失去对物料的携带能力,物料受重力作用而从两相流中沉降分离出来。

容积式卸料器的构造如图11-16(a)所示,它由料、气进口,沉降箱,排料口,空气出口等几部分组成。

卸料器筒体直径 D_0 可按照公式(11-8)确定

$$D_0 = 1.13\sqrt{\frac{Q}{3\,600\alpha v_f}} \tag{11-8}$$

式中:Q——卸料器处理风量,m^3/h;
v_f——物料的悬浮速度,m/s;
α——系数,取 $0.03 \sim 0.1$。

圆筒高 H_1 与筒体直径 D_0 成正比,可按下式确定

$$H_1 = CD_0 \text{(m)} \tag{11-9}$$

式中:C——系数,对于粒径大于 3 mm 的颗粒,$C = 1.0 \sim 1.5$;对于粒径 $0.5 \sim 3.0$ mm 的颗粒,$C = 1.3 \sim 1.8$;对于粒径小于 0.5 mm 的颗粒,$C = 1.5 \sim 2.0$。

重力式卸料器下部锥体高度 H_2 必须保证物料具有一定的储备量,能连续不断地从排出口流出。按下式计算

$$H_2 = \frac{D_0 - d_0}{2}\tan\varphi \tag{11-10}$$

式中:d_0——下部锥体出料口直径,m;
φ——锥体壁与水平面的夹角,一般 $\varphi \geq$ 物料自溜角。

重力式卸料器的压损计算

$$\Delta H = \zeta\frac{\rho g v_j^2}{2}(1 + k\mu) \quad \text{(Pa)} \tag{11-11}$$

式中:ζ——重力式卸料器的阻力系数,$\zeta = 3 \sim 6$;
ρ——重力式卸料器进口处的空气密度,kg/m^3;
μ——输料管中物料的输送浓度,kg/kg;
k——系数,$k = 0.2 \sim 0.4$;
v_j——重力式卸料器进口风速,m/s。

料仓也可直接作为重力式卸料器使用,如图11-16(b)所示。为提高重力式卸料器的卸料效率,一般要求选择较低的进口速度,排风口距进料口最远或者在卸料器内部加装挡板。

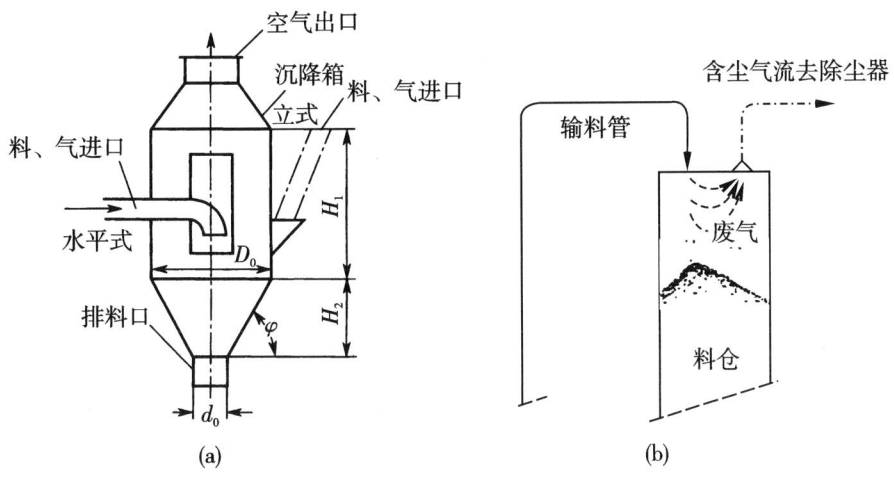

图 11-16 容积式卸料器

（2）三角箱卸料器 如图 11-17(a)所示，它由输料管、渐扩管、活动顶盖、沉降箱、弧形挡板和出风口及排料口组成。当垂直提升的物料经渐扩管后转向进入沉降箱时，物料在重力作用下落入沉降箱底部与空气分离，空气可携带轻杂质通过出风口进入汇集风管。为了防止进入沉降箱的物料还没有来得及沉降就被空气经吸口带走，在沉降箱进料口的上端沿整个宽度上装有一块弧形挡板，促使物料更加有效的分离。顶盖可做成活动的，内可嵌石面或浇金刚砂，以便磨损后更换。

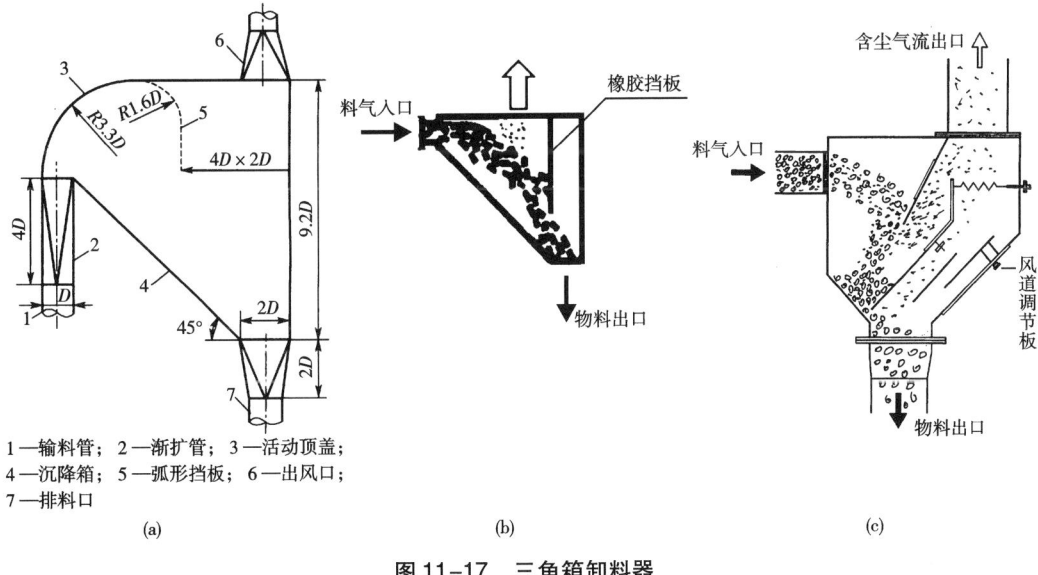

1—输料管；2—渐扩管；3—活动顶盖；
4—沉降箱；5—弧形挡板；6—出风口；
7—排料口

图 11-17 三角箱卸料器

图 11-17(b)(c)是水平进料的三角箱式卸料器。其中(c)料气水平进入卸料器后，物料冲向淌板并改向向下落入集料斗中，经风选口排出；气流一部分在淌板末端穿过物料并带走一些轻杂质向上方吸出口运动，另一部分随物料在风选口处对于物料进行进一

步除杂。为了防止粮粒被吸走,在下风选吸风道上装有风道调节板,风选轻杂质功能较图(a)(b)强,一风多用效果良好。

重力式卸料器适合于粒度较大的颗粒物料的分离。

2. 惯性式卸料器

(1) 回风式卸料器 如图 11-18 所示,当料气经扩散管进入卸料器后,粮粒在惯性作用下冲向弧形顶盖后下落至沉降室(图中 a 处),经淌板流向风选口(图中 c 处);空气在风选口自下向上穿过粮层,将其中轻杂质带走,向回风道流动,并进入右半部的轻杂质沉降室(图中 b 处),轻杂质借惯性离心力的作用沿弧形壁面运动与空气分离后,落入集料斗经关风器排出;含尘空气则由出风管吸出。风选口处的风速可视粮粒种类的不同设为 4~6 m/s。

回风式卸料器设置风选口,且带有轻杂质沉降室,能较好地将粮粒、轻杂、灰尘等分别收集,其分离轻杂质的效率在 80% 以上,是体现一风多用比较完善的卸料器。

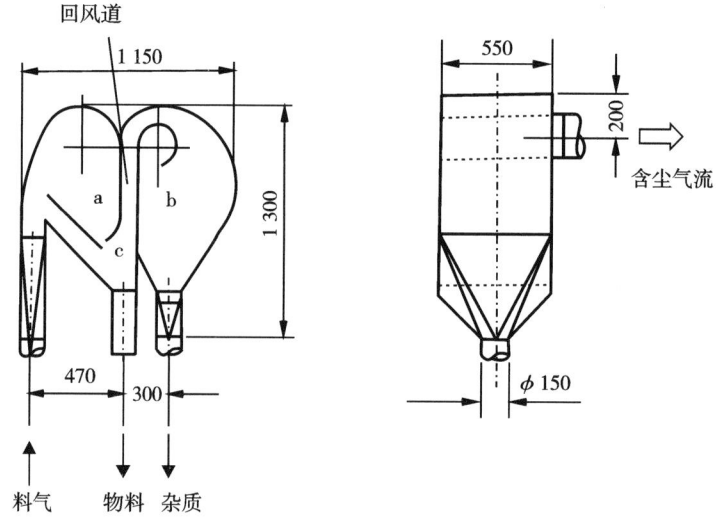

图 11-18 回风式卸料器

(2) 风选卸料器 如图 11-19 所示,料气由输料管 1 进入卸料器,在惯性作用下上升到最大高度处(即第一次分离口 2 处)进行分离,完整、饱满的粮粒在重力作用落入出料口 5,轻的或破碎的粮粒及轻杂质等在输送气流及一次进风口补充气流共同作用下,上升到第二次分离口 3 处,轻的和破碎的粮粒在重力作用下与气流分离落入出料口 6 排出,而轻杂质、灰尘等则随输送气流和一、二次补充气流由含尘气流出口 4 排出。

回风式卸料器和风选卸料器适用于颗粒状物料的分离。

3. 离心式卸料器

离心式卸料器又称旋风分离器或刹克龙,工作原理与离心式除尘器相同,即利用两相流旋转时产生离心力的作用使物料与气流分离,适合颗粒和粉状物料的分离。

常用的如 38 型、45 型、50 型、55 型、60 型等离心除尘器均可用于分离两相流中的物料。由于离心式卸料器结构简单、尺寸紧凑,容易制造,压损也不大,所以应用十分广泛。

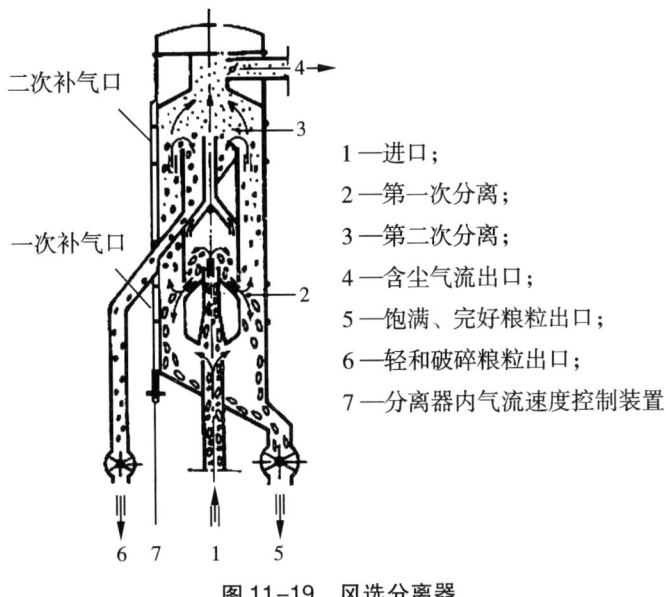

1—进口；
2—第一次分离；
3—第二次分离；
4—含尘气流出口；
5—饱满、完好粮粒出口；
6—轻和破碎粮粒出口；
7—分离器内气流速度控制装置

图 11-19 风选分离器

图 11-19 所示是目前面粉加工厂两种常用的锥形离心式卸料器。它们的特点是体积小,阻力较大,一般为 1~1.5 kPa。图 11-20(a) 高度为 1 000 mm；图 11-20(b)(MGXH 型)直径为 200~410 mm、高度一般为 800 mm,可按图 11-21 根据风量确定型号和阻力。

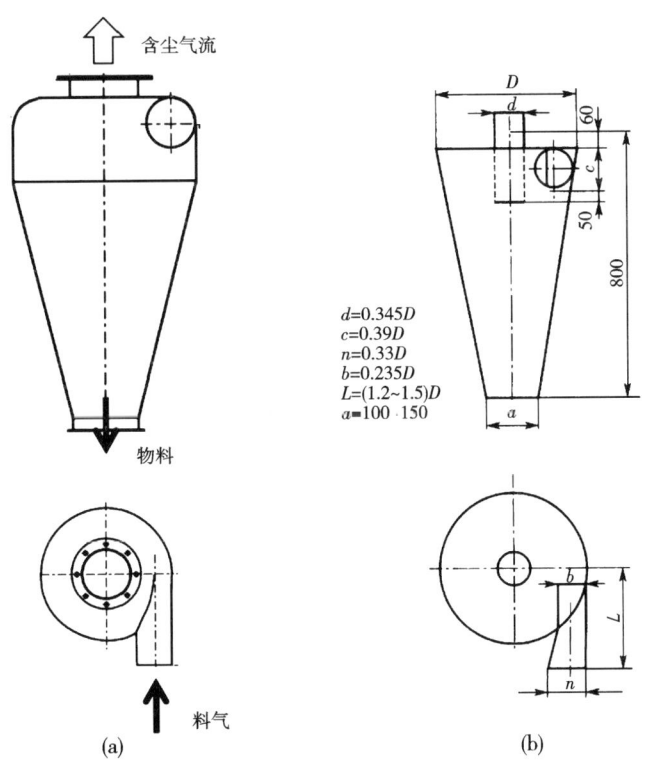

图 11-20 离心式卸料器

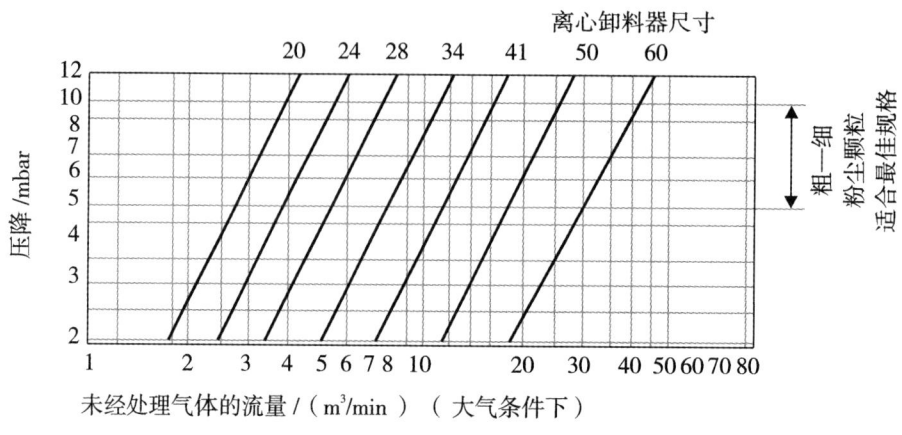

图 11-21　MGXH 型离心式卸料器选用

气力吸运系统中的卸料器出料口处于负压状态,为保证物料顺利排出且没有外部空气进入,必须在卸料器出料口配置关风器。

思考与练习

1. 气力输送装置主要设备有哪些?
2. 接料(供料)器的作用、要求和种类有哪些?它们是如何工作的?有何特点?适合在什么场合下使用?
3. 卸料器的作用、要求和种类有哪些?它们是如何工作的?有何特点?适合在什么场合下使用?
4. 输料管可采用哪些材料?如何连接?
5. 换向阀的作用、要求和种类有哪些?适合在什么场合下使用?
6. 用 1∶100 的比例绘制诱导式接料器的结构图。
7. 用 1∶100 的比例绘制回风式卸料器的结构图。

第十二章 低压稀相气力吸运系统的设计与计算

本章要点：本章重点介绍了低压稀相气力吸运系统的设计依据、设计要求、设计程序与计算方法（关键参数如储备系数、输送速度、输送浓度的选择，及设计计算方法）。

气力输送系统设计的任务是根据工艺确定系统的要求，设计确定组合形式以及各输料管、接料器、卸料器等设备的型式、规格尺寸，计算系统所需要的风量和压力损失，从而选用合适的风机和电动机，制订合理的操作规程，以保证系统经济可靠地工作。

第一节 设计依据和要求

一、设计依据

在设计之前，应深入调查研究，掌握分析以下几方面的资料，作为设计的依据：①了解生产规模及工作制度，从而确定所需输送的物料量及工作时间；②了解需输送的物料的性质，以便根据不同的输送对象，选择合适的气力输送设备及输送参数，满足工艺生产的要求；③了解厂房结构型式以及仓库和附属车间的结合情况，以便确定输送路线、安装及管网的布置；④熟悉工艺流程及设备布置情况，以确定输料管的数量和各自的输料量，及所需提升物料的道数和各道物料的性质，从而合理地组合系统；⑤了解所采用设备的规格及性能；⑥明确技术经济指标和环境保护要求；⑦调查操作管理条件和技术措施的可能性；⑧了解远景发展规划。

二、设计要求

在粮、油、饲料、油脂加工厂中，气力输送是为工艺服务的，但其本身也直接或间接地担负着一定的工艺任务，所以，设计要尽量满足工艺的要求；反之，工艺上的安排也应该考虑气力输送的合理性，进行必要的调整，使各自更好地发挥作用，并最终取得良好的工艺效果。为此，在设计工艺时，应结合具体情况，在保证成品质量的前提下，简化流程，采用先进工艺、生产效率高和多种用途的先进设备，以减少设备数量，减少提升次数和物料的总提升量，降低气力输送能耗。

要保证主流流量的稳定和连续。要尽量考虑气流的"一风多用"，使气流在输送物料的同时，能完成一部分除尘、清理、分级和冷却等作用。设备布置在不妨碍操作的前提下，尽量做到整齐紧凑，以有利于缩短提升高度。要尽量避免输料管的弯曲和水平放置。要让卸料器放置在厂房顶层的最高处，让接料器放置在底层的最低处，以充分利用高度空间，这是减少提升次数的重要措施之一。同时，为了缩短连接风管，风机和除尘器应布置在车间的顶层。

第二节 设计步骤及主要参数的选用

一、设计步骤

在调查研究和收集分析上述资料、明确上述要求之后,根据实际情况通过理论计算和实际经验进行设计。具体步骤如下:①根据工艺要求组合系统;②确定设备型式,完成系统布置,绘制系统图;③确定各工作参数;④进行阻力计算,并同时选定设备的结构尺寸、材料;⑤根据系统总风量和总压损选择合适的风机,并配用合适的电机;⑥确定其他各辅助设备及其安装位置等;⑦绘制施工图。

二、主要参数的确定

气力输送的主要参数包括输送量、输送浓度和输送气流速度。这些参数的正确确定,对输送设备的选择、系统运行的稳定性和经济性有很大的影响。

1. 输送量

输送量由工艺确定。但作为系统计算依据的计算输送量 $G_{算}$,是输料管在正常工作中可能遇到的最大物料量,所以应该考虑一定的储备,即

$$G_{算} = \alpha G_{设} \tag{12-1}$$

式中:$G_{算}$——计算输送量,t/h;

$G_{设}$——设计输送量(t/h),根据工艺流量平衡表或其他要求确定;

α——储备系数。考虑到工艺上如物料品质的变化、水分含量的高低、操作指标的改变等原因可能引起流量变化的因素而附加的系数。储备系数的大小应根据具体情况分析确定。若单纯为了输送的安全,不适当地提高 α 值,将造成设备增大,浪费动力,致使设计与实际不符,引起输送不稳定,给操作带来困难,并容易发生掉料等事故。α 取 1.1~1.5。

粮食加工厂的储备系数可参考表 12-1 选取。

表 12-1 储备系数

系统名称	原粮清理	垄谷	碾米	小麦	1皮	2皮、1心	3皮、2心	渣磨	其他各道皮磨、心磨	面粉	小皮	米糠
α	1.2（按净粮）	1.2	1.1	1.1~1.2	1.05~1.2	1.1~1.15	1.15~1.1	1.15~1.2	1.1	1.05	1.05	1.1

2. 输送风速

恰当的选择输送风速 v_a 十分重要,必须保证物料能可靠地输送,同时也要考虑工作的经济性。风速过高,能力耗用过大,能力消耗几乎与风速的三次方成正比;风速过低,对物料输送量的适应性小,工作不稳定,容易发生堵塞或掉料。因此,选择合理的输送风速,必须结合理论与实验研究结果以及气力输送装置运行中的经验数据综合选取。在保

证输送工作稳定可靠的前提下,尽量采用低风速。

研究表明,输送风速与物料的悬浮速度v_f有关,见表12-2。通常对粒度均匀的物料,其输送风速可取其悬浮速度的 1.5～2 倍;对粒度不均匀的物料,取其按粒度分布占比最多的颗粒所测定的悬浮速度 1 倍以上;对于粉料,为避免残留附着于管壁和发生黏结成团的现象,往往须采用比悬浮速度大 5～10 倍的输送风速。因此,可根据物料的悬浮速度选择输送风速。在缺乏所需数据时,一般粮粒物料取 20～25 m/s,粉状物料取 16～22 m/s;也可参照表 12-3 选用。

输送风速的选择同物料性质、输送浓度及管道布置情况有关。当物料的比重、粒度愈大,输送浓度愈高,或者管道有弯曲和水平输送时,风速应取较大数值,反之则取较小数值。

表 12-2 输送风速与悬浮速度的关系

输送物料情况	输送气流速度 v_a/(m/s)
松散物料在垂直管中	$v_a \geq (1.3 \sim 2.5)v_f$
松散物料在水平管中	$v_a \geq (1.5 \sim 2.5)v_f$
有弯头的垂直或倾斜管中	$v_a \geq (2.4 \sim 4.0)v_f$
管路较复杂	$v_a \geq (2.6 \sim 5.0)v_f$
大比重、成团黏结性的物料	$v_a \geq (5 \sim 10)v_f$

表 12-3 输送物料的气流速度

物料名称	输送速度 v_a/(m/s)	物料名称	输送速度 v_a/(m/s)	物料名称	输送速度 v_a/(m/s)
大麦	15～25	花生	15	豌豆	17～27
小麦	15～24	咖啡豆	12	荞麦	15～20
麸皮	14～19	砂糖	25	稗子	12～30
粉间大粗粒	14～20	盐	27～30	麦芽	21
粉间小粗粒	14～18	糙米	15～25	玉米	25～30
面粉	10～18	大米	16～20	棉籽	23
稻谷	16～25	谷壳	14～20	亚麻籽	23
大豆	18～30	玉米粉	16～18		

3. 输送浓度

设计输送浓度一般采用质量浓度 μ。输送浓度的大小直接关系到系统的风量和压力损失的大小。在输送一定量的物料时,浓度越大越经济,因为,此时虽然压损增加,但因所需的空气量减少,使所需的功率减少。同时,由于空气量的减少还相应地减小了管道直径以及卸料器、除尘器等设备的尺寸,从而节约了材料消耗和设备量,降低了成本。但由于工艺过程和设备条件的限制,也不可能选用过高的浓度,因为过高地选用浓度,就意味着要降低设备的吸风量,从而影响设备和物料的冷却。因此,在选定输送浓度时,应该根据厂型、输送形式和一风多用等因素全面考虑。另外,为了保证风机能在较高效率下工作,选定的浓度要使系统的风量和阻力与风机产生的风量和压力相适应。否则浓度虽高,但风机效率不高,能耗不一定会降低。

粮食类物料低压稀相气力吸运系统输送浓度选取可参考表 12-4。其他物料可根据物料性质类似加以借鉴。

表 12-4 粮食类物料输送推荐输送浓度

系统	中小型面粉厂		大型面粉厂		油料	米厂		粒径细的粉状物料	码头及移动式气力输送装置
	麦间	粉间	麦间	粉间		稻谷、糙米、谷糙混合物	米糠		
μ	2~4	0.5~5	4~6	0.5~4	0.5~4	3~5	0.5~2	0.5~1.5	8~14

第三节 低压稀相气力吸运系统压力损失的计算方法

低压稀相气力吸运系统的压力损失计算,一般根据实验和理论分析的方法进行。由于实验条件和分析归纳的方法不同,得出的系数和计算公式也不尽相同。下面介绍的是常用的一种用于低压稀相气力吸运系统压力损失的计算方法。

低压吸运气力输送系统的压损 H 由两部分组成,即空气携带物料进行输送的压损 $H_物$,空气卸掉物料后含尘空气输送和净化的压损 $H_辅$,即

$$H = H_物 + H_辅 \qquad (12-2)$$

一、输送物料的压损 $H_物$ 的计算方法

$H_物$ 包括从空气和物料进入输送系统到卸料器为止的所有压损。以图 12-1 为例,即为空气自磨粉机吸入,携带物料经接料器、输料管、弯头直至卸料器为止的全部压损,由下列各项压损组成

$$H_物 = H_机 + H_接 + H_加 + H_摩 + H_弯 + H_复 + H_升 + H_卸 \qquad (12-3)$$

式中:$H_机$——空气通过作业机的压损,mmH_2O;

$H_接$——空气通过接料器的压损,mmH_2O;

$H_加$——空气使物料加速的压损,mmH_2O;

$H_摩$——空气和物料在输料管中产生的摩擦压损,mmH_2O;

$H_弯$——空气和物料经过弯头的压损,mmH_2O;

$H_复$——物料经过弯头后速度下降而使之重新恢复的压损,mmH_2O;

$H_升$——使物料提升到一定高度的压损,mmH_2O;

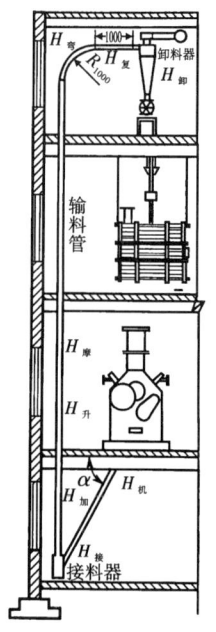

图 12-1 气力输送系统压损

$H_{卸}$——卸料器的压损,mmH$_2$O。

下面逐一介绍各项压损的计算公式。

1. 作业机的压损 $H_{机}$

按式(12-4)计算或直接按附录 7 中数据计算。

$$H_{机} = \varepsilon Q_{秒}^2 \quad (\text{mmH}_2\text{O}) \tag{12-4}$$

式中:ε——作业机压损系数;

$Q_{秒}$——每秒钟从作业机吸出的空气量,m^3/s。

2. 接料器的压损 $H_{接}$

$$H_{接} = \xi_j \rho_a \frac{v_a^2}{2g} \quad (\text{mmH}_2\text{O}) \tag{12-5}$$

式中:ξ_j——接料器阻力系数,由接料器形式而定,其值参见表12-5。

$\rho_a \dfrac{v_a^2}{2g}$——空气动压,mmH$_2$O;

ρ_a——空气密度,kg/mm^3。

表 12-5 各种接料器的阻力系数 ξ_j

接料器形式	阻力系数 ξ_j	接料器形式	阻力系数 ξ_j
吸嘴	1.5~1.8	补气式	0.7
卧式、立式三通式	0.5	双层补气式	0.7
诱导式	0.7	弯头式、回风式	1.0

3. 加速物料的压损 $H_{加}$

$$H_{加} = iG_{算} \quad (\text{mmH}_2\text{O}) \tag{12-6}$$

式中:$G_{算}$——物料的计算输送量,t/h;

i——加速每吨物料的压损(mmH$_2$O/t)。按表 12-6 中公式计算,或查附录 8。

表 12-6 i 的计算公式

i 的计算公式	公式号	备注
$i_{谷粗} = \dfrac{32\,340}{D^2} v_a$	(12-7)	式中:D——输料管径,mm, v_a——输送风速,m/s。 谷粗是指输送原粮颗粒,如小麦、稻谷、糙米、白米、一皮、二皮、一心等或与性质相近的其他粗硬物料;细是指如面粉、三皮、四皮、二心、麸皮等或性质与之相近的其他细软性物料
$i_{细} = \dfrac{34\,986}{D^2} v_a$	(12-8)	

4. 直管摩擦压损 $H_摩$

$$H_摩 = \frac{\lambda_a}{D} L \rho_a \frac{v_a^2}{2g}(1 + K_m\mu) \quad (\text{mmH}_2\text{O}) \tag{12-9}$$

因为
$$R = \frac{\lambda_a}{D}\rho_a \frac{v_a^2}{2g} \quad (\text{mmH}_2\text{O/m})$$

所以
$$H_摩 = RL(1 + K_m\mu) \quad (\text{mmH}_2\text{O}) \tag{12-10}$$

式中：λ_a——空气摩擦阻力系数；

D——输料管直径，m；

L——输料管长度，m；

μ——输送质量浓度；

K_m——附加阻力系数按表 12-7 公式计算或查附录 8；

$H_摩$——纯空气直管摩擦压损，mmH_2O；

R——单位长度纯空气管道的压损，$\text{mmH}_2\text{O/m}$。

K_m 值的大小与输料管径、风速、管材、物料性质和输送浓度有关，按表 12-7 公式计算或查附录 8。

令 $\alpha = 1 + K_m\mu$，称为压损比，则式(12-9)变为

$$H_摩 = \alpha H_{摩a} \tag{12-11}$$

压损比 α 和 K_m 计算式见表 12-7。

表 12-7 α 及 K_m 计算式

物料种类或资料来源	水平管	公式号	垂直管	公式号
粗物料	$K_m = \dfrac{0.135D}{v_a^{1.25}}$	(12-12)	$K_m = \dfrac{0.24(D-40)}{v_a^{1.33}}$	(12-17)
细物料	$K_m = \dfrac{0.11D}{v_a^{1.25}}$	(12-13)	$K_m = \dfrac{0.16(D-40)}{v_a^{1.33}}$	(12-18)
原粮	$K_m = \dfrac{0.15D}{v_a^{1.25}}$	(12-14)	$K_m = \dfrac{0.215D^{0.75}}{v_a^{0.8}}$	(12-19)
刀根英明	$\alpha = \sqrt{\dfrac{30}{v_a}} + 0.3\mu$	(12-15)	$\alpha = \dfrac{250}{v_a^{1.25}} + 0.15\mu$	(12-20)
洛巴耶夫	$\alpha = 1 + \dfrac{1.25\mu D}{v_s/v_a}$	(12-16)		

5. 弯头的局部压损 $H_弯$

$$H_弯 = \xi_w \rho_a \frac{v_a^2}{2g}(1 + K_w\mu) \quad (\text{mmH}_2\text{O}) \tag{12-21}$$

式中：ξ_w——纯空气通过弯头时的局部阻力系数。在气力输送装置中，为减少弯头的压损和壁面的损坏，曲率半径采用$(6\sim10)D$。ξ_w 可查附录 4 表 1。

K_w——弯头附加阻力系数。其值见表 12-8。

表 12-8　弯管局部阻力的附加系数

弯管空间方位	弯曲角 φ_0	K_w 值
垂直向下转向水平	90°	1.0
垂直向上转向水平	90°	1.6
水平转向水平	90°	1.5
水平转垂直向上	90°	2.2
水平转向垂直向上（粉料）	90°	0.7

6. 恢复物料速度的压损 $H_复$

当弯头的方向由垂直向上转向水平时，$H_复$ 与物料输送量和弯头后面的水平管段的长短有关，按式(12-22)计算。

$$H_复 = \beta \Delta H_加 \quad (\text{mmH}_2\text{O}) \tag{12-22}$$

式中：$H_加$——空气加速物料的压损，见式(12-6)；

Δ——输送量系数，其值见表 12-9；

β——弯头后面水平管长度系数，其值见表 12-10。

表 12-9　输送量系数 Δ

输送量/(t/h)	0.5 以下	1.0	2.0	3.0	5.0	5.0 以上
Δ(90°弯头)	0.5	0.35	0.25	0.15	0.1	0.07

表 12-10　长度系数 β

弯头后面的水平管长度/m	1	2	3	4	5
β	0.7	1	1.25	1.4	1.5

当弯头的方向由水平向上转垂直时，$H_复$ 可按式(12-23)计算

$$H_复 = 2\Delta H_加 \quad (\text{mmH}_2\text{O}) \tag{12-23}$$

如果弯头后面没有管道，物料通过弯头后直接进入卸料器，则这项压损就不存在，即

$$H_复 = 0 \quad (\text{mmH}_2\text{O})$$

7. 提升压损 $H_升$

$$H_升 = \rho_a \mu S \quad (\text{mmH}_2\text{O}) \tag{12-24}$$

式中：S——物料提升高度，为将物料由最低点提升至最高点的高度，m。

8. 卸料器压损 $H_卸$

$$H_卸 = \xi_x \rho_a \frac{v_{xj}^2}{2g} \quad (\text{mmH}_2\text{O}) \tag{12-25}$$

式中：ξ_x——卸料器阻力系数，见表 12-11；

v_{xj}——卸料器进口风速，m/s。

二、辅助部分的压损 $H_{辅}$ 的计算

辅助部分的压损由空气通过汇集管、连接风管和除尘器等三部分的压损组成,即

$$H_{辅} = H_{汇} + H_{管} + H_{除} \tag{12-26}$$

对于式(12-26)中的前两项 $H_{汇} + H_{管}$,可按纯空气的管路阻力计算方法计算,也可近似取为 30~60 mmH$_2$O。

$H_{除}$ 为除尘器阻力,按照第七章除尘器介绍的方法计算。

为使用方便,现将各项压损的计算公式及有关数据集中列于表 12-11。

表 12-11 气力输送系统压损的计算公式

压损项目		计算公式	公式号	说明
输送物料的压损 $H_{物}$	作业机压损	$H_{机} = \varepsilon Q_{秒}^2$	(12-4)	查附录 7。若接料器直接从大气进风时,此项不计
	接料器压损	$H_{接} = \xi_j \rho_a \dfrac{v_a^2}{2g}$	(12-5)	ξ_j 见表 12-5
	加速物料的压损	$H_{加} = iG_{算}$	(12-6)	$G_{算}$ 以 t/h 计;i 可按表 12-6 中公式计算,或查附录 8
	摩擦压损	$H_{摩} = \dfrac{\lambda_a}{D} L \rho_a \dfrac{v_a^2}{2g}(1 + K_m \mu)$	(12-9)	L 包括弯头展开长度在内的输料管长度;K_m 按表 12-7 中公式计算,或查附录 8
		$H_{摩} = RL(1 + K_m \mu)$	(12-10)	
	弯头的压损	$H_{弯} = \xi_w \rho_a \dfrac{v_a^2}{2g}(1 + K_w \mu)$	(12-21)	ξ_w 查附录 4 表 4。K_w 见表 12-8
	恢复速度的压损	弯头垂直向上转向水平 $H_{复} = \beta \Delta H_{加}$	(12-22)	Δ 见表 12-9;β 见表 12-10
		水平向上转向垂直弯头 $H_{复} = 2\Delta H_{加}$	(12-23)	
	提升物料压损	$H_{升} = \rho_a \mu S$	(12-24)	
	卸料器阻力	$H_{卸} = \xi_x \rho_a \dfrac{v_{xj}^2}{2g}$	(12-25)	三角箱式卸料器 $\xi_x = 0.7$;圆筒形卸料器取 $H_{卸} = 40~50$ mmH$_2$O;离心卸料器按离心式除尘器计算
辅助压损 $H_{辅}$	除尘器压损	$H_{除}$	—	按除尘器章节介绍的方法计算
	尾气管道压损	$H_{汇} + H_{管}$	—	按纯空气管道阻力计算或取 30~60 mmH$_2$O

第四节 低压稀相气力吸运系统设计计算示例

图 12-2 所示为某面粉厂制粉车间的一组气力输送系统,表 12-12 为其已知条件。

下面以此系统为例介绍低压稀相气力吸运系统的设计计算过程。

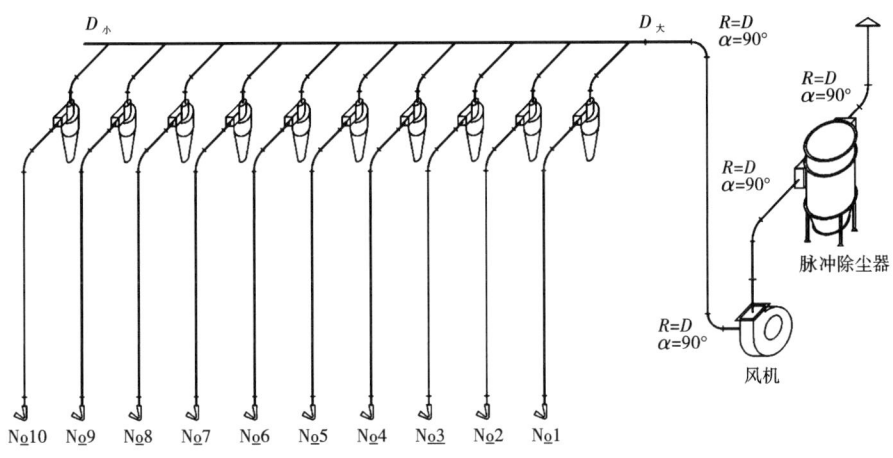

图 12-2　气力输送系统

表 12-12　某制粉车间气力输送系统已知条件

输料管号	系统名称	物料性质	产量/(kg/h)	备注
No1	1B	粗	3 400	
No2	1B	粗	3 400	
No3	1B	粗	2 850	(1)采用诱导式接料器；
No4	1B	粗	2 850	(2)下旋 55 型卸料器；
No5	2B	粗	2 050	(3)输料管弯头曲率半径均取 $R=10D$；弯头后水
No6	2B	粗	2 050	平管长度均取 2 m；
No7	2B	粗	1 700	(4)提升高度 $S=18$ m；
No8	2B	粗	1 700	(5)输料管长度 $L=21$ m
No9	1S	粗	1 700	
No10	备用	粗	1 700	

根据设计步骤进行设计与计算。

一、根据生产工艺要求组合系统

输送物料的来源、性质、输送量根据工艺需要已经确定,系统由 10 根提升管组成。

二、确定设备型式,完成系统布置,绘制系统图

根据工艺要求和设备布置情况,选用诱导式接料器、下旋 55 型离心卸料器,输料管选用厚 3 mm 无缝钢管,确定提升高度为 18 m,弯头的曲率半径取 $R=10D$,弯头后水平输送长度为 2 m,输送管的长度为 21 m。绘制系统图,见图 12-2 所示。

三、确定各工作参数

1. 选择储备系数

根据选择原则并参考表 12-1 选择每根提升管的储备系数,并填入表 12-13 中第 4 行。

2. 输送风速的选择

按照物料性质并参考表 12-3 选择每根提升管的输送风速,并填入表 12-13 中第 7 行。

3. 输送浓度的选择

按照物料性质并参考表 12-4 选择每根提升管的输送浓度,并填入表 12-13 中第 8 行。

四、进行系统压力损失计算

以 No1 提料管阻力计算为例进行阻力计算,计算结果填入表 12-13 中。

1. 输送物料压损 $H_物$ 的计算

No1 提料管 $G_设 = 3\,400$ kg/h;储备系数 1.06;输送风速 $v_a = 21$ m/s;输送浓度初取 $\mu = 2.6$ kg/kg;接料器采用诱导式接料器;卸料器采用下旋 55 型离心卸料器;确定提升高度为 18 m;弯头的曲率半径取 $R = 10D$;弯头后水平输送长度为 2 m;输送管的长度为 21 m。

(1)计算设计物料量 $G_算$ 由公式(12-1),得

$$G_算 = \alpha G_设 = 1.06 \times 3\,400 = 3\,604\,(\text{kg/h})$$

(2)计算输料管风量 Q

根据 $G_算$ 和输送浓度 μ,得

$$Q = \frac{G_算}{\rho_a \mu} = \frac{3\,604}{1.2 \times 2.6} = 1\,155\,(\text{m}^3/\text{h})$$

式中:ρ_a——空气密度,取 1.2 kg/m³。

根据附录 8 气力输送计算表:当 $v_a = 21$ m/s 时,风量 $Q = 1\,163$ m³/h 最接近计算风量 1 155 m³/h,故查表得到 $v_a = 21$ m/s 时,$Q = 1\,163$ m³/h、$D = 140$ mm、$R = 4.11$ mmH₂O/m,$K_粗 = 0.419$,$i_{谷粗} = 35.4$ mmH₂O/t,$H_d = 27$ mmH₂O。

最终输送浓度为 $\mu = \dfrac{G_算}{Q\rho_a} = \dfrac{3\,604}{1\,163 \times 1.2} = 2.58\,(\text{kg/kg})$

(3)输送物料压损 $H_物$ 的计算

1)机器设备的压损 $H_机$ $H_机$ 为气流通过磨粉机产生压力损失,取 $H_机 = 8$ mmH₂O。

2)接料器压损 $H_接$ 查表 12-5,所选诱导式接料器的阻力系数 $\xi = 0.7$,由公式(12-5)得

$$H_接 = \xi \frac{v_a^2}{2g}\rho_a = \zeta \times H_d = = 0.7 \times 27 = 18.9\,(\text{mmH}_2\text{O})$$

3)加速压损 $H_加$ 由公式(12-6)得

$$H_加 = iG_算 = 35.4 \times 3\,604 \times 10^{-3} = 127.6\,(\text{mmH}_2\text{O})$$

4)摩擦压损 $H_{摩}$ 由公式(12-10)得
$$H_{摩} = RL(1 + K_m\mu) = 4.11 \times 21(1+0.419 \times 2.58) = 179.6(\text{mmH}_2\text{O})$$

5)弯头压损 $H_{弯}$ 弯头曲率半径 $R = 10D$,转角 $\alpha = 90°$,查附录 4 表 1,阻力系数 $\zeta = 0.066$。由表 12-8 知,垂直向上转水平弯头的 $K_w = 1.6$。由公式(12-21)得
$$H_{弯} = \xi_w \frac{v_a^2}{2g}\rho_a(1 + K_w\mu) = 0.066 \times 27(1+1.6 \times 2.58) = 9.1(\text{mmH}_2\text{O})$$

6)恢复压损 $H_{复}$ 根据表 12-7、表 12-8 得 $\Delta = 0.138, \beta = 1$。由公式(12-22)得
$$H_{复} = \beta\Delta H_{加} = 1 \times 0.138 \times 127.6 = 17.6(\text{mmH}_2\text{O})$$

7)提升压损 $H_{升}$ 由公式(12-24)得
$$H_{升} = \rho_a\mu S = 1.2 \times 2.58 \times 18 = 55.7(\text{mmH}_2\text{O})$$

8)卸料器压损 $H_{卸}$ 卸料器选择下旋 55 型离心卸料器。根据处理风量 $Q = 1\,163$ m³/h,查附录 6 表 1,选取卸料器直径 $D = 500$ mm,计算得到:进口风速 $v_j = 12.4$ m/s,$H_{卸} = 53.6$ mmH₂O

输送物料压损 $H_{物}$ 由公式(12-3)得
$$H_1 = 8+18.9+127.6+179.6+9.1+17.6+55.7+53.6 = 470.1(\text{mmH}_2\text{O})$$

采用同样方法计算其他提升管压力损失,并填入表 12-13 中。

9)根输料管的输送物料压损 H_1 不平衡率均低于 5%,可以认为阻力平衡。如果超过 5% 则需要进行阻力平衡。可以通过调节卸料的大小改变阻力,或调整输送参数 μ 或 v;或调节卸料器出口的风门。实际上无论阻力计算平衡与否,都须在卸料器出风管道上加装调节风门。

2. 辅助部分压损 $H_{辅}$ 的计算

(1)汇集风管和连接管道的阻力计算

1)汇集风管 汇集风管长度 $L = 12.3$ m。连接在汇集风管小头端的输料管是第 10 根输料管,所以小头端风量为
$$Q_{小} = Q_{10} = 654 \text{ m}^3/\text{h}$$

选取汇集风管小头端风速 $v_{小} = 13.7$ m/s,则 $D_{小} = 130$ mm

汇集风管大头端风量为 10 根输料管风量之和,即
$$Q_{大} = Q_1 + Q_2 + \cdots + Q_{10} = 8\,384 \text{ (m}^3/\text{h)}$$

选取汇集风管大头端风速 $v_{大} = 15.3$ m/s,查附录 3,管径和单位摩阻 R 分别为
$$D_{大} = 440 \text{ mm}, R = 0.48 \text{ mmH}_2\text{O}/\text{m}$$

则汇集风管的阻力为
$$H_{汇} = 2R_{大}L = 2 \times 0.48 \times 12.3 = 11.8(\text{mmH}_2\text{O})$$

2)进风机连接管 进风机连接管与汇集风管相连接,所以风量、风速不变,$v_a = 15.3$ m/s,$D = 440$ mm,$R = 0.48$ mmH₂O/m,总长度 $L = 3.8$ m。沿程摩阻为
$$H_m = RL = 0.48 \times 3.8 = 1.8(\text{mmH}_2\text{O})$$

进风机连接管有两个弯头,弯头参数 $R = D$,查附录 4 表 1 得到阻力系数 $\xi = 0.23$,两个弯头的局部阻力
$$H_j = 2\xi\frac{v_a^2}{2g}\rho_a = 2 \times 0.23 \times \frac{15.3^2}{2 \times 9.8} \times 1.2 = 6.6(\text{mmH}_2\text{O})$$

所以,此段风管总阻力 H:1.8+6.6=8.4(mmH$_2$O)

3)风机与除尘器之间连接管

风机前后风量不变,Q = 8 384 m³/h,风速仍取 v_a = 15.3 m/s,则 D = 440 mm,R = 0.48 mmH$_2$O/m;有一个 α=90°、$R=D$ 的弯头,阻力系数 ξ = 0.23;风机出风口上垂直管道长度 1.2 m,弯头后水平管长度 2.0 m。此段总阻力为

$$H = H_m + H_j$$
$$= RL + \xi \frac{v_a^2}{2g}\rho_a = 0.48 \times (1.2 + 2.0) + 0.23 \times \frac{15.3^2}{2 \times 9.8} \times 1.2 = 4.8 (\text{mmH}_2\text{O})$$

4)除尘器排风管

此段风管位于除尘器之后,总长度为 3.5 m。风管内为净化气流,所以不再需要较高的风速,选 v_a = 12.9 m/s,风量 Q = 8 384 m³/h,查附录 3 得 D = 480 mm,R = 0.32 mmH$_2$O/m;一个 α=90°、$R=D$ 的弯头,阻力系数 ξ = 0.23;风帽选取环形风帽,阻力取 16 mmH$_2$O。此段总阻力为

$$H = H_m + H_j$$
$$= RL + \xi \frac{v_a^2}{2g}\rho_a + 16 = 0.32 \times 3.5 + 0.23 \times \frac{15.3^2}{2 \times 9.8} \times 1.2 + 16 = 20.8 (\text{mmH}_2\text{O})$$

连接管道的总阻力为 $H_{管}$ = 8.4+4.8+20.8 = 34(mmH$_2$O)

$(H_{汇} + H_{管})$ = 11.8+34 = 45.8(mmH$_2$O)

$(H_{汇} + H_{管})$ 也可以估算,见表 12-11,取 30~60 mmH$_2$O,可取 45 mmH$_2$O。

(2)脉冲除尘器阻力

脉冲除尘器处理风量 $Q_{处}$ = 8 384 m³/h,选 TBLM 低压脉冲除尘器,过滤风速 2.5 m/min 时,过滤面积为 55.89 m²,可选择 TBLM-78 型低压脉冲除尘器,阻力 $H_{除}$ = 150 mmH$_2$O。

故辅助部分总压损为 $H_{辅}$ = $(H_{汇} + H_{管})$ + $H_{除}$ = (11.8+34)+150 = 195.8(mmH$_2$O)

五、风机选用和电机的配用

根据系统总压损 $H_{总} = H_1 + H_2 = 470+196 = 666$(mmH$_2$O)

系统总风量 $Q_{总} = 8 384$(m³/h)

得风机参数 $H_{风} = (1.1 \sim 1.2)H_{总} = 1.15 \times 666 = 765.9 \approx 766$(mmH$_2$O)

$Q_{风} = (1.1 \sim 1.2)Q_{总} = 1.1 \times 8 384 = 9 222.4 \approx 9 222$(m³/h)

选用 6-30 型 №7 风机,转速 n = 2 850 r/min,效率 η = 82.1%。

配用电动机功率为

$$N_{电} = K\frac{H_{风}Q_{风}}{1 000\eta\eta_c} = 1.15 \times \frac{766 \times 9.8 \times 9 222}{1 000 \times 3 600 \times 0.821 \times 0.95} = 28.4 \text{ (kW)}$$

选择电动机 Y200L-2,30 kW,2 950 r/min。

表 12-13 设计计算表

序号	输料管号		No1	No2	No3	No4	No5	No6	No7	No8	No9	No10
1	物料来源		1B	1B	1B	1B	2B	2B	2B	2B	1S	回料
2	物料性质		粗	粗	粗	粗	粗	粗	粗	粗	粗	粗
3	$G_{设}$/(kg/h)		3 400	3 400	2 850	2 850	2 050	2 050	1 700	1 700	1 700	1 700
4	α		1.06	1.06	1.05	1.05	1.05	1.05	1.05	1.05	1.05	1.05
5	$G_{算}$/(kg/h)		3 600	3 600	3 000	3 000	2 150	2 150	1 785	1 785	1 785	1 785
6	S/L/(m/m)		18/21	18/21	18/21	18/21	18/21	18/21	18/21	18/21	18/21	18/21
7	v_a/(m/s)		21	21	21	21	21	21	21	21	21	21
8	μ/(kg/kg)		2.6	2.6	2.5	2.5	2.5	2.5	2.3	2.3	2.3	2.3
9	μ'/(kg/kg)		2.58	2.58	2.49	2.49	2.50	2.50	2.27	2.27	2.27	2.27
10	H_d/mmH$_2$O		27	27	27	27	27	27	27	27	27	27
11	Q/(m^3/h)		1 163	1 163	1 003	1 003	718	718	654	654	654	654
12	D/mm		140	140	130	130	110	110	105	105	105	105
13	$K_{粗}$		0.419	0.419	0.377	0.377	0.293	0.293	0.272	0.272	0.272	0.272
14	$i_{谷粗}$/(mmH$_2$O/t)		35.4	35.4	41.0	41.0	57.3	57.3	62.9	62.9	62.9	62.9
15	R/(mmH$_2$O/m)		4.11	4.11	4.73	4.73	5.56	5.56	5.89	5.89	5.89	5.89
16	输送物料压损/mmH$_2$O	$H_{机}$	8	8	8	8	5	5	5	5	5	5
17		$H_{接}$	18.9	18.9	18.9	18.9	18.9	18.9	18.9	18.9	18.9	18.9
18		$H_{加}$	127.4	127.4	127.6	127.6	123.1	123.1	112.4	112.4	112.4	112.4
19		$H_{升}$	55.7	55.7	55.7	55.7	53.8	53.8	49.1	49.1	49.1	49.1
20		$H_{摩}$	179.8	179.8	179.8	179.8	192.8	192.8	200.3	200.3	200.3	200.3
21		$H_{弯}$	9.1	9.1	6.4	6.4	6.2	6.2	5.8	5.8	5.8	5.8
22		$H_{复}$	17.6	17.6	12.8	12.8	18.5	18.5	28.1	28.1	28.1	28.1
23		$H_{卸}$	53.6	53.6	53.6	53.6	50.0	50.0	50.1	50.1	50.1	50.1
24		$H_{物}$	470.1	470.1	462.8	462.8	468.2	468.2	464.4	464.4	464.4	464.4
25	辅助压损/mmH$_2$O	$H_{汇}$	11.8($D_{小}=130$ mm,$D_{大}=$ mm,长度$L=3.8$ m)									
26		$H_{管}$	34									
27		$H_{除}$	150(TBLM-78 型低压脉冲袋式除尘器,滤袋长度 2 m,过滤面积 58.8 m^2,阻力 $H_{除}=150$ mmH$_2$O,实际过滤风速 2.38 m/min)									
28		$H_{辅}$	195.8									
29	$H_{总}$/mmH$_2$O		666									
30	$Q_{总}$/(m^3/h)		8 384									
31	$H_{风}$/mmH$_2$O		$H_{风}=(1.1\sim1.2)H_{总}=1.15\times666=765.9\approx766$									
32	$Q_{风}$/(m^3/h)		$Q_{风}=(1.1\sim1.2)Q_{总}=1.1\times8\ 384=9222.4\approx9\ 222$									
33	卸料器 D/mm		500	500	480	480	405	405	390	390	390	390
34	备注		风机:6-30 型 No7,$n=2\ 850$ r/min,效率 $\eta=82.1\%$。 电动机:Y200L-2,30 kW,2 950 r/min。									

思考题

1. 低压稀相吸运式气力输送系统设计依据、要求和步骤是什么?
2. 低压稀相吸运式气力输送系统的主要参数如何确定?输送浓度是不是越高越好?
3. 气力输送系统设计中如何平衡各输料管的阻力?
4. 计算气力输送系统时有哪些主要参数?根据经验,对面粉厂输送的颗粒状物料参数范围一般为多少?
5. 米厂和面粉厂等气力输送系统中储备系数是怎样确定的?
6. 为什么说浓度的选择对气力输送系统的电耗影响很大?
7. 当各管道之间压力偏差大于10%时,用什么方法来调整压力平衡?
8. 如何选择输送风速?
9. 低压吸运式气力输送系统的压损计算方法是什么?

习 题

1. 根据图12-3所示的气力输送装置和已知值,计算从接料器到卸料器出风口为止输送物料的压力损失 $H_{物}$。输送物料为一些粗物料,产量为 $G=3$ t/h。

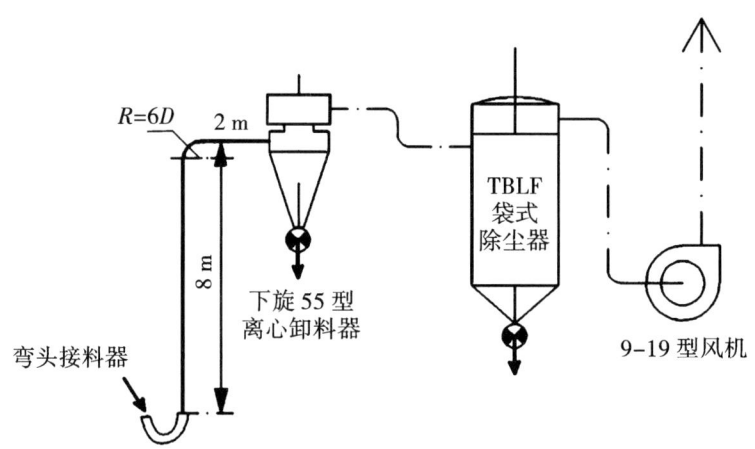

图 12-3 习题 1 附图

2. 单管输送毛麦 $G_{设计}=21$ t/h, $L=S=20$ m, $v_a=20$ m/s,若浓度分别为 $\mu=5.6$ 和 $\mu=2.8$ 时,除尘管道的阻力为 20 mmH$_2$O,试通过阻力计算来比较耗电量。
   (1) 接料器为诱导式。
   (2) 卸料器为三角箱式。
   (3) 除尘器采用袋式除尘器(TBLF 低压脉冲袋式除尘器)。
   (4) 风机为 6-30 型, $\eta_{传}=0.95$。

3. 某面粉厂每天加工小麦 200 t,清理车间气力输送系统由四根输料管组成,如

图 12-4 所示,提升高度 $S=14.6$ m,试确定该系统的压力损失,并选择风机、电机。输送参数及选用设备如下:(1)输送速度 $v_a=20$ m/s;(2)输送浓度 $\mu=4.0$;(3)接料器为诱导式;(4)卸料器为筒式,$H_{卸}=40$ mmH$_2$O;(5)$H_{汇}+H_{管}=40$ mmH$_2$O;(6)风机为 6-30 型;(7)除尘器为 TBLF 低压脉冲袋式除尘器;(8)储备系数 $\alpha=1.2$;(9)风机三角带传动 $\eta_{传}=0.95$。

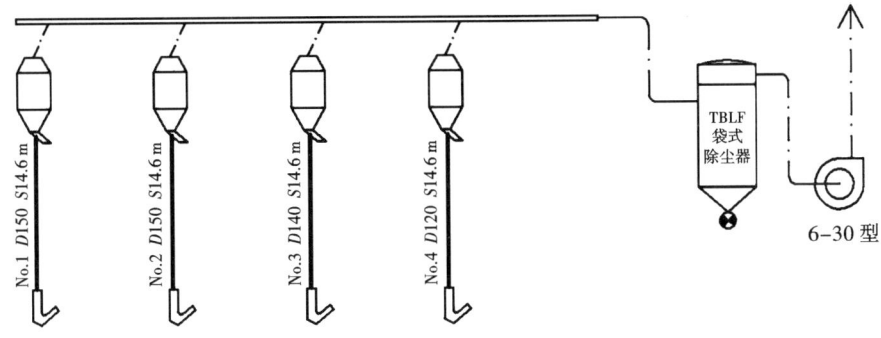

图 12-4 习题 3 附图

4. 如图 12-5 所示为某油厂 100 t/d 浸出粕的气力输送。输送距离为 30 m,设计时产量为 $G_{设计}=4.2$ t/h。试进行设计计算,并确定风机型号及配用电机功率。

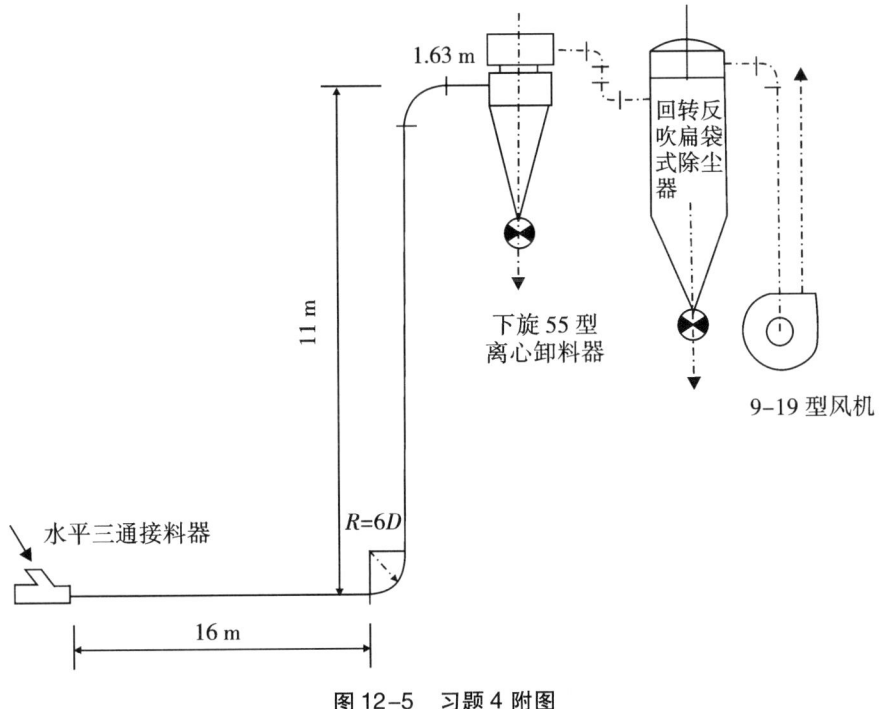

图 12-5 习题 4 附图

5. 如图 12-6 所示,对 qFQ-55 型饲料粉碎机粉料(玉米粉)气力输送进行设计计算。设计产量为 3 t/h。

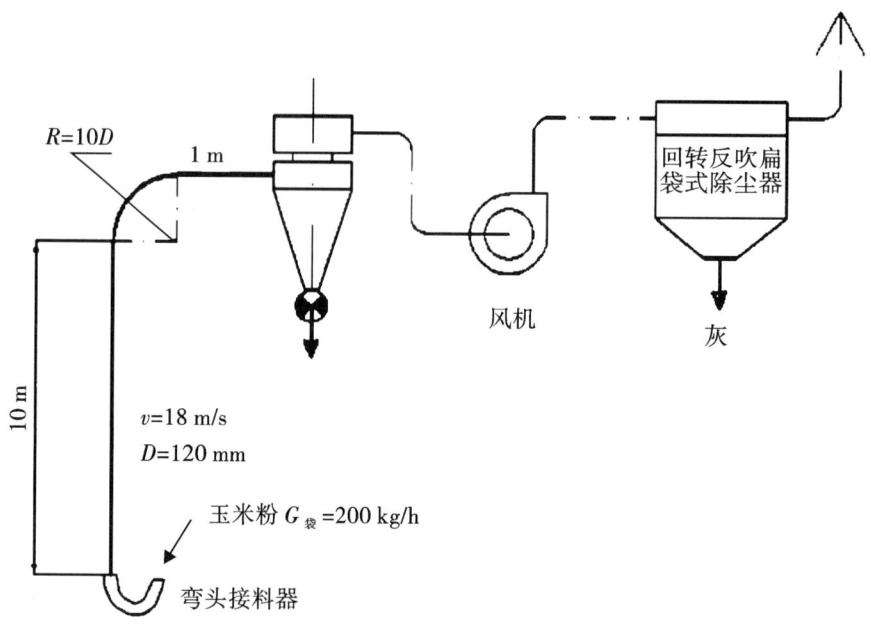

图 12-6　习题 5 附图

6. 日加工小麦 400 t 面粉厂气力车间共需 4 道小麦提升,每道有 2 根提升管。前路(第一道和第二道提升)共 4 根提升管组成一低压稀相气力吸运系统,如图 12-7 所示。车间为 4 层楼,提升高度为 13.8 m。主要设备:(1)接料器采用诱导式接料器;(2)卸料器采用三角箱式卸料器;(3)除尘器采用回转反吹扁袋式除尘器;(4)风机采用 6-30 型离心风机。输送浓度初选 5,输送风速为 20 m/s。试对该系统进行设计计算。

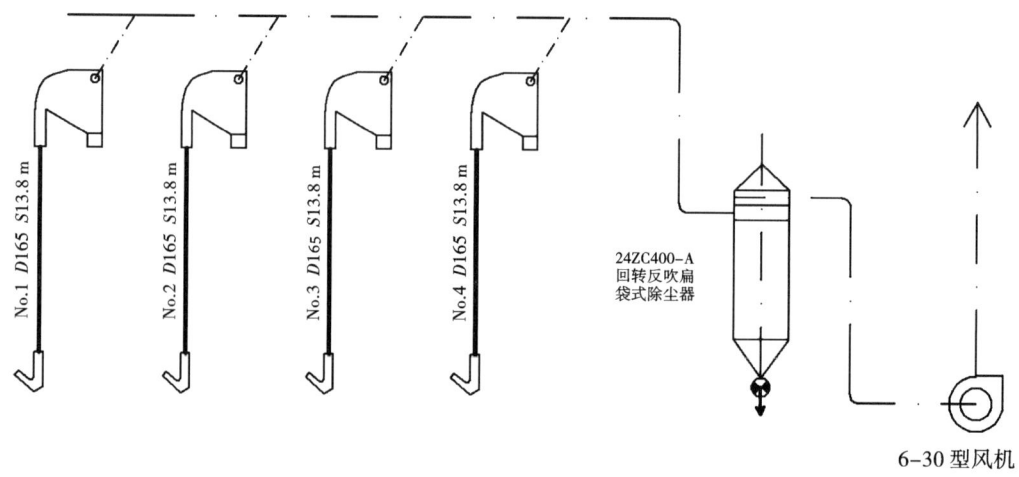

图 12-7　习题 6 附图

第十三章 低压稀相压运式气力输送系统的设计与计算

本章要点：本章介绍了低压稀相气力压运系统在粮食加工厂的组合形式及其主要装置(气源、供料和卸料装置、管道和管件)，低压稀相气力压运系统设计原则与要求，并介绍了五种设计计算方法。

气力压运较气力吸运具有由一处向多处供料、去向灵活、适用于长距离输送等特点，因此，在现代化专用粉厂成品、副产品进入打包仓、散装仓、倒仓和配粉工艺中，均采用气力压运输送方式来完成物料的输送。

第一节 专用粉厂中气力压运系统的组合形式及装置

一、专用粉厂中气力压运系统的组合形式

1. 成品副产品进仓气力压运系统的组合形式

专用粉厂一般有 F_1、F_2、F_3 三种粉及粗、细麸副产品共五种物料，可以由如图13-1所示的气力压运型式由主车间输送至散装仓或打包仓。

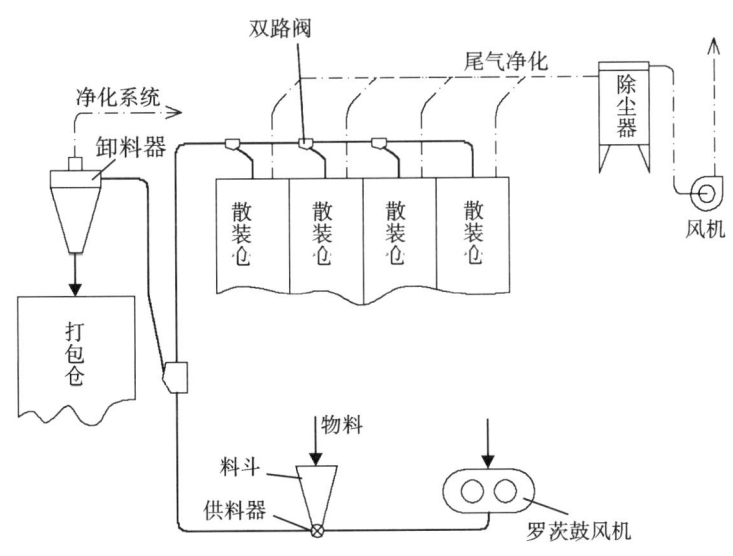

图13-1 面粉和副产品进仓、发放气力压运系统

2. 倒仓压运系统的组合形式

倒仓压运系统既可倒仓,也可将每个仓里的物料送去打包仓或送进散装发放仓发放。如图 13-2 所示。

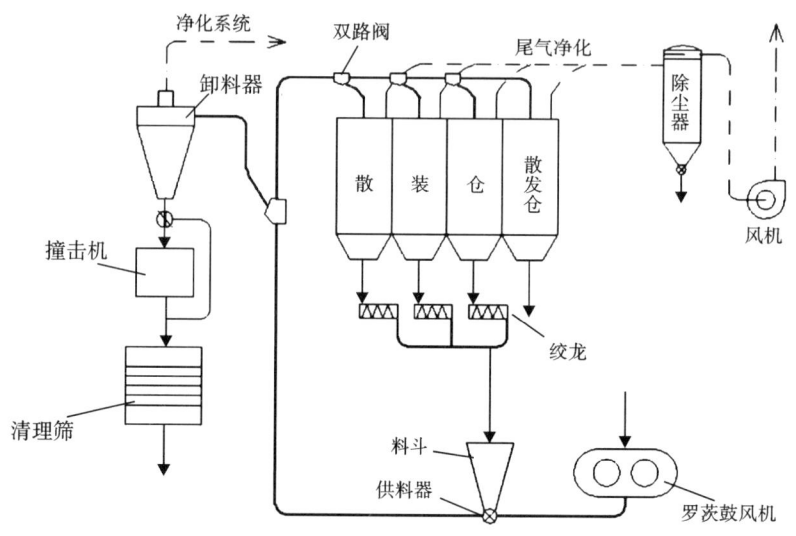

图 13-2　倒仓压运系统

3. 配粉工艺中气力压运系统的组合形式

将来自不同仓的各种粉,按配粉要求,通过定量绞龙计量后,送入混合机中混合,再由压运系统送至成品仓、打包仓或散发仓。如图 13-3 所示。

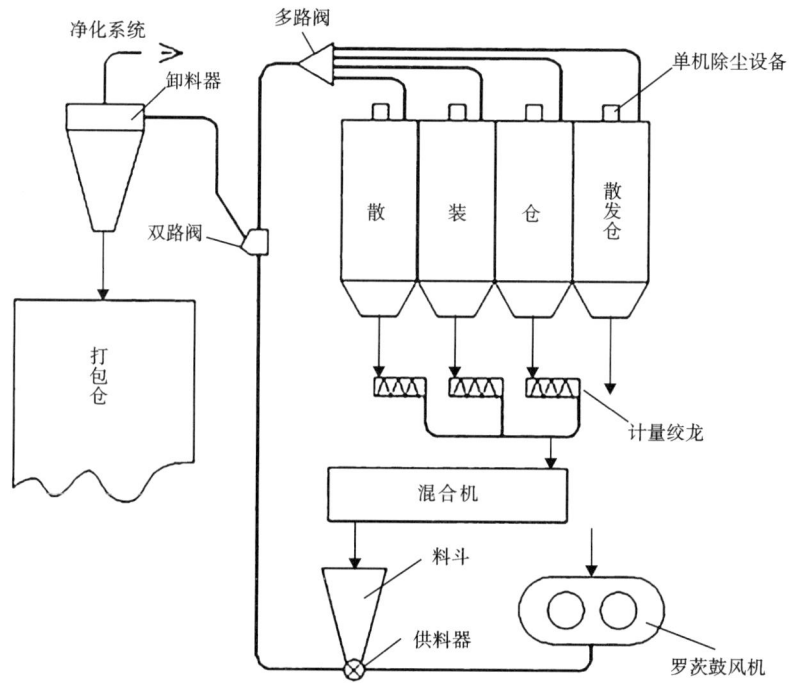

图 13-3　配粉气力压运系统

4. 一机多用的复式气力压运系统的组合形式

如图 13-4(a)所示,利用同一气源,通过管道和阀门的灵活组合,达到一机多用。既可用来完成面粉进仓任务,又可完成面粉复筛检查和倒仓作业,也可用于输送两种不同的物料,如图 13-4(b)所示。这种形式可以节约设备投资,同时也充分体现了气力输送灵活方便的优越性。

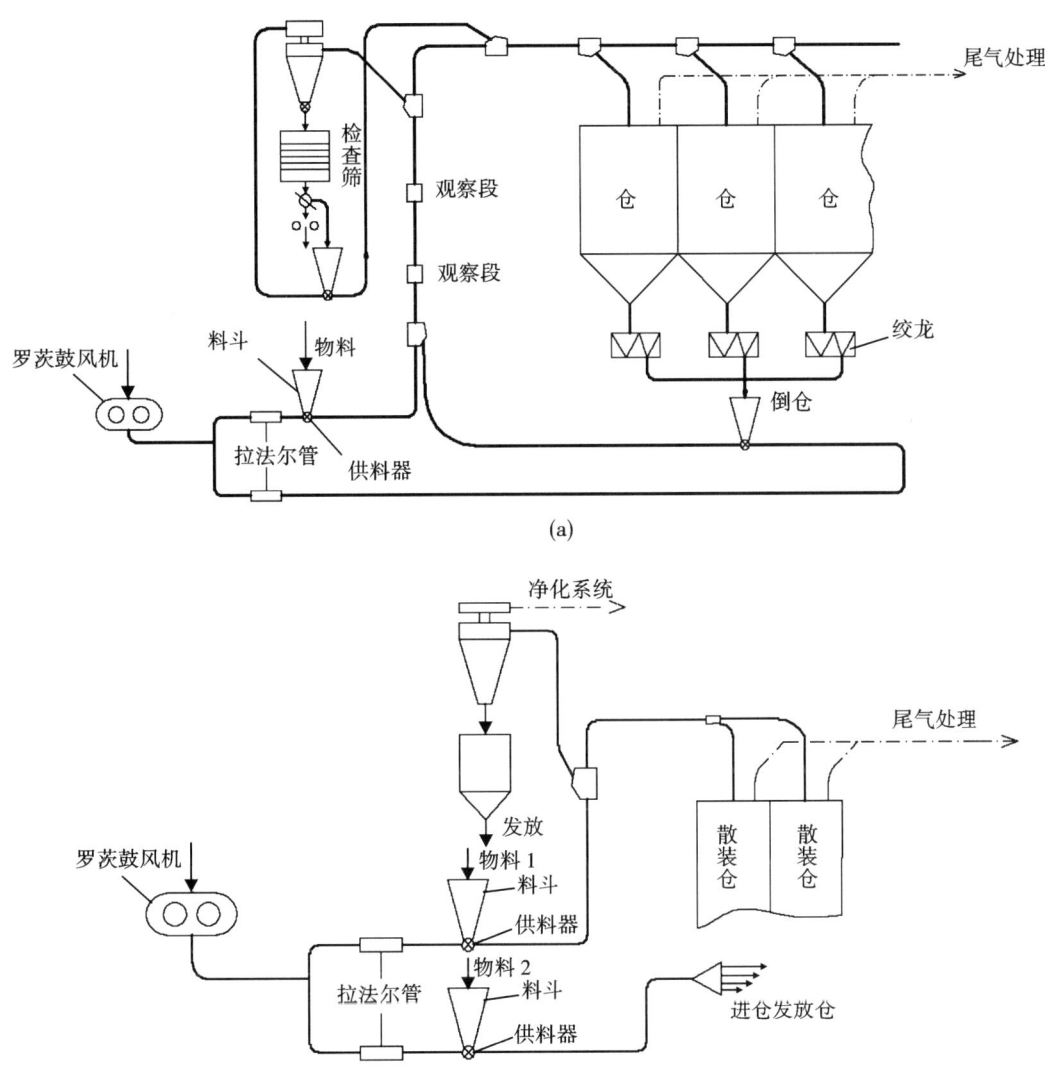

图 13-4　一机多用复式气力压运系统

二、专用粉厂气力压运系统的装置

专用粉厂气力压运系统的装置主要由气源机械及其安全装置、供料和卸料装置、输料管和管件、尾气处理等部分组成。

1. 气源机械及其安全装置

专用粉厂气力压运系统为低压稀相气力输送,一般采用罗茨鼓风机作为气源。

罗茨鼓风机作为专用粉厂气力压运系统的气源,其升压较高而流量较小且稳定,适合于长距离输送,也有利于采用高浓度输送且尾气处理量小;另外罗茨鼓风机运行时,除轴承及齿轮等传动机构外,几乎不存在其他摩擦运动,所以机械效率高、易损件少、寿命长,且气缸与转子工作时不相接触,无须润滑,也无任何微量的污染。这也是目前世界各国面粉产品的气力压运系统一致采用罗茨鼓风机作为气源的主要原因。除罗茨鼓风机外,也可采用涡旋风机作为气源机械。

由于罗茨鼓风机产生的空气动力噪声可达 100 dB(A 声级)以上,为降低车间噪声,罗茨鼓风机进、出风口处都配有消声器,并安装在隔音室内。只有制造精良并配有良好消声器的小型风机才能在车间直接安装使用。

为了防止空气中的杂物进入消声器及鼓风机,在鼓风机进风口及隔音室进风口处都装有滤清器。

2. 供料和卸料装置

专用粉厂低压稀相气力输送系统的供料装置由进料管、供料器、供料排风箱、料位器和排气管组成。供料器通常采用吹通式旋转叶轮供料器,这种供料器很适合于面粉这类流动性差的粉状物料。

当物料输送到仓容较大的仓时,可直接卸入仓中;当物料输送到仓容较小的打包仓里,则采用离心卸料器卸料,否则尾气的背压会降低卸料效率。直接卸入仓中时,对尾气和仓中空气也需要进行处理,常见的有两种处理方式,如图 13-5 所示,采用集中除尘风网或仓顶单机除尘器。

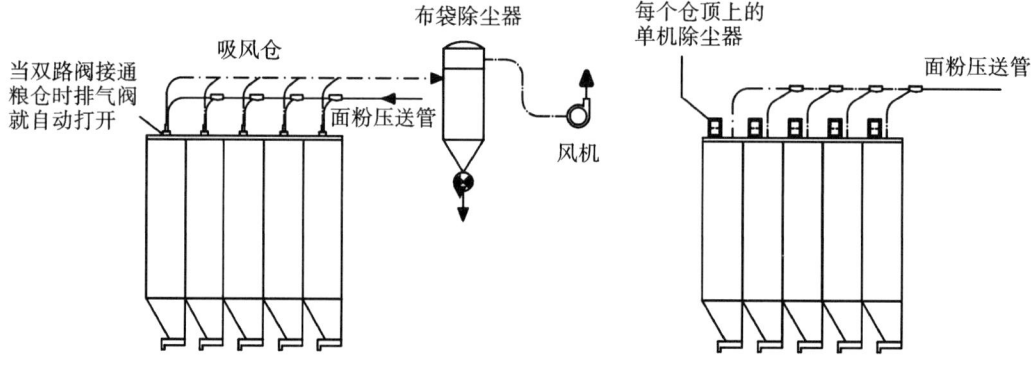

图 13-5 尾气处理的形式

3. 管道和管件

(1)管道。从风机出口到供料器之前这段管道称为纯空气管,供料器以后的管道称为输料管,均采用无缝钢管。

(2)管件

1)弹性接头 为了减少风机的振动对连接管道的影响,与鼓风机连接的管道应采用弹性接头,如图 13-6 所示。

2)拉瓦尔喷嘴(Laval nozle) 如图 13-7 所示,拉瓦尔喷嘴用于共用一台风机、输送不同物料的多条输送线的复式系统中。其作用是让每条线路获得所需的输送风量,并保持阻力平衡。

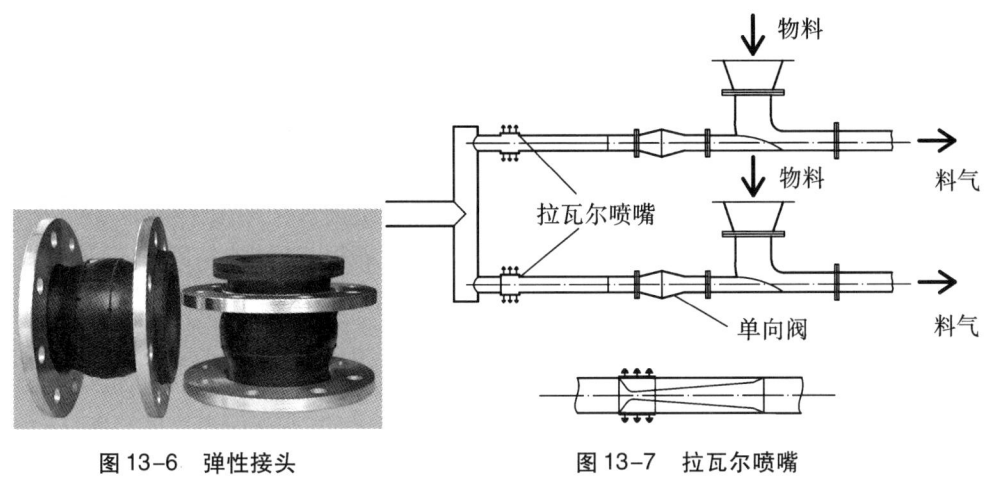

图 13-6　弹性接头　　　　　　图 13-7　拉瓦尔喷嘴

3)换向阀 换向阀有双路和多路阀,用于将物料由一处送往多处(如各个仓),如图 13-1 ~ 图 13-4 中所示。

4)弯管 在需要改变输送管路方向时,应采用大曲率半径的弯管。弯管直径与输料直管相同,曲率半径可参考表 13-1 选取。

表 13-1　弯管曲率半径

公称直径/mm	最小曲率半径/mm	推荐曲率半径/mm
80	600	900
90	680	1 050
100	900	1 200
125	1 050	1 500
150	1 200	1 800
175	1 350	2 100
200	1 500	2 400
250	1 800	2 400
300	1 800	2 400

第二节　低压稀相气力压运系统的设计与计算

一、设计的原则与要求

(1)根据面粉厂配粉工艺要求,以及被输送物料的性质、数量和成品的发放途径、贮存仓的仓型、数量、大小及排列形式等,应尽量做到合理利用、布置紧凑。

(2)应用一点进料、多点卸料、交替输送、一机多用的原则,在满足工艺要求的前提下,合理组合输送系统,使所需的输送管路数量最少,距离最短,以节约投资。

(3)在确定各条输送管路的位置和走向时,应尽量缩短长度、减少弯头,并使换向阀的数量最少。在一般情况下,换向阀一般采用双路阀,因其结构简单、体积小、维持方便、价格较低。

在管道水平转向垂直向上的弯头下方应设置排堵门。其作用是以备清除因突然停机(如停电、电器跳闸)所引起的垂直管中正在输送物料相继下落而形成的堵塞,防止风机再次起动的困难或超载。

(4)输送气源如罗茨鼓风机通常都集中安装在单独的房间内,便于管理和控制噪声。供料器尽可能布置在供料点附近。纯空气管在布置走向时可不必拘泥于弯头的多少和管道的长短,主要考虑不妨碍车间通道,适当照顾美观。对于气源压力较高的纯空气管,其水平部分沿气源方向应有 0.3% 的倾斜,以便凝结水的集中和收集。

(5)卸料后的尾气(利用仓卸料或离心卸料器卸料)需净化处理。

总之,设计过程中需考虑的因素是很多的,应该在坚持基本原则的基础上,灵活把握,可列出多种方案,论证对比,择善而从。

二、设计计算方法的介绍

气力压运系统设计计算的目的是针对输送任务求得其压力损失即阻力和需要的风量,确定管道的尺寸、供料器、风机的型号、规格和配用电动机的功率。

目前气力压运系统的设计计算没有统一的方法,都是研究和设计者基于理论分析与实验结合,在一定研究和实验条件下归纳总结的理论与经验结合的计算方法。下面介绍几种方法。

(一)阿·雅·马里斯、穆格·卡斯托尔内提出的方法

压运系统的压损 $H_{总}$ 由下列各部分压损组成

$$H_{总} = H_{气} + H_{供} + H_{料} + H_{辅} \quad (\text{kPa}) \tag{13-1}$$

式中:$H_{气}$——纯空气管段的压损,kPa;

$H_{供}$——供料器的压损,kPa;

$H_{料}$——输料管段的压损,kPa;

$H_{辅}$——卸料器消声及其他辅助部分的压损,kPa。

1. 供料器的计算

(1)供料器容积的确定　叶轮供料器的容积,可根据所需的物料输送量按下式计算

输送面粉 $\quad V = G/770 \quad (\text{m}^3)$ (13-2)

输送麸皮 $\quad V = G/400 \quad (\text{m}^3)$ (13-3)

式中:V——供料器的容积,m^3;

G——物料输送量,t/h。

(2)供料器的漏风量 叶轮式供料器在工作时,必然有一部分空气泄漏,其泄漏量大小与供料器出口管道压力、供料器阻力、供料器的规格大小及叶轮与机壳之间的间隙等有关。一般情况下漏风量可按下式计算

$$Q_{漏} = 0.02(H_{供} + H_{辅} + H_{料}) \quad (\text{m}^3/\text{min})$$ (13-4)

或 $\quad Q_{漏} = 0.02(H_{总} - H_{气}) \quad (\text{m}^3/\text{min})$ (13-5)

(3)供料器的压损 供料器的压损包括纯空气通过的压损和物料起动压损。纯空气通过的压损一般不超过 1 kPa。物料起动压损与物料数量的多少成正比,而与供料器的容积大小成反比。

$$H_{供} = 1 + \frac{0.03G}{V} \quad (\text{kPa})$$ (13-6)

或 $\quad H_{供} = 1 + \frac{0.008\ 3G}{V} \quad (\text{kPa})$ (13-7)

2. 输料管的计算

(1)输料管的压损可按下列经验公式计算

$$H_{供} = \Delta H_{料} \times L_{料} \quad (\text{kPa})$$ (13-8)

式中:$L_{料}$——输料管的总长度(m),包括水平段、垂直段及弯管的展开长度;

$\Delta H_{料}$——输料管每米长度的压损 kPa/m,其值分别为

输送面粉 $\quad \Delta H_{料} = 0.65 \times 10^{-2} \mu v_{平}^{0.72} \quad (\text{kPa/m})$ (13-9)

输送麸皮 $\quad \Delta H_{料} = 0.185 \times 10^{-2} \mu v_{平}^{0.72} \quad (\text{kPa/m})$ (13-10)

输送饲料 $\quad \Delta H_{料} = 0.178 \times 10^{-2} \mu v_{平}^{0.96} \quad (\text{kPa/m})$ (13-11)

式中:$v_{平}$——输料管中的平均风速,m/s;

μ——物料和空气的质量混合比,kg/kg。

(2)平均风速 $v_{平}$ 的确定 在输料管全长中,如果管径不变,随压力减小,空气体积增大,风速增大,末端达到最大,其平均风速为

$$v_{平} = \frac{v_{始} + v_{末}}{2} \quad (\text{m/s})$$ (13-12)

式中:$v_{始}$——输料管始端风速,在采用叶轮式供料器时,其值可取 $v_{始} = 7 \sim 7.5$ m/s;

$v_{末}$——输料管末端风速,可根据气体状态方程按等温过程进行换算

$$v_{末} = v_{始}(100 + H_{料} + H_{辅}) \times 10^{-2} \quad (\text{m/s})$$ (13-13)

(3)输料管中的风量 $Q_{料}$

$$Q_{料} = \frac{16.7G}{1.2\mu} \quad (\text{m}^3/\text{min})$$ (13-14)

式中:$Q_{料}$——按标准状态计算的输料管中的风量,m^3/min。

(4)输料管的直径 $D_{料}$

$$D_{料} = 0.147 \sqrt{\frac{Q_{料}}{v_{末}}} \quad (\text{m})$$ (13-15)

3. 鼓风机的风量 $Q_总$

鼓风机的风量应是输料管中的风量与供料器的漏风量之和,即

$$Q_总 = Q_料 + Q_漏 \quad (\text{m}^3/\text{min}) \tag{13-16}$$

4. 纯空气管的计算

(1) 纯空气管中的风量 $Q_气$

$$Q_气 = Q_总 = Q_料 + Q_漏 \quad (\text{m}^3/\text{min}) \tag{13-17}$$

(2) 纯空气管的直径 $D_气$　由于纯空气管中的空气处于压缩状态,故其直径的计算应为

$$D_气 = 14.6\sqrt{\frac{Q_总}{v_气(100 + H_供 + H_料 + H_辅)}} \quad (\text{m}) \tag{13-18}$$

式中:$D_气$——纯空气管的直径,m;

$v_气$——纯空气管末端的风速,其值可取为 $v_气 = 15 \sim 20$ m/s。

根据经验,纯空气管直径一般比输料管直径小 5 mm,或取等于输料管直径。

(3) 纯空气管的压损 $H_气$　纯空气管的压损由直管和局部管件压损组成,即

$$H_气 = H_直 + H_局 \quad (\text{kPa}) \tag{13-19}$$

其中

$$H_直 = RL_直 \quad (\text{kPa}) \tag{13-20}$$

式中:R——每米纯空气管的压损(kPa/m),可按下式计算

$$R = 232 \times 10^3 G_气^{1.9}(D_气^5 p)^{-1} \quad (\text{kPa/m}) \tag{13-21}$$

式中:$G_气$——空气的质量流量,kg/h;

p——输料管末端的绝对压力(kPa),其值为

$$p = 100 + H_供 + H_料 + H_辅 \quad (\text{kPa}) \tag{13-22}$$

将 $G_气 = 1.2 \times 60 Q_总$ (kg/s) 及式(13-22)代入式(13-21),得

$$R = 232 \times 10^3 (72 Q_总)^{1.9} [D_气^5 (100 + H_供 + H_料 + H_辅)]^{-1} \quad (\text{kPa/m}) \tag{13-23}$$

式(13-19)中

$$H_局 = RL_当 \quad (\text{kPa}) \tag{13-24}$$

式中:$L_当$——将局部管件换算成一定长度直管的当量长度(m),见表13-2。

表13-2　管件压损的当量长度 $L_当$

管件名称	风管直径/mm				
	50	80	100	125	150
弯头/m	0.7	1.0	1.3	2.0	2.3
变径管/m	1.0	2.0	2.8	3.5	4.0
文氏阀/m	10	15	20	30	35

将公式(13-20)及公式(13-24)代入公式(13-19)得

$$H_气 = R(L_直 + \sum L_当) \quad (\text{kPa}) \tag{13-25}$$

$H_气$ 在 $H_总$ 中比例不大,在一般情况下也可视其长度及弯头多少,在 1~2 kPa 范围内估算确定。

5. 压运系统辅助部分的压损 $H_{辅}$

$H_{辅}$ 包括卸料器、消声器、滤清器等的压损，可取 5~10 kPa。

阿·雅·马里斯、穆格·卡斯托尔内计算方法适合于低始速、高浓度的气力压运系统的设计计算。当输送压力在 30~80 kPa、输送距离在 30~60 m、输送风量在 5~28 m³/min 时，始端风速为 7~7.5 m/s，末端风速为 8.40~12.75 m/s，输送浓度为 9.58~70.73（面粉）、13.20~62.34（麸皮）、13.58~81.75（饲料），漏风率为 1.24%~27.72%。漏风率随压力增大而增加，随输送风量增大而减小。

（二）美国 H.A.Stoess 的完全系数化的方法

该方法是在操作表压为 40~80 kPa 时，用饱和风量系数和单位功率系数来进行计算。

1. 确定 $K_{饱}$ 和 $K_{功}$

根据输送物料和输送距离由表 13-3 确定 $K_{饱}$ 和 $K_{功}$。表中的数值适用于直径为 100 mm、125 mm、150 mm 的输料管。

表 13-3 低压压运装置的饱和风量系数 $K_{饱}$ 和单位功率系数 $K_{功}$

物料名称	物料容重 /(kg/m³)	压力系数 $K_{压}$	输送距离 30 m		75 m		120 m		输送风速 /(m/s)
			$K_{饱}$	$K_{功}$	$K_{饱}$	$K_{功}$	$K_{饱}$	$K_{功}$	
玉米粉	720	2.66	0.056	1.21	0.068	1.78	0.081	2.11	16.8
面粉	640	1.33	0.043	1.46	0.056	1.78	0.068	2.19	11.0
粗玉米粉	528	1.86	0.050	1.21	0.081	1.94	0.100	2.35	21.3
麦芽	448	2.66	0.050	1.21	0.068	1.62	0.081	2.02	16.8
燕麦	400	2.66	0.062	1.46	0.087	2.11	0.100	2.51	16.8
软饲料	320~640	2.02	0.081	2.02	0.106	2.51	0.119	3.00	21.3
淀粉	640	1.59	0.050	1.38	0.068	1.94	0.094	2.43	16.8
糖粒	800	2.66	0.087	1.78	0.100	2.51	0.106	2.92	18.3
小麦	768	2.66	0.056	1.21	0.068	1.70	0.081	2.11	16.8

2. 计算标准状态下的输送风量 $Q_{标}$

$$Q_{标} = K_{饱} \cdot G \quad (m^3/min) \tag{13-26}$$

式中：G——输送物料量，kg/min。

3. 确定操作表压 $p_{压}$

查表 13-3 得 $K_{压}$、$K_{饱}$ 和 $K_{功}$ 后，按下式计算操作表压 $p_{压}$

$$p_{压} = \frac{K_{功}}{K_{饱}} K_{压} \quad (kPa) \tag{13-27}$$

式中：$p_{压}$——操作表压，kPa；

$K_{压}$——压力系数，见表 13-3。

4.计算供料器处的输送风量 $Q_{供}$

$$Q_{供} = \frac{101.3 Q_{标}}{101.3 + p_{压}} \quad (m^3/min) \quad (13-28)$$

式中：$Q_{供}$——供料器处压缩状态下的风量，m^3/min。

5.计算输料管直径 D

按下式计算管系数 C 后，再由表13-4确定管径。

$$C = \frac{Q_{供}}{v} \quad (13-29)$$

式中：C——管系数，见表13-4；
v——输送风速，m/s。

表13-4 管系数 C

公称直径 /mm	IPS 直径 /in	系列号（即不同壁厚）			
		5	10	30	40
80	3	0.334	0.325		0.285
90	$3\frac{1}{2}$	0.446	0.427		0.376
100	4	0.567	0.548		0.492
125	5	0.873	0.855		0.780
150	6	1.254	1.266		1.115
175	7				1.486
200	8	2.155	2.110	1.98	
250	10			3.16	
300	12			4.44	

6.计算供料器处的空气漏气量 $Q_{漏}$

一般经验可按容积漏气量的30%计算。因此，供料器在操作压力状态下的漏气量为

$$Q_{漏} = 1.3 V_{供} n_{供} \quad (m^3/min) \quad (13-30)$$

式中：$Q_{漏}$——供料器在操作压力状态下的压缩空气漏气量，m^3/min；
$V_{供}$——供料器容积，m^3/r；
$n_{供}$——供料器转速，r/min。

将 $Q_{漏}$ 换算成标准状态下的漏风量 $Q'_{漏}$

$$Q'_{漏} = Q_{漏} \times \frac{101.3 + p_{压}}{101.3} \quad (m^3/min) \quad (13-31)$$

式中：$Q'_{漏}$——标准状态下供料器的漏风量，m^3/min。

7.计算风机进口风量 $Q_{机}$

$$Q_{机} = Q_{标} + Q'_{漏} \quad (m^3/min) \quad (13-32)$$

8. 选择风机

根据 $Q_机$ 和 $p_压$ 在有关产品样本上选择风机型号。选择时风机应留有一定的储备,故可按低于样本推荐最大转速15%下的参数来选用。风机转速可按进口风量由样本参数用内插法确定,或按下式计算

$$n_机 = \frac{Q_机}{V_机} + n_漏 \quad (r/min) \quad (13-33)$$

式中:$n_机$——风机转速,r/min;

$V_机$——风机每转容积,m^3/r;

$n_漏$——风机容积泄漏转数,r/min。

风机驱动功率可用下式近似计算

$$N = 1.15 \frac{1.2 Q_机 p_压}{60} \quad (kW) \quad (13-34)$$

该方法所选 $K_压$、$K_饱$ 和 $K_功$ 都是在一定条件下获得的,因此,只有在符合此条件下使用才可靠,即输送距离为 30 m、75 m、120 m;输料管径为 100 mm、125 mm 和 150 mm。对于输送面粉,输送速度为 $v = 11$ m/s,输送浓度为 12.25~19.38,且输送距离长时选低浓度。故斯托伊斯方法仍然是适合于低风速、高浓度的低压压运系统的设计计算方法。

(三)经验系数加运动方程的计算法

1. 桑茄蒂公司的计算方法

(1)根据制粉工艺确定物料输送量 G。

(2)确定输送距离。根据面粉气力压运系统管网和布置,确定输送物料的水平距离 $L_h(m)$ 与垂直距离 $L_v(m)$。

(3)选择输料管直径 D。根据输送产量由表 13-5 选择输料管直径 D。

表13-5 输料管直径 D 选择表

输送量 $G/(t/h)$	1	2.5	5	9	20
输料管直径 D/mm	50	70	8	110	130

(4)确定输送 K 值

$$K = \frac{G}{F} \quad (13-35)$$

式中:G——输料量,kg/h;

F——输料管的横截面积,cm^2。

(5)确定单位输料管长的压损。根据 K 值用插入法由表 13-6 确定 ΔH_h 和 ΔH_v 或按下式求出。

$$\Delta H_h = 0.74K + 7.4 \quad (mmH_2O/m) \quad (13-36)$$

$$\Delta H_v = 0.64K + 6.9 \quad (mmH_2O/m) \quad (13-37)$$

式中:ΔH_h——单位长度水平管压损,mmH_2O/m;

ΔH_v——单位长度垂直管压损,mmH_2O/m。

表 13-6　ΔH_h 和 ΔH_v

K 值	51	95	100	102	151
$\Delta H_h/(\text{mmH}_2\text{O/m})$	47	78	80	82	120
$\Delta H_v/(\text{mmH}_2\text{O/m})$	40	68	7	72	104

(6) 确定气力压运系统的压损 H

$$H = \Delta H_h \cdot L_h + \Delta H_v \cdot L_v \quad (\text{mmH}_2\text{O}) \tag{13-38}$$

由于纯空气管段压损很小（200 mmH$_2$O 以下），因此，H 中只考虑两相流的压损。

(7) 确定罗茨鼓风机提供的风量 Q

$$Q = 0.13 \times F \times \sqrt{1.H} \quad (\text{m}^3/\text{min}) \tag{13-39}$$

$\sqrt{1 \cdot H}$ 的含义如下：例如当 $H = 5\,200$ mmH$_2$O 时，则 $\sqrt{1.H} = \sqrt{1.52}$。

(8) 确定纯空气管径 d

$$d = \sqrt{\frac{13\,123}{(10\,336 + H)v}} \quad (\text{m}) \tag{13-40}$$

式中：d——纯空气管直径，m；

v——纯空气管中风速，15～25 m/s。

(9) 根据 Q 与 H 选择罗茨鼓风机的型号。

桑茄蒂公司面粉气力压运设计计算方法属于高风速 [$v_{始} = (16.87 \sim 22.41)$ m/s、$v_{末} = (24.22 \sim 27.83)$ m/s]、低浓度（$\mu = 5.09 \sim 17.32$）、低压（$H_{总} < 80$ kPa）气力压运设计计算方法，符合目前专用粉厂实际情况。但采用该方法计算的系统总压损实际上是输送物料的压损。故使用该方法进行设计计算时，还应考虑供料器及纯空气管段等部分的压损。另外，该方法未考虑供料器漏风量，计算结果小于实际值。建议使用该方法时考虑 10%～15% 的漏风量。

在设计计算中，应参照该方法提供的参数范围（见表 13-5）选择参数，计算结果才符合实际。

2. 15 kPa 以下气力压运经验系数加运动方程式的设计计算方法

(1) 选定输送浓度 μ。

(2) 计算输送管中的风量 $Q_{料}$

$$Q_{料} = \frac{G}{1.2\mu} \quad (\text{m}^3/\text{h}) \tag{13-41}$$

式中：G——产量，kg/h；

1.2——空气密度，kg/m^3。

(3) 由表 13-7 选取 $v_{始}$ 并确定输料管直径 D。

表 13-7 正压输送计算用表(15 kPa 以下)

动压/Pa	$v_{始}$/(m/s)	输料管直径 D/mm					
		50	65	80	100	120	150
60	10	$\dfrac{71}{51.7}$	$\dfrac{119}{40.9}$	$\dfrac{181}{36.2}$	$\dfrac{283}{27.4}$	$\dfrac{407}{21.8}$	$\dfrac{636}{16.6}$
135	15	$\dfrac{106}{72.6}$	$\dfrac{179}{54.9}$	$\dfrac{272}{42.1}$	$\dfrac{424}{32.1}$	$\dfrac{610}{25.2}$	$\dfrac{954}{19.6}$
194	18	$\dfrac{127}{100.4}$	$\dfrac{215}{78.5}$	$\dfrac{326}{60.4}$	$\dfrac{509}{45.5}$	$\dfrac{733}{36.3}$	$\dfrac{1\,145}{27.5}$
239	20	$\dfrac{141}{121.6}$	$\dfrac{239}{96.2}$	$\dfrac{362}{73.4}$	$\dfrac{565}{55.9}$	$\dfrac{814}{44.4}$	$\dfrac{1\,272}{33.6}$
375	25	$\dfrac{176}{184.5}$	$\dfrac{299}{148.2}$	$\dfrac{452}{114.7}$	$\dfrac{707}{86.1}$	$\dfrac{1\,018}{68.5}$	$\dfrac{1\,486}{51.8}$
加速压损系数 i/(Pa/t)		3 136	2 058	1 362	872	608	392
备注		上排数值为风量(m^3/h);下排数值为单位长度压损 R(Pa/m)					

(4)供料器的容积 V

$$V = \frac{G}{770} \quad (m^3) \tag{13-42}$$

式中:G——产量,t/h。

(5)压运所需总压力 $H_{总}$

$$H_{总} = H_{加} + H_{料} + H_{辅} \quad (kPa) \tag{13-43}$$

$$H_{加} = iG \times 10^{-3} \quad (kPa) \tag{13-44}$$

$$H_{料} = RL(1 + \mu) \times 10^{-3} \quad (kPa) \tag{13-45}$$

式中:$H_{加}$——物料的起动加速压损,kPa;

i——加速压损系数,Pa/t,见表 13-7。

$H_{料}$——料管(包括弯头、换向阀等在内)的摩擦压损,kPa;

R——单位长度纯空气管压损,Pa/m,见表 13-7;

$H_{辅}$——辅助部分压损(kPa),一般取 $H_{辅} \leq 3$ kPa(包括卸料器、除尘器、纯空气管段等压损)。

(6)供料器漏风量

$$Q_{漏} = 0.02(H_{料} + H_{辅}) \quad (m^3/min) \tag{13-46}$$

(7)总风量的计算

$$Q_{总} = Q_{料} + Q_{漏} \quad (m^3/min) \tag{13-47}$$

(8)由 $H_{总}$ 和 $Q_{总}$ 选取合适的风机,并配用电动机。

该方法将系统的密度 ρ_a 和风速 v 视为定值,空气变化过程近似按等温过程来计算。

(四)表格计算法

表格计算法是由经验系数和经验公式演变而来的。这些表格在初步选定参数时有一定的实用价值。例如,美国堪萨斯大学 Kicc 工程公司提供一种初步设计的表格,见

表13-8和表13-9。表中的数据是以 $\mu=13.36$ 和 $\mu=26.72$、输料管终端气流速度为 $v_{\text{末}}=20.3$ m/s 为基础建立的,为各种输送长度以及输送管水平段与垂直段不同组合比例情况下的压力损失。表中数值包括 3~4 个 90° 的弯头压损,每个弯头的压损相当于 3.81 m 直管的压损。

表格计算法非常方便实用,并可将大量的设计数据、运行数据存储起来,形成数据库,在设计时可随时调出数据,初步拟订几套方案,通过分析比较选定最终设计方案及配套设备。

表13-8 气力压运系统压损 Δp 估计表(一)

总输送长度 L/m	7.62	15.24	22.86	30.48	38.10	45.72	53.34	60.96	68.58	76.20	83.82	91.44	99.06	106.76
管道为 100% 垂直 /kPa	3.17	3.66	4.07	4.48	4.96	5.37	5.86	6.20	6.68	7.10	7.58	7.99	8.41	8.89
管道为 50% 垂直+50% 水平/kPa	3.24	3.79	4.27	4.75	5.30	5.86	6.34	6.82	7.30	7.85	8.34	8.82	9.30	9.85
管道为 100% 水平 /kPa	3.30	3.93	4.48	5.03	5.64	6.27	6.82	7.37	7.92	8.55	9.09	9.64	10.19	10.75

($\mu=26.72$, $v_{\text{末}}=20.3$ m/s)

表13-9 气力压运系统压损 Δp 估计表(二)

总输送长度 L/m	7.62	15.24	22.86	30.48	38.10	45.72	53.34	60.96	68.58	76.20	83.82	91.44	99.06	106.76
管道为 100% 垂直 /kPa	1.86	2.14	2.34	2.62	2.89	3.17	3.45	3.72	3.93	4.20	4.51	4.75	5.03	5.30
管道为 50% 垂直+50% 水平/kPa	1.93	2.21	2.48	2.82	3.10	3.37	3.70	4.00	4.27	4.62	4.89	5.16	5.51	5.79
管道为 100% 水平 /kPa	2.00	2.27	2.62	2.96	3.23	3.59	3.93	4.27	4.62	4.96	5.30	5.58	5.93	6.17
备注	规定数据中还有 3~4 个 90° 弯头为基础的计算数值(弯头半径 $R \geq 3D$, D 为管径),数值中亦包括进气过滤机、进气附件和出气分离的阻力,总计 2.49 kPa,全部管道接头内部是光滑的													

($\mu=13.36$, $v_{\text{末}}=20.3$ m/s)

该方法计算步骤如下:

(1) 根据工艺确定气力压运系统的输料量 G_s(kg/h)。

(2) 确定输送长度 L(m)。根据气力压运系统管网的布置,确定水平输送长度 L_h 和垂直输送长度 L_v,总输送长度为 $L=L_h+L_v$。

(3) 确定气力压运系统的压损 Δp。根据总输送长度 L,按表13-9确定 Δp。

(4) 确定空气量 Q_a

对于 $\mu=26.72$ $$Q_a = \frac{G_s}{1.2\mu} = \frac{G_s}{32.1} \quad (\text{m}^3/\text{h}) \quad (13\text{-}48)$$

对于 $\mu = 13.36$
$$Q_a = \frac{G_s}{1.2\mu} = \frac{G_s}{16.03} \quad (m^3/h) \quad (13-49)$$

(5) 确定输料管内径 D

$$D = \sqrt{\frac{4Q_a}{\pi \cdot v_{\text{末}} \cdot 3600}} \quad (m) \quad (13-50)$$

式中：$v_{\text{末}} = 20.3$ m/s。

(6) 计算罗茨鼓风机输出功率 $N_{\text{输出}}$ 与罗茨鼓风机所配电机功率 $N_{\text{电}}$。

$$N_{\text{输出}} = \frac{\Delta p \times Q_a}{3600} \quad (kW) \quad (13-51)$$

$$N_{\text{电}} = \frac{N_{\text{输出}}}{\eta_{\text{容}} \cdot \eta_{\text{机}}} \quad (kW) \quad (13-52)$$

式中：$\eta_{\text{容}}$——容积效率，取 0.75~0.85；

$\eta_{\text{机}}$——机械效率，取 0.82~0.92。

(7) 选罗茨鼓风机与电动机。

（五）分段逆算法

气力压运的空气压力较高，空气被压缩不能忽略。因此，管路上每个截面的空气密度都不同。在尾气处理后的排空处，空气与大气连通，压力等于大气压，空气密度 $\rho_a = 1.2$ kg/m³；而在其他截面处，以尾气处大气压力为基准按等温过程进行换算，即

$$\frac{\rho_1}{\rho_2} = \frac{p_1}{p_2} \quad (13-53)$$

式中：ρ_1、ρ_2——1-1、2-2 截面空气的密度，kg/m³；

p_1、p_2——1-1、2-2 截面空气的绝对压力，mmH₂O。

这样压损计算即从末端开始，将一段水平段或垂直管或弯管看成一段空气密度不变的管段进行计算，并把每段压损累计起来，最终压损即为罗茨鼓风机所需提供的压力。

下面介绍一种适用于输送面粉的分段逆算法。

1. 主要参数的确定

(1) 输料量 G_s：由工艺决定（kg/h）。

(2) 输送浓度：$\mu < 10$。

(3) 输送风速：$v_{\text{始}} = 18~20$ m/s、$v_{\text{末}} = 26~37$ m/s。

2. 输送风量及输料管直径的确定

选取 μ 及 $v_{\text{末}}$，按下式计算输送风量 $Q_{\text{输}}$ 及输料管直径 D

$$Q_{\text{输}} = \frac{G}{1.2\mu} \quad (m^3/h) \quad (13-54)$$

$$D = \sqrt{\frac{Q_{\text{输}}}{\pi v_{\text{末}} \times 3600}} \quad (m) \quad (13-55)$$

3. 压损计算

以如图 13-8 所示气力压运系统为例，系统总压损为

$$H_{\text{总}} = H_1 + H_2 \quad (Pa) \quad (13-56)$$

式中：H_1——输料段压损，Pa；

H_2——纯空气段压损,Pa。

(1)输料段压损 H_1 的计算 输料端的压损包括供料器压损 H_{bf}、加速压损 H_{af}、摩擦压损 H_f、弯头压损 H_w、弯头后再加速压损 H_{aa}、悬移压损(提升)H_{fr}、卸料器压损 $H_卸$。计算公式如下:

1)供料器压损

$$\Delta H_{bf} = 0.926 e^{0.0423\mu} \mu \frac{\rho_a v_a^2}{2} \quad (\text{Pa}) \tag{13-57}$$

2)加速压损

$$H_a = \frac{2(1 + \mu\varphi_{sa}^2 - \varphi_{aa}^2)}{\varphi_{sa}\varphi_{aa}} \frac{\rho_a v_a^2}{2} \quad (\text{Pa}) \tag{13-58}$$

式中:φ_{aa}——加速前后空气的速比,对于面粉 $\varphi_{aa} = 0.92 \sim 0.97$,对于麸皮 $\varphi_{aa} = 0.96 \sim 0.98$;

φ_{sa}——加速前后料气的速比,$\varphi_{sa} = 0.8 \sim 0.9$。

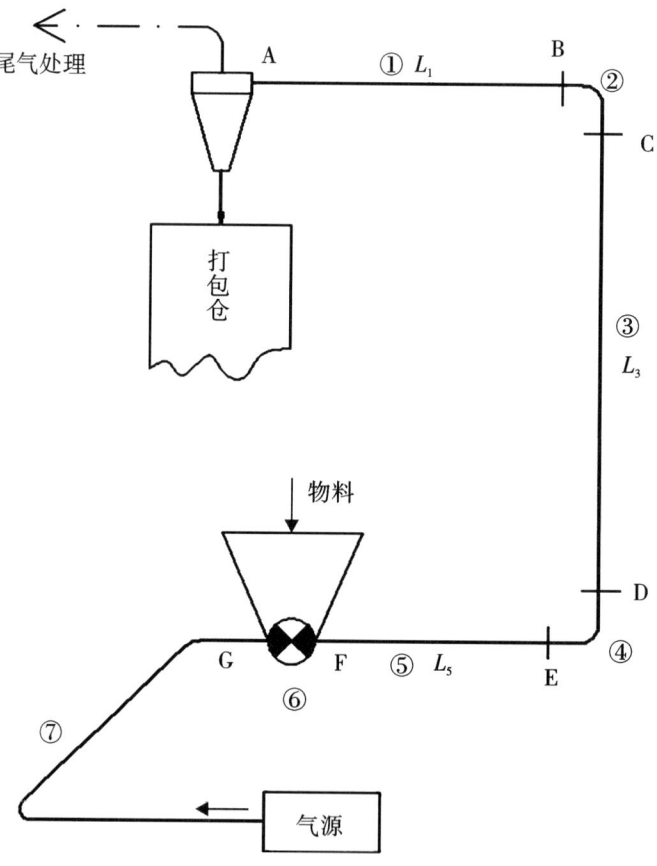

图13-8 气力压运系统示意图

3）管道摩擦压损

$$H_f = \lambda_a \frac{L}{D}(1 + K_f\mu) \cdot \frac{\rho_a v_a^2}{2} \quad (\text{Pa}) \tag{13-59}$$

$$\lambda_a = \frac{1.42}{\left(\lg \dfrac{v_a D^2}{\nu \Delta}\right)^2} \tag{13-60}$$

式中：λ_a——纯空气管道摩擦压损系数；

D——管道直径，m；

ν——空气黏度系数（m^2/s），可按30 ℃时的空气黏度计算，$\nu = 16.05 \times 10^{-6} m^2/s$；

Δ——管壁粗糙度，mm，见表13-10；

K_f——两相流附加管道摩擦压损系数，分为水平管附加摩擦阻力系数K_{fh}和垂直管附加摩擦阻力系数K_{fv}。

$$K_{fh} = K_{fh} = Ae^{M_h} \tag{13-61}$$

$$K_{fv} = K_{fv} = Ae^{M_v} \tag{13-62}$$

$$A = \frac{G \times 10^{-3}}{\rho_s v_a \Delta^2} \tag{13-63}$$

$$M_h = -0.048\mu^3 + 0.869\mu^2 - 5.273\mu + 5.726 \tag{13-64}$$

$$M_v = -0.053\mu^3 + 1.03\mu^2 - 6.53\mu + 7.83 \tag{13-65}$$

式中：G_s——输料量，kg/s；

ρ_s——物料密度，kg/m^3，见表13-11。

表13-10　管壁粗糙度 Δ　　（mm）

管材	无缝钢管	有机玻璃管
Δ 值	0.046	0.01

表13-11　物料密度 ρ_s　　（kg/m^3）

物料	稻谷	小麦	大麦	糙米	籼米	玉米	面粉	大豆	花生
ρ_s	1.02	1.27~1.49	1.23~1.30	1.12~1.22	1.32	1.22	1.41	1.18~1.22	1.02

4）悬移压损

$$H_{fr} = \rho_a \mu S g \frac{v_a}{v_a - v_f} \quad (\text{Pa}) \tag{13-66}$$

式中：S——垂直提升高度，m；

v_f——物料悬浮速度，m/s。

5）弯头压损

$$H_w = \xi_w \frac{\rho_a v_a^2}{2}(1 + K_w\mu) \quad (\text{Pa}) \tag{13-67}$$

$$\xi_w = 0.008 \frac{\alpha^{0.75}}{n^{0.6}}$$

式中：K_w——弯头附加阻力系数,见表12-8。

α——弯头转向角；

n——曲率半径 R 与输料管直径 D 之比, $n = \dfrac{R}{D}$。

6）弯头后再加速压损

$$H_{aa} = \frac{2[1 - \varphi'^2_{aa} + \mu(\varphi^2_{sa2} - \varphi^2_{sa1}\varphi'^2_{aa})]}{\varphi'_{aa}(\varphi_{sa2} + \varphi_{sa1}\varphi'_{aa})} \cdot \frac{\rho_a v_a^2}{2} \quad (\text{Pa}) \tag{13-68}$$

式中：φ_{sa1}、φ_{sa2}——弯头出口及达到稳定后的料气速比, $\varphi_{sa1} = 0.56 \sim 0.58$, $\varphi_{sa2} = 0.8 \sim 0.9$；

φ'_{aa}——弯头后再加速前后空气速比, $\varphi'_{aa} = 0.92 \sim 0.97$。

7）卸料器压损 按照公式(12-25)计算。

对于图13-8所示系统的压损计算,从末端A开始编号分段计算。

①段, A→B, $\Delta H_①$；②段, B→C, $\Delta H_②$；③段, C→D, $\Delta H_③$；④段, D→E, $\Delta H_④$；⑤段, E→F, $\Delta H_⑤$；⑥段, F→G, $\Delta H_⑥$。

各段压损组成见表13-12,并按照表中顺序进行计算。各段以起始点的空气参数 ρ_a、v_a 代入。例如,①段计算中, $\rho_a = \rho_A$、$v_a = v_A$。

(2) 辅助压损 H_2 的计算 H_2 由纯空气段压损尾气处理、消声器压损等组成。

罗茨鼓风机出口至供料器进口纯空气管段压损 $H_气$ 为

$$H_气 = \frac{\lambda_a}{D} \cdot L \cdot \frac{\rho_a v_a^2}{2} \quad (\text{Pa}) \tag{13-69}$$

式中, D 一般可取与输料管直径相同或比输料管直径大20 mm左右。

尾气处理若采用集中除尘风网或单机除尘,则此项压损不计入气力压运系统；若采用简易袋式除尘器消风,则按400~600 Pa计算压损。其他附件压损按1 500 Pa估算。

故 $$H_2 = H_气 + 1\,500 + (400 \sim 600) \quad (\text{Pa}) \tag{13-70}$$

4. 系统总风量 $Q_总$

$$Q_总 = \frac{Q_总}{1 - C} \tag{13-71}$$

式中：C——供料器漏风系数,一般取10%~15%。

5. 风机的选配 按 $H_总$ 及 $Q_总$ 根据风机性能表合理选用风机及电动机

该方法的很多参数如 K_f、φ_{aa}、φ'_{aa} 都是在一定实验条件下获得的,因此采用此方法进行设计计算时,应与所提供使用范围一致。

目前气力压运设计计算方法都是半经验、半理论或全经验方法,只有在方法获得的实验数据范围内使用,才能得到正确可靠的计算结果。因此,气力压运设计计算方法还需进一步探讨和研究。本书中所介绍的气力压运设计计算方法供大家使用和研究时参考。

表 13-12 压损的计算

$H_总$	分段压损	压损项	计算公式号	备注
		离心卸料器压损 $H_{卸}$	(12-25)	空气密度 $\rho_a = 1.2 \text{ kg/m}^3$
	①段 $\Delta H_①$	水平管段摩擦压损 $H_{fh①}$	(13-59)、(13-60)	$v_A = v_末; \rho_A = 1.2 \text{ kg/m}^3; p_A = 101\ 263 \text{ Pa}$
		弯头(②段)后再加速压损 $H_{aa②}$	(13-68)	
	②段 $\Delta H_②$	弯头压损 $H_{w②}$	(13-67)	$p_B = p_A + \Delta H_①(\text{Pa})$；$v_B = v_A \cdot \dfrac{p_A}{p_B}(\text{m/s})$，$\rho_B = \dfrac{p_B}{p_A}\rho_A(\text{kg/m}^3)$
H_1		垂直管段摩擦压损 $H_{fv③}$	(13-59)、(13-60)	$p_C = p_B + \Delta H_②(\text{Pa})$；$\rho_C = \rho_B \cdot \dfrac{p_C}{p_B}(\text{kg/m}^3)$；$v_C = v_B \dfrac{p_B}{p_C}(\text{m/s})$
	③段 $\Delta H_③$	悬移压损 $H_{w④}$	(13-66)	
		弯头(④段)再加速压损 $H_{aa④}$	(13-68)	$p_D = p_C + \Delta H_③(\text{Pa})$；$\rho_D = \dfrac{p_D}{p_C}\rho_C(\text{kg/m}^3)$；$v_D = v_C \cdot \dfrac{p_C}{p_D}(\text{m/s})$
	④段 $\Delta H_④$	弯头压损 $H_{w④}$	(13-67)	$p_E = p_D + \Delta H_④(\text{Pa})$；$\rho_E = \dfrac{p_E}{p_D}\rho_D(\text{kg/m}^3)$；$v_E = v_D \dfrac{p_D}{p_E}(\text{m/s})$
	⑤段 $\Delta H_⑤$	水平管段摩擦压损 $H_{fh⑤}$	(13-59)、(13-60)	$p_F = p_E + \Delta H_⑤(\text{Pa})$；$\rho_F = \dfrac{p_F}{p_E}\rho_E(\text{kg/m}^3)$；$v_F = v_E \dfrac{p_E}{p_F}(\text{m/s})$
		加速压损 $H_{a⑤}$	(13-58)	
	⑥段 $\Delta H_⑥$	供料器压损 $H_{bf⑥}$	(13-57)	$p_G = p_F + \Delta H_⑥(\text{Pa})$；$\rho_G = \rho_F \cdot \dfrac{p_F}{p_G}(\text{kg/m}^3)$；$v_G = \rho_F \dfrac{p_F}{p_G}(\text{m/s})$
		纯空气管段压损 $H_气$	(13-70)	
H_2		其他附件压损		估计附件压损 1 500 Pa；如果用简易袋式除尘器处理尾气，估计压损 400~600 Pa
	备注	$H_1 = \Delta H_① + \Delta H_② + \Delta H_③ + \Delta H_④ + \Delta H_⑤ + \Delta H_⑥ + \Delta H_⑦(\text{Pa})$ $H_2 = H_气 + 1\ 500 + (400~600)(\text{Pa})$ $H_总 = H_1 + H_2(\text{Pa})$		

⇒ 思考与练习

1. 气力压运系统有哪些组合形式？
2. 气力压运装置由哪几部分组成，各有什么作用及特点？
3. 目前专用面粉厂采用的气力压运系统有哪几种形式？
4. 在设计气力压运系统时应遵循哪些原则？满足什么要求？
5. 设计计算气力压运系统有哪些计算方法？各有什么特点？
6. 设有一输送面粉的气力压运系统（见图 13-9）：输送量 $G_s=5$ t/h、输送长度（包括水平段、垂直段及弯头展开长度）$L_{料}=50$ m、纯空气管段长 16 m（其中有 2 个弯头、2 个变径管）。试用阿·雅·马里斯、穆格·卡斯托尔内方法进行设计计算。

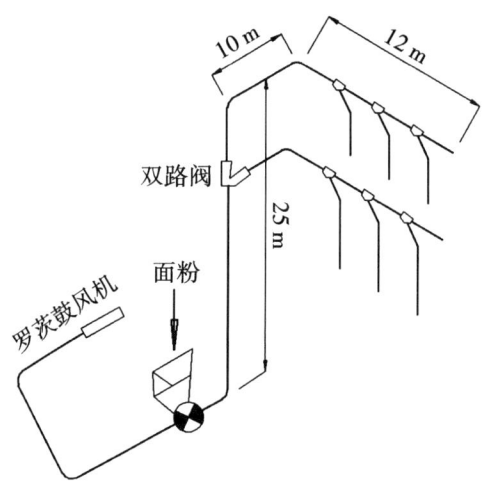

图 13-9 习题 6 附图

7. 一输送面粉的气力压运系统，输送量为 27 216 kg/h、输送总长度（包括垂直与水平长度）为 75 m。面粉的堆积密度为 640 kg/m³。试按 H. A. Stoess 方法进行设计计算。并拟订两种方案进行比较。

8. 设有一挂面厂使用涡旋风机将面粉压送至两台和面机处。间歇作业，最大输送量为 $G=2$ t/h，输送距离（包括弯头展开长度）为 $L=20$ m，系统如图 13-10 所示。采用 15 kPa 以下经验系数加运动方程式计算方法进行设计计算。

第十三章 低压稀相压运式气力输送系统的设计与计算

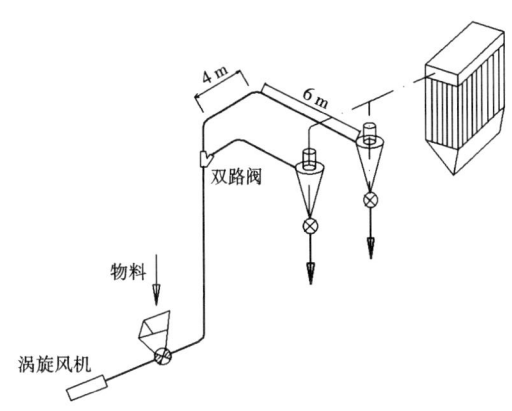

图 13-10 习题 8 附图

9. 采用桑茄蒂公司计算方法设计下面气力压运系统。已知面粉输送量为 7 059.8 kg/h；输料管直径 120 mm，水平长度 15 m、垂直长度 35 m；纯空气管直径 150 mm、长度16 m，其中 2 个弯头、2 个变形管。

10. 如图 13-11 所示气力压运系统。已知面粉输送量为 17.5 t/h，输料管直径为 160 mm，长度为 33.24 m；纯空气管直径为 125 mm，长度为 20 m，按 $v_{末}=26.11$ m/s，采用分段逆算法进行设计计算，并最后确定使用罗茨鼓风机的型号及配用电动机的功率。

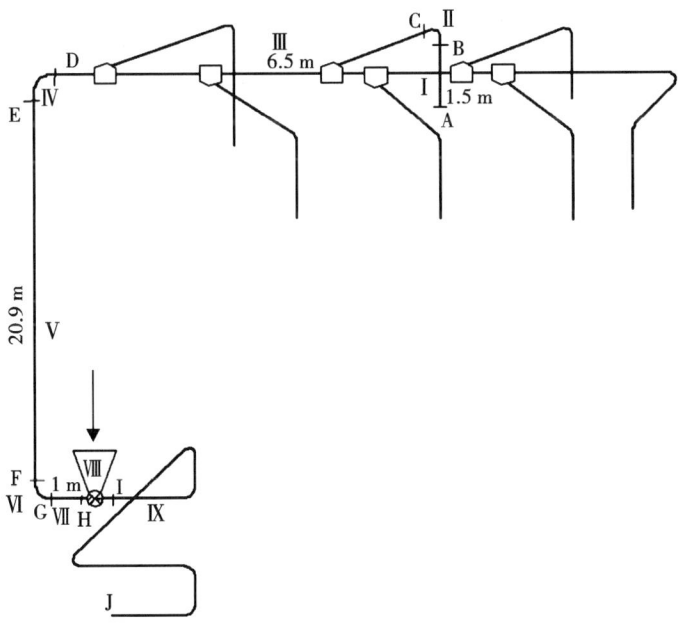

图 13-11 习题 10 附图

第十四章 气力输送系统运行与管理

本章要点：本章介绍了为保证气力输送系统按照设计要求进行正常工作的试车与调整、测定与检测及操作管理的程序方法和注意事项。

气力输送系统能否按照设计预期的要求正常工作，不仅取决于正确的设计和安装，同时还取决于精心的调整、测试和管理。

第一节 试车与调整

气力输送系统运行，先需进行试车、调整，达到设计要求并留有一定调整余量，再进行运行生产。

一、试车前的检查

气力输送装置完工后，要对安装质量进行最后一次检查。检查时注意以下问题：①检查核对各种设备的规格、尺寸及其配置方式和路线是否符合设计规定。②细致检查管道和设备的密闭性，以减少漏风。特别注意那些隐蔽的部位，例如管道通过楼板时的连接处、卸料器出料管和除尘器出灰管等。③检查设备和管道的固定是否牢固可靠。④对于处于负压状态下工作的管道和设备，检查其强度，以防工作时被吸瘪。一般要求能承受一个人站在上面的重量。⑤检查压力门、蝶阀、插板等调节机构是否灵活。⑥检查风机和关风器的转动方向是否正确，传动皮带的松紧和防护罩的安装是否恰当。⑦外表修饰及油漆等是否合适。⑧注意各个设备是否在安装时遗留了螺帽、钉子等杂物。如有发现，必须一一清除。

以上检查，必须严格执行，一丝不苟。若不加纠正，后患无穷。

二、空车运转

1. 气力吸送系统空车运转顺序

（1）把各根输料管的风门全部打开，风机的总风门全部关上。

（2）开动通风机和关风器。

（3）风机开动后，观察数分钟。如果风机运转平稳，无异常现象，即可把总风门逐渐开大。此时应特别注意电动机的电流，不要超过其额定值。

（4）到各根输料管的接料器处，用手感触是否有风并比较其大小。如果发现个别管子无风或风力不大，应首先检查其进风口是否畅通。对于那些从作业机进风的输料管，应使作业机上有一定的进风口，并保持作业机内部的风道畅通。

（5）取少量物料送到各接料器处，看能否被吸走。如有个别管子不能吸走物料，则可开大总风门。此时对于吸力过大的管子可关小其自身的风门。这样,使所有输料管风力都调节到大致相同。

(6) 观察和检查网路各部位有无漏风现象,电动机和风机轴承有无过热现象。

(7) 经过如此初步调整后,继续让风机连续运转半小时到一小时,然后停车检查各部分有无不正常现象。

以上为空车运转的初步调整。为了更准确地作好试车准备,在有条件的情况下,可在输料管的中段用皮托管和压力计测量其中的动压。在空车运转时,输料管中的风速通常可调节到比设计的工作风速大 20%~40%。例如,设计风速为 20 m/s,在空车时可调节到 24~28 m/s;设计浓度较高的管子,风速可调高一些,反之则低一些。

2. 对于气力压运装置空车运转的顺序

(1) 开动罗茨鼓风机、供料器及尾气处理系统。

(2) 待机开动后,观察数分钟。稍开供料门送入少量物料,看物料能否被吹走,能否被卸下。

(3) 观察和检查线路中各部位有无漏风现象、换向阀是否变位灵活、电动机和风机轴承有无过热现象、尾气处理系统是否正常。

(4) 让风机连续运转半小时到一小时,然后停车检查各部分有无不正常现象。

三、试车和调整

经过空车的正常运转和调整后,就可进行投料试车了。

1. 气力吸运系统试车与调整

在各作业机都做好开车准备后进行试车。

首先开动通风机和关风器,把通风机的总风门开到空车运转时的位置。然后开始向第一根输料管送料。开始时流量不能过大,可控制为设计流量的一半左右。待该风网的所有输料管都有物料输送时,再逐步增加流量。在投料试车中主要做下列工作:

(1) 观察接料器中物料流层是否均匀、有无碰撞现象,并通过调节进料淌板进行纠正。

(2) 观察接料器中空气的运动情况,调节接料器供料溜管中的插板或压力门,尽量限制随料进风。要保证物料下面进风畅通、稳定。

(3) 调节卸料器中的导料板或调风板,使卸料器发挥较好的分离轻杂质的效果,但又不致带走完整粮粒。

(4) 调节料封压力门的压砣,使压力门管子中的存料维持一定的高度。物料从压力门流出,应连续稳定,不能时断时续。

(5) 检查卸料器出口和除尘器的轻杂质、灰尘出口是否漏风,并观察其沉降效率。

(6) 观察各作业机吸尘装置的效果,有无灰尘飞扬。

试车中如发现掉料,应弄清是来料过多还是因卸料器漏风所致。不要一见掉料,就认为是风力不够,而开大风门。出现掉料时,立即停止进料,待管中风速恢复时,再行进料。

经上述调整基本上都能正常工作、很少掉料,产量也达到设计要求时,试车调整工作只是告一段落,还要进一步对各根输料管作掉料试验,以确定既经济又安全的风量(亦即最低风速)。同时也对通风机进行调试,尽量提高它的工作效率。

首先把风机的总风门逐渐关小,直至某根管子发生掉料或接近掉料为止。然后将那些未掉料的输料管的风门逐一关小试验,使它们都接近掉料。最后再把总风门开大一些,以留有余地。这一调试需要反复多次才能完成。这样风机的风量也就达到最低限度,动力消耗就可有所降低。但还应注意,如果这时风机的总风门关小很多,亦即离全部开足还有较大的距离,那就说明通风机的压力过高,超过了风网的实际阻力。在此情况下,就应考虑适当降低通风机的转速,使动力消耗得到进一步降低。

在调整过程中,如果风机总风门已全部开足,但仍有个别管子掉料,产量达不到设计要求,此时可先对那些未掉料的管子做掉料试验;适当关小其风门,让风力转移给易掉料的管子。只有当这些努力都无济于事时,才应考虑加快风机转速或采取其他措施。

一般来说,只要设计合理、安装正确,吸运装置本身的调整并不困难。主要问题常出现在工艺过程的不稳定上,以致物料忽多忽少,吸运装置也就无法调整。因此,在调整时,应与工艺设备的调整结合进行。调整中出现问题应注意观察、冷静分析,分清哪些属于吸运装置问题,哪些属于工艺上原因,要对症下药,而不是盲目地改动吸运装置。另外,在实际生产中,工艺上一定的变动往往是难免的,有时甚至是必需的。因此,在设计和调整中都必须留有一定余地,否则就会给操作带来困难,甚至经常掉料,这就得不偿失了。

2. 气力压运系统试车与调整

在投料试车时,先起动罗茨鼓风机、供料器和尾气处理系统,再逐渐打开料门供料,直至达到设计产量。同时要密切注视压力表,不要超过罗茨鼓风机允许压力,并留有一定的余量。若出现产量达不到设计要求而罗茨鼓风机产生压力不高,则要观察供料装置是否漏风过多影响下料或供料器转速过低,或供料器选型太小,并及时采取措施,以保证达到设计产量。

设计产量达到后,还可进一步作最大输送量试验。再把供料量逐渐加大,直至罗茨鼓风机压力接近允许值。此时的产量即为最大输送量。并作记录,为以后提高产量提供依据。

第二节 气力输送装置测定和检查

一、测定检查的内容

气力输送装置在正式试车投产以后,为进一步取得数据、分析效果、发现问题、研究改进措施,通常应该进行一次全面的测定检查。当工艺发生改变,气力输送系统也需进行相应调整,此情况下,也需对系统进行测定和检查。测定检查的内容:①输料管中的风速、风量、物料输送量、输送浓度等;②作业机吸风量和阻力,接料器或供料器、卸料器、除尘器阻力或尾气处理风网的阻力与风量,弯头阻力等;③物料输送的压损;④通风机的压力、风量、转速、用电度数;⑤关风器、除尘器、供料器的电耗;⑥卸料器对粮粒表面处理的效果以及除轻杂质的效率;⑦输送物料的破碎率;⑧输送物料的温降效果;⑨车间各作业点的空气含尘量;⑩除尘器排到大气的空气的含尘浓度。

二、测定方法

1. 气力吸运系统的测试方法

按图 14-1 所示布置测点,并可按下列方法进行测定。

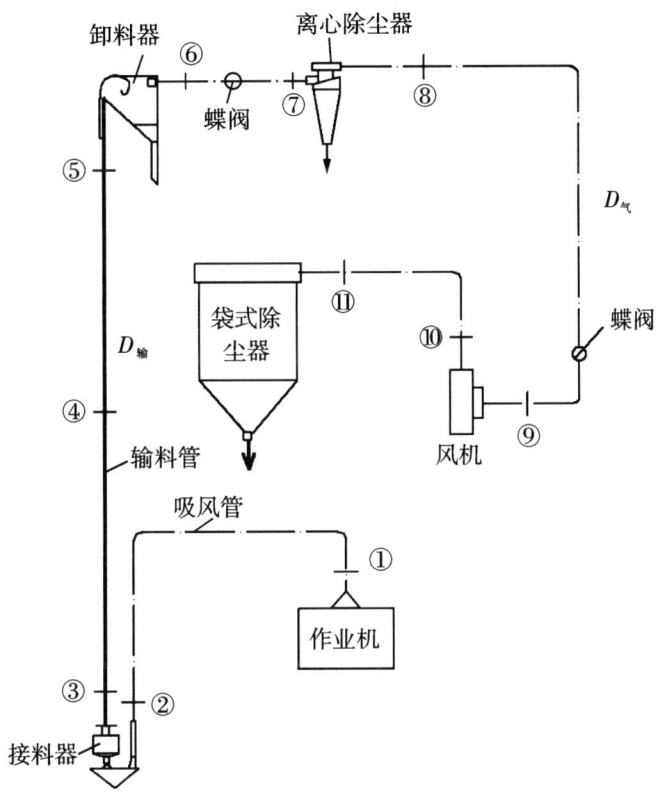

图 14-1　气力吸运装置中测点的位置

（1）在各设备进、出风管处布置测点。测出全压差即为设备阻力或压力,测出动压,换算出风量。

1）作业的阻力和吸风量。图 14-1 中测点①处所测全压为作业机吸风阻力（作业及空气从大气吸入）；测动压计算得风管中风速,然后根据风管直径的大小可算出风管中的风量,即作业机的吸风量。

2）接料器的阻力。图中测点②与③的全压差即为接料器的阻力（在空车运转时）。

3）卸料器的阻力。图中测点⑤与⑥的全压差即为卸料器的阻力。

4）离心除尘器的阻力。图中测点⑦与⑧的全压差即为离心除尘器的阻力。

5）离心风机的风压和风量。图中测点⑨与⑩的全压绝对值的和即为离心风机的风压。同理测出动压即可算出风速及风量。

6）袋式除尘器的阻力。图中测点⑪全压为袋式除尘器的阻力（净化空气直接排入大气,即为大气压）。

(2)在各部分前后布置测点,即可测出各部分阻力。

1)作业机和引风管部分的总阻力。测点②与大气的全压差。

2)输料部分总阻力。测点②与⑥之间全压差。

3)输料管总阻力。测点③与⑤的全压差。

4)辅助部分的阻力。测点⑥与⑧的全压差,加上测点⑨与大气全压差之和。

(3)在输料管中段布置测点,如图中④,测其动压用来代表输送管中的风速,并可再根据输料管直径进而求出输出风量。

(4)在卸料器出口可测出输送物料量。

(5)根据输送风量与物料量,即可计算得到输送浓度。

(6)测量风机、关风器及除尘器所配电动机电耗作为风运电耗。关风器和除尘器单独传动,可根据实际用电情况测出电耗,若系集体传动,可进行对比估算。由测得产量和电耗,即可算出加工每吨成品的单位电耗;另外,把电耗除以各根输料管的提升量与提升高度,即可求得每吨物料提升 1 m 的电耗。

(7)卸料器分离轻杂效率。可通过测定卸料器进出粮口粮粒含杂率后,按下式计算得到

$$\eta = \frac{卸料器进口粮中含杂率 - 出口粮中含杂率}{进口粮中含杂率} \times 100 \, (\%) \quad (14-1)$$

(8)测定小麦输送前后灰分降低程度。

$$小麦灰分降 = 输送前灰分 - 输送后灰分(\%) \quad (14-2)$$

(9)测定大米输送前后的增碎率。

$$大米增碎率 = 输送后碎米率 - 输送前碎米率 \, (\%) \quad (14-3)$$

(10)含尘浓度可参照除尘风网测定。

在生产现场进行风网测定时,由于管道配置条件的限制以及物料性质的影响,在选择测点位置和测量操作上,不可能按图 14-1 这样完全根据测定内容的要求与空气运动原理来确定。例如有些测点位于高空,或者周围的障碍物较多,或者附近有传动皮带等运转机件,在这种情况下,测点的位置就应在不影响或少影响测定结果的前进下,适当变换,或不得已时只能放弃。

另外,测点的选择,为保证气流均匀稳定,要尽量选在风管的直长部分,离弯头、变形管、三通、阀门等管件尽量远一些(≥4 倍的管道直径,$4D$)。

由于两相流中气流在管道中分布不均,为了能求得比较准确的结果,可根据图 14-2 在截面的不同测点测出多个数据,求平均值。

对于气流分布比较均匀规则的长直管,一般按图 14-2(a)所示,在圆管直径的 1 或 2 处测量其压力,即可代表该截面的平均压力。对于气流分布不规则或直径较大风管,则应按图 14-2(b)所示,在互相垂直的两直径 1、2、3、4 各点分别测量,然后求这 8 个点的平均值。

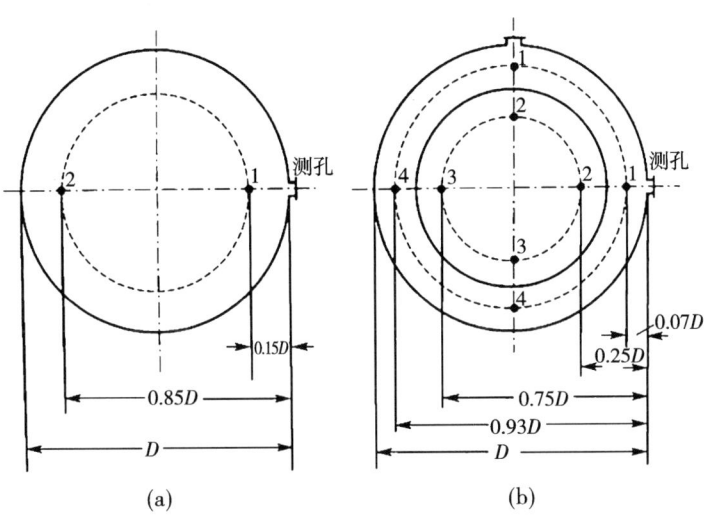

图14-2 测点离管壁的距离

2. 气力压运系统的测试方法

按图14-3所示布置测点,并按下列方法进行测量。

(1)罗茨鼓风机的风量。在罗茨鼓风机进口处特制一段与输气管道直径相同、长度大于或等于$10D$的管道,在距进风口$6D$测点①处测出中心点动压及温度,并按下式计算出罗茨鼓风机的风量。

平均风速 $\qquad v_a = K_1 K_2 \sqrt{\dfrac{2H_d}{\rho_a}}$ (m/s) (14-4)

空气密度 $\qquad \rho_a = \dfrac{p}{RT} = \dfrac{(10\,333 + p) \times 9.8}{287(273 + t)}$ (kg/m³) (14-5)

质量流量 $\qquad G_a = \rho_a \dfrac{\pi}{4} D^2 v_a$ (kg/s) (14-6)

体积流量 $\qquad Q_a = \rho_{标} G_a = 1.2 G_a$ (m³/h) (14-7)

式中:K_1——皮托管修正系数;

K_2——平均风速系数,一般为0.9。

(2)罗茨鼓风机的升压。测点②处测静压,即为罗茨鼓风机的升压。

(3)供料器压损。供料器前后测点③与④静压差。

(4)输送物料压损。测点③静压。

(5)弯头阻力。测点⑤与⑥、⑨与⑩、⑪与⑫的静压差为弯头的阻力。

(6)卸料器阻力或进仓余压。在卸料器前后测点⑦、⑧的静压差为卸料器阻力;或进仓处测点⑬的静压为进仓余压。

(7)输料过程中的温度变化。测点④与⑬或④与⑦的物料温度差。

(8)输料量。将输送物料计时、计重或称重,换算成单位时间的输料量。

(9)输送浓度。将罗茨鼓风机风量减去供料器漏风量得到输送风量,再根据所测输料量计算得到输料量。

(10) 系统电耗。测出罗茨鼓风机所配电动机及供料器电耗,即为气力压运系统所用电耗。

(11) 测尾气处理系统风量、压损及动耗。可参照除尘风网进行。

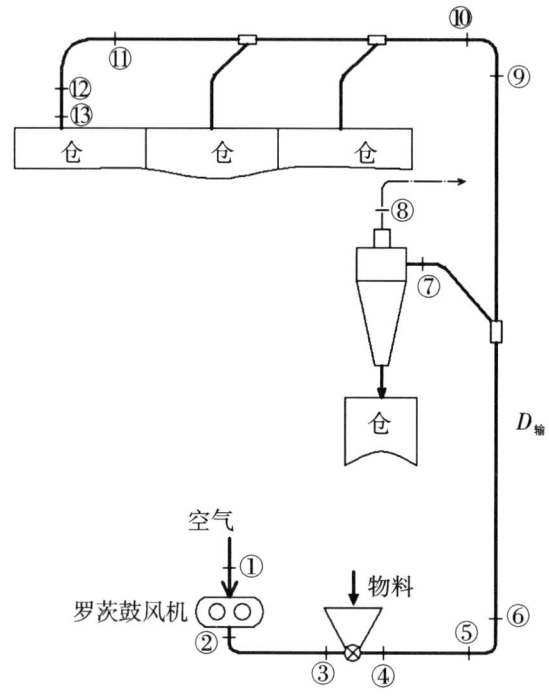

图 14-3　气力压运装置中测点的位置

三、测定仪器

气力输送装置测定所使用的仪器,同通风除尘网路测定所使用仪器相同。只是要注意:皮托管应采用防堵 S 形,采用压力量程较高的压力计。

第三节　操作管理

气力输送装置在每次开车前,应进行一般的检查和准备工作,然后再开车。

一、气力吸运系统的开车和停车顺序

1. 开车顺序

(1) 发出开车房号,等各楼层准备就绪并发回讯号后,才能正式开车。

(2) 首先开动关风器,然后再开通风机。通风机运转正常后,逐步打开总风门并注视电流表的读数是否正常。

(3) 按工艺顺序依次或分段开动各作业机。

(4) 开始进料。如果流程中装有存料仓并存物料时,可分段同时进料。进料量由小到大直至规定数值。

2.停车顺序

(1)发出停车讯号。

(2)停止进料。

(3)关停各作业机。

(4)关停通风机和关风器,关闭风机总风门。

二、气力压运系统的开车和停车顺序

1.开车顺序

(1)发出开车信号。待准备就绪并发回讯号后,才能正式开车。

(2)开动供料器、尾气处理系统及罗茨鼓风机,并注视罗茨鼓风机的压力表读数是否正确。

(3)开始进料,流量由小到大,直至规定数值。

2.停车顺序

(1)发出停车讯号。

(2)停止进料。

(3)关停供料器、罗茨鼓风机及尾气处理系统。

停车后还要进行一般检查和保养。例如,检查电动机和风机轴承的温升情况,传动皮带的松紧程度,管道设备的磨损和密闭情况,除尘器的清理和其他清扫工作等。

# 附录

附录1 压强单位换算

表1 压强单位换算

Pa	bar	[大气压](atm)	mmH₂O	mmHg	at
1	1×10⁻⁵	0.99×10⁻⁵	0.102	0.007 5	1.019×10⁻⁵
1×10⁵	1	0.986 9	10 197	750.1	1.019
98.07×10³	0.980 7	0.967 8	1×10⁴	735.56	1
1.013 25×10⁵	1.013	1	1.033 2×10⁴	760	1.033
9.807	9.807×10⁻⁵	0.967 8×10⁻⁴	1	0.073 6	10⁻⁴
133.32	1.333×10⁻³	0.001 32	13.6	1	0.136×10⁻²

附录2 反映湿空气的性质参数

表1 空气的密度、动力黏度、运动黏度与温度和湿度的关系(101.33 kPa)

温度 t /℃	密度 ρ /(kg/m³)	动力黏度 μ ×10⁻⁶/(Pa·s)	运动黏度 v ×10⁻⁶/(m²/s)	湿空气密度 ρ/(kg/m³)		
				相对湿度 50%	相对湿度 75%	相对湿度 100%
−10	1.342	16.63	12.43	1.341	1.341	1.341
−9	1.337	16.75	12.56	1.336	1.336	1.336
−8	1.332	16.83	12.64	1.331	1.331	1.330
−7	1.327	16.88	12.73	1.326	1.326	1.325
−6	1.322	16.92	12.80	1.321	1.321	1.320
−5	1.317	16.98	12.90	1.316	1.316	1.315
−4	1.312	17.03	12.99	1.311	1.311	1.310
−3	1.307	17.08	13.11	1.306	1.305	1.305

续表 1

温度 t /℃	密度 ρ /(kg/m³)	动力黏度 μ ×10⁻⁶/(Pa·s)	运动黏度 v ×10⁻⁶/(m²/s)	湿空气密度 ρ/(kg/m³)		
				相对湿度 50%	相对湿度 75%	相对湿度 100%
-2	1.302	17.12	13.16	1.301	1.300	1.300
-1	1.298	17.18	13.24	1.297	1.296	1.295
0	1.293	17.25	13.33	1.292	1.291	1.290
1	1.288	17.30	13.42	1.286	1.286	1.285
2	1.284	17.35	13.51	1.282	1.281	1.281
3	1.279	17.38	13.60	1.277	1.276	1.275
4	1.274	17.42	13.69	1.272	1.271	1.270
5	1.270	17.47	13.77	1.268	1.267	1.266
6	1.265	17.51	13.86	1.263	1.262	1.261
7	1.260	17.56	13.95	1.258	1.256	1.255
8	1.257	17.60	14.02	1.254	1.253	1.252
9	1.252	17.65	14.12	1.249	1.248	1.247
10	1.247	17.70	14.21	1.244	1.246	1.241
11	1.243	17.75	14.30	1.240	1.238	1.237
12	1.238	17.80	14.39	1.235	1.238	1.232
13	1.234	17.85	14.49	1.231	1.229	1.227
14	1.230	17.90	14.57	1.226	1.224	1.223
15	1.226	17.95	14.66	1.222	1.219	1.218
16	1.221	18.00	14.75	1.217	1.215	1.213
17	1.217	18.05	14.84	1.213	1.210	1.208
18	1.213	18.10	14.93	1.208	1.206	1.204
19	1.208	18.15	15.03	1.203	1.201	1.198
20	1.205	18.20	15.12	1.200	1.197	1.195
21	1.201	18.24	15.20	1.195	1.193	1.190
22	1.196	18.28	15.30	1.190	1.187	1.184
23	1.193	18.32	15.39	1.187	1.184	1.180
24	1.188	18.37	15.48	1.181	1.178	1.175
25	1.185	18.42	15.57	1.178	1.174	1.171
26	1.181	18.47	15.67	1.174	1.170	1.166

续表1

温度 t /℃	密度 ρ /(kg/m³)	动力黏度 μ $\times 10^{-6}$/(Pa·s)	运动黏度 υ $\times 10^{-6}$/(m²/s)	湿空气密度 ρ/(kg/m³)		
				相对湿度 50%	相对湿度 75%	相对湿度 100%
27	1.177	18.52	15.76	1.169	1.165	1.161
28	1.172	18.56	15.84	1.164	1.160	1.155
29	1.169	18.60	15.94	1.160	1.156	1.152
30	1.165	18.65	16.04	1.156	1.151	1.147
31	1.161	18.70	16.13	1.151	1.146	1.141
32	1.157	18.75	16.22	1.147	1.142	1.137
33	1.153	18.80	16.32	1.142	1.137	1.131
34	1.149	18.85	16.42	1.138	1.132	1.126
35	1.146	18.90	16.50	1.134	1.128	1.122
36	1.142	18.95	16.60	1.129	1.123	1.117
37	1.138	19.00	16.69	1.125	1.118	1.111
38	1.134	19.04	16.79	1.120	1.113	1.106
39	1.131	19.08	16.90	1.116	1.109	1.101
40	1.128	19.12	16.98	1.112	1.105	1.097
41	1.124	19.16	17.08	1.108	1.099	1.091
42	1.120	19.20	17.18	1.103	1.094	1.086
43	1.117	19.25	17.27	1.099	1.090	1.081
44	1.113	19.80	17.37	1.094	1.085	1.075
45	1.110	19.35	17.46	1.090	1.080	1.070
46	1.106	19.40	17.56	1.085	1.075	1.064
47	1.102	19.45	17.66	1.080	1.070	1.058
48	1.099	19.50	17.75	1.076	1.065	1.053
49	1.096	19.55	17.85	1.072	1.060	1.048
50	1.092	19.60	17.95	1.067	1.054	1.042

附录 3 通风除尘风管计算表

表 1 通风除尘风管计算表

管径/mm，上行 风量(m^3/h)，下行 $\lambda/D/(mm^{-1}$)

动压/mmH₂O	风速(m/s)	80	90	100	110	120	130	140	150	160	170	180	190	200	210	220	240	250	260	280	300	320	340	360	380	400	420	450	480	500	530	560	600
3.92	8	134 0.350	171 0.300	213 0.261	259 0.231	310 0.206	365 0.186	425 0.169	489 0.155	558 0.143	631 0.132	709 0.123	791 0.115	878 0.108	969 0.101	1065 0.0956	1271 0.0857	1380 0.0815	1494 0.0707	1736 0.0707	1995 0.0649	2273 0.0599	2569 0.0556	2883 0.0518	3215 0.0485	3565 0.0455	3933 0.0428	4520 0.0394	5147 0.0364	5587 0.0346	6258 0.0323	6992 0.0302	8035 0.0278
4.43	8.5	142 0.348	182 0.298	226 0.260	275 0.229	329 0.205	388 0.185	451 0.168	519 0.154	592 0.142	670 0.131	753 0.122	840 0.114	933 0.107	1030 0.101	1132 0.0950	1350 0.0852	1466 0.0809	1587 0.0707	1844 0.0703	2120 0.0645	2415 0.0595	2729 0.0553	3063 0.0515	3416 0.0482	3788 0.0452	4179 0.0626	4802 0.0398	5468 0.0362	5936 0.0344	6649 0.0321	7430 0.0300	8537 0.0276
4.96	9	151 0.345	193 0.296	239 0.258	291 0.228	348 0.204	410 0.184	478 0.167	550 0.153	627 0.141	710 0.131	797 0.122	890 0.114	988 0.107	1090 0.100	1198 0.0944	1429 0.0847	1552 0.0805	1681 0.0766	1953 0.0699	2245 0.0642	2557 0.0592	2890 0.0549	3243 0.0512	3617 0.0479	4011 0.0450	4425 0.0423	5085 0.0390	5790 0.0360	6286 0.0342	7041 0.0319	7867 0.0298	9036 0.0274
5.53	9.5	159 0.344	203 0.294	253 0.257	308 0.227	368 0.203	433 0.183	504 0.166	580 0.152	662 0.140	749 0.130	842 0.121	939 0.113	1042 0.106	1151 0.0996	1265 0.0939	1509 0.0842	1639 0.0801	1774 0.0762	2061 0.0695	2369 0.0638	2700 0.0589	3051 0.0547	3423 0.0509	3818 0.0476	4233 0.0447	4671 0.0421	5367 0.0387	6112 0.0358	6635 0.0340	7432 0.0318	8304 0.0297	9541 0.0273
6.12	10	168 0.342	214 0.293	266 0.255	324 0.225	387 0.202	456 0.182	531 0.166	611 0.152	697 0.140	789 0.129	886 0.120	989 0.112	1097 0.105	1212 0.0991	1331 0.0935	1588 0.0838	1725 0.0797	1867 0.0759	2169 0.0692	2494 0.0635	2841 0.0586	3211 0.0544	3604 0.0507	4019 0.0474	4456 0.0445	4917 0.0149	5649 0.0385	6433 0.0356	6984 0.0339	7823 0.0316	8741 0.0296	10040 0.0272
6.75	10.5	176 0.340	225 0.291	279 0.254	340 0.225	406 0.201	479 0.181	557 0.165	642 0.151	732 0.139	828 0.129	930 0.120	1038 0.112	1152 0.105	1272 0.0987	1398 0.0931	1668 0.0835	1811 0.0793	1961 0.0755	2278 0.0689	2619 0.0632	2983 0.0584	3372 0.0542	3784 0.0505	4220 0.0472	4679 0.0443	5162 0.0417	5932 0.0384	6755 0.0354	7333 0.0337	8214 0.0315	9178 0.0294	10550 0.0271
7.41	11	184 0.339	235 0.290	293 0.253	356 0.224	426 0.200	502 0.180	584 0.164	672 0.150	766 0.138	867 0.128	974 0.119	1088 0.111	1207 0.104	1333 0.0982	1465 0.0927	1747 0.0831	1897 0.0790	2054 0.0752	2386 0.0686	2743 0.0630	3125 0.0581	3532 0.0539	3964 0.0503	4420 0.0470	4902 0.0440	5408 0.0416	6214 0.0382	7077 0.0353	7682 0.0336	8605 0.0313	9615 0.0293	11050 0.0269
8.1	11.5	193 0.337	246 0.289	306 0.252	372 0.223	445 0.199	524 0.180	610 0.163	703 0.150	801 0.138	907 0.128	1019 0.119	1137 0.111	1262 0.104	1393 0.0979	1531 0.0923	1826 0.0828	1984 0.0787	2148 0.0749	2495 0.0683	2868 0.0627	3267 0.0579	3693 0.0537	4144 0.0501	4621 0.0468	5125 0.0440	5654 0.0414	6497 0.0381	7398 0.0352	8032 0.0335	8996 0.0312	10050 0.0292	1150 0.0268
8.82	12	201 0.336	257 0.288	319 0.251	388 0.222	464 0.198	547 0.179	637 0.163	733 0.149	836 0.137	946 0.127	1063 0.118	1187 0.111	1317 0.104	1454 0.0975	1598 0.0920	1906 0.0825	2070 0.0784	2241 0.0747	2603 0.0681	2993 0.0625	3409 0.0577	3853 0.0535	4324 0.0499	4822 0.0467	5348 0.0438	5900 0.0413	6779 0.0379	7720 0.0350	8381 0.0333	9387 0.0311	10490 0.0291	12050 0.0268
9.57	12.5	210 0.335	268 0.287	333 0.250	405 0.221	484 0.198	570 0.178	663 0.162	764 0.149	871 0.137	986 0.127	1107 0.118	1236 0.110	1372 0.103	1514 0.0972	1664 0.0917	1985 0.0822	2156 0.0781	2334 0.0744	2712 0.0679	3118 0.0623	3552 0.0575	4014 0.0534	4504 0.0497	5025 0.0465	5570 0.0437	6146 0.0411	7062 0.0378	8042 0.0349	8730 0.0332	9779 0.0310	10930 0.0290	12550 0.0267
10.35	13	218 0.334	278 0.286	346 0.249	421 0.220	503 0.197	593 0.178	690 0.162	794 0.148	906 0.136	1025 0.126	1152 0.118	1285 0.110	1426 0.103	1575 0.0969	1731 0.0914	2065 0.0820	2242 0.0779	2428 0.0742	2820 0.0677	3242 0.0621	3694 0.0573	4174 0.0532	4685 0.0496	5224 0.0464	5793 0.0436	6392 0.0410	7344 0.0377	8368 0.0348	9079 0.0331	10170 0.0309	11360 0.0289	13060 0.0266
11.16	13.5	225 0.333	289 0.285	369 0.249	437 0.220	523 0.196	616 0.177	716 0.161	825 0.148	941 0.136	1065 0.126	1196 0.117	1335 0.110	1481 0.103	1636 0.0966	1797 0.0911	2144 0.0817	2329 0.0777	2521 0.0740	2929 0.0675	3367 0.0619	3836 0.0572	4335 0.0530	4865 0.0494	5425 0.0463	6016 0.0434	6637 0.0409	7627 0.0376	8685 0.0347	9428 0.0333	10560 0.0308	11800 0.0288	13560 0.0265
12.01	14	235 0.332	300 0.284	372 0.248	453 0.219	542 0.196	638 0.177	743 L.161	855 0.147	976 0.136	1104 0.126	1240 0.117	1384 0.109	1536 0.102	1696 0.0963	1861 0.0909	2223 0.0815	2415 0.0775	2614 0.0738	3037 0.0673	3492 0.0618	3978 0.0570	4496 0.0529	5045 0.0493	5626 0.0461	6239 0.0433	6883 0.0408	7909 0.0375	9007 0.0346	9778 0.0329	10950 0.0308	12240 0.0288	14060 0.0264

续表 1

动压/mmH₂O	风速/(m/s)	管径/mm，上行 风量(m³/h)，下行 λ/D/(mm⁻¹)																																	
		80	90	100	110	120	130	140	150	160	170	180	190	200	210	220	240	250	260	280	300	320	340	360	380	400	420	450	480	500	530	560	600
12.88	14.5	243 0.331	310 0.284	386 0.247	469 0.219	561 0.195	661 0.176	769 0.160	886 0.147	1011 0.135	1143 0.125	1281 0.117	1434 0.109	1591 0.102	1757 0.0961	1931 0.0907		2287 0.0813	2484 0.0773	2708 0.0736	3146 0.0671	3616 0.0616	4120 0.0569	4656 0.0528	5225 0.0492	5827 0.0460	6462 0.0432	7129 0.0407	8192 0.0374	9328 0.0345	10130 0.0329	11340 0.0307	12670 0.0287	14560 0.0264
13.78	15	251 0.330	321 0.283	399 0.247	485 0.218	581 0.195	684 0.176	796 0.160	916 0.147	1045 0.135	1183 0.125	1329 0.116	1483 0.109	1646 0.102	1817 0.0958	1997 0.094		2382 0.0811	2587 0.0771	2801 0.0734	3254 0.0669	3741 0.0614	4262 0.0567	4817 0.0226	5405 0.0491	6028 0.0459	6684 0.0431	7375 0.0406	8474 0.0373	9650 0.0345	10480 0.0328	11730 0.0306	13110 0.0286	15070 0.0263
14.72	15.5	260 0.329	332 0.282	412 0.246	502 0.217	600 0.194	707 0.175	823 0.160	947 0.146	1080 0.135	1222 0.125	1372 0.116	1533 0.108	1701 0.102	1878 0.0956	2064 0.0902		2462 0.0809	2674 0.0769	2895 0.0732	3363 0.0668	3866 0.0613	4404 0.0566	4977 0.0525	5585 0.0489	6229 0.0458	6907 0.0430	762 0.0405	8757 0.0372	9972 0.0344	10830 0.0327	12130 0.0305	13550 0.0286	15570 0.0262
15.68	16	268 0.328	342 0.281	426 0.245	513 0.217	619 0.194	730 0.175	849 0.159	978 0.146	1115 0.134	1262 0.124	1417 0.116	1582 0.108	1756 0.101	1938 0.0954	2130 0.0900		2541 0.0807	2760 0.0767	2988 0.0731	3471 0.0666	3990 0.0612	4546 0.0565	5138 0.0524	5766 0.0488	6430 0.0457	7130 0.0429	7867 0.0404	9039 0.0371	10290 0.0342	11170 0.0326	12520 0.0305	13980 0.0285	16070 0.0262
16.68	16.5	277 0.328	353 0.281	439 0.245	534 0.216	639 0.194	752 0.175	876 0.159	1008 0.146	1150 0.134	1303 0.124	1462 0.116	1631 0.108	1811 0.101	1999 0.0952	2197 0.0898		2620 0.0806	2846 0.0766	3081 0.0729	3580 0.0665	4115 0.0610	4688 0.0654	5298 0.0523	5946 0.0487	6631 0.0456	7353 0.0428	8012 0.0403	9322 0.0371	10610 0.0342	11520 0.0326	12910 0.0304	14420 0.0285	16570 0.0261
17.7	17	285 0.327	364 0.280	452 0.244	550 0.216	658 0.193	775 0.144	902 0.159	1039 0.146	1185 0.134	1341 0.124	1506 0.115	1681 0.108	1865 0.101	2060 0.0950	2263 0.0896		2700 0.0840	2932 0.0764	3175 0.0728	3688 0.0664	4210 0.0609	4830 0.0562	5459 0.0522	6126 0.0486	6832 0.0455	7576 0.0427	8358 0.0402	9604 0.0370	940 0.0342	11870 0.0325	13300 0.0304	14860 0.0284	17070 0.0261
18.76	17.5	293 0.326	375 0.280	466 0.244	566 0.216	677 0.193	798 0.174	929 0.158	1069 0.145	1220 0.134	1380 0.124	1550 0.115	1730 0.108	1920 0.101	2120 0.0948	2330 0.0895		2779 0.0802	3019 0.0763	3268 0.0726	3796 0.0662	4365 0.0608	4972 0.0561	5619 0.0521	6306 0.0485	7033 0.0454	7799 0.0426	8604 0.0402	9887 0.0369	11260 0.0341	12220 0.0325	13690 0.0303	15300 0.0283	17580 0.0260
19.85	18	302 0.326	385 0.279	479 0.243	583 0.215	697 0.192	821 0.174	955 0.158	1100 0.145	1254 0.134	1419 0.123	1594 0.115	1780 0.107	1975 0.101	2181 0.0946	2397 0.0893		2859 0.0801	3105 0.0761	3361 0.0725	3905 0.0661	4489 0.0607	5114 0.0560	5780 0.0520	6486 0.0485	7233 0.0453	8021 0.0426	8850 0.0401	10170 0.0368	11580 0.0340	12570 0.0324	14080 0.0302	15730 0.0283	18080 0.0260
20.96	18.5	310 0.325	396 0.279	492 0.243	599 0.2.5	716 0.192	844 0.173	982 0.158	1130 0.144	1289 0.133	1459 0.123	1639 0.115	1829 0.107	2030 0.100	2241 0.0945	2463 0.0891		2938 0.0800	3191 0.0760	3455 0.0724	4014 0.0660	4614 0.0606	5256 0.0559	5941 0.0519	6667 0.0484	7434 0.0453	8244 0.0425	9096 0.0400	10450 0.0368	11900 0.0340	12920 0.0323	14470 0.0302	16170 0.0282	18580 0.0260
22.11	19	319 0.325	407 0.278	505 0.243	615 0.214	735 0.192	866 0.173	1008 0.157	1161 0.144	1324 0.133	1498 0.123	1683 0.114	1897 0.107	2085 0.100	2302 0.0943	2530 0.0890		3017 0.0798	3277 0.0759	3548 0.0722	4122 0.0659	4739 0.0605	5398 0.0559	6101 0.0518	6847 0.0483	7655 0.0452	8467 0.0424	9342 0.0400	10730 0.0367	12220 0.0339	13270 0.0323	14860 0.0301	16610 0.0282	19080 0.0259
23.29	19.5	327 0.324	417 0.278	519 0.242	631 0.214	755 0.191	889 0.173	1035 0.157	1191 0.144	1359 0.133	1538 0.123	1727 0.114	1928 0.107	2140 0.100	2362 0.0942	2596 0.0888		3097 0.0797	3364 0.0757	3642 0.0721	4230 0.0658	4863 0.0604	5540 0.0558	6262 0.0517	7027 0.0482	7836 0.0451	8690 0.0424	9587 0.0399	11020 0.0367	12540 0.0339	13620 0.0332	15250 0.0301	17040 0.0281	19580 0.0259
24.5	20	335 0.324	428 0.277	532 0.242	647 0.214	774 0.191	912 0.173	1061 0.157	1222 0.144	1394 0.132	1577 0.123	1772 0.114	1977 0.107	2195 0.100	2423 0.0940	2663 0.0887		3176 0.0796	3450 0.0756	3735 0.0720	4339 0.0657	4988 0.0603	5683 0.0557	6422 0.0517	7207 0.0482	8037 0.0451	8913 0.0423	9833 0.0398	11300 0.0366	12870 0.0338	13970 0.0322	15650 0.0301	17480 0.0281	20090 0.0258

附录4 局部管件阻力系数

表1 弯头阻力系数

图形	转角 $\alpha/(°)$	曲率半径 R						
		D	$1.5D$	$2D$	$2.5D$	$3D$	$6D$	$10D$
圆形截面弯头	7.5	0.028	0.021	0.018	0.016	0.014	0.010	0.008
	10	0.058	0.044	0.037	0.033	0.029	0.021	0.016
	30	0.110	0.081	0.069	0.061	0.054	0.038	0.030
	60	0.180	0.140	0.120	0.100	0.091	0.064	0.051
	75	0.205	0.160	0.135	0.115	0.105	0.073	0.058
	90	0.230	0.180	0.150	0.130	0.120	0.083	0.066
	120	0.270	0.200	0.170	0.150	0.130	0.100	0.076
	150	0.300	0.220	0.190	0.170	0.150	0.110	0.084
	180	0.330	0.250	0.210	0.180	0.160	0.120	0.092
矩形截面弯头	\multicolumn{6}{c}{$\xi = C\xi_{圆}$}	备注	
	a/b	0.25	0.50	0.75	1.00	1.25		
	C	1.80	1.50	1.20	1.00	0.80		
	a/b	1.50	1.75	2.00	2.50	3.00		
	C	0.68	0.53	0.47	0.40	0.40		

表2 风帽阻力系数

图形	ξ							
伞形风帽	h/D	0.1	0.2	0.3	0.4	0.5	0.6	0.7
	ξ	2.6	1.3	0.8	0.7	0.6	0.6	0.6
	h/D	0.8	0.9					
	ξ	0.6	0.6					
转向风帽	\multicolumn{8}{c}{$\xi = 1 \sim 2.5$}

表3 阀门阻力系数

插板

h/D	0.10	0.20	0.30	0.40	0.50	0.60	0.70
圆形管 ξ	97.80	35.00	10.00	4.60	2.06	0.98	0.44
矩形管 ξ	193.00	44.60	17.80	8.12	4.00	2.10	0.95
h/D	0.80	0.90	1.00				
圆形管 ξ	0.17	0.06	0.05				
矩形管 ξ	0.39	0.29	0.00				

蝶阀

α	0°	5°	10°	15°	30°	45°	60°
圆形管 ξ	0.05	0.30	0.52	0.90	3.91	18.70	118.00
矩形管 ξ	0.05	0.28	0.45	0.77	3.54	15.00	77.40
α	70°	90°					
圆形管 ξ	751.00	∞					
矩形管 ξ	368.00	∞					

表4 变形管阻力系数

圆形渐扩管

$\dfrac{F}{f}$	α					
	10°	15°	20°	25°	30°	45°
1.25	0.01	0.02	0.03	0.03	0.04	0.04
1.50	0.03	0.07	0.10	0.11	0.12	0.12
1.75	0.05	0.14	0.17	0.18	0.19	0.19
2.00	0.06	0.18	0.20	0.22	0.25	0.25
2.25	0.08	0.22	0.27	0.39	0.31	0.31
2.50	0.09	0.25	0.30	0.33	0.36	0.36

圆形渐缩管

$\dfrac{F}{f}$	α				
	10°	15°	20°	25°	30°
1.25	0.22	0.27	0.31	0.36	0.40
1.50	0.31	0.39	0.45	0.51	0.57
1.75	0.43	0.53	0.61	0.70	0.77
2.00	0.56	0.69	0.80	0.91	1.01

表 5　吸气三通的阻力系数

图形	α	D_2/D_3	v_3/v_2								
			0.6	0.8	0.9	1.0	1.1	1.2	1.3	1.4	1.6
	30°	1.0	0.6　-0.85	0.55　-0.15	0.49　0.01	0.45　0.15	0.37　0.23	0.30　0.30	0.20　0.34	0.15　0.35	0.15　0.40
		1.2	0.47　-1.03	0.42　-0.23	0.37　-0.05	0.35　0.12	0.29　0.21	0.22　0.30	0.12　0.38	0.07　0.38	-0.18　0.43
		1.4	0.35　-1.2	0.30　-0.3	0.27　-0.1	0.25　0.10	0.21　0.20	0.15　0.30	0.05　0.37	0.00　0.40	-0.2　0.45
		2.0	0.15　-1.45	0.15　-0.4	0.13　-0.17	0.10　0.05	0.07　0.18	0.05　0.30	-0.01　0.40	-0.05　0.45	-0.15　0.50
		3.0	0.05　-1.6	0.05　-0.5	0.05　-0.22	0.05　-0.05	0.02　0.18	0.00　0.30	-0.30　0.40	-0.05　0.45	-0.1　0.55
	45°	1.0	0.65　-0.70	0.65　0.00	0.63　0.16	0.60　0.30	0.58　0.38	0.55　0.45	0.45　0.49	0.40　0.50	0.25　0.55
		1.2	0.49　-0.90	0.49　-0.10	0.49　0.08	0.47　0.24	0.45　0.34	0.42　0.42	0.39　0.48	0.30　0.50	0.17　0.55
		1.4	0.35　-1.1	0.35　-0.2	0.35　0.00	0.35　0.20	0.33　0.30	0.30　0.40	0.26　0.47	0.20　0.50	0.10　0.55
		2.0	0.20　-1.40	0.20　-0.35	0.18　-0.12	0.15　0.10	0.13　0.23	0.12　0.38	0.11　0.45	0.10　0.50	0.00　0.60
		3.0	0.10　-1.60	0.10　-0.50	0.08　-0.22	0.05　0.05	0.05　0.21	0.05　0.35	0.02　0.45	0.00　0.50	0.00　0.60
	60°	1.0	0.70　-0.60	0.70　0.10	0.70　0.28	0.70　0.40	0.60　0.48	0.65　0.50	0.63　0.56	0.60　0.60	0.50　0.65
		1.4	0.40　-1.05	0.40　-0.15	0.40　0.10	0.40　0.25	0.38　0.38	0.35　0.45	0.33　0.52	0.30　0.55	0.20　0.65
		2.0	0.20　-1.25	0.20　-0.30	0.20　-0.10	0.20　0.10	0.20　0.30	0.20　0.40	0.18　0.48	0.15　0.55	0.10　0.65
		3.0	0.10　-1.05	0.10　-0.45	0.10　-0.12	0.10　0.10	0.10　0.26	0.10　0.35	0.08　0.44	0.05　0.50	0.00　0.60
		4.0	0.05　-1.65	0.05　-0.50	0.05　-0.20	0.05　0.05	0.05　0.19	0.05　0.30	0.05　0.42	0.05　0.50	0.00　0.60

注：直管阻力系数 ξ_2——上行数字；文管阻力系数 ξ_3——下行数字。

附录5 风机性能

表1 4-68型离心式通风机性能

机号 No.	转速 /(r/min)	序号	全压 /Pa	风量 /(m³/h)	效率 /%	传动方式	电动机 功率/kW	电动机 型号
2.8	2 900	1	971	1 131	78.5	A	1.1	Y 802-2
		2	968	1 319	83.2			
		3	961	1 508	86.5			
		4	922	1 696	87.9			
		5	853	1 885	86.1			
		6	765	2 073	80.1			
		7	657	2 262	73.5			
3.15	2 900	1	1 245	1 825	79.9	A	1.5	Y 90S-2
		2	1 242	2 093	84.3			
		3	1 226	2 362	87.3			
		4	1 177	2 630	88.6			
		5	1 098	2 899	87.0			
		6	981	3 167	81.3			
		7	853	3 435	75.2			
3.35	2 900	1	1 608	2 708	81.1	A	3	Y 100L-1
		2	1 604	3 092	85.3			
		3	1 569	3 477	88.1			
		4	1 510	3 861	89.4			
		5	1 402	4 245	87.8			
		6	1 265	4 629	82.5			
		7	1 108	5 013	76.7			
4	2 900	1	2 069	3 984	82.3	A	4	Y 112M-2
		2	2 059	4 534	86.2			
		3	2 010	5 083	88.9			
		4	1 932	5 633	90			
		5	1 795	6 182	88.6			
		6	1 628	6 732	83.6			
		7	1 432	7 281	78.2			
4.5	2 900	1	2 658	5 790	83.3	A	7.5	Y 132S2-2
		2	2 628	6 573	87			
		3	2 569	7 355	89.5			
		4	2 462	8 137	90.5			
		5	2 295	8 920	89.2			
		6	2 069	9 702	84.5			
		7	1 834	10 485	79.4			

续表1

机号 No.	转速 /(r/min)	序号	全压 /Pa	风量 /(m³/h)	效率 /%	传动方式	电动机 功率/kW	电动机 型号
5	2 900	1	3 315	8 050	84.2	A	15	Y 160M2-2
		2	3 266	9 123	87.6			
		3	3 187	10 197	90			
		4	3 050	11 270	91			
		5	2 844	12 343	89.8			
		6	2 589	13 416	85.3			
		7	2 305	14 490	80.5			
6.3	1 800	1	2 040	10 328	84.8	C	11	Y 160M1-2
		2	2 010	11 660	88.1			
		3	1 952	12 993	90.5			
		4	1 863	14 325	91.4			
		5	1 746	15 658	90.2			
		6	1 589	16 910	85.9			
		7	1 422	18 324	81.3			
6.3	2 000	1	2 511	11 476	84.8	C	15	Y 160M2-2
		2	2 481	12 956	88.1			
		3	2 413	14 437	90.5			
		4	2 305	15 917	91.4			
		5	2 157	17 398	90.2			
		6	1 161	18 879	85.9			
		7	1 755	20 359	81.3			
6.3	2 240	1	3 158	12 852	84.4	C	22	Y 180M-2
		2	3 109	14 511	88.1			
		3	3 030	16 169	90.5			
		4	2 893	17 828	91.4			
		5	2 707	19 486	90.2			
		6	2 491	21 144	85.9			
		7	2 197	22 803	81.3			

表2 4-72型离心式通风机性能

机号 No.	转速 /(r/min)	序号	全压 /Pa	风量 /(m³/h)	传动方式	电动机 功率/kW	电动机 型号	备注
3A	1 450	1	284	794	A	0.75	Y 802-4	
		2	274	898				
		3	270	1 003				
		4	265	1 107				
		5	245	1 211				
		6	225	1 316				
		7	206	1 420				
		8	176	1 524				
	2 900	1	1 137	1 588	A	1.5	Y 90S-2	
		2	1 127	1 797				
		3	1 098	2 005				
		4	1 058	2 214				
		5	990	2 432				
		6	921	2 631				
		7	833	2 840				
		8	715	3 049				
3.5	1 450	1	392	1 261	A	1.1	Y 90S-4	
		2	382	1 427				
		3	372	1 592				
		4	377	1 758				
		5	333	1 924				
		6	314	2 089				
		7	284	2 255				
		8	245	2 421				
	2 900	1	1 558	2 522	A	3	Y 100L-2	
		2	1 529	2 853				
		3	1 490	3 184				
		4	1 441	3 516				
		5	1 352	3 847				
		6	1 254	4 178				
		7	1 127	4 510				
		8	980	4 811				
4	1 450	1	510	1 882	A	1.1		
		2	500	2 129				
		3	485	2 377				
		4	470	2 624				
		5	441	2 871				
		6	412	3 119				
		7	372	3 366				
		8	323	3 613				

续表2

机号 No.	转速 /(r/min)	序号	全压 /Pa	风量 /(m³/h)	传动方式	电动机 功率/kW	型号	备注
4.5	1 450	1	637	2 680	A	1.1	Y 90S-4	
		2	627	3 032				
		3	617	3 384				
		4	588	3 736				
		5	559	4 088				
		6	519	4 440				
		7	470	4 792				
		8	402	5 144				
	2 900	1	2 587	5 820	A	7.5	Y 132S 2-2	
		2	2 499	6 510				
		3	2 450	7 220				
		4	2 391	7 930				
		5	2 254	8 600				
		6	2 107	9 410				
		7	1 803	9 900				
		8	1 637	10 700				
5	1 450	1	794	3 676	A	2.2	Y 100L 1-4	
		2	784	4 159				
		3	764	4 642				
		4	735	5 125				
		5	686	5 608				
		6	637	6 091				
		7	578	6 574				
		8	500	7 057				
5	2 900	1	3 332	8 010	A	15	Y 160M 1-2	
		2	3 234	8 960				
		3	3 136	9 930				
		4	3 018	10 910				
		5	2 842	11 930				
		6	2 695	12 740				
		7	2 352	13 830				
		8	2 058	14 710				
6	1 450	1	1 166	7 010	A	4	Y 112M-4	
		2	1 117	7 780				
		3	1 088	8 560				
		4	1 058	9 380				
		5	990	10 400				
		6	941	11 010				
		7	853	11 990				
		8	735	12 640				

续表2

机号 No.	转速 /(r/min)	序号	全压 /Pa	风量 /(m³/h)	传动方式	电动机 功率/kW	电动机 型号	备注
6A-T	2 900	1	4 018	9 828	A	22	Y 160M 2-2	特点：风量大、风压高，特别适应于175型以上大型去石机吸风用
		2	3 842	10 963				
		3	3 704	11 791				
		4	3 508	12 449				
		5	3 156	13 818				
		6	2 960	15 386				
		7	2 793	19 567				
		8	2 107	22 180				
6	900	1	461	4 004	C	1.5	Y 90L-4	
		2	451	4 626				
		3	441	5 210				
		4	431	5 821				
		5	402	6 378				
		6	382	6 969				
		7	353	7 537				
		8	294	8 156				
6	1 000	1	568	4 214	C	2.2	Y 100L 1-4	
		2	559	5 078				
		3	549	5 718				
		4	529	6 383				
		5	500	7 025				
		6	461	7 700				
		7	431	8 339				
		8	372	9 007				
	1 120	1	715	5 000	C	2.2	Y 100L 1-4	
		2	706	5 708				
		3	696	6 430				
		4	666	7 179				
		5	647	7 893				
		6	588	8 647				
		7	539	9 366				
		8	470	10 115				
7	800	1	470	5 565	C	2.2	Y 100L 1-4	
		2	461	6 296				
		3	451	7 028				
		4	441	7 759				
		5	412	8 490				
		6	382	8 221				
		7	343	9 952				
		8	294	1 083				

续表2

机号 No.	转速 /(r/min)	序号	全压 /Pa	风量 /(m³/h)	传动方式	电动机 功率/kW	电动机 型号	备注
7	900	1	598	6 261	C	3	Y 100L 2-4	
		2	588	7 083				
		3	578	7 906				
		4	549	8 729				
		5	519	9 551				
		6	480	10 373				
		7	431	11 196				
		8	372	12 019				
	1 000	1	735	6 957	C	3	Y 100L 2-4	
		2	725	7 871				
		3	706	8 785				
		4	686	9 699				
		5	647	10 612				
		6	598	11 526				
		7	539	12 440				
		8	461	13 354				
	1 120	1	921	7 791	C	4	Y 112M-4	
		2	911	8 815				
		3	892	9 839				
		4	853	10 862				
		5	804	11 886				
		6	745	12 909				
		7	676	13 933				
		8	578	14 957				
	1 250	1	1 156	8 696	C	5.5	Y 132S-4	
		2	1 137	9 838				
		3	1 107	10 980				
		4	1 068	12 123				
		5	1 000	13 265				
		6	931	14 408				
		7	833	15 550				
		8	725	16 693				
	1 600	1	1 891	11 130	C	11	Y 100M-4	
		2	1 862	12 592				
		3	1 823	14 055				
		4	1 754	15 517				
		5	1 646	16 980				
		6	1 529	18 442				
		7	1 372	19 904				
		8	1 186	21 367				

续表2

机号 No.	转速 /(r/min)	序号	全压 /Pa	风量 /(m³/h)	传动方式	电动机 功率/kW	电动机 型号	备注
7	1 800	1	2 401	12 521	C	15	Y 160L-4	
		2	2 548	14 166		18.5	Y 180M-4	
		3	2 303	15 812				
		4	2 225	17 457				
		5	2 087	19 102				
		6	1 940	20 747				
		7	1 744	22 392				
		8	1 509	24 038				
8	630	1	402	6 778	C	2.2	Y 100L$_1$-4	
		2	392	7 776				
		3	382	8 736				
		4	372	9 740				
		5	343	10 695				
		6	323	11 697				
		7	304	12 621				
	710	1	500	7 560	C	2.2	Y 100L 1-4	
		2	490	8 786				
		3	480	9 863				
		4	470	10 976				
		5	441	12 087		3	Y 100L 2-4	
		6	421	13 169				
		7	372	14 210				
	800	1	657	8 534	C	3	Y 100L 2-4	
		2	647	99 806				
		3	627	11 007				
		4	608	12 300				
		5	578	13 505				
		6	519	14 777				
		7	490	16 000				
	900	1	804	9 631	C	4	Y 112M-4	
		2	794	11 064				
		3	774	12 435				
		4	745	13 860				
		5	715	15 207		5.5	Y 132S-4	
		6	657	16 653				
		7	598	18 025				

续表2

机号 No.	转速 /(r/min)	序号	全压 /Pa	风量 /(m³/h)	传动方式	电动机 功率/kW	电动机 型号	备注
8	1 000	1	1 000	10 720	C	5.5	Y 132S-4	
		2	980	12 312				
		3	960	13 833				
		4	921	15 423		7.5	Y 132M-4	
		5	872	16 921				
		6	804	18 537				
		7	735	20 047				
	1 250	1	1 548	13 445	C	11	Y 160M-4	
		2	1 529	15 432				
		3	1 499	17 329				
		4	1 450	19 316				
		5	1 362	21 213				
		6	1 254	23 213				
		7	1 147	25 100				
	1 800	1	3 185	19 445	C	30	Y 200L 1-2	
		2	3 146	22 312				
		3	3 077	25 043				
		4	2 969	27 990		37	Y 200L 2-2	
		5	2 891	30 644				
		6	2 577	33 500				
		7	2 352	36 234				
	1 600	1	2 528	17 260	C	22	Y 180M-2	
		2	2 479	19 810				
		3	2 440	22 236				
		4	2 352	24 781		30	Y 200L 1-2	
		5	2 215	27 206				
		6	2 038	29 758				
		7	1 862	32 189				

表3 4-73型离心式通风机性能

机号 No.	转速 /(r/min)	序号	全压 /Pa	风量 /(m³/h)	传动方式	电动机 功率/kW	型号
3.6	2 800	1	1 862	2 990	C	3	Y 100L-2
		2	1 519	3 380			
		3	1 470	3 710			
		4	1 421	4 050			
		5	1 323	4 420			
		6	1 225	4 770			
		7	1 029	5 120			
		8	931	5 450			
	2 500	1	1 225	2 640	C	2.2	Y 90L-2
		2	1 196	3 200			
		3	1 176	3 320			
		4	1 127	3 630			
		5	1 078	3 960			
		6	1 029	4 270			
		7	833	4 520			
		8	735	4 870			
4.5	2 800	1	2 450	5 800	C	7.5	Y 132S 2-2
		2	2 352	6 550			
		3	2 303	7 200			
		4	2 205	7 900			
		5	2 107	8 600			
		6	1 911	9 300			
		7	1 666	10 000			
		8	1 421	10 500			
	2 500	1	1 960	5 200	C	5.5	Y 132S 1-2
		2	1 911	5 850			
		3	1 862	6 450			
		4	1 764	7 050			
		5	1 715	7 700			
		6	1 519	8 300			
		7	1 323	8 900			
		8	1 127	9 500			
5.5	2 240	1	2 313	8 400	C	11	Y 160M 1-2
		2	2 254	9 500			
		3	2 215	10 400			
		4	2 127	11 400			
		5	2 029	12 500			
		6	1 813	13 400			
		7	1 568	14 300			
		8	1 372	15 350			

续表3

机号 No.	转速 /(r/min)	序号	全压 /Pa	风量 /(m³/h)	传动方式	电动机 功率/kW	电动机 型号
5.5	1 800	1	1 470	6 800	C	5.5	Y 132S 1-2
		2	1 441	7 660			
		3	1 411	8 400			
		4	1 352	9 200			
		5	1 284	10 000			
		6	1 156	10 850			
		7	1 000	11 560			
		8	872	12 400			
	1 600	1	1 215	6 060	C	4	112M-2
		2	1 176	6 850			
		3	1 147	7 520			
		4	1 098	8 240			
		5	1 049	9 000			
		6	941	9 700			
		7	813	10 300			
		8	715	11 100			

表4 4-79型离心式通风机性能

机号 No.	转速 /(r/min)	序号	全压 /Pa	风量 /(m³/h)	传动方式	电动机 功率/kW	电动机 型号
3.5	1 450	1	412	1 560	A	0.75	Y 90S-4
		2	402	1 750			
		3	392	1 930			
		4	382	2 120			
		5	363	2 300			
		6	353	2 480			
		7	304	2 760			
		8	245	3 040			
	2 900	1	1 627	3 120	A	3	Y 100L-2
		2	1 588	3 460			
		3	1 568	3 860			
		4	1 499	4 240			
		5	1 460	4 600			
		6	1 421	4 960			
		7	1 205	5 520			
		8	980	6 070			

续表4

机号 No.	转速 /(r/min)	序号	全压 /Pa	风量 /(m³/h)	传动方式	电动机 功率/kW	电动机 型号
4	1 450	1	529	2 330	A	1.1	Y 90S-4
4	1 450	2	519	2 610	A	1.1	Y 90S-4
4	1 450	3	510	2 880	A	1.1	Y 90S-4
4	1 450	4	490	3 160	A	1.1	Y 90S-4
4	1 450	5	480	3 430	A	1.1	Y 90S-4
4	1 450	6	461	3 710	A	1.1	Y 90S-4
4	1 450	7	392	4 120	A	1.1	Y 90S-4
4	1 450	8	323	4 540	A	1.1	Y 90S-4
4	2 900	1	2 136	4 670	A	5.5	Y 132S 1-2
4	2 900	2	2 078	5 220	A	5.5	Y 132S 1-2
4	2 900	3	2 048	5 760	A	5.5	Y 132S 1-2
4	2 900	4	1 980	6 310	A	5.5	Y 132S 1-2
4	2 900	5	1 901	6 860	A	5.5	Y 132S 1-2
4	2 900	6	1 852	7 410	A	5.5	Y 132S 1-2
4	2 900	7	1 578	8 240	A	5.5	Y 132S 1-2
4	2 900	8	1 274	9 080	A	5.5	Y 132S 1-2
4.5	1 450	1	676	3 320	A	1.5	Y 90L-4
4.5	1 450	2	657	3 720	A	1.5	Y 90L-4
4.5	1 450	3	647	4 110	A	1.5	Y 90L-4
4.5	1 450	4	627	4 510	A	1.5	Y 90L-4
4.5	1 450	5	598	4 890	A	1.5	Y 90L-4
4.5	1 450	6	588	5 270	A	1.5	Y 90L-4
4.5	1 450	7	500	5 860	A	1.5	Y 90L-4
4.5	1 450	8	402	6 450	A	1.5	Y 90L-4
4.5	2 900	1	2 685	6 640	A	11	Y 160M 1-2
4.5	2 900	2	2 626	7 440	A	11	Y 160M 1-2
4.5	2 900	3	2 597	8 200	A	11	Y 160M 1-2
4.5	2 900	4	2 509	8 990	A	11	Y 160M 1-2
4.5	2 900	5	2 411	9 790	A	11	Y 160M 1-2
4.5	2 900	6	2 342	10 550	A	11	Y 160M 1-2
4.5	2 900	7	1 999	11 720	A	11	Y 160M 1-2
4.5	2 900	8	1 617	12 920	A	11	Y 160M 1-2

续表 4

机号 No.	转速 /(r/min)	序号	全压 /Pa	风量 /(m³/h)	传动方式	电动机 功率/kW	电动机 型号
5	1 450	1	833	4 560	A	2.2	Y 100L 1-4
		2	813	5 100			
		3	804	5 630			
		4	774	6 180			
		5	745	6 710			
		6	725	7 240			
		7	617	8 050			
		8	500	8 860			
	2 900	1	3 332	9 100	A	15	Y 160M 2-2
		2	3 254	10 200			
		3	3 214	11 250			
		4	3 097	12 350			
		5	2 979	13 410			
		6	2 901	14 480			
		7	2 470	16 100			
		8	1 999	17 720			
6	960	1	529	5 230	A	1.5	Y 100L-6
		2	519	5 840			
		3	510	6 420			
		4	490	7 080			
		5	470	7 680			
		6	451	8 290			
		7	402	9 220			
		8	314	10 100			
	1 450	1	1 196	7 890	A	5.5	Y 132S-4
		2	1 176	8 820			
		3	1 156	9 740			
		4	1 117	10 700			
		5	1 068	11 600			
		6	1 039	12 520			
		7	892	13 920			
		8	706	15 320			

表 5 GLF 5-18 型离心式通风机性能

机号 No.	转速 /(r/min)	序号	全压 /Pa	风量 /(m³/h)	内效率 /%	轴功率 /kW	电动机型号
7A	2 950	1	6 500	9 300	78	21	Y 200L-230
		2	69	9 000	80	21	
		3	7 500	8 300	82	22	
		4	8 000	7 800	78	22	
		5	8 800	7 200	72.9	23.7	
		6	9 600	6 800	67.5	26.3	
		7	10 000	6 000	60	27.2	
7B	2 950	1	5 000	12 700	65	24	Y 20012-237
		2	5 500	12 500	75	24	
		3	6 500	11 500	85	24	
		4	7 300	10 000	85.4	24	
		5	8 150	9 600	76	28	
		6	9 800	8 800	69	31	
		7	10 100	7 800	65.4	32.8	
8A	2 950	1	6 000	11 600	76	25	Y 225M-245
		2	7 000	11 400	80	27	
		3	8 000	108 500	72	29	
		4	6	10 700	83	31.6	
		5	10 000	9 900	82	33	
		6	11 000	9 400	79	36	
		7	12 000	9 000	75	—	
8B	2 950	1	10 000	11 400	88	38.8	Y 250M-255
		2	10 500	11 200	81	39.5	
		3	11 000	10 900	81	40.3	
		4	11 000	10 300	79.4	41.7	
		5	12 500	9 800	73	45.7	
		6	13 000	9 500	67	50.2	
9	2 950	1	11 500	11 800	81.3	45.5	Y 2805-275
		2	13 060	11 000	63.6	61.5	
		3	13 600	10 000	54.2	68.3	

表6 5-48型离心式通风机性能

机号 No.	转速 /(r/min)	序号	全压 /Pa	风量 /(m³/h)	内效率 /%	传动方式	电动机 功率/kW	电动机 型号
5	2 900	1	3 010	5 360	80	D	7.5	Y 132S 2-2
5	2 900	2	3 010	6 010	85	D	11	Y 160M 1-2
5	2 900	3	2 991	6 650	89	D	11	Y 160M 1-2
5	2 900	4	2 883	7 300	90.5	D	11	Y 160M 1-2
5	2 900	5	2 726	7 940	90	D	11	Y 160M 1-2
5	2 900	6	2 569	8 580	89	D	11	Y 160M 1-2
5	2 900	7	2 383	9 230	86	D	11	Y 160M 1-2
5	2 900	8	2 059	9 870	80	D	11	Y 160M 1-2
5.5	2 900	1	3 648	7 140	80	D	15	Y 160M 2-2
5.5	2 900	2	3 648	8 000	85	D	15	Y 160M 2-2
5.5	2 900	3	3 609	8 850	89	D	15	Y 160M 2-2
5.5	2 900	4	3 491	9 700	90.5	D	15	Y 160M 2-2
5.5	2 900	5	3 393	10 530	90	D	15	Y 160M 2-2
5.5	2 900	6	3 109	11 400	89	D	15	Y 160M 2-2
5.5	2 900	7	2 893	12 300	86	D	15	Y 160M 2-2
5.5	2 900	8	2 491	13 200	80	D	15	Y 160M 2-2
6	2 900	1	4 335	9 260	80	D	22	Y 180M-2
6	2 900	2	4 335	10 390	85	D	22	Y 180M-2
6	2 900	3	4 295	11 500	89	D	22	Y 180M-2
6	2 900	4	4 148	12 600	90.5	D	22	Y 180M-2
6	2 900	5	3 923	13 700	90	D	22	Y 180M-2
6	2 900	6	3 697	14 800	89	D	22	Y 180M-2
6	2 900	7	3 442	15 950	86	D	22	Y 180M-2
6	2 900	8	2 962	17 050	80	D	22	Y 180M-2

表7 6-23型离心式通风机性能

机号 No.	转速 /(r/min)	序号	全压 /Pa	风量 /(m³/h)	传动方式	电动机 功率/kW	电动机 型号
5	2 800	1	417	1 332	A	4	Y 112M-2
5	2 800	2	405	1 566	A	4	Y 112M-2
5	2 800	3	403	1 799	A	4	Y 112M-2
5	2 800	4	371	1 982	A	4	Y 112M-2
5	2 800	5	350	2 165	A	4	Y 112M-2
5	2 800	6	329	2 348	A	4	Y 112M-2
5	2 800	7	305	2 532	A	4	Y 112M-2

续表7

机号 No.	转速 /(r/min)	序号	全压 /Pa	风量 /(m³/h)	传动方式	电动机 功率/kW	型号
6	2 800	1	600	2 301	C	11	Y 160M 1-2
		2	583	2 706			
		3	580	3 108			
		4	534	3 424			
		5	504	3 741			
		6	474	4 057			
		7	439	4 375			
	2 000	1	289	1 598	C	3	Y 100L 2-4
		2	281	1 879			
		3	279	2 158			
		4	257	2 378			
		5	243	2 598			
		6	228	2 817			
		7	212	3 038			
7	2 880	1	817	3 655	C	18.5	Y 160L-2
		2	794	4 297			
		3	789	4 936			
		4	727	5 438			
		5	686	5 941			
		6	645	6 443			
		7	598	6 948			
	2 400	1	567	3 046	C	11	Y 160M 1-2
		2	551	2 581			
		3	548	4 113			
		4	505	4 532			
		5	476	4 951			
		6	448	5 369			
		7	415	5 790			
	2 000	1	394	2 558	C	7.5	Y 132S 2-2
		2	383	2 984			
		3	380	3 428			
		4	351	3 776			
		5	331	4 126			
		6	311	4 474			
		7	288	4 825			

续表7

机号 No.	转速 /(r/min)	序号	全压 /Pa	风量 /(m³/h)	传动方式	电动机 功率/kW	型号
7	1 680	1	278	2 132	C	4	Y 112M-2
		2	270	2 506			
		3	268	2 879			
		4	247	3 172			
		5	233	3 466			
		6	219	3 758			
		7	203	4 053			
8	1 880	1	1 068	5 456	C	30	Y 200L 1-2
		2	1 037	6 414			
		3	1 032	7 359			
		4	950	8 118			
		5	896	8 868			
		6	842	9 683			
		7	781	10 371			
8	1 840	1	436	3 486	C	7.5	Y 132S 2-2
		2	423	4 098			
		3	421	4 708			
		4	388	5 187			
		5	366	5 666		11	Y 160M 1-2
		6	344	6 186			
		7	319	6 626			
	1 500	1	290	2 842	C	4	Y 112M-4
		2	281	3 341			
		3	280	3 838			
		4	260	4 228			
		5	243	4 619		5.5	Y 132S-4
		6	228	5 043			
		7	212	5 402			

表8 9-19型离心式通风机性能

机号 No.	转速 /(r/min)	序号	全压 /Pa	风量 /(m³/h)	内效率 /%	传动方式	电动机 功率/kW	型号
4	2 900	1	3 577	824	70	A	2.2	Y 90L-2
		2	3 665	970	73.5			
		3	3 646	1 116	75.5			
		4	3 597	1 264	76			
		5	3 499	1 410	75.5		3	Y 100L-2
		6	3 381	1 558	73.5			
		7	3 254	1 704	70			

续表8

机号 No.	转速 /(r/min)	序号	全压 /Pa	风量 /(m³/h)	内效率 /%	传动方式	电动机 功率/kW	电动机 型号
4.5	2 900	1	4 596	1 174	71.2	A	4	Y112M-2
		2	4 675	1 397	75			
		3	4 665	1 616	77			
		4	4 577	1 839	77.3			
		5	4 439	2 062	76.2			
		6	4 292	2 281	73.8		5.5	Y132S1-2
		7	4 106	2 504	70			
5	2 900	1	5 694	1 610	72.2	A	7.5	Y132S2-2
		2	5 762	1 932	76.2			
		3	5 733	2 254	78.2			
		4	5 635	2 576	78.5			
		5	5 508	2 844	77.2			
		6	5 321	3 166	74.5			
		7	5 076	3 488	70.5		11	Y160M1-2
5.6	2 900	1	7 174	2 262	72.7	A	11	Y160M1-2
		2	7 262	2 714	76.2			
		3	7 232	3 167	78.2			
		4	7 105	3 619	78.5			
		5	6 948	3 996	77.2			
		6	6 703	4 448	74.5		18.5	Y160L-2
		7	6 390	4 901	70.7			
6.3	2 900	1	9 143	3 220	72.7	A	18.5	Y160L-2
		2	9 251	3 865	76.2			
		3	9 212	4 509	78.2			
		4	9 045	5 153	78.5			
		5	8 849	5 690	77.2		30	Y200L1-2
		6	8 536	6 334	74.5			
		7	8 144	6 978	70.5			
7.1	2 900	1	11 701	4 610	72.7	A	37	Y200L2-2
		2	11 858	5 532	76.2			
		3	11 799	6 454	78.2			
		4	11 584	7 376	78.5			
		5	11 329	8 144	77.2		55	Y150M-2
		6	10 927	9 066	74.5			
		7	10 417	9 988	70.5			

表9 9-26型离心通风机性能

机号 No.	转速 /(r/min)	序号	全压 /Pa	风量 /(m³/h)	内效率 /%	传动方式	电动机 功率/kW	电动机 型号
4	2 900	1	3 851	2 198	74.3	A	5.5	Y 132S 1-2
		2	3 812	2 368	75.5			
		3	3 763	2 536	75.7			
		4	3 685	2 706	75			
		5	3 606	2 877	73.8			
		6	3 499	3 044	72.1			
		7	3 401	3 215	70			
4.5	2 900	1	4 910	3 130	76.1	A	7.5	Y 132S 2-2
		2	4 861	3 407	77.1			
		3	4 773	3 685	77.1			
		4	4 655	3 963	76		11	Y 160M 1-2
		5	4 537	4 237	74.5			
		6	4 410	4 515	72.3			
		7	4 253	4 792	70			
5	2 900	1	6 027	4 293	77.2	A	11	Y 160M 1-2
		2	5 978	4 706	78.2			
		3	5 860	5 114	78			
		4	5 723	5 527	76.7			
		5	5 547	5 941	74.9			
		6	5 380	6 349	72.7			
		7	5 174	6 762	70		18.5	Y 160L-2
5.6	2 900	1	7 605	6 032	77.2	A	22	Y 180M-2
		2	7 536	6 612	78.2			
		3	7 389	7 185	78			
		4	7 213	7 766	76.7			
		5	6 997	8 346	74.9		30	Y 200L 1-2
		6	6 772	8 919	72.7			
		7	6 517	9 500	70			
6.3	2 900	1	9 692	8 588	77.2	A	45	Y 225M-2
		2	9 604	9 415	78.2			
		3	9 418	10 230	78			
		4	9 183	11 056	76.7			
		5	8 908	11 883	74.9			
		6	8 624	12 699	72.7		55	Y 250M-2
		7	8 301	13 525	70			

续表9

机号 No.	转速 /(r/min)	序号	全压 /Pa	风量 /(m³/h)	内效率 /%	传动方式	电动机 功率/kW	电动机 型号
7.1	2 900	1	122 177	12 292	77.2	D	75	Y 280S-2
		2	120 746	13 475	78.2			
		3	118 364	14 643	78			
		4	115 405	15 826	76.7		110	Y 315S-2
		5	111 867	17 009	74.9			
		6	108 339	18 177	72.7			
		7	104 233	19 360	70			

表10 RC-80型罗茨鼓风机性能

转速 /(r/min)	理论流量 /(m³/min)	升压 /kPa	流量 /(m³/min)	配套电动机 型号	配套电动机 功率/kW
1 150	4.48	9.8	3.18	Y 100L 1-4	2.2
		19.6	2.83	Y 100L 2-4	3
		29.4	2.53	Y 112M-4	4
		39.2	2.28	Y 132S-4	5.5
		49	2.03	Y 132S-4	5.5
		58.8	1.83	Y 132M-4	7.5
1 450	5.66	9.8	4.36	Y 100L 1-4	2.2
		19.6	4.01	Y 100M-4	4
		29.4	3.71	Y 132S-4	5.5
		39.2	3.46	Y 132S-4	5.5
		49	3.21	Y 132M-4	7.5
		58.8	3.01	Y 132M-4	7.5
		68.6	2.86	Y 160M-4	11
1 750	6.83	9.8	5.53	Y 100L 2-4	3
		19.6	5.18	Y 112M-4	4
		29.4	4.88	Y 132S-4	5.5
		39.2	4.63	Y 132M-4	7.5
		49	4.38	Y 160M-4	11
		58.8	4.18	Y 160M-4	11
		68.6	4.03	Y 160M-4	11
		78.4	3.88	Y 160L-4	15

续表 10

转速 /(r/min)	理论流量 /(m³/min)	升压 /kPa	流量 /(m³/min)	配套电动机 型号	配套电动机 功率/kW
2 000	7.80	9.8	6.5	Y 10012-4	3
		19.6	6.15	Y 132S-4	5.5
		29.4	5.85	Y 132M-4	7.5
		39.2	5.6	Y 132M-4	7.5
		49	5.35	Y 160M-4	11
		58.8	5.15	Y 160M-4	11
		68.6	5	Y 160L-4	15
		78.4	4.85	Y 160L-4	15
		88.2	4.7	Y 160L-4	15
2 500	9.76	9.8	8.46	Y 112M-2	4
		19.6	8.11	Y 132S 1-2	5.5
		29.4	7.81	Y 132S 2-2	7.5
		39.2	7.56	Y 160M 1-2	11
		49	7.31	160M 2-2	11
		58.8	7.11	160M 2-2	15
		68.6	6.96	Y 160M 2-2	15
		78.4	6.81	Y 160L-2	18.5
		88.2	6.66	Y 160L-2	18.5
		98	6.61	Y 160L-4	22

RC 型为带联传动

表 11 RC-100 型罗茨鼓风机性能

转速 /(r/min)	理论流量 /(m³/min)	升压 /kPa	流量 /(m³/min)	配套电动机 型号	配套电动机 功率/kW
1 150	6.33	9.8	4.86	Y 100L 1-4	2.2
		19.6	4.47	Y 112M-4	4
		29.4	4.13	Y 132S-4	5.5
		39.2	3.83	Y 132M-4	7.5
		49	3.56	Y 132M-4	7.5
		58.8	3.33	Y 160M-4	11
		68.6	3.13	Y 160M-4	11
1 450	7.99	9.8	6.52	Y 100L 2-4	3
		19.6	6.13	Y 132S-4	5.5
		29.4	5.79	Y 132S-4	5.5
		39.2	5.49	Y 132M-4	7.5
		49	5.22	Y 160M-4	11
		58.8	4.99	Y 160M-4	11
		68.6	4.79	Y 160L-4	15
		78.4	4.59	Y 160L-4	15

续表 11

转速 /(r/min)	理论流量 /(m³/min)	升压 /kPa	流量 /(m³/min)	配套电动机 型号	功率/kW
1 750	9.64	9.8	8.17	Y112M-4	4
		19.6	7.78	Y132S-4	5.5
		29.4	7.44	Y132M-4	7.5
		39.2	7.14	Y160M-4	11
		49	6.87	Y160M-4	11
		58.8	6.64	Y160L-4	15
		68.6	6.44	Y160L-4	15
		78.4	6.24	Y180M-4	18.5
2 000	11.02	9.8	9.55	Y112M-4	4
		19.6	9.16	Y132M-4	7.5
		29.4	8.82	Y160M-4	11
		39.2	8.52	Y160M-4	11
		49	8.25	Y160L-4	15
		58.8	8.02	Y160L-4	15
		68.6	7.82	Y180M-4	18.5
		78.4	7.62	Y180M-4	18.5
2 500	13.77	9.8	12.3	Y132S 1-2	5.5
		19.6	11.9	Y132S 2-2	7.5
		29.4	11.6	Y160M 1-2	11
		39.2	11.3	Y160M 2-2	15
		49	11	Y160M 2-2	15
		58.8	10.8	Y160L-2	18.5
		68.6	10.6	Y180M-2	22
		78.4	10.4	Y180M-2	22

RC 型为带联传动

表 12 SRC-80 型三叶罗茨鼓风机性能

转速 /(r/min)	升压 /kPa	流量 /(m³/min)	配套电动机 型号	功率/kW
1 150	9.8	3.8	Y100L 1-4	2.2
	19.6	3.42	Y100L 2-4	3
	29.4	3.13	Y112M-4	4
	39.2	2.88	Y132S-4	5.5
	49	2.66	Y132S-4	5.5
	58.8	2.46	Y132M-4	7.5

续表 12

转速 /(r/min)	升压 /kPa	流量 /(m³/min)	配套电动机 型号	功率/kW
1 450	9.8	5	Y 100L 1-4	2.2
	19.6	4.63	Y 112M-4	4
	29.4	4.34	Y 132S-4	5.5
	39.2	4.09	Y 132S-4	5.5
	49	3.88	Y 132M-4	7.5
	58.8	3.68	Y 132M-4	7.5
	68.6	3.49	Y 160M-4	11
1 750	9.8	6.23	Y 10012-4	3
	19.6	5.85	Y 112M-4	4
	29.4	5.56	Y 132S-4	5.5
	39.2	5.31	Y 132M-4	7.5
	49	5.09	Y 160M-4	11
	58.8	4.89	Y 160M-4	11
	68.6	4.71	Y 160M-4	11
2 000	9.8	7.24	Y 100L 2-4	3
	19.6	6.86	Y 132S-4	5.5
	29.4	6.57	Y 132M-4	7.5
	39.2	6.32	Y 132M-4	7.5
	49	6.1	Y 160M-4	11
	58.8	5.9	Y 160M-4	11
	68.6	5.71	Y 160M-4	15
2 500	9.8	9.26	Y 112M-2	4
	19.6	8.88	Y 132S 1-2	5.5
	29.4	8.59	Y 13S 2-2	7.5
	39.2	8.34	Y 16M 1-2	11
	49	8.13	Y 160M 2-2	15
	58.8	7.93	Y 160M 2-2	15
	68.6	7.74	Y 160M 2-2	15
SRC 型为带联传动				

表 13 SRC-100型三叶罗茨鼓风机性能

转速 /(r/min)	升压 /kPa	流量 /(m³/min)	配套电动机	
			型号	功率/kW
1 150	9.8	5.47	Y 100L 1-4	2.2
	19.6	5	Y 112M-4	4
	29.4	4.62	Y 132S-4	5.5
	39.2	4.31	Y 132M-4	7.5
	49	4.05	Y 132M-4	7.5
	58.8	3.8	Y 160M-4	11
	68.6	3.56	Y 160M-4	11
1 450	9.8	7.18	Y 10012-4	3
	19.6	6.71	Y 132S-4	5.5
	29.4	6.34	Y 132M-4	7.5
	39.2	6.03	Y 132M-4	7.5
	49	5.75	Y 160M-4	11
	58.8	5.5	Y 160M-4	11
1 750	9.8	8.89	Y 112M-4	4
	19.6	8.41	Y 132S-4	5.5
	29.4	8.05	Y 132M-4	7.5
	39.2	7.74	Y 160M-4	11
	49	7.46	Y 160M-4	11
2 000	9.8	10.3	Y 112M-4	4
	19.6	9.84	Y 132M-4	7.5
	29.4	9.46	Y 160M-4	11
	39.2	9.17	Y 160M-4	11
	49	8.89	Y 160L-4	15
2 500	9.8	13.1	Y 132S 1-2	5.2
	19.6	12.7	Y 132S 2-2	7.5
	29.4	12.3	Y 160M 1-2	11
	39.2	12	Y 160M-2	15
	49	11.7	Y 160L-2	18.5
SRC 型为带联传动				

附录6 除尘器

表1 下旋55型离心除尘器的处理风量 (m³/h)

D	A \ v, H	10, 35	11, 42	12, 50	13, 59	14, 68	15, 80	16, 90	17, 101
250	0.006 3	230	250	270	285	320	340	365	385
300	0.009 1	230	360	395	425	460	490	525	555
350	0.012 4	445	490	535	580	625	670	715	760
400	0.016 2	585	640	700	760	815	875	935	990
450	0.020 4	735	810	880	955	1 030	1 100	1 175	1 250
500	0.025 3	910	1 000	1 095	1 185	1 275	1 370	1 460	1 550
600	0.036 4	1 310	1 440	1 570	1 700	1 835	1 965	2 100	2 230
700	0.049 6	1 790	1 965	2 145	2 320	2 500	2 680	2 860	3 040
800	0.064 8	2 335	2 570	2 800	3 050	3 270	3 500	3 735	3 970
900	0.082 0	2 950	3 245	3 540	3 840	4 135	4 430	4 725	5 020
1 000	0.101 2	3 645	4 010	4 375	4 740	5 105	5 470	5 835	6 200
1 200	0.145 8	5 250	5 770	6 300	6 820	7 350	7 870	8 400	8 920
1 400	0.198 5	7 140	7 860	8 570	9 290	10 000	10 720	11 430	12 150
1 600	0.259 2	9 330	10 260	11 200	12 130	13 060	14 000	14 930	15 860
1 800	0.328 1	11 810	12 990	14 170	15 350	16 530	17 710	18 900	20 070

$\xi = 5.7$;
D—外筒直径(mm);
A—进风口面积(m^2);
H—除尘器阻力(mmH_2O);
v—进风口风速(m/s)

表2 下旋60型离心除尘器的处理风量　　　　　　　　　　(m³/h)

D	A\v\H	12 35	13 42	14 50	15 59	16 68	17 80	18 90
250	0.007 1	307	233	358	383	409	434	460
300	0.010 3	445	482	519	556	593	630	667
350	0.013 9	600	650	701	751	801	851	106
400	0.018 2	786	852	917	983	1 048	1 114	1 179
450	0.023 0	994	1 076	1 159	1 242	1 325	1 408	1 490
500	0.028 5	1 231	1 334	1 436	1 539	1 642	1 744	1 847
550	0.034 5	1 490	1 615	1 739	1 863	1 987	2 111	2 236
600	0.041 0	1 771	1 919	2 066	2 214	2 360	2 509	2 657
700	0.056 8	2 460	2 660	2 870	3 080	3 270	3 490	3 700
800	0.074 2	3 210	3 470	3 740	4 010	4 270	4 540	4 810
900	0.094 0	4 060	4 400	4 740	5 070	5 410	5 750	6 090
1 000	0.116 0	5 010	5 430	5 850	6 260	6 680	7 100	7 520
1 200	0.167 0	7 220	7 820	8 420	9 020	9 620	10 220	10 820
1 400	0.227 4	9 820	10 640	11 460	12 280	13 100	13 910	14 730
1 600	0.297 0	12 830	13 900	14 970	16 040	17 100	18 110	19 180

$\xi=4.5$；
D—外筒直径(mm)；
A—进风口面积(m²)；
H—除尘器阻力(mmH₂O)；
v—进风口风速(m/s)

表3 外旋45型离心除尘器的性能

直径 $D_{外}$ /mm	阻力系数 ξ	A/m^2	$v/(\text{m/s})$				
			10	11	12	13	14
			上行数值为风量 $Q/(\text{m}^3/\text{h})$；下行数值为阻力 $H/(\text{mmH}_2\text{O})$				
200	5.00	0.004 2	151	166	181	195	212
			31	37	44	52	60
250	6.25	0.006 6	238	261	285	309	333
			38	46	55	65	75
300	7.50	0.009 5	342	376	410	445	479
			46	55	66	77	90
350	8.75	0.012 9	464	511	557	604	650
			54	65	77	90	105
400	10.00	0.016 8	605	665	726	787	847
			61	74	88	103	120
450	11.25	0.021 3	767	843	912	997	1 073
			69	83	99	116	135
500	12.50	0.026 3	947	1 042	1 137	1 232	1 325
			77	92	110	129	150
550	13.75	0.031 8	1 145	1 259	1 374	1 488	1 593
			84	102	121	142	165
600	15.00	0.037 8	1 360	1 497	1 673	1 809	1 945
			91	111	132	155	180

$D_{外}$—外筒直径(mm)；
A—进风口面积(m^2)；
H—除尘器阻力(mmH_2O)；
v—进风口风速(m/s)

表4　内旋50型离心除尘器的性能

直径$D_{外}$/mm	阻力系数 ξ	A/m²	v/(m/s) 8	9	10	11	12	13
			上行数值为风量 Q/(m³/h)；下行数值为阻力 H/(mmH₂O)					
300	10.00	0.011 2	323	363	403	444	484	524
			39	50	61	74	88	103
350	10.60	0.015 3	440	496	550	606	661	716
			42	53	65	79	93	110
400	11.50	0.200 0	576	648	720	792	864	936
			45	57	70	85	101	119
450	12.00	0.025 3	729	820	911	1 002	1 093	1 184
			47	60	73	89	106	124
500	12.60	0.031 2	899	1 011	1 123	1 236	1 348	1 460
			49	63	77	93	111	130
550	13.30	0.037 8	1 089	1 225	1 361	1 497	1 633	1 769
			52	66	81	99	117	138
600	14.00	0.045 0	1 296	1 458	1 620	1 782	1 944	2 106
			55	70	85	104	123	145
650	14.60	0.052 8	1 520	1 711	1 900	2 091	2 281	2 471
			57	73	89	108	128	151
700	16.30	0.061 2	1 763	1 983	2 173	2 394	2 614	2 834
			60	76	93	113	135	158
800	16.50	0.080 0	2 304	2 592	2 880	3 168	3 456	3 744
			65	82	101	122	145	171
900	18.00	0.101 2	2 915	3 279	3 643	4 007	4 372	4 736
			71	89	110	133	157	186
1 000	19.20	0.125 0	3 600	4 050	4 500	4 950	5 400	5 850
			75	95	117	142	169	198

$D_{外}$—外筒直径(mm)；
A—进风口面积(m²)；
H—除尘器阻力(mmH₂O)；
v—进风口风速(m/s)

表5 外旋38型离心除尘器的性能

进口风速 /(m/s)	D/mm	240	260	280	300	320	340	360	380	400	450	500
12	$Q/(m^3/h)$	155	181	212	242	276	311	350	389	432	562	674
12	$H/(mmH_2O)$	42	46	49	53	56	60	63	67	70	79	88
13	$Q/(m^3/h)$	169	197	229	262	300	336	379	421	468	608	730
13	$H/(mmH_2O)$	49	54	58	62	66	70	74	78	81	93	103
14	$Q/(m^3/h)$	181	212	247	282	322	362	401	454	504	655	785
14	$H/(mmH_2O)$	58	62	67	72	77	82	86	91	96	108	120

表6 TBLF系列高效反吹袋式除尘器技术性能

型号规格	过滤面积/m²	滤袋数量/条	滤袋长度/m	处理含尘空气 含尘浓度/(g/m³)	处理含尘空气 过滤风速/(m/min)	处理含尘空气 处理风量/(m³/h)	清灰机构 功率/kW	清灰机构 反吹风压/Pa	清灰机构 反吹风量/(m³/h)
TBLF 30	30	42	1.2	≤15	≤1.5	≤2 700	3+0.75	3 610~3 470	1 410~1 594
TBLF 30	30	42	1.2	≤10	≤2.0	≤3 600	3+0.75	3 610~3 470	1 410~1 594
TBLF 30	30	42	1.2	<5	≤3.0	≤5 400	3+0.75	3 610~3 470	1 410~1 594
TBLF 40	40	42	1.6	≤15	≤1.5	≤3 600	3+0.75	3 610~3 470	1 410~1 594
TBLF 40	40	42	1.6	≤10	≤2.0	≤4 800	3+0.75	3 610~3 470	1 410~1 594
TBLF 40	40	42	1.6	<5	≤3.0	≤7 200	3+0.75	3 610~3 470	1 410~1 594
TBLF 50	50	42	2.0	≤15	≤1.5	≤4 500	3+0.75	3 610~3 470	1 410~1 594
TBLF 50	50	42	2.0	≤10	≤2.0	≤6 000	3+0.75	3 610~3 470	1 410~1 594
TBLF 50	50	42	2.0	<5	≤3.0	≤9 000	3+0.75	3 610~3 470	1 410~1 594
TBLF 60	60	42	2.4	≤15	≤1.5	≤5 400	4+0.75	4 800~4 630	1 448~1 995
TBLF 60	60	42	2.4	≤10	≤2.0	≤7 200	4+0.75	4 800~4 630	1 448~1 995
TBLF 60	60	42	2.4	<5	≤3.0	≤10 800	4+0.75	4 800~4 630	1 448~1 995
TBLF 70	70	42	2.8	≤15	≤1.5	≤6 300	4+0.75	4 800~4 630	1 448~1 995
TBLF 70	70	42	2.8	≤10	≤2.0	≤8 400	4+0.75	4 800~4 630	1 448~1 995
TBLF 70	70	42	2.8	<5	≤3.0	≤12 600	4+0.75	4 800~4 630	1 448~1 995
TBLF 80	80	54	2.0	≤15	≤1.5	≤7 200	5.5+0.75	4 450~4 250	2 269~2 543
TBLF 80	80	54	2.0	≤10	≤2.0	≤9 600	5.5+0.75	4 450~4 250	2 269~2 543
TBLF 80	80	54	2.0	<5	≤3.0	≤14 400	5.5+0.75	4 450~4 250	2 269~2 543

续表6

型号规格	过滤面积/m²	滤袋数量/条	滤袋长度/m	处理含尘空气			清灰机构		
				含尘浓度/(g/m³)	过滤风速/(m/min)	处理风量/(m³/h)	功率/kW	反吹风压/Pa	反吹风量/(m³/h)
TBLF 100	100	54	2.5	≤15	≤1.5	≤9 000	5.5+0.75	4 450~4 250	2 269~2 543
	100	54	2.5	≤10	≤2.0	≤12 000			
	100	54	2.5	<5	≤3.0	≤18 000			
TBLF 125	125	54	3.1	≤15	≤1.5	≤11 250	5.5+0.75	4 450~4 250	2 269~2 543
	125	54	3.1	≤10	≤2.0	≤15 000			
	125	54	3.1	<5	≤3.0	≤22 500			
TBLF 160	160	108	2	≤15	≤1.5	≤14 400	7.5+0.75	5 733~5 655	1 610~2 737
	160	108	2	≤10	≤2.0	≤19 200			
	160	108	2	<5	≤3.0	≤28 800			
TBLF 200	200	108	2.4	≤15	≤1.5	≤18 000	7.5+0.75	5 733~5 655	1 610~2 737
	200	108	2.4	≤10	≤2.0	≤24 000			
	200	108	2.4	<5	≤3.0	≤36 000			
TBLF 250	250	108	3	≤15	≤1.5	≤22 500	7.5+0.75	5 733~5 655	1 610~2 737
	250	108	3	≤10	≤2.0	≤30 000			
	250	108	3	<5	≤3.0	≤45 000			

表7 TBLM 低压脉冲布筒除尘器技术参数

型号规格	过滤面积/m²	滤袋数量/条	滤袋长度/m	过滤风量/(m³/h)	动力/kW	过滤风速/(m/min)	过滤风压/kPa	设备阻力/kPa	喷吹压力/kPa	除尘效率/%
4-b	2.7	4	1 800	490~650	0.55	3~4	-1.96~+2.94	1 470	4.9×10⁴	≥99
4-c	3.6	4	2 400	650~850	0.55	3~4	-1.96~+2.94	1 470	4.9×10⁴	≥99
10-b	6.8	10	1 800	1 200~1 630	0.55	3~4	-1.96~+2.94	1 470	4.9×10⁴	≥99
10-c	9	10	2 400	1 620~2 160	0.55	3~4	-1.96~+2.94	1 470	4.9×10⁴	≥99
18-b	12.2	18	1 800	2 190~2 930	0.55	3~4	1.96~+2.94	1 470	4.9×10⁴	≥99
18-c	16.3	18	2 400	2 930~3 910	0.55	3~4	-1.96~+2.94	1 470	4.9×10⁴	≥99
26-b	17.6	26	1 800	3 170~4 220	0.55	3~4	-1.96~+2.94	1 470	4.9×10⁴	≥99
26-c	23.5	26	2 400	4 230~5 640	0.55	3~4	-1.96~+2.94	1 470	4.9×10⁴	≥99
39-b	26.5	39	1 800	4 770~6 360	0.55	3~4	-1.96~-+2.94	1 470	4.9×10⁴	≥99

续表7

型号规格	过滤面积/m²	滤袋数量/条	滤袋长度/m	过滤风量/(m³/h)	动力/kW	过滤风速/(m/min)	过滤风压/kPa	设备阻力/kPa	喷吹压力/kPa	除尘效率/%
39-c	35.3	39	2 400	6 350~8 470	0.55	3~4	-1.96~+2.94	1 470	4.9×10⁴	≥99
52-b	35.3	52	1 800	6 350~8 470	0.55	3~4	-1.96~+2.94	1 470	4.9×10⁴	≥99
52-c	47	52	2 400	8 460~11 300	0.55	3~4	-1.96~+2.94	1 470	4.9×10⁴	≥99
78-b	52.9	78	1 800	9 500~12 700	0.55	3~4	-1.96~+2.94	1 470	4.9×10⁴	≥99
78-c	70.5	78	2 400	12 700~16 900	0.55	3~4	-1.96~+2.94	1 470	4.9×10⁴	≥99
104-b	70.5	104	1 800	12 700~16 900	0.55	3~4	-1.96~+2.94	1 470	4.9×10⁴	≥99
104-c	94	104	2 400	16 900~2 256	0.55	3~4	-1.96~+2.94	1 470	4.9×10⁴	≥99
130-b	88.2	130	1 800	15 900~2 117	1.1	3-4	-1.96~+2.94	1 470	4.9×10⁴	≥99
130-c	117.6	130	2 400	21 170~2 820	1.1	3~4	-1.96~+2.94	1 470	4.9×10⁴	≥99

表8 LYDZAII圆筒低压直喷脉冲袋式除尘器技术参数

型号	滤袋长度/m	处理风量/(m³/h)	过滤面积/m²	过滤风速/(m/min)	设备阻力/kPa	漏风率/%	除尘率/%	关风器电机功率/kW	括板电机功率/kW	低压泵功率/kW	低压泵压力/kPa
130AII	2 000	5 736~28 680	95.6	1~5	0.8~1.2	≤5	≥99.5	1.1	1.5	2.2	50~80
120AII	2 000	5 298~26 490	88.3	1~5	0.8~1.2	≤5	≥99.5	1.1	1.5	2.2	50~80
104AII	2 000	4 590~22 950	76.5	1~5	0.8~1.2	≤5	≥99.5	1.1	1.5	2.2	50~80
78AII	2 000	4 380~17 190	57.3	1~5	0.8~1.2	≤5	≥99.5	1.1	1.5	2.2	50~80
52AII	2 000	2 292~11 460	38.2	1~5	0.8~1.2	≤5	≥99.5	1.1	1.5	2.2	50~80
39AI	2 000	1 722~8 610	28.7	1~5	0.8~1.2	≤5	≥99.5	1.1	1.5	2.2	50~80

表9 BLM-FII型脉冲布筒除尘器技术参数

规格	过滤面积/m²	滤袋数量/条	滤袋规格(直径×长度)/(mm×mm)	处理风量/(m³/h)	过滤风速/(m/min)	设备阻力/Pa	动力/kW	除尘率/%	工作压力/kPa	喷吹压力/MPa	电磁阀数/个
48	36.2	48	120×2 000	6 510~8 680	3~4	≤981	1.1	≥99	1.47~+1.47	0.4~0.6	8
60	45.2	60	120×2 000	8 130~10 840	3~4	≤981	1.1	≥99	1.47~+1.47	0.4~0.6	10
72	54.3	72	120×2 000	9 770~13 000	3~4	≤981	1.1	≥99	1.47~+1.47	0.4~0.6	12
84	63.3	84	120×2 000	11 400~15 200	3~4	≤981	1.1	≥99	1.47~+1.47	0.4~0.6	14
96	72.4	96	120×2 000	13 000~17 370	3~4	≤981	1.5	≥99	1.47~+1.47	0.4~0.6	16
108	81.4	108	120×2 000	14 650~19 530	3~4	≤981	1.5	≥99	1.47~+1.47	0.4~0.6	18

表 10　BLM-Y 型高压脉冲布筒除尘器技术参数

规格	过滤面积 /m²	滤袋数量 /条	处理风量 /(m³/h)	滤袋规格（直径×长度）/(mm×mm)	过滤风速 /(m/min)	设备阻力 /Pa	动力 /kW	除尘率 /%	工作压力 /kPa	喷吹压力 /MPa	电磁阀数 /个
24	16.3	24	2 900 ~ 3 900	120×2 000	3 ~ 4	≤981	0.55	≥99	1.47 ~ +1.47	0.4 ~ 0.6	5
36	24.5	36	4 420 ~ 5 900	120×2 000	3 ~ 4	≤981	1.1	≥99	1.47 ~ +1.47	0.4 ~ 0.6	6
48	36.2	48	6 510 ~ 8 680	120×2 000	3 ~ 4	≤981	1.1	≥99	1.47 ~ +1.47	0.4 ~ 0.6	8
60	45.2	60	8 130 ~ 10 840	120×2 000	3 ~ 4	≤981	1.1	≥99	1.47 ~ +1.47	0.4 ~ 0.6	10

表 11　ZC 型回转反吹布袋除尘器技术性能

型号	过滤面积/m² 公称	过滤面积/m² 实际	袋长 /m	圈数 /圈	袋数 /条	除尘效率 /%	入口粉尘浓度 /(g/m³)
24ZC 200	40	38	2	1	24	99.0 ~ 99.7	<15
24ZC 300	60	57	3	1	24		
24ZC 400	80	76	4	1	24		
T 2ZC 200	110	104	2	2	72		
72ZC 300	170	170	3	2	72		
72ZC 400	230	228	4	2	72		
144ZC 300	340	340	3	3	144		
144ZC 400	450	445	4	3	144		
144ZC 500	570	569	5	3	144		
240ZC 400	760	758	4	4	240		
240ZC 500	950	950	5	4	240		
24020 600	1 140	1 138	6	4	240		

附录 7　粮食工厂常见设备吸风量和吸风阻力

表 1　粮食工厂常见设备吸风量和吸风阻力

序号	机器设备名称	型号	吸风量 Q/(m³/h)	阻力/Pa	备注
1	振动筛	SCZ 100×2×2	8 000	460	
		TQLZ 63	3 000 ~ 3 300	300	
		TQLZ 100	4 000 ~ 4 500	300	
		TQLZ 125	6 000 ~ 7 000	300	

续表1

序号	机器设备名称	型号	吸风量 $Q/(m^3/h)$	阻力/Pa	备注
2	圆筒初清筛	SCY.42	240	150	
		SCY.63	480	150	
		SCY.80	720	150	
3	自衡振动筛	SZ.63×21	4 500	630	自带风机
		SZ.80×21	5 000	630	自带风机
		SZ.63×2×2A	4 500~5 000	200~250	
4	高速除稗筛	SG.63×2×2	1 000	100	
		SG.80×2×2	1 200	100	
		SG.125×2×2	1 500	100	
5	平面回转筛	SM.80	2 275	200~250	
		SM.100	2 840	200~250	
		SM.125	3 550	200~250	
		SM.75×2	1 890	200	
		TQLM 63	1 800	300~600	
		TQLM 80	2 275	300~600	
		TQLM 100	2 840	300~600	
		TQLM 125	3 550	300~600	
6	擦麦机	DMC.60	1 000~1 100	800~900	自带风机
7	立式花铁筛打麦机	DML 67×106	300	100~300	
8	卧式打麦机	FDMW.40×150	600	200	
9	撞击机	DMZ.40	1 700	150	
		DMZ.60	2 100	150	
10	重力分级去石机	TQSF.63	5 000	200~1 000	
		TQSF.80	6 000	200~1 000	600
		TQSF.100	7 500	300~1 000	
		TQSF.125	7 500	300~1 000	
		TQSF.150	7 500	300~1 000	
11	下粮坑	颗粒状物料	2 000~4 500	50~100	
		粉状物料	1 000~3 000	50~100	
12	滚筒精选机	FJXG 60	500	80~250	
		FJXG 60×2	800	80~250	
		FJXG 60×3	1 000	80~250	
		FJXG 71×2	900	80~250	

续表1

序号	机器设备名称	型号	吸风量 $Q/(m^3/h)$	阻力/Pa	备注
13	碟片精选机	JXD 63×27	600	30~50	
14	中间分离器	CZ.25	2 100~2 600	400~500	
		CZ.30	3 000~3 800	400~500	
		CZ.35	4 100~5 100	400~500	
		CZ.40	5 400~6 700	400~500	
		CZ.45	6 900~8 000	400~500	
		CZ.50	8 400~10 600	400~500	
15	永磁滚筒	TCXY.25	300	50~100	
		TCXY.40A	300	50~100	
16	皮带输送机进出料口		300~600	30~200	
17	斗式提升机		200~800	50~200	
18	刮板输送机		200~600	30~200	
19	刷麸机		480	50	
20	精粉机	QFD.50×2×2	2 040~2 220	450~520	
21	打麸机	FPD.45	420	350	
22	振动圆筛		180~360	350	$N=5.5$ kW
23	胶辊砻谷机	LT.1F	1 600~1 800	100	
		LT.24	2 300~2 500	100	
		LT.36	3 600	100	
24	凉米器		3 300	145~200	
25	溜筛		200~300	30~100	
26	橡胶辊筒砻谷机		1 500	3	吸谷壳
			300	2	辊筒吸尘
27	14″砻谷机吸大糠		2 400~3 200	25	
28	米机吸糠粞		360	3	
29	米机喷风		300	25	轴向
			300	50	径向
30	选糙平转筛		300	5	
31	糠粞分离器	KXF 80	1 540	30	
		KXF 63	925	13	
		KXF 50	700	10	
32	小方筛	KXF	150	2	
33	洗麦机进口		360	30~100	

附录8 气力输送计算用表

表1 垂直输料管计算用表

风速	15 m/s						
动压力	13.8 mmH$_2$O						
D/mm	Q/(m^3/h)	R/(mmH$_2$O/m)	$K_{谷}$	$K_{粗}$	$K_{细}$	$i_{谷粗}$/(mmH$_2$O/t)	$i_{细}$/(mmH$_2$O/t)
60	153	5.10	0.587	0.131	0.087	137	119
65	179	4.70	0.619	0.164	0.109	117	127
70	208	4.27	0.663	0.196	0.131	101	109
75	237	3.91	0.697	0.229	0.153	88	96
80	272	3.61	0.731	0.262	0.175	77	84
85	306	3.33	0.756	0.295	0.196	69	74
90	344	3.10	0.784	0.327	0.218	61	66
95	383	2.86	0.824	0.360	0.240	55	59
100	424	2.70	0.847	0.393	0.262	50	54
105	468	2.55	0.874	0.426	0.284	45	49
110	513	2.38	0.908	0.458	0.306	41	44
115	561	2.26	0.946	0.491	0.327	37	40
120	610	2.16	0.983	0.524	0.349	34	37
125	663	2.07	1.006	0.556	0.371	32	34
130	717	1.98	1.035	0.589	0.393	29	32
135	773	1.89	1.064	0.622	0.415	27	29
140	831	1.79	1.092	0.656	0.436	25	27
145	892	1.69	1.120	0.687	0.458	24	25
150	954	1.64	1.147	0.720	0.480	22	24
155	1 019	1.57	1.174	0.753	0.502	21	22
160	1 086	1.52	1.193	0.786	0.524	19	21
170	1 220	1.39	1.230	0.853	0.567	17	18
180	1 375	1.34	1.280	0.916	0.611	15	16
190	1 532	1.21	1.330	0.981	0.655	13	11
200	1 698	1.13	1.360	1.041	0.698	12	13

续表1

风速	16 m/s					
动压力	15.7 mmH$_2$O					
D/mm	Q/(m^3/h)	R/(mmH$_2$O/m)	$K_谷$	$K_粗$	$K_细$	$i_{谷粗}$/(mmH$_2$O/t)	$i_{细}$/(mmH$_2$O/t)
60	163	5.77	0.532	0.120	0.080	147	159
65	191	5.17	0.563	0.150	0.100	125	135
70	222	4.78	0.596	0.180	0.120	108	117
75	254	4.39	0.627	0.210	0.140	94	102
80	290	4.04	0.665	0.240	0.160	83	89
85	327	3.73	0.688	0.270	0.180	73	79
90	366	3.48	0.711	0.300	0.200	65	71
95	408	3.29	0.740	0.330	0.220	59	63
100	452	3.06	0.771	0.360	0.240	53	57
105	499	2.85	0.795	0.391	0.260	48	52
110	547	2.71	0.824	0.420	0.280	44	47
115	598	2.57	0.856	0.451	0.300	40	43
120	651	2.44	0.891	0.481	0.320	37	40
125	707	2.32	0.911	0.511	0.340	34	37
130	764	2.19	0.939	0.541	0.360	31	34
135	824	2.08	0.968	0.571	0.381	29	31
140	886	2.02	0.993	0.601	0.401	27	29
145	951	1.91	1.017	0.631	0.421	25	27
150	1 018	1.86	1.040	0.661	0.441	24	25
155	1 087	1.76	1.064	0.691	0.461	22	24
160	1 158	1.69	1.087	0.721	0.481	21	22
170	1 308	1.55	1.130	0.781	0.521	18	20
180	1 467	1.45	1.170	0.841	0.563	16	18
190	1 634	1.36	1.220	0.901	0.602	14	16
200	1 811	1.27	1.240	0.965	0.644	13	14

续表1

风速	17 m/s						
动压力	17.9 mmH$_2$O						
D/mm	Q/(m^3/h)	R/(mmH$_2$O/m)	$K_谷$	$K_粗$	$K_细$	$i_{谷粗}$/(mmH$_2$O/t)	$i_细$/(mmH$_2$O/t)
60	173	6.44	0.498	0.111	0.074	156	169
65	203	5.83	0.526	0.138	0.092	133	144
70	235	5.38	0.557	0.166	0.111	115	124
75	270	4.90	0.596	0.194	0.129	100	108
80	308	4.51	0.625	0.221	0.148	88	95
85	247	4.17	0.642	0.249	0.166	78	84
90	389	3.92	0.664	0.277	0.185	69	75
95	434	3.67	0.690	0.305	0.203	62	67
100	481	3.42	0.718	0.333	0.222	56	61
105	529	3.22	0.743	0.360	0.240	51	55
110	582	3.04	0.772	0.388	0.259	46	50
115	636	2.86	0.803	0.416	0.277	42	46
120	692	2.74	0.832	0.444	0.296	40	42
125	751	2.59	0.852	0.471	0.314	36	39
130	812	2.47	0.879	0.499	0.333	33	36
135	876	2.34	0.906	0.527	0.351	31	33
140	942	2.25	0.930	0.554	0.370	29	31
145	1 010	2.15	0.951	0.582	0.388	27	29
150	1 081	2.08	0.972	0.610	0.403	25	27
155	1 155	1.97	0.993	0.638	0.425	23	25
160	1 231	1.91	1.013	0.665	0.444	22	24
170	1 390	1.75	1.060	0.720	0.481	21	21
180	1 558	1.62	1.100	0.776	0.519	17	19
190	1 736	1.53	1.140	0.831	0.556	17	17
200	1 924	1.43	1.170	0.888	0.592	15	15

续表 1

风速	18 m/s					
动压力	19.8 mmH$_2$O					
D/mm	Q/(m^3/h)	R/(mmH$_2$O/m)	$K_谷$	$K_粗$	$K_细$	$i_{谷粗}$/(mmH$_2$O/t)	$i_细$/(mmH$_2$O/t)
60	183	7.04	0.469	0.103	0.069	165	179
65	215	6.39	0.495	0.128	0.086	141	152
70	249	5.83	0.524	0.154	0.103	121	131
75	286	5.39	0.552	0.180	0.120	106	115
80	326	4.96	0.586	0.205	0.137	93	100
85	368	4.56	0.604	0.231	0.154	82	89
90	412	4.26	0.626	0.251	0.171	73	79
95	459	3.98	0.655	0.282	0.188	66	71
100	509	3.75	0.685	0.308	0.205	59	64
105	561	3.55	0.702	0.334	0.223	54	58
110	616	3.33	0.727	0.360	0.240	49	53
115	673	3.15	0.756	0.385	0.257	45	48
120	733	2.99	0.785	0.411	0.274	41	45
125	795	2.82	0.805	0.437	0.291	38	41
130	860	2.72	0.828	0.462	0.308	35	38
135	927	2.58	0.852	0.488	0.325	33	35
140	997	2.46	0.874	0.514	0.342	30	33
145	1 070	2.36	0.896	0.539	0.360	28	31
150	1 145	2.26	0.918	0.565	0.377	26	29
155	1 223	2.18	0.939	0.591	0.394	25	27
160	1 303	2.08	0.956	0.616	0.411	23	25
170	1 472	1.94	1.003	0.668	0.446	21	22
180	1 643	1.84	1.048	0.714	0.479	18	19
190	1 840	1.73	1.092	0.772	0.514	16	18
200	2 038	1.63	1.136	0.823	0.548	15	16

续表1

风速	19 m/s						
动压力	22.1 mmH$_2$O						
D/mm	Q/(m³/h)	R/(mmH$_2$O/m)	$K_{谷}$	$K_{粗}$	$K_{细}$	$i_{谷粗}$/(mmH$_2$O/t)	$i_{细}$/(mmH$_2$O/t)
60	193	7.73	0.448	0.092	0.064	174	188
65	227	7.04	0.471	0.119	0.080	148	161
70	263	6.41	0.500	0.143	0.096	128	138
75	302	5.60	0.526	0.167	0.112	111	121
80	344	5.41	0.558	0.191	0.127	98	106
85	388	5.04	0.577	0.215	0.143	88	94
90	435	4.66	0.598	0.239	0.159	77	84
95	485	4.40	0.623	0.263	0.175	69	75
100	537	4.11	0.646	0.287	0.191	63	68
105	592	3.89	0.667	0.311	0.207	57	61
110	650	3.67	0.693	0.335	0.223	52	56
115	711	3.48	0.722	0.358	0.239	47	51
120	774	3.29	0.747	0.382	0.255	44	47
125	839	3.11	0.767	0.406	0.271	40	43
130	908	2.98	0.791	0.430	0.287	37	40
135	979	2.86	0.815	0.454	0.303	34	37
140	1 053	2.72	0.836	0.478	0.319	32	35
145	1 129	2.61	0.856	0.502	0.335	30	32
150	1 209	2.50	0.876	0.526	0.351	28	30
155	1 291	2.39	0.897	0.550	0.366	26	28
160	1 376	2.29	0.913	0.574	0.382	24	26.5
170	1 530	2.18	0.857	0.622	0.414	22	23.5
180	1 745	2.03	1.000	0.669	0.447	19	21
190	1 942	1.91	1.042	0.717	0.478	17	18.8
200	2 150	1.81	1.083	0.765	0.510	16	17

续表 1

风速	20 m/s						
动压力	24.4 mmH$_2$O						
D/mm	Q/(m^3/h)	R/(mmH$_2$O/m)	$K_谷$	$K_粗$	$K_细$	$i_{谷粗}$/(mmH$_2$O/t)	$i_{细}$/(mmH$_2$O/t)
60	204	8.45	0.425	0.089	0.060	183	198
65	239	7.64	0.449	0.111	0.074	156	169
70	277	7.04	0.476	0.134	0.089	135	146
75	318	6.37	0.501	0.156	0.104	111	127
80	362	5.91	0.531	0.179	0.119	103	112
85	409	5.45	0.549	0.210	0.134	91	99
90	458	5.12	0.568	0.223	0.149	81	88
95	510	4.81	0.590	0.246	0.164	73	79
100	565	4.47	0.615	0.268	0.179	66	71
105	623	5.23	0.635	0.290	0.193	60	65
110	684	3.98	0.659	0.313	0.208	55	59
115	748	3.79	0.685	0.335	0.223	50	54
120	814	3.60	0.712	0.357	0.238	46	50
125	883	3.42	0.728	0.380	0.253	42	46
130	955	3.22	0.751	0.402	0.268	39	42
135	1 030	3.12	0.774	0.424	0.283	36	39
140	1 108	2.93	0.759	0.447	0.298	34	36
145	1 189	2.85	0.814	0.469	0.313	31	34
150	1 272	2.69	0.834	0.491	0.328	29	32
155	1 359	2.61	0.852	0.514	0.342	27	30
160	1 448	2.50	0.868	0.536	0.357	26	28
170	1 635	2.39	0.912	0.581	0.387	23	25
180	1 837	2.22	0.952	0.626	0.417	20	22
190	2 045	2.10	0.993	0.670	0.447	18	20
200	2 263	1.98	1.034	0.714	0.477	17	18

续表1

风速	21 m/s						
动压力	27.0 mmH$_2$O						
D/mm	Q/(m^3/h)	R/(mmH$_2$O/m)	$K_谷$	$K_粗$	$K_细$	$i_{谷粗}$/(mmH$_2$O/t)	$i_细$/(mmH$_2$O/t)
60	214	9.23	0.41	0.08	0.06	192	208
65	251	8.34	0.43	0.11	0.07	164	177
70	291	7.61	0.46	0.13	0.08	141	153
75	334	7.01	0.48	0.15	0.10	123	134
80	370	6.46	0.51	0.17	0.11	108	117
85	429	5.96	0.53	0.19	0.13	96	104
90	481	5.61	0.55	0.21	0.14	86	93
95	536	5.19	0.57	0.23	0.15	77	83
100	594	4.87	0.59	0.25	0.17	69	75
105	655	4.59	0.61	0.27	0.18	63	68
110	718	4.37	0.64	0.29	0.20	57	62
115	785	4.11	0.66	0.31	0.21	52	57
120	855	3.94	0.69	0.34	0.22	48	52
125	928	3.72	0.70	0.36	0.24	44	48
130	1 003	3.53	0.72	0.38	0.25	41	44
135	1 082	3.37	0.75	0.40	0.27	38	41
140	1 163	3.24	0.77	0.42	0.28	35	38
145	1 248	3.09	0.79	0.44	0.29	33	36
150	1 336	2.97	0.80	0.46	0.31	31	33
155	1 427	2.86	0.82	0.48	0.32	29	31
160	1 520	2.71	0.84	0.50	0.34	27	29
170	1 718	2.60	0.88	0.54	0.36	24	26
180	1 929	2.43	0.92	0.59	0.39	21	23
190	2 145	2.30	0.96	0.63	0.42	19	21
200	2 378	2.21	0.99	0.67	0.45	17	19

续表1

风速	22 m/s						
动压力	29.6 mmH$_2$O						
D/mm	Q/(m^3/h)	R/(mmH$_2$O/m)	$K_谷$	$K_粗$	$K_细$	$i_{谷粗}$/(mmH$_2$O/t)	$i_细$/(mmH$_2$O/t)
60	224	10.07	0.396	0.079	0.052	207	218
65	263	9.12	0.417	0.098	0.066	172	186
70	305	8.29	0.440	0.118	0.077	148	160
75	350	7.61	0.464	0.138	0.092	129	140
80	398	7.02	0.493	0.157	0.105	123	123
85	449	6.49	0.510	0.177	0.118	100	109
90	504	6.04	0.528	0.197	0.131	90	97
95	561	5.63	0.548	0.216	0.144	80	87
100	622	5.32	0.572	0.236	0.157	73	79
105	686	5.01	0.590	0.256	0.170	66	71
110	753	4.74	0.613	0.275	0.184	60	65
115	821	4.47	0.637	0.295	0.200	55	59
120	896	4.24	0.661	0.315	0.210	50	55
125	972	4.09	0.678	0.334	0.223	46	50
130	1 051	3.85	0.699	0.354	0.236	43	46
135	1 133	3.70	0.720	0.374	0.249	40	43
140	1 219	3.50	0.739	0.393	0.262	37	40
145	1 308	3.35	0.757	0.413	0.275	34	37
150	1 400	3.23	0.775	0.432	0.288	32	35
155	1 495	3.11	0.793	0.452	0.302	30	33
160	1 593	2.93	0.806	0.472	0.315	28	31
170	1 800	2.81	0.848	0.512	0.341	25	27
180	2 020	2.64	0.885	0.551	0.367	22	24
190	2 247	2.49	0.922	0.591	0.394	20	22
200	2 490	2.38	0.960	0.630	0.419	18	20

续表1

风速	23 m/s						
动压力	32.4 mmH$_2$O						
D/mm	Q/(m^3/h)	R/(mmH$_2$O/m)	$K_谷$	$K_粗$	$K_细$	$i_{谷粗}$/(mmH$_2$O/t)	$i_细$/(mmH$_2$O/t)
60	234	10.94	0.385	0.074	0.049	211	228
65	275	9.88	0.407	0.093	0.062	180	194
70	319	9.00	0.436	0.112	0.074	155	168
75	237	8.23	0.453	0.130	0.087	135	146
80	416	7.61	0.480	0.148	0.098	119	128
85	470	7.06	0.496	0.167	0.110	105	114
90	527	6.54	0.514	0.185	0.124	94	101
95	587	6.15	0.537	0.204	0.136	84	91
100	650	5.67	0.501	0.223	0.148	76	82
105	717	5.41	0.575	0.241	0.161	69	74
110	770	5.05	0.590	0.200	0.173	63	68
115	860	4.79	0.020	0.278	0.185	57	62
120	936	4.57	0.644	0.207	0.198	53	57
125	1 016	4.31	0.657	0.315	0.210	49	52
130	1 090	4.14	0.678	0.334	0.223	45	40
135	1 185	4.02	0.698	0.352	0.235	42	45
140	1 274	3.79	0.718	0.371	0.247	39	42
145	1 367	3.03	0.736	0.389	0.200	36	39
150	1 403	3.47	0.753	0.408	0.272	34	37
155	1 562	3.30	0.771	0.420	0.284	32	34
160	1 605	3.21	0.785	0.445	0.300	30	32
170	1 881	2.96	0.820	0.470	0.319	20	28
180	2 109	2.76	0.800	0.515	0.344	23	25
190	2 350	2.58	0.800	0.552	0.308	21	23
200	2 604	2.42	0.930	0.580	0.303	10	20

续表 1

风速	24 m/s						
动压力	35.3 mmH$_2$O						
D/mm	Q/(m^3/h)	R/(mmH$_2$O/m)	$K_谷$	$K_粗$	$K_细$	$i_{谷粗}$/(mmH$_2$O/t)	$i_细$/(mmH$_2$O/t)
60	244	11.71	0.375	0.070	0.047	220	238
65	287	10.58	0.396	0.088	0.058	188	203
70	333	9.81	0.420	0.105	0.070	162	175
75	382	8.89	0.440	0.123	0.081	141	152
80	434	8.26	0.467	0.140	0.093	124	134
85	490	7.55	0.482	0.158	0.105	111	119
90	550	7.06	0.500	0.175	0.117	98	106
95	612	6.63	0.519	0.193	0.128	88	95
100	679	6.17	0.539	0.210	0.140	79	86
105	748	5.82	0.558	0.228	0.152	72	78
110	821	5.43	0.580	0.245	0.164	66	71
115	898	5.22	0.604	0.263	0.175	60	65
120	977	4.94	0.627	0.280	0.187	55	60
125	1 060	4.66	0.641	0.299	0.199	51	55
130	1 147	4.48	0.661	0.315	0.210	47	51
135	1 236	4.23	0.680	0.333	0.222	43	47
140	1 330	4.09	0.698	0.350	0.234	40	44
145	1 426	3.92	0.714	0.368	0.245	38	42
150	1 527	3.78	0.731	0.385	0.257	35	38
155	1 630	3.60	0.749	0.403	0.269	33	36
160	1 738	3.46	0.763	0.420	0.280	31	34
170	1 985	3.17	0.800	0.451	0.301	27	30
180	2 193	2.95	0.830	0.486	0.324	24	26
190	2 454	2.78	0.860	0.520	0.347	22	24
200	2 716	2.58	0.890	0.555	0.370	20	21

续表1

风速	25 m/s						
动压力	38.3 mmH$_2$O						
D/mm	Q/(m^3/h)	R/(mmH$_2$O/m)	$K_{谷}$	$K_{粗}$	$K_{细}$	$i_{谷粗}$/(mmH$_2$O/t)	$i_{细}$/(mmH$_2$O/t)
60	254	12.62	0.367	0.064	0.044	229	248
65	299	1 140.00	0.384	0.083	0.053	195	210
70	346	10.40	0.411	0.097	0.064	168	182
75	398	9.56	0.437	0.116	0.074	147	159
80	452	8.80	0.457	0.135	0.089	129	139
85	511	8.11	0.473	0.149	0.099	114	124
90	573	7.65	0.490	0.166	0.111	102	110
95	638	7.03	0.507	0.183	0.122	91	99
100	707	6.58	0.527	0.199	0.133	83	89
105	779	6.20	0.545	0.216	0.144	75	81
110	855	5.85	0.567	0.232	0.155	68	74
115	935	5.55	0.591	0.249	0.166	62	68
120	1 018	5.32	0.613	0.266	0.177	57	62
125	1 104	5.01	0.628	0.282	0.188	53	57
130	1 197	4.78	0.647	0.299	0.199	49	53
135	1 288	4.59	0.666	0.315	0.210	45	49
140	1 385	4.36	0.684	0.332	0.221	42	46
145	1 486	4.21	0.701	0.348	0.232	39	42
150	1 590	4.02	0.718	0.365	0.243	37	40
155	1 698	3.90	0.734	0.384	0.255	34	37
160	1 810	3.75	0.747	0.398	0.266	32	35
170	2 043	3.16	0.780	0.427	0.284	28	31
180	2 290	2.94	0.810	0.464	0.306	25	28
190	2 552	2.75	0.840	0.493	0.328	23	25
200	2 830	2.57	0.870	0.525	0.349	21	22

表2 水平输料管的 K 值

风速/(m/s)	15	16	17	18	19	20
$K_{谷}$	0.005 1D	0.004 7D	0.004 4D	0.004 0D	0.003 8D	0.003 6D
$K_{粗}$	0.004 6D	0.004 2D	0.003 9D	0.003 6D	0.003 4D	0.003 2D
$K_{细}$	0.003 7D	0.003 4D	0.003 2D	0.003 0D	0.002 8D	0.002 6D
风速(m/s)	21	22	23	24	25	
$K_{谷}$	0.003 3D	0.003 1D	0.003 0D	0.002 8D	0.002 7D	
$K_{粗}$	0.003 0D	0.002 8D	0.002 7D	0.002 5D	0.002 4D	
$K_{细}$	0.002 4D	0.002 3D	0.002 2D	0.002 1D	0.002 0D	

参考文献

[1] 王汉青. 通风工程[M]. 2版. 北京:机械工业出版社,2018.
[2] 蔡增基,龙天渝. 流体力学泵与风机[M]. 5版. 北京:中国建筑工业出版社,2020.
[3] 孙一坚,沈恒根. 工业通风[M]. 北京:中国建筑工业出版社,2010.
[4] 郝吉明,马广大,王书肖. 大气污染控制工程[M]. 4版. 北京:高等教育出版社,2021.
[5] 吴建章,李东森. 通风除尘与气力输送[M]. 北京:中国轻工业出版社,2009.
[6] 陈宏勋. 管道物料输送与工程应用[M]. 北京:化学工业出版社,2003.
[7] 李诗久. 工程流体力学[M]. 北京:冶金工业出版社,1992.
[8] 李家瑞. 工业企业环境保护[M]. 北京:冶金工业出版社,1992.
[9] 李诗久,周晓君. 气力输送理论与应用[M]. 北京:机械工业出版社,1991.
[10] 苏汝维. 工业通风与防尘工程学[M]. 北京:北京经济学院出版社,1991.
[11] 周乃如,朱凤德. 气力输送原理与设计计算[M]. 郑州:河南科技出版社,1990.
[12] 余洲生. 气力输送及其应用[M]. 北京:人民交通出版社,1989.
[13] 王志魁. 化工原理[M]. 北京:化学工业出版社,1987.
[14] 无锡轻工业学院,武汉粮食工业学院,南京粮食经济学院,等. 通风除尘与气力输送[M]. 北京:中国商业出版社,1986.
[15] 李庆宜. 通风机[M]. 北京:机械工业出版社,1986.
[16] 湖南大学,同济大学,太原工业学院. 工业通风[M]. 北京:中国建筑工业出版社,1985.
[17] 邓定国,束鹏程. 回转式压缩机[M]. 北京:机械工业出版社,1982.
[18] 武汉粮食工业学院. 粮食加工厂设计手册[M]. 武汉:湖北人民出版社,1981.
[19] 黄标. 气力输送[M]. 上海:上海科学技术出版社,1981.
[20] 孙武亮. 粮食加工厂通风与气力输送[M]. 北京:中国商业出版社,1979.
[21] 周漠仁. 流体力学泵与风机[M]. 北京:中国建筑工业出版社,1979.
[22] 北京设备安装工程公司,贵州省建筑设计院,上海市工业设备安装公司,等. 全国通用通风管道计算表[M]. 北京:中国建筑工业出版社,1977.
[23] 田经烨,邱生祥,潘仁湖,等. 料仓中堆积物料密度变化的研究[J]. 粮食与饲料工业,2016(7):3-6.
[24] 潘仁湖. 散料料性及其气力输送流动模式[J]. 硫磷设计与粉体工程,2006(3):1-6+53.
[25] 潘仁湖,WYPYCH P W. 测算散料低速栓流气力输送压降和栓速的新方法[J]. 硫磷设计与粉体工程,2006(1):1-8.
[26] 肖安红. 气力压运系统中的拉伐尔喷管[J]. 武汉工业学院学报,2002,21(4):31-32+35.

[27] 窦履豫,夏金丰. 罗茨鼓风机的应用和发展[J]. 粮食与饲料工业,1997(5):44-46.

[28] 肖安红. 阿·雅·马里斯等气力压运设计计算方法的分析[J]. 粮食与饲料工业,1996(7):40-43.

[29] 肖安红. 桑茄蒂公司面粉气力压运系统设计计算方法的分析[J]. 武汉食品工业学院学报,1996(3):42-46.

[30] 肖安红. H. A. Stoess 低压压运设计计算方法的分析[J]. 粮食与饲料工业,1996(2):39-43.

[31] 肖安红. 面粉气力压运系统的设计与计算方法的探讨[J]. 粮食与饲料工业,1995(4):36-39.

[32] 孙武亮,杜平. 面粉厂气力输送设计中若干问题的探讨[J]. 面粉通讯,2004(2):23-25.

[33] 肖安红,周乃如,朱凤德. 面粉气力压运系统总压损的研究[J]. 粮食与饲料工业,1994(11):32-37.

[34] 周乃如,朱凤德. 旋风子除尘器的研究[J]. 粮食与饲料工业,1994(8):31-35.

[35] 周乃如,朱凤德. 引进厂气力压运系统测试结果分析[J]. 郑州粮食学院学报,1992,13(4):19-27.

[36] 肖安红,朱凤德,周乃如. 气力压运系统两相流加速压损的研究[J]. 武汉食品工业学院学报,1994(3):26-33.

[37] 肖安红. 引进面粉厂气力压运系统[J]. 武汉食品工业学院学报,1994(2):38-42.

[38] 周乃如,朱凤德,肖安红. 面粉气力压运系统设计方法的研究[J]. 郑州粮食学院学报,1994(1):7-19.